ちくま学芸文庫

オイラー博士の素敵な数式

ポール・J・ナーイン
小山信也 訳

筑摩書房

DOCTOR EULER'S FABULOUS FORMULA by Paul J. Nahin

Copyright © 2006 by Princeton University Press

Japanese translation published by arrangement with Princeton University Press
through The English Agency (Japan) Ltd.

原稿や印刷物や黒板の数学記号の
正しい利用を見守っている神よ
どうか私を，そして私の罪を許し給え．

——ヘルマン・ワイル（数学者）
プリンストン高等研究所教授（1933-52 年）
The Classical Groups（1946 年，p. 289）より

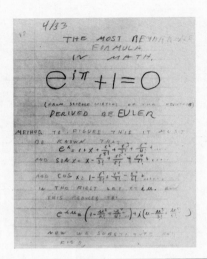

ノーベル物理学賞受賞者のリチャード・ファインマン（1918-88 年）が，1933 年 4 月，15 歳の誕生日の直前に記したノート．ここに，本書の主題となる内容が書かれている．上の 3 行には「数学で一番すごい式」とあり，それは次行の「$e^{i\pi}+1=0$」を指している．括弧内で出典を述べた後，次行「オイラーが証明した」からオイラーの公式（またはオイラーの等式）$e^{iu}=\cos(u)+i\sin(u)$ の証明が記される．指数関数と三角関数のべき級数展開を用いる標準的な方法であることが見てとれる．この公式は $u=\pi$ という特殊な場合に，上に挙げた「すごい式」と一致する．なお，ファインマンが出典として挙げている *The Science History of the Universe*（宇宙の科学史）は，1909 年に出版された全 10 巻からなる文献である．ファインマンは今日では物理学者として有名だが，才能豊かな数学者でもあった．1965 年の著書『物理法則はいかにして発見されたか』江沢洋訳，岩波書店，2001 年）の中で，次のように述べている．

「数学を知らない人には，自然の美，最も深い美を本当に感じとることは困難であります．（中略）自然について学び，自然を理解し鑑賞したいとおっしゃるならば，自然が話す言葉を聞き分ける必要があります」

ファインマンは，以前に本書の仮タイトルでもあった次の言葉に，きっと賛同したことだろう．「複素数は実なるものだ」（写真は，カリフォルニア工科大学のご好意による）

目　次

オイラー博士の
素 敵 な 数 式

これは何に関する本か
これを読むために知っておくべきこと
あなたがこれを読むべきである理由

あらゆる重要な事象は，数学を根拠としている.
　　　　ロバート・ハインレイン『宇宙の戦士』（1959 年）

　数年前，私はプリンストン大学出版局から著書『虚数の話』（好田順治訳，青土社，2000 年）を著し，人類が複素数の発見に至った長く苦しい道のりを紹介した．その本は数学的な内容を含んでいたが，歴史的な視点を中心としていたため，かなり多くの数学的解説を省略せざるを得なかった．そうしなければ本の厚さが二倍にもなっていただろう．本書は，その前著で省略せざるを得なかった「後半」の内容を多く含んでいる．引き続き歴史的な解説を行ないつつ，より高度な数学的な議論を展開することが本書の主眼である（ただしその難しさは，下で述べる範囲を超えない）．本書で扱う話題は，複素数の「セクシーな部分」に関連するといってよいだろう．当然，前著『虚数の話』と

の間に多少の重複はあるが，前著で証明した結果は引用に
とどめ，本書で再び証明しないように努めた．

　本書を読むには，工学や物理学専攻の大学3年生が年
度の初めに身につけていると想定される程度の数学的素
養が必要だ．2年間の微分積分学，初歩の微分方程式に
加え，行列代数や確率論の初歩的な準備ができていれば
なお望ましい．数学専攻の3年生ならば，これらの条件
はすべて満たしているだろう．その他の専攻の読者の中
には，この要請によって蚊帳の外に置かれてしまう方々
もおられることは，認めざるを得ない．そういう方々は，
第二次大戦時の英国の首相ウィンストン・チャーチルが
1930年に著した自伝的著作 *My Early Years: A Roving
Commission* の次の一節に見られる姿勢に共感されるだ
ろう．

　　私は數學というものを看破した，――深淵の底の底が判
　　った．――その奈落と天井とが判った――ような感じを
　　一度抱いたことがある．恰もヴィーナスの通過或いはロ
　　ンドン市長の行列と考えてもいゝ――を見るように．あ
　　る量が無限を通って，其の符號をプラスからマイナスに
　　變えるのを見た．私には瞭然とその眞相が判り，何故逃
　　げ口上が不可避であるかが判った．また數學は一歩起
　　れば，次の一歩五歩が必然的に迫驅することも判った．
　　それはまるで政治に似ている．今更ら，どうにもなら
　　ぬ，

（『わが半生』（中村祐吉訳，誠光社，1950 年），p. 39 より引用）

　おそらく，チャーチルはほとんど冗談のつもりでおもしろおかしく言ってみたのだろう．だが，数学への理解不足を認める人々の中には，これほど真摯に捉えていない人もいるようだ．たとえば，E. L. ドクトロウの 2000 年の小説 *City of God* に対する小説家ジョイス・キャロル・オーツによる書評（*New York Review of Books*, 2000 年 3 月 9 日，p. 31）がその例だ．プリンストン大学教授で，ピューリッツァー賞の受賞者でもあるオーツは「自然科学では数学が主な言語であり，普通の言葉は通じない．その世界には数学者以外，かなり教育の高い人間ですら決して近づくことはできない」と述べている．私はこれには賛成できない．本書で扱う程度の数学は，世界中で何百万人もの大学 1, 2 年生に毎年教えられていることであり，彼らの大多数は数学専攻ではない．知らぬ存ぜぬで無関係を装って済む話だろうか．

　オーツの文学上の同僚の中にも，彼女に反対する者がいた．小説家のレベッカ・ゴールドスタインは 1993 年の著書 *Strange Attractors* の中で「数学と音楽は神の言葉だ．人はそれらを語るとき，神に直接語るのだ」と述べている．また，アメリカの偉大なる詩人ヘンリー・ロングフェローとエドナ・セント・ヴィンセント・ミレーも思い出す．いうまでもなく，ミレーは，よく引用される 1923 年

の *The Harp-Weaver* の一節「ユークリッドだけが美そのものを見ている」を記した人物だ．だが，それよりも前にこうした内容をはっきりと言い表したのはロングフェローだった．彼は，数学を学んだ人間と学んでいない人間との間に，厳然と存在する知性の違いを実際に指摘した．1849年の中篇小説 *Kavanagh, A Tale* の第4章の冒頭で，夢を見たり考えたりするのが好きな教師チャーチル氏と妻メアリーが，書斎で次のようなやり取りを行なう．

　メアリー　私から見たら，あなたがどうして数学を詩的だと思えるのかわからないわ．数学に詩的な要素などないのに．

　チャーチル氏　（叫びながら）おお，それは大間違いだ．数学は神聖なものなのだ．神のごとく，数学は，手のひらに海を乗せ，地球の大きさを言い当て，星の重さを表すことができる．数学は，宇宙を彩り，法則を定め，秩序を与え，美を表現するのだ．にも関わらず，我々人間たちの多くは，複式簿記に用いることこそ数学の最終目標であり，そこに数学の最大の価値があると思っている．数学がそれほど退屈に見えるとすれば，それは人間の教え方のせいなのに．

　いうまでもなく，この本を読んでいる以上，あなたもチャーチル氏のこの言葉を完全に理解し，それに賛同されることだろう．

まえがき
いつから数学はセクシーになったのか

表題の質問は，2002 年のボストン・グローブ紙（以下グローブ紙）の社説[1]から取ったものだ．その記事によれば，数学が美しいという概念は，かつては一般社会から隔絶された世界にのみ存在していた．たとえば，パイプで煙草を吹かしシェリー酒をすすりツイードのコートとコーデュロイのズボンに身を包んだ男性のみからなる数学者たちによる，週一回の大学のセミナーがそうだった．それがいつの頃からか，トラック運転手，ティーンエージャー，そして雨の日の午後に何かおもしろいことを探している定年後の老夫婦までもが，数学に関わるようになったという．この事実は，映画「スパイダーマン 2」（2004 年）を見てもわかる．このハリウッドのスーパーヒーロー・アドベンチャー映画で，トビー・マグワイヤがさりげなく，重力による降下時間が最小になるような曲線を決定するベルヌーイの解法を調べる場面がある．ぜひ気をつけて見てほしい．

グローブ紙の社説では，この主張の根拠として三編の演劇と一編の映画を引用し，この事実を目覚しい知的な変革

と位置づけている．演劇「コペンハーゲン」では，物理学者ニールス・ボーアとヴェルナー・ハイゼンベルクの量子力学に関する熱のこもった討論が演じられる．ハイゼンベルクは，自然の持つ不確実性を表す数学用語として，まさに彼の名前が用いられているほどの人物である（本書第5章）．あるとき彼は，量子論という新理論を初めて見出したときのことを次のように語った．「世界が純粋に数学的な構造を持っていると知り，興奮してとても寝付けなかった」．グローブ紙によれば「それから彼は，夜が明けていく外に飛び出し，海に突き出し波を砕く岩に登った」．こうしたシーンは，1930-40年代以前の映画には，ヒロインのラブシーンの直前や直後によく見られたものだ．数学的な洞察と性的な興奮との間に成り立つ色情的な関係を，否定することなど到底できない[2]．

　社説は続けて，秘密の公式が「美しい」として登場する演劇 *Proof* について，さらに，理論物理学者リチャード・ファインマンについて書かれた演劇 *Q. E. D.* について論ずる．ファインマンはしばしば，自然の意義を理解するための基礎である数学の存在が，いかに素晴らしいものであるかを語っていた．その次に社説が引用したのは，ロン・ハワード監督の2001年アカデミー賞受賞作「ビューティフル・マインド」だ．この映画はプリンストン大学の数学者ジョン・ナッシュの人生を描いたものだ．やや曲解されていたきらいはあるものの，ハリウッド映画で一般の（13歳以上の）観客に，ナッシュが取り組んだゲーム理論

をたとえその一端だけでも説明した映画としては，良い出来だったと思う．奇妙なことに，グローブ紙は1997年の映画「グッド・ウィル・ハンティング」に触れなかった．この映画に出演したベン・アフレックとマット・デイモンが地元ボストン出身のスターであることを思うと，これは奇妙だといえる．この映画の冒頭の映像では，フーリエ積分の方程式が一行また一行とスクリーンを埋め尽くす．この映画もまたアカデミー賞受賞作で，やはり主人公は数学の天才，MIT（マサチューセッツ工科大学）の夜勤の守衛の，ハンサムな男であった．一方，数学への憧憬を逆手に取り，感情的に憎むべき対象として捉えたものが，トム・ハンクスが逃走中の殺し屋を演じた「ロード・トゥ・パーディション」（2002年）である．その映画で彼は息子と自分のどちらも数学が大嫌いだという事実を発見することで，息子との共通点を見出すのだ．詩人が好んで言う言葉に，愛と憎は一枚の硬貨の表と裏であるというのがあるが，こんな暴力的な映画ですら，数学は男同士の絆を作るという感情面での役割を果たしている．

　グローブ紙が挙げたこれらの例の以前にも，数学は数多くの主要な映画で目立つ役割を果たしてきた[3]．「わらの犬」（1971年），「今度は私」（1980年），「スタンド・アンド・デリバー」（1987年），「スニーカーズ」（1992年），「マンハッタン・ラプソディ」（1996年），「コンタクト」（1997年），「Pi」（1998年），「エニグマ」（2002年）といった映画を考えてみれば，グローブ紙の主張が正しいこと

018

を読者も納得していただけよう．そう．数学は，しばしば極端な間抜けぶりと結びつけられながらも，セクシーになってきたのだ．テレビもまた，この流れに乗っている．2005年に放送された連続ドラマ「NUMBERS——天才数学者の事件ファイル」4)では，FBI捜査官の弟である天才数学者が，犯罪捜査に協力し事件を解決していく．このドラマはカリフォルニア工科大学の数学の教授による専門的な助言を得て製作された．学問的な雰囲気を正しく醸し出す配慮がなされ，そのために数多くのカットが撮影された．

　グローブ紙の考えによれば，大衆文化の中にこのように数学が取り上げられるようになった5)のは「数学や科学の魅力が，必然的にそれらが不可知なものを扱うことにある」からだという．ここに科学が含まれていることは興味深い．というのは，物理学者の多くは，最も美しい方程式としてアインシュタインの重力理論の式を挙げるが，彼らにとってその美の源は数学の中にはなく，その式が物理的な現実を表し得ていることにあるからだ．彼らにとって，数学が目に見える肉体なら物理こそが魂であり美の源なのだ．1933年ノーベル物理学賞の共同受賞者ポール・ディラックは，こうした考えを持つ人物の筆頭に挙げられる．ディラック（1902-84年）は理工学における美6)について多くの言葉を残していることで知られている．たとえば，1955年にモスクワで物理学に対する彼の哲学について聞かれたとき，ディラックは黒板に「物理法則は数

学的な美しさを持つべきだ」と書いた．その黒板は，この
言葉を讃えるロシアの物理学者たちによって，今日まで保
存されている．

　もちろん，物理学の進展により方程式も変わる．どんな
物理学者も皆，たとえアインシュタインでさえ，この進化
の影響と無縁ではない．ちょうどニュートンの重力理論が
アインシュタインに道を譲ったように，アインシュタイン
の物理学も，彼の方程式では説明しきれない量子力学と整
合する新理論に道を譲らなくてはならない．そういう意味
では，アインシュタインの物理学は根本的な深い部分にお
いて「間違っている」（あるいは，より無難な言い方をす
れば「何かが欠けている」）のであり，単に近似として正
しいに過ぎない．しかしだからといって，アインシュタイ
ン理論の数学的な美しさがなくなったりするだろうか．

　私はそうは思わない．この後「はじめに」で，私は，理
論や数式が美しいとはどういうことなのかについて，過去
にいろいろな著者によって唱えられてきた様々な説を紹
介する．しかし，そこで触れていない一点については，こ
こで触れておくのがよいだろう．アインシュタインの理論
が，完璧に正しいわけではないとわかった今でもなお美し
い理由は，私の考えでは，それが鍛え上げられた論理に基
づいているからだ．アインシュタインは新しい物理学を創
り上げた．それはその通りだが，ただ無理やりに作ったわ
けではない．それは一方で，ある種の厳しい制約を満たし
ながら作られたものだ．たとえば，自然界の物理法則は，

すべての観測者にとって，たとえその者が宇宙空間でどのような運動をしている状態であったとしても，完全に同じでなくてはならない．こうした一般的な制約を満たす理論こそ美しいのだと，私は思う．

　これに対し醜い作品とは，何の制約にも従わず，その性質として鍛錬による抑制を持たないものだと，私は考える．これは理論でも絵画でも同じことだ．一例だが，この基準で見たとき，私はノーマン・ロックウェルの画家としての位置づけはジャクソン・ポロックよりもずっとずっと上であると感じる．こういう言い方は間違いなく多くの現代美術愛好家たちに，ほとんど致命的ともいえるようなひきつけを起こさせ，私は文化的ネアンデルタール人としての烙印を押されることになる（これは私の美術史の先生である妻の意見）に違いない．しかし，私の拙い意見を言わせてもらえば，カンバスの上に絵の具をこぼした結果[7]を見，それを芸術，それもほとんど美しくない芸術と呼ぶとき，人は必ずや戸惑いを覚えるか，少なくとも深刻な混乱に陥るだろう．何しろ，それは世にあまたある託児所で二歳児が毎日決まってやっていることと同じなのだから（ちなみに，私も天井のペンキを塗るたびに，必ずこれと同じことをしてしまう．ああ，なんてこった）．突き詰めて言えば，ジャクソン・ポロックの支持者は，システィーナ礼拝堂に行っても，ミケランジェロが技術と鍛錬によって緻密に創り上げた天井よりも，絵の具がこぼれてめちゃめちゃになった床に感動して声を上げるということだ．何

と滑稽だろう．ポロックの支持者は，彼が実際に鍛錬を積んだ画家であり，それゆえに彼の作品は美しいのだと私に反論するかも知れない．だが，鍛錬で得たことが鍛錬によって無になるなどあり得ない．私は以前に学生たちがこの種の議論をしているのを聞いたことがあるが，いまだに，目を回す以外のましな反応ができずにいることを認めざるを得ない．

　この本では，数学的に最も美しいものとして，複素数の解析において中心的な公式の一つを取り上げる．オイラーの公式（または等式）$e^{i\theta} = \cos\theta + i\sin\theta$（ただし $i = \sqrt{-1}$）である．$\theta = \pi$ という特別な場合には，$e^{i\pi} = -1$ となる．あるいは，よく $e^{i\pi} + 1 = 0$ とも書かれる．この表示には至高の美しさが凝縮されていると言ってよいだろう．これが美しいといえる理由は，見てわかるように莫大な制約を内包していながら，なおその式が真実だからだ．その等号は厳密であり，左辺と右辺は「ほぼ等しい」とか「かなり近い」とか「近辺にある」という意味ではない．左辺はちょうどきっかり 0 なのだ．式中に現れる 5 つの数は，一つ一つがまったく異なる起源を持ち，どれもが数学において言い尽くせないほどの重要な役割を担っているが，それらがこれほど簡潔な関係で結ばれているとは，まさに驚きである．これこそ，まさに美しいと呼べるものだ．今ある物理学も化学も工学も，遠い未来の専門家が見たらほとんど確実に廃れてしまっているだろうが，それらと違ってオイラーの公式は一万年後にどんなに

数学が進化していても，少しもその美しさと輝きを失うことなく，まったく色褪せずにあり続けるのだ．

　ドイツの偉大なる数学者ヘルマン・ワイル（1885-1955年）は，半分冗談で言ったに過ぎないと思われる，次の言葉で知られている．「私は常に研究において，真理と美を統一しようとしてきたが，いずれか一方のみを選択しなくてはならない局面では，多くの場合に美を選択してきた」．さあ，読み進めていただこう．このワイルの言葉の意味を，ひときわ美しい（セクシーな？）複素数の計算をお目にかけながら，説明していきたい．そしてそれらの多くの部分が，オイラーの公式に基づいているのである．

はじめに

　愛の本質を表したシェイクスピアの詩の如く，あるいは，人間の内面の奥深く潜む美を描いた絵画の如く，オイラーの方程式は人間存在の深みに達している．
　　　　　──$e^{i\pi}+1=0$ について　キース・デブリン[1]

　19世紀，ハーバード大学教授の数学者ベンジャミン・ピアス（1809-80年）は学生の記憶に強烈に残る人物だった．ピアスの死後何年も経ってから学生のひとりは書き残している．「ベンジャミン・ピアス教授は，やわらかいフェルト帽をかぶり，その下から灰色の長髪とほつれた白髪混じりのあごひげを覗かせ，目を異様にぎらぎらと輝かせていた．教授が早足だがぎこちない様子でキャンパスを行き来するさまは，噂どおりだった．本物の生きた天才がいるぞ，ちょっと予言者を思わせるような風貌だと，私たちの間で話題になっていたのだった」[2]．その学生はさらに続けて，ある講義を回想する．「教授は π と e と i の関係，$e^{\pi/2}=\sqrt[i]{i}$ を証明した．証明を終えると，教授はその

数式に惹きつけられ考え込んでしまった[3]. 教授はチョークと黒板消しを放り出すと手をポケットに突っ込み, その数式を見て数分考えた後, 学生たちに向かってとてもゆっくりとした口調で力を込めて話した. 「諸君, これは確かに正しい. 一見矛盾しているように見える式であり, 理解もできず意味も不明であるが, それでも確かに我々は証明した. それゆえこれは真実でなくてはならない」」.

まともな指導者なら誰もがしていることだが, ピアスも人並みにおもしろく話をするよう何とか努めていた. 「私たちは講義の内容にほとんどついていけなかったが, 話そのものにはそれなりに興味が持てた」. けれどもこの証明を語ったときばかりは, ピアスは学生たちを置き去りにしひとりで思考を進めてしまったのである. ピアスが常々「不思議な数式」と呼んでいた式は, 今の私たちにはどんなものであるかわかっているし, それがどんな価値を持つものなのかも当然知っている. しかし, 確かに今でもなおその数式は素晴らしい, いや美しいとすらいえるものなのだ. 「理解」したからといって, 数式への畏敬の念は少しも損なわれはしない. 次のリメリック[4](数学者が特有に好む文学の形体) はこのことを表している.

e の上に $\pi \times i$ を乗せ

1 を足したら残ったのはため息だけ

これにはオイラーも驚いた

あの天才学者のオイラーが

今の僕らもこの式を見てはっとする

このリメリックに使われていることがらは, 本書の中で非常に重要な位置を占める. e, π, i とはどんな数なのか. オイラーとはどんな人物なのか. それらについてこれから話していこうと思う. 実際, 超越数の $e = 2.71828182\cdots$ や $\pi = 3.14159265\cdots$, そして虚数の $i = \sqrt{-1}$ のことを, 読者なら一度は耳にしたことがあるだろう. オイラーとは, 数学史上最も偉大な学者のひとりに必ず挙げられる人物だ. このごろ「最も … な人ランキング」などといって順位付けするのが流行っているが, 世界中の誰がやったとしても, このスイス生まれのレオンハルト・オイラー (1707-83 年) は, 歴史上上位 5 人の数学者に必ず名を連ねるだろう (アルキメデス, ニュートン, ガウスとの競り合いになるだろうが, 何ともすごい顔ぶれだ).

さて, いよいよ e, π, $\sqrt{-1}$ の話に入るわけだが, 私が「まえがき」で $e^{i\pi} + 1 = 0$ が「美の極致」であると表現したことは, はたして大胆で大げさ過ぎただろうか. 私はいい加減にそういったわけではない. これは「公式に」認められていることなのだ. 数学書と数学誌の出版社として名高いシュプリンガー・フェアラーク社による研究者向けの数学季刊誌『インテリジェンサー (The Mathematical Intelligencer)』1988 年秋号で, 数学で最も美しい定理の投票が行なわれた. この季刊誌の読者層はほとんど大学や企業に所属する数学者だ. 24 の定理を挙げ, それぞれに 0 点から 10 点の間で点数を, すばらしく美しければ 10

点，まったく良くないと思えば0点というようにつけて
もらい，順位付けをした．その中には $e^{i\pi}+1=0$ のほか，
以下の重要な定理も挙げられていた．

- (a)　素数は無限個ある．
- (b)　2乗して2になるような有理数はない．
- (c)　π は超越数である．
- (d)　閉円盤からそれ自身への連続写像は固定点を持
つ．

どれも偉大な定理ばかりだ．

　合計68通の回答があり，その結果は1990年夏号にて
発表された．平均得点が最も高かったのは $e^{i\pi}+1=0$ で，
7.7点だった．その他のうち先ほど挙げた定理の得点は，
(a) が7.5，(b) が6.7，(c) が6.5，(d) が6.8だった．最
下位はインドの天才ラマヌジャンによる数論の定理で，
3.9点だった．ほら，いったとおり「公式に」認められて
いるのだ．$e^{i\pi}+1=0$ は数学で最も美しい定理なのであ
る（読者の皆さんは，これがまったくの冗談であることに
気づいてくれると願っている．それと「私のいいと思う定
理にはもっともっと美しいものがあるのに」といって激怒
のメールを送ってくることのないように）．

　$e^{i\pi}+1=0$ は実際には方程式ではない．これを方程式
と呼んだのは，当然のことながら，かなり大雑把な用語の
使い方であった．数学において（1変数の）方程式とは，
たとえば $x^2+x-2=0$ のように，$f(x)=0$ の形をした式
のことである．これはある変数の値に対してのみ正しく，

その値を方程式の「解」と呼ぶ. 今挙げた2次方程式を例にとると, $f(x)$ は2つの値 $x = -2$ と $x = 1$ に対し, そしてその場合に限り0になる. ところが, $e^{i\pi} + 1 = 0$ には解くべき x がない. したがってこれは方程式ではない. またこれは恒等式でもない. 恒等式とはオイラーの公式 $e^{i\theta} = \cos\theta + i\sin\theta$ (θ は任意の角. $\theta = \pi$ のときは $e^{i\pi} + 1 = 0$ を表す) のようなものだ. (1変数) 恒等式とは, 変数のどんな値に対しても恒等的に真であるような式のことである. ところが $e^{i\pi} + 1 = 0$ には変数がない. 5つの定数があるだけだ (なお, オイラーの公式は本書の中心的な話題であり, 第1章で証明する). つまり, $e^{i\pi} + 1 = 0$ は方程式でもなければ恒等式でもない. ならばいったい何なのだろうか. それは公式あるいは定理なのである.

　この話で重要なのは意味論よりも, 私が最初に「まえがき」で述べた美に関する論点である. 数学的な命題が「美しい」とはどういうことなのだろうか? こうした問いに対して, 私は逆に尋ねたい. 眠っている子猫はかわいい, 闘っている鷲は雄々しい, 全力で駆ける馬は美しい, 笑っている赤ん坊は愛らしい. これらをどう説明するのか. それはすべて単に見る側の主観であると安易に答える人もいる (多分これが, ジャクソン・ポロック[5] が用いたドロッピング技法[6] の人気が高いことの, これ以上ない「説明」にもなっているのであろう). しかし私は, 少なくとも数学の場合においては, より深い答があるように思う.

たとえば，インテリジェンサー誌で行なわれた投票を企画
したデイヴィッド・ウェルズは，数学に関する多くの著作
で知られるが，数学的命題を美しくする要素をいくつか挙
げている．

　ウェルズによれば，数学的命題が美しくあるために必
要なのは，単純，簡潔，重要性，そして，言葉にしてしま
えば当然のことだが，普通は見逃しがちなのが「意外性」
である（すでに 1970 年，H. E. ハントレーによって著書
The Divine Proportion で似た要素が挙げられていた）．
オイラーの公式とその帰結である $e^{i\pi}+1=0$ は，以上の
4 点すべてにおいて高得点を挙げると私には思えるし，読
者の皆さんも本書を読み進むうちにそう感じていただけ
るだろうと確信する．しかし皆が皆賛成しないとしても驚
くには当たらず，どんなことがらにも常に反対する人が
いるものだ．たとえばフランスの数学者フランソワ・ル・
リオネ（1901-84 年）は，評論 *Beauty in Mathematics*
（数学における美）において，$e^{i\pi}+1=0$ について以下の
ような賞賛で書き始めている．

　　この式は，数学で非常に重要な数である 1，π，e の
　　間に，当時は信じがたいと思われたであろう関係を
　　立証している（ル・リオネは 0 と i を無視している）．
　　これは「数学で最も重要な公式」と一般にみなされて
　　いた[7]．

ところが，その続きがとんでもない内容であり，読者は
頭を殴られたような気になるのだ．「今日ではこの等式が

成り立つ本質的な理由は明らかであり，この公式は，無味乾燥とまではいわないが，どうしようもなく当たり前である」．

いやいや，ご立派なル・リオネ氏，なかなかわかっていらっしゃる（後からでは何とでもいえようが）．この種の発言は，「4次元の図形の形が見える」と主張する数学者に対して多くの数学者が抱くのと同程度の疑いを持って受け止められる．そうした人々は，自分でそう思っているだけなのである．彼らが確かに「見えている」というのならそうなのだろうが，私はそれが本当の高次元空間の幾何学なのか疑わしく感じている．読者の皆さんが本書を読み終えたとき，$e^{i\pi} + 1 = 0$ は「明らか」であり，無味乾燥すれすれのものになってしまうのだろうか．いや決してそんなことはない．

ここで，どうしてもつけ加えておかなくてはならない話がある．偉大なる英国の数学者 G. H. ハーディ（1887-1947年）は，何が数学の美を構成するかについて，非常に変わった見解を持っていた．「美しい数学は，有用であってはならない」というのだ．これは十分条件ではないが，純粋数学を極めたハーディにとっては必要条件なのであった．彼は1940年の有名な著書『ある数学者の弁明』（和訳はハーディ，スノウ共著，『ある数学者の生涯と弁明』（柳生孝昭訳，シュプリンガー・ジャパン，1994年）の中に収録）の中で，このとっぴな主張をしている．現代ではこのハーディの独断に賛成する数学者は（たとえどん

なに純粋数学に偏っていても）世界中にひとりもいないだろう．実際，ハーディ本人もフーリエ級数やフーリエ積分に興味を持ち，それらを専門的に究めていたことが知られている．そうした分野は 1940 年にはすでに，指が機械油にまみれた電気工たちに実用上，必要不可欠な数学だった（これについては第 5 章，第 6 章で扱う）のだから，ハーディの主張は，述べられた時点ですでに意味をなしていないとはっきり証明されている．彼のこの考えがいかに風変わりであったかは，彼がジェームス・クラーク・マクスウェル（1831-79 年）やディラックを「真の」数学者と呼んでいたことからもわかる．マクスウェルの（電磁場）方程式のおかげで，ラジオや携帯電話など，何ともありがたくも便利な電化製品が使えるようになった．ディラックは常々，電気工学の学部生の演習の価値を認めており，それが関数の解釈を大幅に広げて量子力学におけるディラック関数の理論にまで発展させるきっかけになった[8]．

　話をわかりやすくするため，ここで，数学的な美しさの逆の概念である数学的な醜さの例について，少しだけ説明しておこう．平面地図の四色定理に対する，1976 年の「証明」を考えてみたい．この定理は，平面上に描かれた任意の地図に色を塗り，境界線を挟んで隣り合うどの 2 国も別々の色で塗り分けられるようにするには，4 色が必要かつ十分，というものである[9]．この問題は 1852 年に提起されて以来数学者の挑戦を退けてきたが，イリノイ大学の 2 人の数学者がプログラムを作り，膨大な数の特殊

な地図を計算機が自動的にチェックできるようにしてようやく決着をつけた．その詳細はここでは重要ではない．私が言いたいことは単純である．これこそ，数学者が醜い数学の実例を尋ねられたときに，必ずといっていいほど思い出す「証明」なのだ．醜いとはいささか言い過ぎかも知れないが，この言葉を使ったのは私が初めてではないことを強調しておきたい．プログラムを作った2人は，自分たちが計算機を使って解いたことを同僚の数学者に話したときの反応を次のように語っている[10]．「その友人は嫌悪して叫んだ．「これほど美しい定理に対してこれほど醜い証明しか存在しないなんて，神がお認めになるわけがない」」

　数学者のほとんど全員が，この結果を正しいと信じる一方で，計算機による計算でこの問題が決着してしまい，いわゆる「解答」と呼べる内容のものがなくなってしまったことに不満を持っている．四色問題の研究に史上初めて取り組んだ英国の数学者アウグスツス・ド・モルガン（1806-71年）は，著書 *Budget of Paradoxes* の中で「証明は，それを与える人間と，それを受け取る人間がいて初めて成立する」と述べている（強調は著者）．ここでは何億回もの途中計算（スーパーコンピュータの演算時間で数週間を要する）を自動的に行なう機械に関する記述はないが，そうした計算は到底ひとりの人間のできる範囲にないものだ[11]．

　計算機による証明に関し最後に付け加えるとすれば，私はこうした証明法にも美しい数学を生み出す一つの可能性

があると思っている．四色問題とは逆に，問題となっている定理に対し，計算機が反例を1つあるいはより多く見つけた場合を考えてみよう．それらの特殊な反例は，その問題に興味を持ってきたたくさんの数学者個人個人によって手作業で確認されるだろう．こうした事例の中にはオイラーが関わったものもあり，1769年に遡る[12]．特殊な反例により命題の非成立を証明することは，おそらくどんな証明法よりも確実で説得力がある．いったん反例を手元に得てしまえば，最初に計算機を用いたことはさして重要でなくなるし，一般に数学者はその結果を美しいとみなすものである．

　もちろん，インテリジェンサー誌が投票の対象としなかった数学的命題の中にも，$e^{i\pi}+1=0$ と接戦を演じるほど美しいものがたくさんある．ここで2つだけ例を挙げよう．まず無限級数

$$S = \sum_{n=1}^{\infty} \frac{1}{n} = 1 + \frac{1}{2} + \frac{1}{3} + \frac{1}{4} + \cdots$$

を考える．これは調和級数と呼ばれ，和 S が有限であるか無限であるかが問題である．すなわち，この級数は収束するか発散するかということである．この式を初めて見る人はほとんど誰もが S は有限（数学者の言葉を借りれば S は存在する）と思うだろう．なぜなら，各項はその前の項よりも小さいからである．実際，項は次第に0に近づいていき，このことは級数が有限の値に収束するための必要条件である．しかし，これは十分条件ではないのだ．級

数が収束するためには，各項は 0 に単に近づくだけでは
なく，ある程度以上に速く近づかなければならない．調和
級数の場合はそうなっていないのである（調和級数の各項
に ＋－ の符号が交互についていれば，和は収束し，値は
log 2 となる）．こうして私たちは美しく，かつ驚くべき命
題

$$\lim_{k \to \infty} \sum_{n=1}^{k} \frac{1}{n} = \infty$$

を得る．これは 1350 年頃に発見された有名な命題[13]で
ある．これもインテリジェンサー誌のリストに入れるべき
だったと私は思う[14]．

　ところで，この美しい定理の証明は，美しい数学的議論
の実例にもなる．以下に述べる証明は元来のものではな
い（元来の方法もこの方法同様に非常に巧妙であるが，よ
り広く知られているのでここでは繰り返さないことにす
る）[15]．調和級数が収束すると仮定して議論を始めよう．
すなわち，和 S がある有限の数であるとする．このとき，

$$\begin{aligned}
S &= 1 + \frac{1}{2} + \frac{1}{3} + \frac{1}{4} + \cdots \\
&= \left(1 + \frac{1}{3} + \frac{1}{5} + \frac{1}{7} + \cdots \right) + \left(\frac{1}{2} + \frac{1}{4} + \frac{1}{6} + \frac{1}{8} + \cdots \right) \\
&= \left(1 + \frac{1}{3} + \frac{1}{5} + \frac{1}{7} + \cdots \right) + \frac{1}{2} \left(1 + \frac{1}{2} + \frac{1}{3} + \frac{1}{4} + \cdots \right) \\
&= \left(1 + \frac{1}{3} + \frac{1}{5} + \frac{1}{7} + \cdots \right) + \frac{1}{2} S.
\end{aligned}$$

したがって

$$\frac{1}{2}S = 1 + \frac{1}{3} + \frac{1}{5} + \frac{1}{7} + \cdots.$$

すなわち，奇数の項だけの和は全体の総和の半分である．したがって，偶数の項だけの和が残りの半分となる．それゆえ，S が存在するという仮定から，以下の結論を得ることになる．

$$1 + \frac{1}{3} + \frac{1}{5} + \frac{1}{7} + \cdots = \frac{1}{2} + \frac{1}{4} + \frac{1}{6} + \frac{1}{8} + \cdots.$$

しかしこの等式は明らかに誤りである．なぜなら，左辺は右辺よりも大きいからである $\left(1 > \frac{1}{2}, \frac{1}{3} > \frac{1}{4}, \frac{1}{5} > \frac{1}{6}, \cdots\right)$. ゆえに，$S$ が存在するとした最初の仮定が間違っていたことになる．よって S は存在せず，調和級数は発散する．この美しい議論は背理法と呼ばれる．

　背理法を利用した最も有名な証明は，インテリジェンサー誌のリストの定理 (a) のオイラーによる証明である．私は，素数が無限個あることのオイラーによる証明を初めて見たときのことを（それはまだ高校生の頃だったが）今でも覚えている．その証明の優雅さと美しさに興奮を覚えたものである．それ以来，私にとって背理法は，数学の証明の美しさを表す一つの目印になった．1995 年にアンドリュー・ワイルス（1953 年-）が，有名なフェルマーの最終定理をついに攻略したのも背理法だった．第 3 章で示す π^2 の無理性の証明も，オイラーの公式を使うのだが，や

はり背理法によるものである.

　しかしながら, 知性派として有名な, 「世界最高の知能指数を持つ」とされているマリリン・ヴォス・サヴァンは, こうした議論にまったく共感しない. 彼女は背理法による証明を一切認めないのである. ワイルスの証明に関する今や不名誉な (そして厄介な代物として有名な) 著書の中で, 彼女は述べている.

　　しかし背理法によっていったいどんな証明ができるというのか. 虚数が一例である. +1 の平方根は実数である. その理由は (+1)×(+1)＝+1 だからである. しかし, −1 の平方根は虚数であり, その理由は (−1)×(−1) は −1 ではなく, また +1 となるからである. これは矛盾である. (私にはこの「矛盾」の意味がわからないし, なぜ彼女がそういったのか見当がつかない. ——著者記す) にもかかわらずそれは受け入れられ, 虚数は通常用いられている. しかし, 矛盾を証明するために虚数を用いることをどうやって正当化できるだろうか.

　これは無論, この本の 2 人の評者が言うように「馬鹿げた議論」の例である (彼女の本を評して, たわごとという言葉も用いられていた)[16]. 背理法による証明は最も確実性の高い技法であることを, 再度確認しておきたい.

　だから, 私が 2 人の高名な数学者がこうした証明を「知ったかぶりの議論」と呼んでいるのを知ったときの私の驚きを想像してほしい. 彼らは明らかに冗談交じりに記

したのだが，それでも私はその言葉を見た途端，思わず読み進めるのを中断したほどである．素数が無限個あることのユークリッドによる証明は，数論のどんな本にも載っているからここでは扱わず，その代わりフィリップ・デイヴィスとロイベン・ハーシュが世間から絶賛された1981年の著書『数学的経験』の中で，インテリジェンサー誌のリストの定理 (b) の，背理法による昔から有名な証明について言っていることを紹介したい．$\sqrt{2}$ が有理数でないことを証明するために，まずそれが有理数であると仮定する．すなわち，（ピタゴラスが紀元前 6 世紀に行なったように）2 つの整数 m と n で

$$\sqrt{2} = \frac{m}{n}$$

となるものがあると仮定する．さらに m と n は共通因子がないと仮定してよい．なぜなら，もし共通因子があったら，それらを約分し残った 2 数を改めて m と n と呼べばよいからである．

　そうすると，両辺を 2 乗することにより $2n^2 = m^2$ を得，これより m^2 は偶数となる．もし m が奇数だったら m^2 が偶数となることはあり得ないから，これは m が偶数であることを意味している（どんな奇数もある整数 k を用いて $2k+1$ の形に表せるが，$(2k+1)^2 = 4k^2 + 4k + 1$ であり，これは奇数である）．しかし，m が偶数である以上，ある整数 r によって $m = 2r$ となっているはずである．そうすると $2n^2 = 4r^2$ すなわち $n^2 = 2r^2$ となり，よ

って n^2 は偶数となる．したがって n は偶数となる．結局，m と n は，存在を仮定すればともに偶数となってしまう．一方，m と n は共通因子を持たないとして証明を始めた（2つの偶数は，共通因子を持つ場合の一例になっており，ともに2を共通因子として持つ）ことにより，m と n が存在するという仮定から論理的な矛盾に至ったことになる．よって m と n は存在しないのだ．何と美しい証明だろう．この証明は，整数が2つの集合，偶数と奇数にきっちり分かれるという概念を用いているだけなのである．

しかしながら，デイヴィスとハーシュは私の意見に賛同しないだろう．「知ったかぶり」批判のほかにも，彼らはこの証明が論理学上の理屈に頼りすぎており，重苦しくのろのろしていることが問題であると批判する．確かにそうかも知れないが，どんな証明もみな同じことが当てはまるのではないだろうか．そして，私がどうにも驚いてしまうのは，彼らがこの証明を改善しようと努力していることである．$2n^2 = m^2$ を得るまでは前と同じであるが，そこで彼らは m と n がどんな数であれ，素因数の積に分解してみることを提案する．すると m^2 に対しては（$m^2 = m \cdot m$ であるから）同じ素数が2つ1組になって現れる．n^2 についても同様である．ここで彼らの証明終了の宣言を引用しよう：

ところが，そうか！ $2n^2$ には組む相手のない2がある．

　これで矛盾が生じた.

　なんだって？　何が矛盾なのか？　そう，それは彼らが
（表立って明記されていないが）「数論の基本定理」と呼ば
れる定理に頼っているからである. それは，どんな整数も
（普通の整数の範囲で）素数の積に分解され，その方法は
ただ1通りだという定理である. 彼らはこの定理を前提
として用いた上で，「実際，我々はいくつかの形式的な細
部を省略した」と言っている. まったくそのとおりだ.

　デイヴィスとハーシュは，彼らの証明がピタゴラスの
ものよりも「よりレベルの高い美的な喜びを内包してお
り，プロの数学者の10人中9人はこちらの証明を好むだ
ろう」と主張している. そうかも知れない. しかし，明記
されていない一意分解定理こそ，越えなければならない非
常に大きな溝なのだと，少なくとも私には思える. 通常の
整数に対してそれを証明するのはさほど難しいことでは
ないけれど，それは決して明らかではないし，成り立つと
すぐにわかるわけでもないだろう. 実際，実数の整数から
なる別の集合で，この定理が成立しないようなものを容易
に構成できるのだ[17]. したがって，私は先ほどの「そう
か！」には大きな問題があると思っている. それは，ピタ
ゴラスの証明が用いた単なる偶数・奇数の概念とは，比べ
物にならないほどの議論の飛躍なのである.

　美しい数学的表現の第二の例は，オイラーによるもので
ある. 三角関数の無限積展開を考えよう:

$$\sin x = x \prod_{n=1}^{\infty} \left(1 - \frac{x^2}{n^2 \pi^2}\right).$$

これが驚くべき美しい命題であることを「理解する」ために，多くの数学的知識は必要はない．これこそが，この命題が一般に「美しい」とみなされる理由でもある．代数と三角関数を学んだだけの高校生にもこの命題は理解可能である．この命題にいくつかの簡単な操作を加えるだけで真にまぎれもなく美しい数式である

$$\sum_{n=1}^{\infty} \frac{1}{n^2} = \frac{1}{1^2} + \frac{1}{2^2} + \frac{1}{3^2} + \cdots = \frac{\pi^2}{6} = 1.644934\cdots$$

という結論に至ることは，この命題の重要性を物語っている（この数式の，オイラーとは別の導き方を本書の後段で説明する）[18]．イタリアのピエトロ・メンゴリ（1625-86年）が 1650 年にはじめてこの問題を正式に提起して以来，$\sum_{n=1}^{\infty}(1/n^2)$ の値を知る試みは，多くの数学者の挑戦を退け，なかなか解けない問題と思われていた．とはいっても，数学者の多くはメンゴリ以前から，この問題を調和級数を少し発展させた程度のものと捉えていたに違いないが．オイラーは 1734 年，ついにこの問題を解いたのである[19]．これらの数式や証明は，紛れもなく美しい．しかし，突き詰めて考えると私はそれでもなお $e^{i\pi}+1=0$ が一番であると思う．その理由の一つは，$\sin x$ の無限積は，$\sin x$ と $i = \sqrt{-1}$ の親密な関係を経由することで証明可能だからであり，それはオイラーの公式によってなされるか

らである（註 18 を再び参照）.

　本段の締めくくりに，数学における美はジャクソン・ポロックの絵画のように完全に見る者の主観によるとの先ほどの意見について述べたい．一例として挙げられるのは，イギリスの数学者 G. N. ワトソンが，ロンドン数学会長としての 1935 年の演説の最後に述べたことである．ある数式によって，彼は，「メディチ家礼拝堂の新聖具室に入り，ミケランジェロによってジュリアーノ・デ・メディチとロレンツォ・デ・メディチの墓の上に据えられた，昼，夜，夕暮れ，夜明けを象徴する 4 つの彫像の，飾り気のない美しさを眼前に見るときに感ずるのと見分けのつかない興奮」を覚えたという[20]．それはすごいことだ．

　1980 年代初頭，パリの科学博物館にて一般聴衆に向け行なった一連の講演[21] の中で，エール大学の数学者サージ・ラングは美しい数学とは何かについての彼の考えを，ワトソンよりも幾分抑え気味の例を用いて伝えようとした．彼は数学の美しさを言葉で定義しようとはしなかったが，定義などなくとも，美しい数学は「背筋がぞくぞくするからわかる」のだと何度も主張した．これは，最高裁判所の裁判官ポッター・スチュアートが 1964 年のポルノ裁判で下した有名な一節「定義できなくても，見れば一目瞭然だ」に通ずるものがある．ポルノと美しい数学では，知的レベルからすれば両極端のたとえになるかも知れないが，この点では同じことが成り立っているようである．

　美しい数学を味わうことは，限られた人のみができるこ

とであり，教育のある人々の中にもそれができない人は多く見られる．悲しいことに，そうした人々は，何か貴重なものを「逃している」との自覚すらできずにいる．チャールズ・ダーウィンは，息子たちに向けて書いた1876年の自伝的回顧録[22]の中で，これについての思いを以下のように述べている．

ケンブリッジで過ごした3年間，学問の研究に関する限り，私は時間を無駄にした——私は数学の勉強に取り組んだのである．1828年の夏期には個人教授までつけたのだが，あまりはかどらなかった．代数の初歩の段階でまったく意味を理解できなかったこともあり，私は数学の勉強が大嫌いになった．ここで我慢が足りずに挫折したことは本当に愚かなことだった．後年，少なくとも数学の主たる部分をいくらかでも理解する程度までいけなかったことを，私は深く後悔した．**こういうことができる人は，特別な感覚の持ち主であるように思われる**（強調は著者）[23]．

本章はリメリックで始めたから，締めくくりもまたリメリックとしたい．本書を読破したら，ピアス教授とは正反対に，あなたは以下に共感するだろう（とはいっても，これを読んでいるあなたに限って，最初の2行は当てはまらないと思うのだが）．

　　数学なんてつまらないと思ってた
　　だって，解き方がチンプンカンプンだったから
　　でも今や，オイラーは私のヒーロー
　　だって，わかったんだもの

　　ゼロが $e^{\pi i}+1$ に等しいことを
　もう十分．下手な詩はこれくらいにしておき，素晴らしい数学の世界への一歩を踏み出そう．さあ複素数の数学を体験しよう．

第1章　複素数

1.1　$\sqrt{-1}$ の謎

何年も前のことだが，ある高名な数学者が以下のような一節を著した．読者の中には，これを読んではっとする人もいるだろう．

私が最近出会ったある人は，「−1 の平方根」どころか，−1 の存在すら認めないといっていた．こうした姿勢は実にかたくなである．多くの人々が $\sqrt{2}$ の存在にはまったく疑いを抱かないのに，$\sqrt{-1}$ になるとそうはいかなくなるようだ．これは，$\sqrt{2}$ は物理的な空間に視覚化できるのに対し，$\sqrt{-1}$ はそうできないからである．実際は $\sqrt{-1}$ の方がずっと単純な概念なのだが[1]．

ここで「はっとする」といったのは，私が前著『虚数の話』の中でかなりの紙幅を割いて $\sqrt{-1}$ に関してわかりにくいと思われていることについて記したからである．それは何世紀も前から知的階級の人々の間で抱かれてきた感情であった．

当時の人々が $\sqrt{-1}$ を考えるとき，どんな点が難しかったのかは，容易に想像がつく．通常の実数の世界において，すべての正の数は2つの実数の平方根を持つ（そ

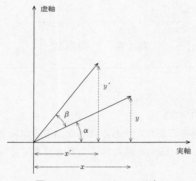

図 1.1.1　ベクトルの回転

して0は1つだけ持つ）．ところが，負の数は平方根を持たない．たとえば方程式 $x^2+1=0$ の解を求めるには，実数の「外に出る」ことが必要であり，複素数に拡張された世界へ入っていかなければならない．「$i=\sqrt{-1}$ が $x^2+1=0$ の解」とはどういうことかを理解するためにこの拡張が必要だったが，避けては通れない障害として長い間立ちはだかっていた．しかしながら，そうそうすぐには思いつかないような，まったく新しい方向からこの問題を考え直すことにより，この拡張を完全に回避できるのである[2]．

　行列と呼ばれる数学の分野は，1850年以来発展してきた．これを用いると，先ほどの数学者が頭に描いていたであろう内容を形式的に説明できるのではないだろうか．図

1.1.1 は複素数 $x+iy$ のベクトルを表しており，x 軸の正
方向と α の角をなす．これを反時計回りに角 β だけ回転
させると，複素数 $x'+iy'$ のベクトルを得る．どちらのベ
クトルも同じ長さ r であり，$r=\sqrt{x^2+y^2}=\sqrt{x'^2+y'^2}$ で
ある．図より直ちに $x=r\cos\alpha,\ y=r\sin\alpha$ であることが
わかる．よって三角関数の加法定理により以下の式が成立
する．

$$x' = r\cos(\alpha+\beta) = r(\cos\alpha\cos\beta - \sin\alpha\sin\beta),$$
$$y' = r\sin(\alpha+\beta) = r(\sin\alpha\cos\beta + \cos\alpha\sin\beta).$$

ここで，この x', y' の式において，$r\cos\alpha, r\sin\alpha$ をそ
れぞれ x, y で置き換えてみると

$$x' = x\cos\beta - y\sin\beta,$$
$$y' = y\cos\beta + x\sin\beta = x\sin\beta + y\cos\beta$$

となる．この 2 本の式を，縦ベクトル，行列の記号で書
き表すと，

$$\begin{bmatrix} x' \\ y' \end{bmatrix} = \begin{bmatrix} \cos\beta & -\sin\beta \\ \sin\beta & \cos\beta \end{bmatrix} \begin{bmatrix} x \\ y \end{bmatrix} = \boldsymbol{R}(\beta) \begin{bmatrix} x \\ y \end{bmatrix}$$

となる．ここで $\boldsymbol{R}(\beta)$ は 2 次行列の回転作用素である（後
に第 3 章で π^2 の無理性を証明する際，別の種類の作用素
「微分作用素」に出会うことになる）．すなわち，縦ベク
トル $\begin{bmatrix} x \\ y \end{bmatrix}$ は，$\boldsymbol{R}(\beta)$ を作用させる（あるいは掛ける[3]）
ことにより反時計回りに角 β だけ回転し，縦ベクトル

$$\begin{bmatrix} x' \\ y' \end{bmatrix}$$ になる.

$\beta = 90°$ は $x + iy$ に i をかけたときの反時計方向の回転角であり，これより $i = \sqrt{-1}$ は 2×2 行列

$$\boldsymbol{R}(90°) = \begin{bmatrix} \cos(90°) & -\sin(90°) \\ \sin(90°) & \cos(90°) \end{bmatrix} = \begin{bmatrix} 0 & -1 \\ 1 & 0 \end{bmatrix}$$

と関係がありそうに思えてくる．そこで，この行列を（虚数 i に相当するものとして）「虚行列」と呼ぶことにすると，わかりやすいのではなかろうか．そう．実のところこの呼び方は非常に有用かつ有意義なのである．それを説明するために，2×2 の単位行列

$$I = \begin{bmatrix} 1 & 0 \\ 0 & 1 \end{bmatrix}$$

が「任意の 2×2 行列 A に対し $AI = IA = A$」という性質を持つことを思い出そう．すなわち，通常の実数の世界で 1 が果たしているのと同じ役割を，I は行列の演算において果たしている．通常の世界ではもちろん $i^2 = -1$ であり，$\sqrt{-1}$ の「謎」は，先ほど述べたようにそれが通常の実数の世界に属さないということだ．ところが 2×2 行列の世界においては，このような「謎」はなくなる．「虚行列」は，存在の疑いがまったくない，れっきとした 2×2 行列であり，その 2 乗が

$$\begin{bmatrix} 0 & -1 \\ 1 & 0 \end{bmatrix} \begin{bmatrix} 0 & -1 \\ 1 & 0 \end{bmatrix} = \begin{bmatrix} -1 & 0 \\ 0 & -1 \end{bmatrix} = -I$$

となるのだ. すなわち通常の実数の世界と異なり, 2×2 行列の世界には, 1 の役割の 2×2 行列にマイナスをつけた元に, 2 乗したら等しくなるような元が存在するのだ.

普通の実数とのさらなる類似として, 実数の 0 に相当する 2×2 行列として $O = \begin{bmatrix} 0 & 0 \\ 0 & 0 \end{bmatrix}$ があることが挙げられる. これは, どんな 2×2 行列も O をかけると O になることからわかる. また, 0 でない任意の実数 a に対して $(1/a) \cdot a = 1$ ($1/a$ は a の逆数) であることに類似して, $AA^{-1} = A^{-1}A = I$ となるような行列 A^{-1} を, A の逆行列 A^{-1} と呼ぶ. (この記号は $A^0 = I$ であることも表している). しかしながら, 2×2 行列と通常の実数とが完全にそっくりかというと, そういうわけでもない. そこには歴然とした違いがあるのだ. たとえば, 実数の 1 には, -1 と 1 という 2 つの平方根がある. これに対して行列の I にも $-I$ と I という 2 つの平方根 (行列 S が A の平方根であるとは $S^2 = SS = A$ のこと) があるが, それに加えて I には無数の平方根があるのだ.

$$S = \begin{bmatrix} a & b \\ c & -a \end{bmatrix}$$

という行列を考え, $S^2 = I$ とすると,

$$\begin{bmatrix} a & b \\ c & -a \end{bmatrix}\begin{bmatrix} a & b \\ c & -a \end{bmatrix} = \begin{bmatrix} a^2+bc & 0 \\ 0 & cb+a^2 \end{bmatrix}$$

$$= \begin{bmatrix} 1 & 0 \\ 0 & 1 \end{bmatrix}.$$

となる．よって $a^2+bc=1$ を満たすどんな 3 数 a, b, c で
もよいことになる．実際，それらは実数である必要すら
ない．たとえば $a=\sqrt{2}$ とすると $bc=-1$ となるから，
$b=c=i$ はこれを満たす．そうすると

$$S = \begin{bmatrix} \sqrt{2} & i \\ i & \sqrt{2} \end{bmatrix}$$

が I の平方根の一例になっていることがわかる．よって
平方根は無限個存在するわけだが，さらに驚くべきこと
は，O でない 2 つの行列の積が O になり得ることだろ
う．この驚くべき性質の例として，

$$A = \begin{bmatrix} 4 & 0 \\ -1 & 0 \end{bmatrix} \quad と \quad B = \begin{bmatrix} 0 & 0 \\ 7 & 1 \end{bmatrix}$$

について，$A \neq O, B \neq O$ であるにも関わらず $AB=O$ と
なっていることを確かめてみるとよい．行列と実数は，必
ずしもそっくりではないのである．

　ここに述べてきたことは，単に記号を使って遊んでいる
ように見えたかも知れないが，本当はそれ以上の内容を含
んでいる．ひとつの理由を以下に述べよう．任意のベクト

ル $\begin{bmatrix} x \\ y \end{bmatrix}$ に2つの回転を連続して行なうとしよう. 最初に角度 β の回転をし, 引き続き角度 α の回転を行なうとする. すなわち,

$$\begin{bmatrix} x' \\ y' \end{bmatrix} = \boldsymbol{R}(\alpha)\boldsymbol{R}(\beta)\begin{bmatrix} x \\ y \end{bmatrix}$$

とする. この結果は角度 $\alpha+\beta$ の回転を1回だけ行なったものに等しい. しかも, どちらの回転を先に行なっても同じである. このことから回転作用素 $\boldsymbol{R}$ は次の2つの性質を持つことがわかる.

$$\boldsymbol{R}(\alpha)\boldsymbol{R}(\beta) = \boldsymbol{R}(\alpha+\beta),$$
$$\boldsymbol{R}(\alpha)\boldsymbol{R}(\beta) \stackrel{\cdot}{=} \boldsymbol{R}(\beta)\boldsymbol{R}(\alpha).$$

第2式の性質を, $\boldsymbol{R}$ の可換性という. これは非常に特殊な性質だが, 実のところそれ以上にめざましい性質は, 第1式の方である. この式により, n 回連続して角度 β の回転を施した結果は, 角度 $n\beta$ の回転を1回施すのに等しいことがわかる. すなわちどんな整数 n に対しても（正でも負でも0でも）

$$\boxed{\boldsymbol{R}^n(\beta) = \boldsymbol{R}(n\beta)}$$

が成立することがわかる. これはド・モアブルの定理（これについてはまもなく説明する）の行列作用素版である. 言い換えると以下の式が成り立っている.

$$\left[\begin{array}{cc} \cos\beta & -\sin\beta \\ \sin\beta & \cos\beta \end{array}\right]^{n} = \left[\begin{array}{cc} \cos(n\beta) & -\sin(n\beta) \\ \sin(n\beta) & \cos(n\beta) \end{array}\right]$$

ここで $n = -1$ とすると

$$\boldsymbol{R}^{-1}(\beta) = \boldsymbol{R}(-\beta)$$

という興味深い結果が得られる. 通常, 逆行列は直ちに計算できるものではないが, 回転行列は例外ということだ. 要するに, 角度 β の反時計回りの逆行列は, 角度 β の時計回りになる（角度 $-\beta$ の反時計回りといってもよい）. これより, 以下の式が成立する.

$$\boldsymbol{R}^{-1}(\beta) = \left[\begin{array}{cc} \cos(-\beta) & -\sin(-\beta) \\ \sin(-\beta) & \cos(-\beta) \end{array}\right] = \left[\begin{array}{cc} \cos\beta & \sin\beta \\ -\sin\beta & \cos\beta \end{array}\right]$$

この式は, 次のように直接計算によっても示せる.

$$\boldsymbol{R}^{-1}(\beta)\boldsymbol{R}(\beta)$$

$$= \left[\begin{array}{cc} \cos\beta & \sin\beta \\ -\sin\beta & \cos\beta \end{array}\right]\left[\begin{array}{cc} \cos\beta & -\sin\beta \\ \sin\beta & \cos\beta \end{array}\right]$$

$$= \left[\begin{array}{cc} \cos^2\beta + \sin^2\beta & -\cos\beta\sin\beta + \sin\beta\cos\beta \\ -\sin\beta\cos\beta + \cos\beta\sin\beta & \sin^2\beta + \cos^2\beta \end{array}\right]$$

$$= \left[\begin{array}{cc} 1 & 0 \\ 0 & 1 \end{array}\right] = I.$$

順序を逆にした $\boldsymbol{R}(\beta)\boldsymbol{R}^{-1}(\beta) = I$ の直接計算は読者の皆さんにお任せしよう.

行列 $\begin{bmatrix} \cos\beta & -\sin\beta \\ \sin\beta & \cos\beta \end{bmatrix}$ はベクトル $\begin{bmatrix} x \\ y \end{bmatrix}$ を角度 β だけ反時計回りに回転させる．これは，複素数平面のベクトル $e^{i\beta} = \cos\beta + i\sin\beta$ をかけた場合と一緒だ．よって，上の枠内（p. 49）の行列作用素の公式は単に $(e^{i\beta})^n = e^{in\beta}$ ということを意味しており，まったく驚くに当たらない．そしてオイラーの公式によりこれは

$$(\cos\beta + i\sin\beta)^n = \cos(n\beta) + i\sin(n\beta),$$

と表され，有名なド・モアブルの定理となる．ここまでは，行列の記号を導入したことで新たに何かがわかったわけではないようにみえる．まもなく述べるように，本当はそんなことはないのだが，ここではまず数学的に興味深い問題として，以下を考えよう．

回転という物理的な概念を用いずに

$$\begin{bmatrix} \cos\beta & -\sin\beta \\ \sin\beta & \cos\beta \end{bmatrix}^n = \begin{bmatrix} \cos(n\beta) & -\sin(n\beta) \\ \sin(n\beta) & \cos(n\beta) \end{bmatrix}$$

を数学的に証明できるか．

少なくとも n が正の整数の場合には，これができるというのが正解だ．そのためには引き続き複素数に注意を払う必要がある．なお，$n=0$ と $n=1$ の場合はみてお分かりのように明らかである．

次節で展開する純粋数学の議論は，行列代数でおそらく最も有名な定理であるケーリー–ハミルトンの定理に基づいている．この定理は，イギリスのアーサー・ケーリー

（1821-95 年）とアイルランドのウィリアム・ハミルトン
（1805-65 年）という 2 人の数学者にちなんで名付けられ
た．このうちケーリーは，純粋数学に大きく偏った考えを
持っており，物理学に頼った議論を極端なまでに拒絶し
た．電磁場理論における「マクスウェルの方程式」で知ら
れる偉大なる物理学者ジェームス・クラーク・マクスウェ
ルは，ケーリーを称して「彼の魂はこの世界からはみ出
し，n 次元空間の中にいる」と記した．

1.2　ケーリー–ハミルトンの定理とド・モアブルの定理

　　ケーリー–ハミルトンの定理の外見は，その内容の深さ
に反して単純だ．どのような大きさ（$n \times n$, n は正の整
数）の正方行列にも当てはまる定理だが，ここで必要なの
は $n = 2$ の場合だけである．まずはじめに，2×2 行列 A
の行列式を

$$\det A = \det \begin{bmatrix} a_{11} & a_{12} \\ a_{21} & a_{22} \end{bmatrix} = a_{11}a_{22} - a_{21}a_{12}$$

で定義する．すなわち，行列式とは 2 つの対角線の積の
差である．

　　次に，A の特性多項式を，変数 λ に関する多項式とし
て

$$p(\lambda) = \det(A - \lambda I)$$

で定義する．方程式 $p(\lambda) = 0$ を A の特性方程式と呼ぶ．

たとえば $A = \begin{bmatrix} 1 & 4 \\ 2 & 3 \end{bmatrix}$ のとき,

$$A - \lambda I = \begin{bmatrix} 1 & 4 \\ 2 & 3 \end{bmatrix} - \begin{bmatrix} \lambda & 0 \\ 0 & \lambda \end{bmatrix} = \begin{bmatrix} 1-\lambda & 4 \\ 2 & 3-\lambda \end{bmatrix}$$

であるから, A の特性多項式は

$$p(\lambda) = \det \begin{bmatrix} 1-\lambda & 4 \\ 2 & 3-\lambda \end{bmatrix} = (1-\lambda)(3-\lambda)-8$$

となり, 計算して $p(\lambda) = \lambda^2 - 4\lambda - 5$ となる. 特性方程式 $p(\lambda) = 0$ の解を A の固有値と呼ぶ. この例では $\lambda^2 - 4\lambda - 5 = (\lambda-5)(\lambda+1)$ であるから, A は 2 つの固有値 $\lambda = 5$ と $\lambda = -1$ を持つ.

　以上の用語を用いてケーリー–ハミルトンの定理を述べると

　　「どんな 2 次行列 A も, それ自身の特性方程式を満たす」

となる. すなわち, $p(\lambda) = 0$ の λ の代わりに A を代入した $p(A) = O$ が成立するのだ. 上の例だとケーリー–ハミルトンの定理は $A^2 - 4A - 5I = O$ となり, これは実際に行列の計算をすることにより容易に確かめられる. じつのところ, 特性方程式

$$\det \begin{bmatrix} a_{11} - \lambda & a_{12} \\ a_{21} & a_{22} - \lambda \end{bmatrix} = 0$$

の λ に A を代入して成立することは，一般の行列に対して直接計算で容易に確かめられるのだ．ケーリーは実際にその計算を行なった．彼はこの定理をすべての正整数 n に対して証明したわけではなく，$n=2$ と $n=3$ の場合に限り緻密な直接計算によって，1858 年に証明した（$n=3$ の場合は $n=2$ よりもずいぶんと煩雑で醜いものになっている）．定理にハミルトンの名前が付いているのは，ハミルトンがさらに入り組んだ計算を行ない，$n=4$ の場合を証明したからだ．しかし，たとえそれ以上大きな n について計算していっても，そうした直接計算ですべての n に対する証明に近づけるとは思えない．すべての n に対する一般的な証明には，本書の範囲を越えた数学的な準備が必要であるし，いずれにしても今の目的のためには 2×2 だけで十分である．一般の場合の証明に関しては，線形代数や行列理論の教科書にゆだねるにとどめたい．

　さて，ケーリー–ハミルトンの定理は，本書の目的にとってどのように役立つのだろうか．応用数学者や技師，物理学者によって用いられている主な用途のひとつに，行列の高次のべき乗の計算がある．行列 A が与えられたとき，A^2，A^3，A^4 の計算は，A の次数が小さければたやすい．しかしたとえ 2×2 行列であっても A^{3973} の計算は，すぐにとはいかない．そしてこうした計算は実際に必要なので

ある．2つ例を挙げれば，確率論におけるマルコフ・チェーンと，制御理論における工学的な用途がある[4]．いうまでもなく，現代の計算機を用いれば行列の高次のべき乗の計算は容易であり，速やかに行なえる．たとえば，本書に収められているグラフを描くための数値例の計算に用いた MATLAB という言語を使えば，A^{3973} の計算などは2×2行列を指でちょこっと入力するだけで，一発でできる．しかしながら，ここで論じたいのは「数学的な」解法である．それは，整数 $n \geqq 0$ に対するド・モアブルの定理の証明にもつながる．

　2×2行列の特性多項式は λ の2次式になるから，特性方程式 $p(\lambda) = 0$ を一般的な形の $\lambda^2 + \alpha_1 \lambda + \alpha_2 = 0$ と置ける．α_1 と α_2 は定数である．するとケーリー–ハミルトンの定理により $A^2 + \alpha_1 A + \alpha_2 I = O$ となる．ここで，λ^n を $\lambda^2 + \alpha_1 \lambda + \alpha_2$ で割ってみよう．割り算の結果は一般に，商が $(n-2)$ 次の多項式で，余りは高々1次の多項式となる（明らかに，この論法は $n < 2$ だと適用できない．前節の物理的な回転を用いる方法ではこうした制限はなかったから，この意味では，ここで述べている方法は純数学的である半面，前節の方法に比べて適用範囲が狭い）．すなわち，定数 β_1，β_2 に対して $r(\lambda) = \beta_2 \lambda + \beta_1$ と置くと

$$\frac{\lambda^n}{\lambda^2 + \alpha_1 \lambda + \alpha_2} = q(\lambda) + \frac{r(\lambda)}{\lambda^2 + \alpha_1 \lambda + \alpha_2}$$

が成立する．よって

$$\lambda^n = (\lambda^2 + \alpha_1\lambda + \alpha_2)q(\lambda) + \beta_2\lambda + \beta_1$$

となる.

　これは λ の多項式として恒等式だ. こうした恒等式において λ を行列 A で置き換えた式は, 行列の恒等式として正しいという行列代数の定理がある (この定理の証明は難しくない. 定理の結論は納得しやすいと思うのでここではこれを認め, 形式的な証明は線形代数の教科書に譲ることとしたい). したがって,

$$A^n = (A^2 + \alpha_1A + \alpha_2I)q(A) + \beta_2A + \beta_1I$$

となる. ここでケーリー – ハミルトンの定理により $A^2 + \alpha_1A + \alpha_2I = O$ であるから,

$$A^n = \beta_2A + \beta_1I$$

となる. あとは定数 β_1, β_2 を求めればよく, これは以下のように計算を進めればできる.

　枠で囲った上の等式はすべての λ について成り立つが, ここに 2 つの固有値 ($\lambda^2 + \alpha_1\lambda + \alpha_2 = 0$ の 2 解) λ_1, λ_2 を代入すると,

$$\lambda_1^n = \beta_2\lambda_1 + \beta_1,$$
$$\lambda_2^n = \beta_2\lambda_2 + \beta_1$$

となる. これらを β_1, β_2 の連立方程式として解くのは簡単な代数の計算でできるので, 計算過程を省略し結果を記すと,

$$\beta_1 = \frac{\lambda_2 \lambda_1^n - \lambda_1 \lambda_2^n}{\lambda_2 - \lambda_1},$$

$$\beta_2 = \frac{\lambda_2^n - \lambda_1^n}{\lambda_2 - \lambda_1}$$

となる. 以上により, 問題の A^n は, 2×2 の場合は

$$A^n = \frac{\lambda_2^n - \lambda_1^n}{\lambda_2 - \lambda_1} A + \frac{\lambda_2 \lambda_1^n - \lambda_1 \lambda_2^n}{\lambda_2 - \lambda_1} I$$

となった. 読者の中には $\lambda_1 = \lambda_2$ の場合 (結果の式で分母が 0 になる) はどうなるのかと思う向きもあろうが, それは簡単だ. $\lambda_1 = \lambda_2 + \varepsilon$ と置き $\varepsilon \to 0$ とすればよい. いずれにせよ, 当面の目標であるド・モアブルの定理の証明に関する限り, $\lambda_1 \neq \lambda_2$ が以下に示されるので心配は要らない.

今,

$$A = \begin{bmatrix} \cos\beta & -\sin\beta \\ \sin\beta & \cos\beta \end{bmatrix}$$

であり, よって

$$A - \lambda I = \begin{bmatrix} \cos\beta - \lambda & -\sin\beta \\ \sin\beta & \cos\beta - \lambda \end{bmatrix}$$

である. これより特性方程式 $\det(A - \lambda I) = 0$ は単に 2 次方程式 $(\cos\beta - \lambda)^2 + \sin^2\beta = 0$, すなわち $\lambda^2 - 2\lambda\cos\beta + 1 = 0$ となる. 解の公式により固有値 $\lambda_1 = \cos\beta - i\sin\beta$, $\lambda_2 = \cos\beta + i\sin\beta$ を得る. これらはオイラーの公式より

直ちに $\lambda_1 = e^{-i\beta}$, $\lambda_2 = e^{i\beta}$ と書ける. このように, 指数に複素数が入ったものを A^n の一般式に代入すると, 以下のようになる.

$$A^n = \begin{bmatrix} \cos\beta & -\sin\beta \\ \sin\beta & \cos\beta \end{bmatrix}^n$$

$$= \frac{e^{i\beta}e^{-in\beta} - e^{-i\beta}e^{in\beta}}{e^{i\beta} - e^{-i\beta}} \begin{bmatrix} 1 & 0 \\ 0 & 1 \end{bmatrix} + \frac{e^{in\beta} - e^{-in\beta}}{e^{i\beta} - e^{-i\beta}} \begin{bmatrix} \cos\beta & -\sin\beta \\ \sin\beta & \cos\beta \end{bmatrix}$$

$$= \frac{e^{-i(n-1)\beta} - e^{i(n-1)\beta}}{2i\sin\beta} \begin{bmatrix} 1 & 0 \\ 0 & 1 \end{bmatrix} + \frac{2i\sin(n\beta)}{2i\sin\beta} \begin{bmatrix} \cos\beta & -\sin\beta \\ \sin\beta & \cos\beta \end{bmatrix}$$

$$= \frac{-2i\sin\{(n-1)\beta\}}{2i\sin\beta} \begin{bmatrix} 1 & 0 \\ 0 & 1 \end{bmatrix} + \frac{\sin(n\beta)}{\sin\beta} \begin{bmatrix} \cos\beta & -\sin\beta \\ \sin\beta & \cos\beta \end{bmatrix}$$

$$= \begin{bmatrix} -\dfrac{\sin\{(n-1)\beta\}}{\sin\beta} & 0 \\ 0 & -\dfrac{\sin\{(n-1)\beta\}}{\sin\beta} \end{bmatrix}$$

$$+ \begin{bmatrix} \dfrac{\sin(n\beta)\cos\beta}{\sin\beta} & -\sin(n\beta) \\ \sin(n\beta) & \dfrac{\sin(n\beta)\cos\beta}{\sin\beta} \end{bmatrix}$$

$$= \begin{bmatrix} \dfrac{\sin(n\beta)\cos\beta - \sin\{(n-1)\beta\}}{\sin\beta} & -\sin(n\beta) \\ \sin(n\beta) & \dfrac{\sin(n\beta)\cos\beta - \sin\{(n-1)\beta\}}{\sin\beta} \end{bmatrix}.$$

ここで $\sin\{(n-1)\beta\} = \sin(n\beta)\cos\beta - \cos(n\beta)\sin\beta$ であるから,

$$\frac{\sin(n\beta)\cos\beta - \sin\{(n-1)\beta\}}{\sin\beta}$$

$$= \frac{\sin(n\beta)\cos\beta - \sin(n\beta)\cos\beta + \cos(n\beta)\sin\beta}{\sin\beta}$$

$$= \cos(n\beta)$$

となる. よって

$$\begin{bmatrix} \cos\beta & -\sin\beta \\ \sin\beta & \cos\beta \end{bmatrix}^n = \begin{bmatrix} \cos(n\beta) & -\sin(n\beta) \\ \sin(n\beta) & \cos(n\beta) \end{bmatrix}$$

となり，これで結局，物理的な回転を一切用いずにド・モアブルの定理を負でない整数 n に対して証明できた.

　負でない整数からすべての整数へ，ド・モアブルの定理を拡張するのは常套手段でできる．以下にその方法を示そう．（回転を用いる方法では負の数の場合は自動的に含まれており，これが回転を用いることの大きな利点であった）．まず，

$$(\cos\beta + i\sin\beta)^{-1} = \frac{1}{\cos\beta + i\sin\beta}$$

$$= \frac{\cos\beta - i\sin\beta}{(\cos\beta + i\sin\beta)(\cos\beta - i\sin\beta)}$$

$$= \frac{\cos\beta - i\sin\beta}{\cos^2\beta + \sin^2\beta} = \cos\beta - i\sin\beta$$

という式変形を考えると，$\cos(-\beta) = \cos\beta$，また $\sin(-\beta) = -\sin\beta$ である（この性質を持つため $\cos x$，$\sin x$ はそれぞれ偶関数，奇関数と呼ばれる）から，

$$\boxed{(\cos\beta + i\sin\beta)^{-1} = \cos(-\beta) + i\sin(-\beta)}$$

となる．ここで任意の k について $k = (-1)(-k)$ という
事実を用いると，

$$(\cos\beta + i\sin\beta)^k = [(\cos\beta + i\sin\beta)^{-1}]^{-k}$$

となるが，この右辺に枠内の式を代入すると

$$(\cos\beta + i\sin\beta)^k = [\cos(-\beta) + i\sin(-\beta)]^{-k}$$

となる．これは，正，負，0 を含めたすべての整数 k につ
いて正しい．特に，k が負である場合，$-k$ は正であり，
右辺は正のべきについて証明されたド・モアブルの定理に
より $\cos(k\beta) + i\sin(k\beta)$ に等しくなる．すなわち，$k < 0$
に対し

$$(\cos\beta + i\sin\beta)^k = \cos(k\beta) + i\sin(k\beta)$$

が示されたことになり，前の結果を合わせると，すべての
k に対して証明ができた．

　ド・モアブルの定理は解析の道具として強力だ．以下に
ひとつの応用例を示そう．ド・モアブルの定理の左辺を 2
項定理で展開すると

$$(\cos\beta + i\sin\beta)^k = \sum_{j=0}^{k} \binom{k}{j} \cos^{k-j}\beta (i\sin\beta)^j$$

となる．これよりド・モアブルの定理の右辺は

$$\cos(k\beta) + i\sin(k\beta) = \cos^k\beta + \binom{k}{1}(\cos^{k-1}\beta)(i\sin\beta)$$

$$+ \binom{k}{2}(\cos^{k-2}\beta)(i^2\sin^2\beta)$$

$$+ \binom{k}{3}(\cos^{k-3}\beta)(i^3\sin^3\beta)$$

$$+ \binom{k}{4}(\cos^{k-4}\beta)(i^4\sin^4\beta) + \cdots$$

と書かれる．ここで両辺の実部と虚部をそれぞれ取り出して等式に表すと

$$\cos(k\beta) = \cos^k\beta - \binom{k}{2}\cos^{k-2}\beta\sin^2\beta$$

$$+ \binom{k}{4}\cos^{k-4}\beta\sin^4\beta - \cdots,$$

$$\sin(k\beta) = \binom{k}{1}\cos^{k-1}\beta\sin\beta - \binom{k}{3}\cos^{k-3}\beta\sin^3\beta + \cdots$$

となる．よって

$$\tan(k\beta) = \frac{\sin(k\beta)}{\cos(k\beta)}$$

$$= \frac{\dbinom{k}{1}\cos^{k-1}\beta\sin\beta - \dbinom{k}{3}\cos^{k-3}\beta\sin^3\beta + \cdots}{\cos^k\beta - \dbinom{k}{2}\cos^{k-2}\beta\sin^2\beta + \dbinom{k}{4}\cos^{k-4}\beta\sin^4\beta - \cdots}$$

$$= \frac{\dbinom{k}{1}\dfrac{\cos^k\beta\sin\beta}{\cos\beta} - \dbinom{k}{3}\dfrac{\cos^k\beta\sin^3\beta}{\cos^3\beta} + \cdots}{\cos^k\beta - \dbinom{k}{2}\dfrac{\cos^k\beta\sin^2\beta}{\cos^2\beta} + \dbinom{k}{4}\dfrac{\cos^k\beta\sin^4\beta}{\cos^4\beta} - \cdots}$$

すなわち

$$\tan(k\beta) = \frac{\dbinom{k}{1}\tan\beta - \dbinom{k}{3}\tan^3\beta + \cdots}{1 - \dbinom{k}{2}\tan^2\beta + \dbinom{k}{4}\tan^4\beta - \cdots}$$

となる. この結果は, $\tan(k\beta)$ が $\tan\beta$ の 2 つの多項式の比として書けることを表している. $j > k$ なる任意の正の整数 j, k に対し $\dbinom{k}{j} = 0$ だから, この式は $k = 1$ の場合には自明な式 $\tan\beta = \tan\beta$ を表す. 次の $k = 2$ の場合は

$$\tan(2\beta) = \frac{2\tan\beta}{1 - \tan^2\beta}$$

となり, これは $\sin(2\beta)$, $\cos(2\beta)$ の倍角公式と合致する. すなわち

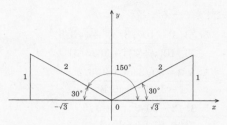

図 1.2.1 3 角が 30°，60°，90° の三角形
（30° の角の対辺は斜辺の半分）

$$\tan(2\beta) = \frac{\sin(2\beta)}{\cos(2\beta)} = \frac{2\sin\beta\cos\beta}{\cos^2\beta - \sin^2\beta}$$

$$= \frac{2\cos\beta/\sin\beta}{(\cos^2\beta/\sin^2\beta) - 1} = \frac{2/\tan\beta}{(1/\tan^2\beta) - 1}$$

$$= \frac{2\tan\beta}{1 - \tan^2\beta}$$

である．ここまではよく知っている内容だが，さらに大き
な k では，新しい事実が出てくる．たとえば $k=5$ では

$$\tan(5\beta) = \frac{5\tan\beta - 10\tan^3\beta + \tan^5\beta}{1 - 10\tan^2\beta + 5\tan^4\beta}$$

である．この結果の β に任意の値を代入すれば，直接計
算によって式が成り立っていることを確認できる．

一例として，高校の幾何で習った 30°，60°，90° の三角
形を用いると，図 1.2.1 に示すように，$\tan 30° = 1/\sqrt{3} = \sqrt{3}/3$ と $\tan 150° = -\tan 30° = -\sqrt{3}/3$ がわかる．今得た
等式はこの数値例と合っていることが，$\tan(5 \cdot 30°)$ を次

のように計算できることからわかる.

$$\frac{5(\sqrt{3}/3)-10(\sqrt{3}/3)^3+(\sqrt{3}/3)^5}{1-10(\sqrt{3}/3)^2+5(\sqrt{3}/3)^4}$$

$$=\frac{5\sqrt{3}/3-30\sqrt{3}/3^3+9\sqrt{3}/3^5}{1-30/3^2+45/3^4}$$

$$=\frac{5\cdot 3^4\sqrt{3}-30\cdot 3^2\sqrt{3}+9\sqrt{3}}{3^5-30\cdot 3^3+45\cdot 3}$$

$$=\sqrt{3}\frac{405-270+9}{243-810+135}=\sqrt{3}\frac{144}{-432}=-\frac{\sqrt{3}}{3}.$$

こんなふうにうまく計算ができるとは,驚くべき結果であり,ド・モアブルの定理がいかに強力であるかが実感される.それはより一般に,複素数が強力な道具であることを表しているともいえる.本章では以後,これまで論じてきたものとは全く異なるタイプの問題を数多く扱う.それによって,この実感はより確かなものになっていくだろう.

1.3 ラマヌジャンが計算した和

1912年,インドの独学の天才シュリニヴァーサ・ラマヌジャン(1887-1920年)は,複素数とオイラーの公式を使ってひとつの「おもしろい」問題を解いた.それはその前年にインド数学会誌に掲載された問題だった.何を根拠に問題を「おもしろい」というのか,それは単にいう人の趣味に過ぎないとみる向きもあろうが,ひとりの天才[5]がかつておもしろいと認めた以上,この問題がそう呼ばれ

るにふさわしいことについて異論はないだろう．その問題
とは，関数

$$P(x) = \sum_{m=1}^{\infty} \frac{(-1)^m \cos(mx)}{(m+1)(m+2)}$$

を閉じた形に表せというものだ．以下にラマヌジャンの解
法を記そう．

　以下の関数を補助的に用いることは，すぐに思いつくだ
ろう．

$$Q(x) = \sum_{m=1}^{\infty} \frac{(-1)^m \sin(mx)}{(m+1)(m+2)}.$$

するとオイラーの公式により

$$P(x) + iQ(x) = \sum_{m=1}^{\infty} \frac{(-1)^m e^{imx}}{(m+1)(m+2)}$$

$$= \sum_{m=1}^{\infty} \frac{(-1)^m z^m}{(m+1)(m+2)}$$

となる．ここで $z = e^{ix}$ である．この最後の和は

$$\sum_{m=1}^{\infty} \frac{(-1)^m z^m}{(m+1)(m+2)} = \sum_{m=1}^{\infty} (-1)^m \left\{ \frac{1}{m+1} - \frac{1}{m+2} \right\} z^m$$

$$= \sum_{m=1}^{\infty} (-z)^m \frac{1}{m+1}$$

$$- \sum_{m=1}^{\infty} (-z)^m \frac{1}{m+2}$$

と書かれる．ここで，大学1年生の微積分で習うように，
$\log(1+x)$ のマクローリン展開

$$\log(1+x) = x - \frac{1}{2}x^2 + \frac{1}{3}x^3 - \frac{1}{4}x^4 + \frac{1}{5}x^5 - \cdots$$
$$= -\sum_{n=1}^{\infty} \frac{(-1)^n}{n}x^n$$

を用いる．この公式は x が実数であるとの仮定の下で導かれるが，ここではこの展開が複素数値 z に対しても成立するとしよう（これについては本節の終わりで少し触れる）．すると

$$\sum_{m=1}^{\infty} (-z)^m \frac{1}{m+1} = -\frac{z}{2} + \frac{z^2}{3} - \frac{z^3}{4} + \frac{z^4}{5} - \frac{z^5}{6} + \cdots$$

であるから，

$$z\sum_{m=1}^{\infty} (-z)^m \frac{1}{m+1} = -\frac{z^2}{2} + \frac{z^3}{3} - \frac{z^4}{4} + \frac{z^5}{5} - \cdots$$
$$= \log(1+z) - z,$$

すなわち

$$\sum_{m=1}^{\infty} (-z)^m \frac{1}{m+1} = \frac{\log(1+z)}{z} - 1$$

となる．また，

$$\sum_{m=1}^{\infty} (-z)^m \frac{1}{m+2} = -\frac{z}{3} + \frac{z^2}{4} - \frac{z^3}{5} + \frac{z^4}{6} - \cdots$$

より

$$z^2\sum_{m=1}^{\infty} (-z)^m \frac{1}{m+2} = -\frac{z^3}{3} + \frac{z^4}{4} - \frac{z^5}{5} + \frac{z^6}{6} - \cdots$$
$$= -\log(1+z) + z - \frac{1}{2}z^2$$

すなわち

$$\sum_{m=1}^{\infty} (-z)^m \frac{1}{m+2} = -\frac{\log(1+z)}{z^2} + \frac{1}{z} - \frac{1}{2}$$

となる. よって,

$$\sum_{m=1}^{\infty} (-z)^m \frac{1}{m+1} - \sum_{m=1}^{\infty} (-z)^m \frac{1}{m+2}$$

$$= \frac{\log(1+z)}{z} - 1 + \frac{\log(1+z)}{z^2} - \frac{1}{z} + \frac{1}{2}$$

$$= \log(1+z)\left\{\frac{1}{z} + \frac{1}{z^2}\right\} - \frac{1}{z} - \frac{1}{2}$$

が成立する. $z = e^{ix}$, $1/z = e^{-ix}$, また $1/z^2 = e^{-i2x}$ であるから, 結局

$$P(x) + iQ(x) = \log(1+e^{ix})\{e^{-ix} + e^{-i2x}\} - e^{-ix} - \frac{1}{2}$$

となる. ここで

$$\log(1+e^{ix}) = \log\{e^{ix/2}(e^{-ix/2} + e^{ix/2})\}$$

$$= \log\left\{e^{ix/2} \cdot 2\cos\left(\frac{x}{2}\right)\right\}$$

$$= \log(e^{ix/2}) + \log\left\{2\cos\left(\frac{x}{2}\right)\right\}$$

$$= \log\left\{2\cos\left(\frac{x}{2}\right)\right\} + i\frac{x}{2}$$

を用いると,

$$P(x) + iQ(x)$$

$$= \left[\log\left\{ 2\cos\left(\frac{x}{2}\right) \right\} + i\frac{x}{2} \right] \{ e^{-ix} + e^{-i2x} \} - e^{-ix} - \frac{1}{2}$$

$$= \left[\log\left\{ 2\cos\left(\frac{x}{2}\right) \right\} + i\frac{x}{2} \right] \times [\cos x + \cos(2x)$$

$$- i\{ \sin x + \sin(2x) \}] - \cos x + i\sin x - \frac{1}{2}$$

$$= \log\left\{ 2\cos\left(\frac{x}{2}\right) \right\} [\cos x + \cos(2x)]$$

$$+ \frac{x}{2}\{ \sin x + \sin(2x) \} - \cos x - \frac{1}{2}$$

$$+ i\left[\frac{x}{2}\{ \cos x + \cos(2x) \} - \log\left\{ 2\cos\left(\frac{x}{2}\right) \right\} \times \{ \sin x \right.$$

$$\left. + \sin(2x) \} + \sin x \right]$$

となり，両辺の実部を比べることによりラマヌジャンの得た解答

$$P(x) = \sum_{m=1}^{\infty} \frac{(-1)^m \cos(mx)}{(m+1)(m+2)}$$

$$= \log\left\{ 2\cos\left(\frac{x}{2}\right) \right\} [\cos x + \cos(2x)]$$

$$+ \frac{x}{2}\{ \sin x + \sin(2x) \} - \cos x - \frac{1}{2}$$

に到達する．（両辺の虚部を比べれば，当然，$Q(x)$ に関する和も得られる）．ただし，この結果には $-\pi < x < \pi$ という制限がある．この区間でのみ対数関数の真数が非零[6] となるのである．

　さて，ここで当然生ずる第一の疑問は，このラマヌジャンの解答ははたして正しいのかということである．「正し

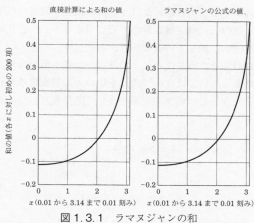

図 1.3.1 ラマヌジャンの和

い」とは，同じ x を公式の両辺に代入して同じ答えになるという意味だ．この証明では，実数の x に関する公式を，使用する段になって複素数に適用した．これに何か問題があるだろうか．この成否は計算機を用いて容易に確かめられる．図 1.3.1 は公式の両辺の挙動を表す．左のグラフはもとの級数の最初の 200 項の和を，0.01 から 3.14 まで 0.01 刻みで 314 通りの値 x について直接計算した結果であり，右のグラフは同じ値 x をラマヌジャンの結論に代入した結果だ[7]．2つのグラフを重ね合わせてみると肉眼ではまったくずれが感じられず，これらは事実上同じ曲線であるといえる．もちろん，この説明では証明になっていないのだが，これでもまだこの結果が正しいと納得し

ない者がいるとすれば，よほど厳格な純粋主義者だけであろう．この公式は，複素数の，そしてオイラーの公式の有用性を明確に表している事例であると思う．

級数の和を求めるためにオイラーの公式を用いたが，これは単なる技巧ではない．これを用いて有名な級数の和を求めるもうひとつの実例を示そう[8]．出発点として次の式変形を考える．

$$\log(2\cos u) = \log\left[2\frac{e^{iu}+e^{-iu}}{2}\right]$$
$$= \log\left[e^{iu}(1+e^{-i2u})\right]$$
$$= \log(e^{iu})+\log(1+e^{-i2u})$$
$$= iu+\log(1+e^{-i2u}).$$

これより

$$\int_0^{\pi/2}\log(2\cos u)du = \int_0^{\pi/2}\{iu+\log(1+e^{-i2u})\}du$$

となる．ここで先ほどと同様に，$\log(1+x)$ のべき級数が複素数に対しても成立すると仮定し（ラマヌジャンの問題を解く際にうまくいったので，この仮定を設けることには，先ほどよりも抵抗が少ないだろう），$x=e^{-i2u}$ と置くと

$$\int_0^{\pi/2}\log(2\cos u)du$$
$$= i\left[\frac{u^2}{2}\right]_0^{\pi/2} - \int_0^{\pi/2}\sum_{n=1}^{\infty}\frac{(-1)^n}{n}e^{-i2un}du$$

$$= i\frac{\pi^2}{8} - \sum_{n=1}^{\infty} \frac{(-1)^n}{n} \int_0^{\pi/2} e^{-i2un} du$$

となる．ここで最後の積分だけを取り出すと

$$\int_0^{\pi/2} e^{-i2un} du = i\left[\frac{e^{-i2un}}{2n}\right]_0^{\pi/2} = i\frac{e^{-i\pi n}-1}{2n}$$

となる．ここで $\sin(\pi n) = 0$ であることから，オイラーの公式を用いると，すべての整数 n に対して $e^{-i\pi n} = \cos(\pi n) - i\sin(\pi n) = \cos(\pi n)$ である．任意の整数 n に対して $\cos(\pi n) = (-1)^n$ だから，次のように積分が求められる．

$$\int_0^{\pi/2} e^{-i2un} du = i\frac{(-1)^n-1}{2n}$$

$$= \begin{cases} -i\dfrac{1}{n} & (n \text{ が奇数のとき}), \\ 0 & (n \text{ が偶数のとき}). \end{cases}$$

これを $\displaystyle\int_0^{\pi/2} \log(2\cos u) du$ の最後の式に代入すると，

$$\int_0^{\pi/2} \log(2\cos u) du = i\frac{\pi^2}{8} - \sum_{\text{奇数 } n>0} \frac{(-1)^n}{n}\left[-i\frac{1}{n}\right]$$

$$= i\frac{\pi^2}{8} - i\sum_{\text{奇数 } n>0} \frac{1}{n^2}$$

$$= i\left[\frac{\pi^2}{8} - \sum_{k=0}^{\infty} \frac{1}{(2k+1)^2}\right]$$

となる．ここで，積分 $\displaystyle\int_0^{\pi/2} \log(2\cos u) du$ についてひと

つ確実にいえることがある．実数値関数を実数の区間で積
分しているので，積分値が実数であるということだ．この
事実を上の結果と見比べると，上の結果は積分の値が純
虚数であることを表しているから，結論として積分値は 0
でなくてはならない．以上のことから

$$\sum_{k=0}^{\infty} \frac{1}{(2k+1)^2} = \frac{\pi^2}{8}$$

となる．この結果はオイラー自身により初めて発見された
が，そのときは別の方法によっていた．またさらに別の新
しい方法を 4.3 節で扱う．なお，ちょっとした副産物と
して，先ほどの議論の中で

$$\int_0^{\pi/2} \log(2\cos u)du = 0 = \int_0^{\pi/2} \{\log 2 + \log(\cos u)\}du$$

$$= \frac{\pi}{2}\log 2 + \int_0^{\pi/2} \log(\cos u)du$$

であったことから，以下のような美しい結果も得られる．

$$\int_0^{\pi/2} \log(\cos u)du = -\frac{\pi}{2}\log 2.$$

1.4　ベクトルの回転と負の振動数

　オイラーの公式により，私たちは時間の実数値関数であ
る $\cos(\omega t)$ や $\sin(\omega t)$ を，複素数の指数関数を用いて表せ
た（ここでは ω は任意定数であるが，物理的に簡単な意
味づけができることをまもなく説明する）．具体的には

$$\cos(\omega t) = \frac{e^{i\omega t} + e^{-i\omega t}}{2},$$

$$\sin(\omega t) = \frac{e^{i\omega t} - e^{-i\omega t}}{2i}$$

となる．これらの数式は誰もが感ずるように外見上はかなり抽象的だが，じつはうまく幾何学的に解釈できるのだ．$e^{i\omega t}$ は複素平面内の長さ 1 のベクトルであり，実軸の正方向と ωt の角度をなす．したがって，時刻 $t=0$ では $e^{i\omega t}$ は角度 0 であり，実軸の正方向にちょうど重なり，0 から 1 に向かうベクトルである．時刻が経過すると角度 ωt は増加し，ベクトルは複素平面内で原点の回りを反時計回りに回転（あるいはスピン）する．そして ωt が 2π ラジアンになったとき，ちょうど1回転する．このときの時刻を $t=T$ と置けば $\omega = 2\pi/T$ であり，単位は「ラジアン毎秒」となる．この ω はベクトル回転の角振動数と呼ばれる．

　これは振動数の一種なので，1秒間に何回転するか（あるいは何周するか）で測る方が，より自然かも知れない．この数を ν と書くと $\nu = 1/T$ となり（T は回転の周期と呼ばれる），$\omega = 2\pi\nu$ となる．機械工学の世界では，通常，ν は 0 から数千あるいは数万の範囲の値をとる[9]．一方，電気工学の世界では，ν は 0 から γ 線の振動数（10^{20} ヘルツ[10]）までの間の値をとる．たとえば，普通の AM，FM ラジオはそれぞれ，10^6 ヘルツや 10^8 ヘルツ付近の周波数（振動数は，このように大きな値の場合に

周波数と呼ばれる）を用いている.

　$e^{i\omega t}$ と $e^{-i\omega t}$ の唯一の違いは, $e^{-i\omega t}$ の角度が $-\omega t$ であること, すなわち $e^{-i\omega t}$ は時間が経つと, 反対方向である時計回りに回転するということだ. そしてこのことから, $\cos(\omega t)$ を複素数の指数関数で表すことの意味がようやくわかる. 図1.4.1(a)は, 任意の時刻 t における $e^{i\omega t}$ と $e^{-i\omega t}$ を示している. この2つのベクトルの虚数成分は大きさが等しく逆向き（すなわち真上と真下）である. したがって, どの瞬間にも虚数部分は打ち消しあって0になっている. 一方, この2つのベクトルの実数成分は, どの瞬間にも大きさが等しくかつ同じ方向だ（すなわち常にそのまま足される）. したがって, 2つの指数関数の値のベクトル和は常に実軸上に完全に乗っており, その上で振動する. 各回転ベクトルの実数成分が $\cos(\omega t)$ そのものであることから, この和を2で割ると $\cos(\omega t)$ になる. 同様のことが $\sin(\omega t)$ の形の複素数の指数関数についても考えられる. 今度は図1.4.1(b)に示すように, $e^{i\omega t}$ と $-e^{-i\omega t}$ のベクトル和は常に虚軸上に完全に乗っており, そこで振動する. したがって, この和を $2i$ で割れば $\sin(\omega t)$ を得, これは実数値だ（ベクトル $-e^{-i\omega t}$ が図のようになる理由は以下のとおり：$-e^{-i\omega t} = -\cos(\omega t) + i\sin(\omega t)$ の実部は $e^{i\omega t}$ の実部の -1 倍であり, 虚部は $e^{i\omega t}$ の虚部に等しい）.

　いつも角振動数 ω を正として, $e^{i\omega t}$ と $e^{-i\omega t}$ を指すときに「時計回り」「反時計回り」という語で呼んで区別す

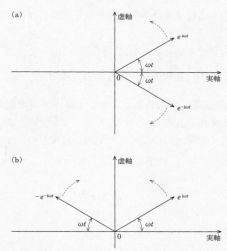

図 1. 4. 1　複素平面で逆回転するベクトルの組

るよりも，工学や数学ではしばしば $e^{-i\omega t} = e^{i(-\omega)t}$ とみて，$e^{i\omega t}$ を「正の角振動数 ω」，$e^{-i\omega t}$ を「負の角振動数 $-\omega$」のベクトル回転と呼ぶ．この用語を初めて学んだ学生は，「0 より小さな振動数で動くことなんてできるのか」と不思議に感ずることが多いようだ．もちろん，実数値の関数だとそれはあり得ないわけだが，複素数値ならあり得るのだ．

　$\cos(\omega t)$ と $\sin(\omega t)$ を複素数の指数関数を用いて表すことは，別の難問を解決するための鍵となる．これについては第 4 章で大きく取り上げる．ここでは，この手法によ

ってなされる簡単ではあるが印象的な実例をひとつ挙げよう.

　以下の積分を求めよ.

$$\int_0^\pi \sin^{2n}\theta d\theta, \qquad n = 0, 1, 2, 3, \cdots.$$

　（これは前著『虚数の話』の訳書 109 ページで読者への問題として出し，そこでは解答を与えなかった. ここでは解答を与えた後，この問題の歴史的な意味合いについて述べる）.

　まず

$$\sin\theta = \frac{e^{i\theta} - e^{-i\theta}}{2i}$$

であるから

$$\sin^{2n}\theta = \frac{(e^{i\theta} - e^{-i\theta})^{2n}}{2^{2n}(i)^{2n}}.$$

ここで $(i)^{2n} = (\sqrt{-1})^{2n} = ((\sqrt{-1})^2)^n = (-1)^n$，また $2^{2n} = 4^n$ であるから，

$$\sin^{2n}\theta = \frac{(e^{i\theta} - e^{-i\theta})^{2n}}{(-1)^n 4^n}.$$

2 項定理により

$$(e^{i\theta} - e^{-i\theta})^{2n} = \sum_{k=0}^{2n} \binom{2n}{k} e^{ki\theta}(-e^{-i\theta})^{2n-k}$$

$$= \sum_{k=0}^{2n} \binom{2n}{k} e^{ik\theta} \frac{(-e^{-i\theta})^{2n}}{(-e^{-i\theta})^{k}}$$

$$= \sum_{k=0}^{2n} \binom{2n}{k} e^{ik\theta} \frac{(-1)^{2n}e^{-i2n\theta}}{(-1)^{k}e^{-ik\theta}}.$$

ここで，$(-1)^{2n} = 1$ より

$$(e^{i\theta} - e^{-i\theta})^{2n} = \sum_{k=0}^{2n} \binom{2n}{k} e^{i2k\theta} \frac{e^{-i2n\theta}}{(-1)^{k}}$$

$$= \sum_{k=0}^{2n} \binom{2n}{k} \frac{e^{i2(k-n)\theta}}{(-1)^{k}}$$

となり，したがって

$$\int_{0}^{\pi} \sin^{2n}\theta \, d\theta = \frac{1}{(-1)^{n}4^{n}} \sum_{k=0}^{2n} \frac{\binom{2n}{k}}{(-1)^{k}} \int_{0}^{\pi} e^{i2(k-n)\theta} \, d\theta$$

となる.

ここでしばらくの間，右辺の積分のみを取り出して計算する. $k \neq n$ のとき,

$$\int_{0}^{\pi} e^{i2(k-n)\theta} \, d\theta = \left[\frac{e^{i2(k-n)\theta}}{i2(k-n)} \right]_{0}^{\pi} = 0$$

となる. これは，下端変数 $\theta = 0$ を代入すると $e^{i2(k-n)\theta}$ $= e^{0} = 1$ となり，上端変数 $\theta = \pi$ を代入するとやはり $e^{i2(k-n)\theta} = e^{i(k-n)2\pi} = e^{2\pi i \, \text{の整数倍}} = 1$ となることからわ

かる．しかし $k = n$ のときは以上の議論は分母が 0 になってしまうため使えない．そこで積分する前に $k = n$ と置くと，被積分関数は 1 となり，積分は単に

$$\int_0^\pi d\theta = \pi$$

となる．以上をまとめると，次の事実が成立する．

$$\int_0^\pi e^{i2(k-n)\theta} d\theta = \begin{cases} 0 & (k \neq n \text{ のとき}) \\ \pi & (k = n \text{ のとき}) \end{cases}.$$

これより，

$$\int_0^\pi \sin^{2n}\theta \, d\theta = \frac{1}{(-1)^n 4^n} \frac{\binom{2n}{n}}{(-1)^n} \pi = \frac{\pi}{4^n} \binom{2n}{n}$$

となる．

0 から π までの区間上での $\sin^{2n}\theta$ の対称性より，積分区間を 0 から $\pi/2$ に縮めると積分値は半分になるから，

$$\int_0^{\pi/2} \sin^{2n}\theta \, d\theta = \frac{\pi/2}{4^n} \binom{2n}{n}$$

が成り立つ．これはしばしば，イギリスの数学者ジョン・ウォリス（1616-1703 年）の名を取って「ウォリスの積分」と呼ばれる．ウォリスはこの積分を求めたわけではなかったから，この命名は妙である．にもかかわらずウォリスの名前が付けられた理由は $\int_0^{\pi/2} \sin^n\theta \, d\theta$ の形の積分を

用いると π に関するウォリスの有名な積公式

$$\frac{\pi}{2} = \frac{2 \cdot 2}{1 \cdot 3} \cdot \frac{4 \cdot 4}{3 \cdot 5} \cdot \frac{6 \cdot 6}{5 \cdot 7} \cdot \frac{8 \cdot 8}{7 \cdot 9} \cdot \frac{10 \cdot 10}{9 \cdot 11} \cdots$$

が証明できるからだ. そしてこの方法は, オイラーの $\sin x$ の無限積公式によるよりもはるかに容易なのである [11].

1.5 コーシー–シュワルツ不等式と落石

　解析幾何と複素数の話をしてきたが, ここで解析で最も有用な道具のひとつ, コーシー–シュワルツ不等式と呼ばれる定理を証明しよう. 何年も前に, コーシー–シュワルツ不等式に関し, 次のように書かれたことがある.

　　　これは, きわめて有用な武器である. この公式を知って用いた者が, 同じ問題にもがき苦しんでいる哀れな競争相手を尻目に成功をおさめた例はたくさんある [12].

本節が終わる頃には, 私たちはこの不等式を使えるようになっているだろう. そこで本節の最後で, この引用文の著者が頭に描いていた具体的な内容である, ひとつの興味深い実例を解説する. どうみても何もないように見えるところから, この不等式によって正解がひねり出されてくる様子が見て取れるだろう.

　この不等式の証明は簡潔だ. t を実数の変数とし, $f(t)$ と $g(t)$ を, 任意の実数値関数とする. このとき, 任意の実数の定数 λ とさらに2つの定数 U, L (これらはどん

なに大きくてもかまわない．∞でもよい）に対し，

$$\int_L^U \{f(t)+\lambda g(t)\}^2 dt \geqq 0$$

が成立することは確実である．その理由は，被積分関数は
実数の2乗なので常に0以上だからだ．この積分を展開
すると次のようになる．

$$\lambda^2 \int_L^U g^2(t)dt + 2\lambda \int_L^U f(t)g(t)dt + \int_L^U f^2(t)dt \geqq 0.$$

これらの3つの定積分は定数なのでa, b, cと置くと，左
辺はλの単なる2次式であり，

$$h(\lambda) = a\lambda^2 + 2b\lambda + c \geqq 0,$$

ただし

$$a = \int_L^U g^2(t)dt, \quad b = \int_L^U f(t)g(t)dt, \quad c = \int_L^U f^2(t)dt$$

となる．そこで，この$h(\lambda)$のグラフがλ-軸と交わらない
ことが，コーシー–シュワルツ不等式の簡単な図形的解釈
である．そのグラフ（放物線）は，λ-軸に接するのが精
一杯であり，そのとき，不等式の「$\geqq$」の特殊な場合とし
て「$=$」が満たされる．すなわち$h(\lambda) = 0$であり，この
ときλ-軸は放物線の水平な接線となる．これは方程式の
解という観点でみると，$a\lambda^2 + 2b\lambda + c = 0$が（重解を除
き）実数解を持たないことを意味する．実数解とはλ-軸
との交点のことだからだ．よって，この2次式の2解は
複素共役な組となり，

$$\lambda = \frac{-2b \pm \sqrt{4b^2 - 4ac}}{2a} = \frac{-b \pm \sqrt{b^2 - ac}}{a}$$

となる. この 2 数が複素共役となるための条件は, 当然 $b^2 \leqq ac$ (等号のときは実数の重解) である. したがって, 先に示した不等式 $h(\lambda) \geqq 0$ から必然的に以下の不等式を得たわけだ.

$$\left\{ \int_L^U f(t)g(t)dt \right\}^2 \leqq \left\{ \int_L^U f^2(t)dt \right\} \left\{ \int_L^U g^2(t)dt \right\}$$

これが, コーシー–シュワルツ不等式である[13]. この結論の威力を示す簡単な実例をひとつ挙げよう. 私が高さ 120 メートルの塔のてっぺんに登り, そこから石を落とすとする. 空気抵抗などの複雑で小さな誤差は無視する. ガリレオが何世紀も前に発見したように, 石が私の手を離れ地面に向けて落下した距離を $y(t)$ とおくと, 私が手を離した時刻を $t = 0$ として, 石の落下する速さは毎秒 $v(t) = dy/dt = gt = 9.8t$ メートルとなる. ただし g は重力加速度で, 約 9.8 メートル毎秒毎秒である (時間の単位を「秒」とする). したがって, s を積分変数として,

$$y(t) = \int_0^t v(s)ds = \int_0^t 9.8s \, ds = \left[4.9s^2 \right]_0^t = 4.9t^2$$

となる. 石が時刻 $t = T$ で地面に落ちたとすると, $120 = 4.9T^2$ より $T = \sqrt{120/4.9} = 4.95$, すなわち, 約 5 秒後に落ちたことがわかる.

　ここまでの結果を踏まえると, 以下の問に答えるのはや

さしそうに思える．「石の落下における平均速度はいくら
か」——120 メートル落ちるのに 5 秒かかったのだから，
10000 人のうち 9999 人までが「簡単だ．120 ÷ 5 = 24 メ
ートル毎秒」と答えるに違いない．だが，最後の一人が別
の答を言ったとする．いったいどんな解答があり得るだろ
う．彼はみんなの計算を「時間平均」と呼ぶことだろう．
時間平均とは

$$V_{\text{time}} = \frac{1}{T} \int_0^T v(t) dt$$

であり，この積分値は $v(t)$ のグラフの下で $t = 0$ から $t =$
T までの部分の面積だ．そしてこの値は，仮に $t = 0$ から
$t = T$ まで速度が一定値 V_{time} だったとした場合の，グラ
フの下の部分（高さ V_{time} の長方形）の面積に等しい．実
際，$v(t) = 9.8t$ であるから，

$$V_{\text{time}} = \frac{1}{5} \int_0^5 9.8t \, dt = \frac{9.8}{5} \left[\frac{1}{2} t^2 \right]_0^5$$

$$= \frac{9.8 \cdot 25}{10} = 24 (\text{メートル毎秒})$$

となり，最初に得た結論と一致する．

　誰が見ても当然成り立つと最初からわかっていること
を，わざわざ高尚な積分を使って証明したかのように思
えるかも知れないが，最後の一人の変わり者は，ここで主
張するのだ．「でも落石の平均速度を計算する方法は他に
もあるし，それで別の答も得られるはずだ」．彼の主張は
こうだ．「落石を時間的にとらえる代わりに，空間的にと

らえたらどうなるか. つまり, 石の速度を, 石の落下時間
の関数とみて $v(t)$ とする代わりに, 石の落下距離の関数
$v(y)$ とみたらどうだろう」. ただしいうまでもないことだ
が, いずれの場合も速度の単位はメートル毎秒である. 落
下の総距離を L とすると (今の例では $L = 120$) 空間平
均

$$V_{\text{space}} = \frac{1}{L} \int_0^L v(y) dy$$

を考えることができる.

$t = \sqrt{y/4.9}$ であるから $v(y) = 9.8(\sqrt{y/4.9}) = 2\sqrt{4.9y}$ と
なる. たとえば $y = 120$ メートルのときに当てはめると,
地面につく瞬間には $v(120) = 2\sqrt{4.9 \times 120} = 49$ メートル
毎秒となり, これは先に求めた $v(5$ 秒$) = 49$ に一致する.
したがって, 落下速度の空間平均は

$$V_{\text{space}} = \frac{1}{120} \int_0^{120} 2\sqrt{4.9y}\, dy = \frac{\sqrt{4.9}}{60} \left[\frac{2}{3} y^{3/2} \right]_0^{120}$$

$$= \frac{\sqrt{4.9}}{90} \cdot 120^{3/2} = \frac{120\sqrt{120}\sqrt{4.9}}{90}$$

$$\approx 32 (\text{メートル毎秒})$$

となる.

この結果の意味について, ゆっくり落ち着いて考えるこ
ともできるだろう. だがここでは $V_{\text{time}} \leqq V_{\text{space}}$ が成立す
る点だけを指摘したい. 今計算したのはひとつの具体例に
過ぎないが, 実際は, $v(t)$ が t のどんな関数か, あるいは
$v(y)$ が y のどんな関数かを問わず, この不等式はいつで

も成立する．ちなみに，$V_{\text{time}} \leqq V_{\text{space}}$ は，これまで無視
してきた空気抵抗を考慮に入れた場合でも成り立つ．この
不等式はきわめて一般的な定理ということになる．そして
この定理には，コーシー–シュワルツ不等式を用いた美し
い証明があるのだ（それが本節の主題であることはいうま
でもない）．ではその証明に入ろう．

　$g(t) = v(t)/T$ とし，$f(t) = 1$ とおくと，コーシー–シュ
ワルツ不等式より

$$\left(\frac{1}{T} \int_0^T v(t)dt \right)^2 \leqq \left\{ \int_0^T dt \right\} \left\{ \frac{1}{T^2} \int_0^T v^2(t)dt \right\}$$

$$= \frac{1}{T} \int_0^T v^2(t)dt = \frac{1}{T} \int_0^T \left(\frac{dy}{dt} \right)^2 dt$$

となる．ここで，微分記号からわかる性質を利用すると，

$$\left(\frac{dy}{dt} \right)^2 dt = \frac{dy}{dt} \cdot \frac{dy}{dt} \cdot dt = \frac{dy}{dt} \cdot dy$$

である．これを上式の最後の部分に代入すると，定積分の
端点を積分変数 y に変えなくてはならない．$t = 0$ のとき
$y = 0$，$t = T$ のとき $y = L$ であるから，

$$\left(\frac{1}{T} \int_0^T v(t)dt \right)^2 \leqq \frac{1}{T} \int_0^L \frac{dy}{dt} dy = \frac{1}{T} \int_0^L v(y)dy$$

となる．

　ここで，$L = \displaystyle\int_0^T v(t)dt$ であるから，

$$\left\{\frac{1}{T}\int_0^T v(t)dt\right\}\left\{\frac{1}{T}\int_0^T v(t)dt\right\} = \left(\frac{1}{T}\int_0^T v(t)dt\right)\frac{L}{T}$$

$$\leqq \frac{1}{T}\int_0^T v(y)dy$$

となる．したがって，

$$\frac{1}{T}\int_0^T v(t)dt \leqq \frac{1}{L}\int_0^L v(y)dy$$

であり，$V_{\text{time}} \leqq V_{\text{space}}$ が示された．

　以上の解析において，$v(t)$ や $v(y)$ の具体的な形については何にも仮定を設けなかった．したがって，この結果は完全に一般的だ．これをコーシー–シュワルツ不等式を使わずに証明することは本質的に難しいと思われる．そして忘れてはならないのは，コーシー–シュワルツ不等式の証明は，複素数という概念に大きくよっていたということである．

1.6　正 n 角形と素数

　前著『虚数の話』では方程式 $z^n - 1 = 0$ について述べた．すぐにわかる解として $z = 1$ があり，これより $(z - 1)$ は $z^n - 1$ の因数であることがわかる．実際，

$$(z-1)(z^{n-1}+z^{n-2}+\cdots+z+1) = z^n - 1$$

が，左辺を直接展開することにより容易に確かめられると述べた．この左辺における第 2 の因数を円分多項式と呼ぶ．この命名は正 n 角形の作図と関連があることも簡単に指摘した．前著で述べたのと同じことをここで繰り返す

つもりはないが，円分多項式にまつわる数学上の大きな成
果や，なるほどと思わせるような興味深い誤りについて，
以下で紹介していきたい．そのための土台づくりとして，
$z^n - 1 = 0$ に関するいくつかの基礎的な事項をざっとみて
おこう．

　$z^n - 1 = 0$ を形式的に解くのは簡単だ．解は $z = 1^{1/n}$
であり，そのうちの１つは，上でも述べたが，明らかに
１である．n 次多項式は n 個の解を持つことから，$n-1$
個の他の解があるはずだ．それらの解は，オイラーの公
式により直ちに容易に求められる．任意の整数 k に対し
$1 = e^{i2\pi k}$ であることから，

$$z = 1^{1/n} = (e^{i2\pi k})^{1/n} = e^{i2\pi k/n} = e^{i360° k/n}$$

となり，ここで k は任意の整数である（$k = 0$ のとき解は
$z = 1$ となる）．$k = 1, 2, \cdots, n-1$ より他の $n-1$ 個の解
を得，それらは一般に複素数となる（ただし n が偶数で
$k = n/2$ のときは実数解となるが，これについては後で詳
しく述べる）．これ以外の整数 k に対しては，以上の n 個
の解の繰り返しとなる．たとえば，$k = n$ の場合は $k = 0$
と同じ解となる．

　ここで，これらの解が持ついくつかのおもしろい性質を
みてみよう．まず第一に，すべての解は絶対値が１とい
うことだ．これは $|e^{i(\text{実数})}| = 1$ からわかる．したがって，
$z^n - 1 = 0$ のすべての解は原点を中心とする半径１の円周
上にある．第二の性質は，解はその円周上に等間隔に並
んでいることだ．隣り合う解同士のなす角は $2\pi/n$ ラジア

ンであり，k が 1 増加するごとに円周上で隣の点に移る．
ここでフェリックス・クラインの 1985 年の著書 *Famous Problems in Elementary Geometry* の一節を引用しよう（クラインが今日その名を知られている一番の理由は，裏のない閉曲面「クラインの壺」を発見したことだろう．その曲面は 4 次元以上の空間でのみ存在し，SF 小説などに多く登場する）．

　z-平面（$z = x + iy$ とする）において半径 1 の円周を考える．この円周を $z = 1$ から出発して n 等分することは，方程式

$$z^n - 1 = 0$$

を解くことと同じである．この方程式は解 $z = 1$ を持つ．この解を，方程式の両辺を $z - 1$ で割ることにより除外しよう．これは幾何学的には，等分点のうち出発点を無視することに相当する．そうすると方程式

$$z^{n-1} + z^{n-2} + \cdots + z + 1 = 0$$

を得る．これを円分方程式と呼んでも差し支えないだろう．

$z^n - 1 = 0$ の解が円周上を等間隔に並んでいることが，円分方程式と呼ばれる理由だ．この名はまさに「円」を「分ける」ことから来ている．

　$z = 1$ は任意の整数 n に対する共通の解だが，もうひとつ，$z = -1$ も，偶数 n に対する共通の解であることに注目しよう．これは $(-1)^{\text{偶数}} - 1 = 1 - 1 = 0$ であることからも明らかであるが，先ほどの一般解の公式からもわかる．

すなわち,
$$z = e^{i360°k/n} = e^{i360°k/2m} = e^{i180°k/m}$$
であり, $k = m = \frac{1}{2}n$ ならば
$$z = e^{i180°} = \cos(180°) + i\sin(180°) = -1$$
となるからである. したがって, n が偶数のとき, $z^n - 1 = 0$ には 2 個の実数解 ± 1 と $n - 2$ 個の虚数解がある. n が奇数のときは 1 個の実数解 $+1$ と $n - 1$ 個の虚数解がある. いずれの場合も虚数解の個数は偶数となる.

　常に偶数個の虚数解があり, それらは原点を中心とする円周上に等間隔で並んでいるのだから, 対称性により虚数解のちょうど半数は円周の上半分に属し, 残りの半数は円周の下半分に属する. また, 上半分の虚数解は下半分の虚数解と互いに複素共役の関係であることも, 対称性からわかる. たとえば, $n = 5$ として $z^5 - 1 = 0$ を考えよう. n が奇数であるから実数解は $+1$ のみであり, 他の 4 解は虚数である. それら 4 解は
$$z_1 = e^{i360°\cdot 1/5} = e^{i72°},$$
$$z_2 = e^{i360°\cdot 2/5} = e^{i144°},$$
$$z_3 = e^{i360°\cdot 3/5} = e^{i216°},$$
$$z_4 = e^{i360°\cdot 4/5} = e^{i288°}$$
である. 最初の 2 解は円周の上半分にあり, 後の 2 解は下半分にある. そして, z_1 と z_4 は複素共役であり, z_2 と z_3 もそうである. これらはすべて, 図 1.6.1 を見れば一

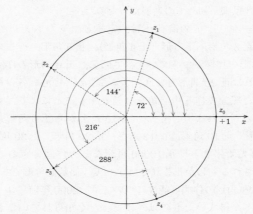

図 1.6.1 $z^5 - 1 = 0$ の解

目瞭然だ.

　これで本節の冒頭で挙げた例に戻る用意ができたが, ここでもう少し歴史的な話を加えさせてほしい. 1796 年 3 月 30 日, ドイツの天才カール・フリードリッヒ・ガウス (1777-1855 年) は, 19 歳の誕生日まであと 1 か月という日に, 素晴らしい発見をした. この発見は鮮烈であり, これによって彼は数学を生涯の道として選んだといわれているほどである. その発見とは, 正 17 角形が定規とコンパスだけを用いて作図可能であるという事実だった. それまで, 正多角形の作図に関しては 2000 年もの間, まったく進展がなかったため, ガウスの得た結果は直ちには信じてもらえなかったほどだった. つまり, ユークリッド

の時代以来，初めての進展だったのだ．

　ユークリッドの時代には，定規とコンパスだけを用いて正3角形，正方形（正4角形），正5角形，そして正15角形の作図ができていた．さらに，正 n 角形の作図ができれば正 $2n$ 角形も作図できることが，中心と各頂点を結んだ線分の作る中心角を2等分することにより，すぐわかる．これより，3，4，5，15角形から正6角形，正8角形，正10角形，正12角形，正20角形，正30角形，正40角形，さらに正10000角形なども作図できることが示される．しかしこれらはすべて「偶数」角形である．「奇数」角形の作図可能性については，2000年前にユークリッドが得ていたもの以外にまったく知られていなかった．

　ガウスは実際に正17角形を作図したわけではない．作図可能であることを証明したのだ．これはどういう意味だろうか．図1.6.2をご覧いただきたい．この図は，正17角形の頂点が原点Oを中心とする半径1の円周上に等間隔で並ぶ様子を示している．隣接する2頂点をP，Sとし，それらのなす中心角を θ とする．点Pから半径OS上に下した垂線の足をTとする．明らかに $\cos\theta = T$ であり，また $\theta = 2\pi/17$ ラジアンであることから，$T = \cos(2\pi/17)$ である．ガウスがしたことはこうである．彼はTすなわち $\cos(2\pi/17)$ が，定規とコンパスで作図可能であることを示したのだ．Tの位置がわかれば，そこから垂線を立てるだけでPの位置もわかる．そうすれば正

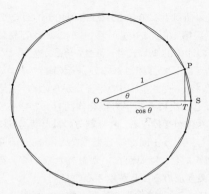

図 1.6.2　ガウスの正 17 角形

17 角形の 1 辺の長さがわかるので，あとは単純作業で，コンパスで円周上に正 17 角形のすべての頂点を作図できる．これがガウスの示したことである．

　さて「$\cos(2\pi/17)$ が作図可能」とはどういう意味だろうか．それは単に，足し算，引き算，2 等分，そして平方根をとる操作の，有限回の組み合わせで表されるという意味だ．これらの操作はすべて定規とコンパスだけでなされるのだ[14]．具体的にガウスが示したのは以下の事実である．

$$\cos\left(\frac{2\pi}{17}\right) = -\frac{1}{16} + \frac{1}{16}\sqrt{17} + \frac{1}{16}\sqrt{34 - 2\sqrt{17}}$$
$$+ \frac{1}{8}\sqrt{17 + 3\sqrt{17} - \sqrt{34 - 2\sqrt{17}} - 2\sqrt{34 + 2\sqrt{17}}}.$$

この両辺の値は共に 0.93247222940436… となり, (少なくとも小数第 16 位まで) 一致することは容易に検証できる. この印象的な数式は, 正 17 角形が定規とコンパスでどのようにして作図されるか, その 1 つ 1 つの過程をも示している. 長さ 1 (円の半径) から始め, それを長さ 17 に伸ばし, 次にその平方根を作図し, といった簡単な操作の組み合わせになる. 8 で割るのは 2 等分を 3 回行なうだけだし, もう 1 回 2 等分を行なえば 16 で割ることになる. 効率よくとはいかないかも知れないが, 確実に T の位置を突き止めることができるのだ[15].

ガウスによる正 17 角形の作図可能性の証明から, 正 34 角形, 正 68 角形, 正 136 角形などもすべて作図可能であることがわかる. 1801 年の著書『整数論』[16] の中で, ガウスは正 n 角形が作図可能であるための必要十分条件は n が

$$n = 2^k F_i F_j F_k \cdots$$

の形をしていることであると述べた. ここで k は任意の負でない整数 $k = 0, 1, 2, 3, \cdots$ であり, F は互いに異なるフェルマー素数だ. フェルマー素数とは, フランスの天才ピエール・ド・フェルマー (1601-65 年) にちなんで名付けられた素数だ. p を負でない整数とし, $F_p = 2^{2^p} + 1$ の形をした整数が素数であるときに F_p をフェルマー素数と呼ぶ. フェルマーは, $p = 0, 1, 2, 3, 4$ のときに F_p が素数になることを示した. すなわち

$$F_0 = 2^1 + 1 = 3,$$

$$F_1 = 2^2 + 1 = 5,$$

$$F_2 = 2^4 + 1 = 17,$$

$$F_3 = 2^8 + 1 = 257,$$

$$F_4 = 2^{16} + 1 = 65537$$

はすべて素数である．1640 年以降，フェルマーは F_p が常に素数であるだろうとの予想を公表し，自分が生きている間にこの予想を証明できるだろうと主張した．しかし，その証明が実際になされることはなかった．それもそのはず，次の F_5 は素数でなかったのだ．1732 年，オイラーは $F_5 = 2^{32} + 1$ の約数[17] を発見した．

　ユークリッドの古典的な結果である $n = 3$ と $n = 5$ の作図は，上枠のガウスの公式の $k = 0$ で F_0 の場合と，$k = 0$ で F_1 の場合に該当する．ガウス自身による正 17 角形の作図は，$k = 0$ で F_2 の場合に該当する（いうまでもなく，奇数の n が得られるのは $k = 0$ の場合のみである）．ガウスは上式を正 n 角形が作図可能であるための必要十分条件であると主張したが，実際に証明したのは十分性のみであり，必要性は証明しなかった．必要性が証明されたのは 1837 年のことで，フランスの数学者で技師でもあったピエール・ワンツェル（1814-48 年）が，n の奇数素因子が互いに異なるフェルマー素数でなければ正 n 角形が作図不可能であることを証明したのである．この結果により，たとえば正 7 角形を定規とコンパスで作図しようと

しても無駄であることがわかる．惜しいのは正 9 角形で，
$k = 0$ で $9 = 2^0 \cdot 3 \cdot 3 = 2^0 \cdot F_0 \cdot F_0$ と書けるが，ガウスの条
件のうち，フェルマー素数たちが互いに異なるという部分
を満たさない．したがって，正 9 角形もまた作図不可能
である．

　ガウスの正 17 角形の次に小さな「素数」角形[18] で作
図可能なものは正 257 角形だ．この作図は，1832 年にド
イツの数学者 F. J. リシェロット（1808-75 年）によって
最終的になされた．大きな n についての作図を試みるの
はよほどの変人だけだろうと思うかも知れないが，じ
つはそうでもないのだ．クラインは前述の著書 *Famous
Problems in Elementary Geometry* で述べている．「リ
ンゲン市に住むヘルメス教授は，正 65537 角形の作図に
10 年間を費やし，ガウスの作図法に出てくるすべての平
方根について詳しく考察した．それを書き残したものは
ゲッチンゲンの数学学校に保管されている」．クラインの
いうこの人物は，ドイツの教師ヨハン・グスタフ・ヘルメ
ス（1846-1912 年）である．1894 年に書かれたこの文書
は実際に今日もゲッチンゲン大学の図書館に所蔵されて
いる．サンフランシスコ大学の数学者ジョン・スティルウ
ェルは，こうした分野を専門とする有名な歴史家であり，
2002 年 12 月 5 日にインターネット上にヘルメスの文書
に関し，次のようなおもしろい話題を新しく付け加えた．

　　今年の 7 月にゲッチンゲンを訪れたとき，その文書
　　はまだそこにかなり良好な状態で保管されていた．数

学研究所の図書館で，専用に作られた「コファー」と呼ばれるスーツケースに入れられていた．文書は200枚ほどの大判の紙で，タブロイド誌の1ページほどの大きさであり，1冊に綴じられていた．それをみると，ヘルメスは計算結果をメモ書きしているうちに次第に計算の細部に凝るようになり，ついに綴じたものにじかに書き入れるようになったことがよくわかる．彼の手書き文字は，今の私たちからみると信じ難いほど緻密で，肉眼ではほとんど読み取れないほど小さく書かれている箇所もあった．彼はまた，実際に定規とコンパスを用いたきわめて緻密な作図を行なっていた．その目的はよくわからないが，いくつもの円弧にまぎれて，精巧に描かれた正15角形が見つかった．この文書で達成した内容は結局示されていなかった．しかし，だからといってこれが全く無価値というわけでもないだろう．ゲッチンゲンの同僚たちによると，ヘルメスは代数的整数論にも精通しており，それを考察の中で用いていたようだが，明快な解決には至らなかった．それには1の65537乗根を平方根だけを用いて表さなくてはならない．そんなことは絶対に不可能なのだから．

　当然，今日知られている最大（すなわち辺の数が最多）の「奇数」角形（これが真に最大である保証はない．註17，18を参照）の作図は，まだなされていない．それは
$$F_0 F_1 F_2 F_3 F_4 = (3)(5)(17)(257)(65537) = 4294967295 \text{ 角}$$

形である．こうなると，もちろん円周と見分けがつかない
だろう．この事例を研究しようと本気で試みる者がいると
は思えないが，いつか数学的な意味での変人が現れ，この
問題に取り組まないとも断言できない．以上が正 n 角形
の作図の歴史である．さて，ガウスはいったい，どのよう
にして正 17 角形の作図が可能であることを証明したのだ
ろうか．

　この質問に答えるための最もよい方法は，ガウスの
方針をより単純な $n = 5$ の場合に説明することだろう．
$n = 5$ の場合の証明は容易にたどることができ，同じ方
法を $n = 17$ の場合に当てはめればよいからだ．まず，図
1.6.3 をみてみよう．原点を中心とする単位円に正 5 角形
が内接している．ひとつの頂点は x 軸上にあり，他の頂
点は r, r^2, r^3, r^4 となっている．ここで，$\theta = 2\pi/5$ と置く
と $r = e^{i\theta}$ と表せ，θ は r が x 軸となす角に等しい．x 軸
上の頂点は $r^0 = 1$ である．5 つの頂点は円周上に等間隔
に並んでいる．したがって本節の冒頭で述べたように，そ
れらは $z^5 - 1 = 0$ の解であり，

$$(z-1)(z-r)(z-r^2)(z-r^3)(z-r^4) = 0, \quad r = e^{i2\pi/5}$$

となっている．ここで $r^5 = (e^{i2\pi/5})^5 = e^{i2\pi} = 1$ であるこ
とに注意しておこう．

　ここでガウスに従い，以下のような 2 つの和 A, B を
考えよう．

$$A = r + r^4,$$
$$B = r^2 + r^3.$$

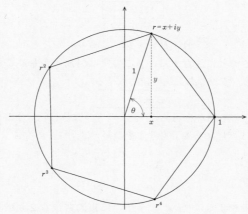

図 1.6.3 正 5 角形

すると,
$$AB = (r + r^4)(r^2 + r^3) = r^3 + r^4 + r^6 + r^7$$
となる. ここで $r^6 = r \cdot r^5 = r \cdot 1 = r$, また $r^7 = r^2 \cdot r^5 = r^2 \cdot 1 = r^2$ であることから,
$$AB = r + r^2 + r^3 + r^4$$
である. 次に, $r, r^2, r^3, r^4, 1$ が複素平面内のベクトルであり, いずれも原点を始点とし長さが 1 であることを思い出そう. それらの和はどうなるだろうか. それらは同じ長さで全方向に一様であるから, 和は 0 になる. すなわち, $1 + r + r^2 + r^3 + r^4 = 0$ が成り立つ. これはもちろん, $r + r^2 + r^3 + r^4 = -1$ とも表せる. したがって以下の結論を得る.

$$\boxed{AB = -1}.$$

ここでまた,

$$A + B = r + r^2 + r^3 + r^4$$

であることに注意すると, この値は AB と等しいことがわかる. すなわち, 次の結論も得る.

$$\boxed{A + B = -1}.$$

これらの結論から A と B を求めるのは易しい. 今の目的には A だけが必要であり, その答えは

$$A = \frac{-1 + \sqrt{5}}{2}$$

となる.

図 1.6.3 では, r と r^4 (互いに複素共役な 2 元) の座標をそれぞれ $x + iy$, $x - iy$ と表している. A の最初の定義より,

$$A = r + r^4 = (x + iy) + (x - iy) = 2x$$

となり, これより

$$x = \frac{A}{2} = \frac{-1 + \sqrt{5}}{4}$$

である. コンパスと定規で作図可能な値について先ほど述べたことから, x は作図可能で, 当然, $x = \cos\theta = \cos(2\pi/5)$ とわかる. したがって, 最初に実軸上に原点から距離 x の点を作図し, そこから垂線を立てて円と交わった点が r と r^4 になる. 後は容易に正 5 角形を作図できる.

以上の正 5 角形の作図法を, 正 17 角形にも適用でき

る．当然，その過程はより複 雑にコンプレックスに複素数を使うように
なるが，ひど過ぎるほどではない．これまでに説明し
てきたのとほぼ同様の方法で証明を理解することが可
能だ[19]．実際，この作図法はガウスにより任意の正 F_p-
角形に拡張された．F_p はフェルマー素数だ．すなわち，
ガウスは $\cos(2\pi/F_p)$ が，最悪の場合でも平方根のみを
用いて表せることを示したのだ．たとえば，本節で見
てきたように，$\cos(2\pi/F_1) = \cos(2\pi/5)$ と $\cos(2\pi/F_2) =$
$\cos(2\pi/17)$ はそう表せる．$\cos(2\pi/F_0) = \cos(2\pi/3)$ に対
しては，$\cos(2\pi/3) = -1/2$ であり，平方根すら必要な
く，明らかに作図可能だ．次の 2 数 $F_3 = 257$ と $F_4 =$
65537 の場合（これで全部かも知れない）はどうだろう
か．すなわち，$\cos(2\pi/257)$ と $\cos(2\pi/65537)$ は，平方
根で表せるのだろうか．

　ガウスの方法をこれら 2 つの場合で実践するのは，人
間が実際に手作業でできる限界を越えることが確認され
ている．しかしながら，計算機の発展により，膨大な計算
はもはや障害ではなくなった．実際，計算機科学者のマイ
ケル・トロットは，マセマティカのプログラムを作り，ガ
ウスの方法による $\cos(2\pi/F_p)$ の表示を計算で求めた[20]．
彼はまず最初の 3 つのフェルマー素数について，このプ
ログラムを試してみたところ，すでに知られている結果と
一致した．そして，そのプログラムはまた，$F_3 = 257$ に
対しても正確に作動したのだが，ここでひとつ問題が発生
した．結果の数式があまりにも膨大になり，印刷が不可能

になってしまったのである．このプログラムによりトロットが発見したことは，cos(2π/257) は 5000 個以上の平方根により表示され，数式全体を収めるには 1300000 バイト（1.3 メガバイト）のメモリーが必要であるということだった（ちなみにこのメモリー量は，本書の全文を収めるメモリーよりも大きい）．同じことを cos(2π/65537) に行なったら，結果は天文学的な数字になるだろう．だからこそ，ヘルメスの文書についてスティルウェル教授は最後の一文を記したのである．

1.7　フェルマーの最終定理と複素数の素因数分解

　本節では複素数と素数の関係を，歴史的見地からもう少しだけ詳しくみていきたい．フェルマーの最終定理から話を始めよう．これが，今でも最も有名な数学の問題であることは，おそらく間違いないであろう．この定理の名前の由来は，フェルマーが生前に書き残した最終の定理であったからではなく，彼の予想のうち未解決のまま最後まで残った問題だからだ（1995 年に解決された）．この問題の起源はあまりにも有名なため繰り返すのははばかられるのだが，ここではすべてを概観したいので，手短にもう一度述べる．

　1670 年，フェルマーの死後 5 年経った頃，息子のサミュエルはディオファントスによる紀元 250 年頃の著作 *Arithmetica* の再版のための準備をしていた．実際には単なる再版ではなく，新版には父フェルマーが自らの蔵書で

ある *Arithmetica* の余白に入れた書き込みをも収録して
いた．フェルマーは多くの命題や予想を自らの蔵書の余
白に走り書きしていたのだ．それらの中には，彼が証明で
きたと主張しながら実際の証明が記載されていないもの
も多々あった．それらの命題や予想に証明をつけること
に，後世の数学者たちが挑戦し，ひとつひとつ解決してい
った．一例を挙げよう．まず，E. T. ベルにより 1937 年
に書かれた，数学者の生き様を描いた有名な著作 *Men of
Mathematics* の一節を引用しよう．

> 誰でも，数で遊んでいるうちに 27 ＝ 25 ＋ 2 という事
> 実の妙にふと気づくものである．おもしろいのは，
> 25 も 27 もちょうどべき乗，すなわち，$27 = 3^3$ であ
> り，$25 = 5^2$ であるということだ．これより，$y^3 =
> x^2 + 2$ は整数解 $y = 3$，$x = 5$ を持つことがわかる．
> ここで，この解 $y = 3$，$x = 5$ が整数解として「唯一」
> であるかという質問は，読者にとっては難問だろう．
> この問題は易しくない．実際，この一見初歩的にみ
> える問題を解決するには天才的な頭脳が必要だ．そ
> れは相対性理論を理解できる能力よりも高度である．
> （p. 20 より）

さてさて．これはいささか言い過ぎの感があると思われる
かも知れない．何を隠そう，私もはじめてこのベル氏の言
葉を読んだとき，まったく共感できなかった．しかし，私
は間違っていたと思う．皆さんにもすぐにそう思っていた
だけるだろう．ベル氏にまったく誇張がなかったわけでは

ないかも知れないが，かといって，実際それほど的外れで
もなかったのだ．ベル氏は続けて書いている．

　　方程式 $y^3 = x^2 + 2$ は，変数の個数（この場合 x, y
　　の 2 個）がそれらの間の関係式の本数（この場合 1
　　本）よりも多いので，不定方程式である．もし整数解
　　という条件がなければ，無限個の一般解を容易に記述
　　できる．好きな値 x に対し，x^2 に 2 を加えて 3 乗根
　　をとったものを y とすればよい．また，$y = 3$, $x = 5$
　　が解であることも容易にわかる．問題はそれ以外に整
　　数解がないことをいかにして証明するかである．フェ
　　ルマーはこれを証明したが，例によってそれを公表し
　　なかった．彼の死後何年も経ってから後世の者によっ
　　て証明された．

ベル氏は述べていないが，後世の者とは，オイラーのこ
とだ．1770 年の著作 *Algebra* にその証明は収録されてお
り，多項式を因数分解する際に複素数を用いている．本節
の後段でその証明を解説する．その証明は素晴らしいアイ
ディアからなるが，その一方で，オイラー自身にも理解で
きなかった問題点を含んでいた．それらが完全に解決され
たのは，さらに 100 年ほど経過した後のことだった．

　もうひとつ，フェルマーが *Arithmetica* の余白に残し
た書き込みがあり，それが有名な議論に火をつけること
になった．その火はその後 3 世紀以上もの間燃え続け，
1995 年にアンドリュー・ワイルスによってついに鎮火さ
れた．フェルマーのもうひとつの書き込みとは，以下の内

容であった.

　　3乗数を2つの3乗数の和に分けることは不可能である. また, 4乗数を2つの4乗数の和に分けることも不可能である. 一般に, 2乗以外の任意のべき乗数を, 同じべき乗の2数の和に分けることは不可能である. 私はこの事実の真に驚くべき証明を発見したが, この余白はそれを記すには小さすぎる[21].

　言い換えると, フェルマーの主張は, 方程式 $x^n + y^n = z^n$ の整数解は, どんな整数 $n > 2$ に対しても存在しないというものであった. 当然, $n = 2$ はピタゴラスの定理の場合であって, 無限個の整数解がある.

　フェルマーは実際に証明をしていたのだろうか. その真偽は誰にもわからない. しかし, ワイルスの証明[22]が, フェルマーの時代以後に作られた高度な数学の手法に大きく拠っていることから, 現代の多くの数学者は, フェルマーが一度は証明できたと思ったが後に誤りに気づいたのではないかと考えている. 余白への書き込みが後年息子によって出版され物議をかもすとは夢にも思わなかったので, 書き込みを修正したりバツ印をつけたりはしなかった. もっとも, 誤りに気づいたときには余白への書き込みのことをもう忘れてしまっていたかも知れないが, 確かに, フェルマーは無限降下法と呼ばれる素晴らしい発想により $n = 4$ の場合を証明した. これは通常 1637 年とされており, フェルマーはこの証明を蔵書の *Arithmetica* の末尾に記し, それは現在も数論の教科書に掲載されてい

る．また，フェルマーは $n = 3$ の場合も証明していたと信じられている．彼の証明は見つかっていないが，1638 年に彼は数学者たちに向けた挑戦問題として，$x^3 + y^3 = z^3$ を出している．そしてこの事実はまた，別の面からも注目される．なぜなら，この事実から，フェルマーは問題の余白への書き込みが誤りであることに，1638 年以前に気づいていたのではないかとの推測もできるからだ．もし彼がすべての整数 n に対する一般的な証明を知っていたのなら，特殊な場合の $n = 3$ をわざわざ問題として取り上げた理由がなくなってしまうというわけだ．

　フェルマー以後，さらにいくつかの特殊な場合の証明について進展があった．オイラーは 1753 年に $n = 3$ の場合の証明を発表した．これもまた複素数を用いた証明で，細かい点でミスを含んではいたが，後年，他の者により修正された．彼はまた，自分の行なった $n = 3$ の場合の証明が，フェルマーの $n = 4$ の証明とまったく共通性がないことを見抜いていた．異なる n に対しては，まったく異なる証明法が必要なのである．$n = 5$ の場合の証明は 1825 年に二十歳のドイツ人数学者レジュネ・ディリクレ（1805-59 年）とフランス人数学者アドリアン＝マリ・ルジャンドル（1752-1833 年）の共同研究によりなされた．ディリクレにとってはこれが初めての出版論文だった．1832 年，ディリクレは $n = 14$ の場合にフェルマーの定理が正しいことを証明した．また 1839 年には，フランスの数学者ガブリエル・ラメ（1795-1870 年）が $n = 7$

の場合を示した. ひとつおもしろいのは, このラメの結
果によって, $n = 14$ の場合が容易に示されてしまうため,
ディリクレの行なった証明が不要になってしまったことで
ある. 以下にそれを説明しよう.

仮に $n = 14$ の場合に整数解が存在するとしよう. す
なわち, $x^{14} + y^{14} = z^{14}$ を満たす整数 x, y, z があるとす
る. この等式は $(x^2)^7 + (y^2)^7 = (z^2)^7$ とも書ける. $A =
x^2, B = y^2, C = z^2$ と置くと, x, y, z が整数だから当然
A, B, C も整数となり, $A^7 + B^7 = C^7$ が成立することに
なる. しかし, ラメの $n = 7$ の場合の結果によりこれは
成立し得ない. よって, $n = 14$ の場合に整数解の存在
を仮定したのは誤りであったことになる. このように,
$n = 14$ に対してディリクレが証明したことは, $n = 7$ に対
してラメが示したことから直ちに得られるのである. 同
様のことは $n = 6$ についてもいえる. もし $x^6 + y^6 = z^6$ に
整数解があったとすると, それは $(x^2)^3 + (y^2)^3 = (z^2)^3$ と
も表せることから, $A^3 + B^3 = C^3$ にも整数解があること
になるが, これはオイラーが示した $n = 3$ の場合により不
可能である. このように考えると, 一般に $x^n + y^n = z^n$
が整数解を持たないならば $x^{2n} + y^{2n} = z^{2n}$ もまたそうで
あることが容易に示される. 権威があるとされている科
学者人名事典 *Dictionary of Scientific Biography* によれ
ば, この事実はフランスの数学者ジョゼフ・リュービル
(1809-82 年) により 1840 年に初めて発見されたとある
が, これは奇妙に感じられる. 上に述べたように容易にわ

かる事実なのだから，1840 年よりもずっと前から知られ
ていたと思われる．

　ラメが成し遂げた $n = 7$ の場合の証明は非常に複雑であ
った．そしてこのように個々の n に対してひとつひとつ
証明をしていっても，きりがないことは目にみえている．
整数は無数にあるのだ．とはいえ，すべての整数に対して
証明を行なう必要はなく，n が素数の場合のみ行なえばよ
いことが容易にわかる．このことは，任意の 3 以上の整
数が「素数か，奇数の素数（奇素数と呼ぶ）の倍数か，
または 4 の倍数」のいずれかであるという性質を用いると
直ちにわかるのだが，まずこの性質を説明しよう．

　どんな整数も 4 で割った余りは 0，1，2，3 のいずれか
になる．余りが 0 ならばその整数は 4 の倍数であり，他
の 3 つの場合は以下のようになる．

・余りが 1 ならば，その数は $4k + 1$ の形であり，奇
　数．
・余りが 2 ならば，その数は $4k + 2 = 2(2k + 1)$ の形
　であり，偶数．
・余りが 3 ならば，その数は $4k + 3$ の形であり，奇
　数．

ただし，k は整数である．奇数となる 2 つの場合について
は，その数は奇素数であるか，または素数でないならば奇
素数たちの積に分解される．いずれにしてもその数は奇素
数の倍数だ．偶数となる場合については，因数 $2k + 1$ が
奇数であり，これが奇素数であるかまたは奇素数の積で

ある．したがって因数 $2k+1$ は奇素数の倍数であるから，もとの数も奇素数の倍数となる．これで，前述の性質が示せた．

　さて，ここで m を 3 以上の任意の整数とする．今みたように，m は 4 の倍数かまたは奇素数の倍数だ（それ自身が奇素数である場合も含む）．4 の倍数のときは，整数 k を用いて $m = 4k$ と表せる．よって $x^m + y^m = z^m$ は $x^{4k} + y^{4k} = z^{4k}$ となり，これは $(x^k)^4 + (y^k)^4 = (z^k)^4$ とも書ける．すると，先ほどと同様の発想で $A = x^k, B = y^k, C = z^k$ と置くと，これらは x, y, z が整数であることから整数となり，$A^4 + B^4 = C^4$ が整数解 A, B, C を持つことになる．これはフェルマーの示した $n = 4$ の場合により不可能だ．次に，奇素数の倍数のときは，その奇素数を p と置くと，整数 k を用いて $m = kp$ と表せる．$x^m + y^m = z^m$ は $(x^k)^p + (y^k)^p = (z^k)^p$ となり，前と同様にして A, B, C が $A^p + B^p = C^p$ の整数解となる．これは $n = p$ の場合のフェルマーの最終定理である．以上の議論により，一般の整数 n についてフェルマーの最終定理を証明するには，n が奇素数 p の場合に限って行なえばよいことがわかった．

　ラメが $p = 7$ の場合に証明したので，次は $p = 11$ が問題となる．しかし，このあたりで人々の興味は次第に弱まっていった．こうやってひとつひとつ証明していくのとは別の，もっと強力な手法が求められていたのだ．初期の頃に得られた進展として，フランスの数学者ソフィ・ジェル

マン（1776-1831 年）による 1823 年の研究がある．彼女
は，p が素数で $2p+1$ も素数（たとえば $p=11$ はこれを
満たす）ならば，ある一定の条件のもとにフェルマーの予
想は正しいことを証明した．このような素数はソフィ・ジ
ェルマン素数と呼ばれており，それが無数に存在するかど
うかは現在でも未解決である（有限個しか存在しなけれ
ば，彼女の結果は価値が下がってしまう）．これはひとつ
の大きな進展ではあったが，フェルマーの最終定理の全面
解決にはまだ程遠かった．

　特殊な場合に関する証明には，ひとつの共通点があ
った．すべての証明は，ある時点で必ず何らかの因数
分解を利用していたということだ．たとえば，$n=3$ に
対しては $x^3+y^3 = (x+y)(x^2-xy+y^2)$，$n=7$ に対し
ては $(x+y+z)^7 - (x^7+y^7+z^7) = 7(x+y)(x+z)(y+z)[(x^2+y^2+z^2+xy+xz+yz)^2+xyz(x+y+z)]$ など
だ．n が大きくなると，こうした因数分解式はより複
雑になり，発見が困難になる．ひとつの値 n に関する因
数分解式が，次の $n+1$ については何のヒントにもなら
ないのだ．先にも述べたが，オイラーは $n=3$ の証明を
発見した後，それがフェルマーの $n=4$ の証明とまった
く共通点を持たないことに気づいていた．その後，1847
年 3 月のパリ科学アカデミーの学会において，ラメはつ
いにすべての指数に対して証明ができたと発表した．ラ
メの考えでは，複素数を使って x^n+y^n を n 個の「線形
的な」因子に分解する非常に直接的な方法があるとのこ

とだった. 前節で正 n 角形に関する考察で学んだように,
方程式 $X^n - 1 = 0$ は $r = e^{i2\pi/n}$ と置くと $1, r, r^2, \cdots, r^{n-1}$
という n 個の解を持つ. したがって

$$X^n - 1 = (X-1)(X-r)(X-r^2)\cdots(X-r^{n-1})$$

と分解される. ここで $X = -x/y$ と置くと,

$$\left(-\frac{x}{y}\right)^n - 1$$
$$= \left(-\frac{x}{y} - 1\right)\left(-\frac{x}{y} - r\right)\left(-\frac{x}{y} - r^2\right)\cdots\left(-\frac{x}{y} - r^{n-1}\right)$$

となり, これより

$$(-1)^n \frac{x^n}{y^n} - 1$$
$$= \left(-\frac{x+y}{y}\right)\left(-\frac{x+ry}{y}\right)\left(-\frac{x+r^2 y}{y}\right)\cdots\left(-\frac{x+r^{n-1}y}{y}\right),$$

すなわち

$$\frac{(-1)^n x^n - y^n}{y^n}$$
$$= (-1)^n \frac{(x+y)(x+ry)(x+r^2 y)\cdots(x+r^{n-1}y)}{y^n}$$

となる.

　先ほどみたように, n が奇素数の場合のみ考えれば十分
であり, $(-1)^{奇数} = -1$ であるから, 両辺の分母 y^n を払
うと

$$-x^n - y^n = -(x+y)(x+ry)(x+r^2 y)\cdots(x+r^{n-1}y)$$

となる. こうして奇数の n に対する一般的な分解式

$$x^n + y^n = (x+y)(x+ry)(x+r^2y)\cdots(x+r^{n-1}y)$$
$$= z^n \quad (r = e^{i2\pi/n})$$

を得る. とここまでは問題ないのだが, この後ラメは誤り
を犯す.

ラメは, この分解式において右辺が n 乗数であるから,
もし中辺の各因子が互いに素（これが複素数で何を意味
するかはさておき）であるならば, 中辺の因子（すなわ
ち $(x+y)$, $(x+ry)$ など）がすべて n 乗数であると主張
した. 通常の実数の整数の世界においては, これは実際に
正しい. つまり, n 乗数があったとして, それを整数 N
を用いて N^n と置こう. するとこれは N を n 回繰り返し
て $N^n = N \cdot N \cdot N \cdots N$ とも書ける. ここで N を素因数分
解すると, 実整数における素因数分解の一意性定理によ
り, この分解は一通りしかない. それを $N = p_1 p_2 \cdots p_s$ と
置く. ここで p_i たちの中には等しいものがあってもよい
とする. p_i たちの中に繰り返し登場するものがあっても
よいということである. そうすると, $N \cdot N \cdot N \cdots N$ の分
解では, 各素因数 p_i は各 N について 1 回ずつ, 計 n 回
出現することになる. したがって N^n は $p_1^n p_2^n \cdots p_s^n$ に等
しくなり, 各因子は n 乗数となる.

しかし, ラメが行なった $x^n + y^n$ の複素数への分解に関
しては, この一意分解性が一般には成立しないのだ. 実
際, ラメがこの考えを発表したとき, リュービルが直ちに
この点を指摘し論駁した. 複素数における分解は新しいア

イディアではなかったので、リュービルはラメに対し、オイラーがこうした分解をずっと以前に用いていたことを説明した上で、どのようにして分解が「互いに素」であるかを判定するのかと指摘した。後年になってわかったことだが、ドイツの数学者エルンスト・クンマー（1810-93年）は、ラメがフェルマーの最終定理の解法で扱った多項式[23] が、複素数において一意分解性を満たさないことを、それより 3 年前の 1844 年に証明していた（この証明は無名の出版物に掲載された）。ラメが成し遂げたかのように誤認したことを本当に成し遂げるには、その後 150年という歳月が必要だった。そして最終的にそれが解かれたときの方法は、まったく別のものだったのだ。

　本節の締めくくりに、複素数における素数への一意分解性が成り立たないとはどういうことか、説明しよう。複素数だからといって、一意分解性が絶対に成り立たないというわけでもない。たとえばガウスは 1832 年、a, b を通常の整数として、$a + ib$ の形の複素数の集合に対し、一意分解性が成立することを証明した。このようにひとつひとつの集合ごとに、一意分解性はその都度証明しなければならないものである。ガウスの整数を一般化するひとつの方法として、平方因子を持たない整数 D を用いて $a + ib\sqrt{D}$ という形の複素数の集合を考えることができる（当然、$D = 1$ がガウスの整数であり、$D = 2$ はオイラーが $y^3 = x^2 + 2$ の整数解に関するフェルマーの主張を証明する際に用いたものだ。これについてはこの議論の末尾に

述べる）．素元への一意分解性は，$D=6$ の場合に成立し
ない[24]．このことを実例を用いて説明しよう．a, b を普
通の整数として $a + ib\sqrt{6}$ という形の複素数を考え，それ
らの集合を **S** と置く．普通の整数は $b = 0$ の場合として **S**
に含まれる．

　S に属する2数を足したり掛けたりすると，その答は
また **S** に属する[25]．これはほとんど明らかだろうが，一
応式で示しておこう．

$$(a_1 + ib_1\sqrt{6}) + (a_2 + ib_2\sqrt{6}) = (a_1 + a_2) + i(b_1 + b_2)\sqrt{6},$$

$$(a_1 + ib_1\sqrt{6}) \cdot (a_2 + ib_2\sqrt{6})$$
$$= (a_1 a_2 - 6b_1 b_2) + i(a_1 b_2 + a_2 b_1)\sqrt{6}.$$

では割り算についてはどうだろうか．**S** の2元 A, B に
対し，$B = AC$ を満たすような C が再び **S** の元となると
き，「A は B を割り切る」「A は B の約数である」「B は
A の倍数である」ということにする．この概念を用い，**S**
における素数の問題を考えることができる．

　（**S** において）素数とは何であるかを理解するために，
S の元 A のノルムを定義しよう．以下の式で ≜ という記
号は，定義を表す等号である．

$$N(A) = N(a + ib\sqrt{6}) \triangleq a^2 + 6b^2.$$

すなわち，A のノルムとは単に A の絶対値の2乗だ．
$N(A)$ は通常の整数であり，かつ負でないことがみてとれ
る．ノルムという概念を導入する理由は，**S** に属する複素
数に順序をつけたいからだ．通常の実数が $-\infty$ から $+\infty$

まで大きさの順に並んでいる状況と異なり，**S** において
は，たとえば，$-3+i3$ が $2-i7$ より大きい（または小さ
い）ということに，もともと意味がない．通常の実数は数
直線上における原点からの距離によって順序づけされてい
る．絶対値（の 2 乗）は，この考え方を 1 次元の数直線
から 2 次元の複素数平面へと一般化したものであり，原
点からの距離（の 2 乗）により順序づけを行なうのであ
る．

　ノルムの性質のうち，役立ちそうなものは次の 3 つだ．
どれもみな成立は明らかであり，証明には 5 秒も考えれ
ば十分だろう．なお「$\Longrightarrow$」は「ならば」の意味である．

　(a)　$N(A) = 0 \implies A = 0$

$$（すなわち \, a = 0 \, かつ \, b = 0）.$$

　(b)　$N(A) = 1 \implies A = \pm 1$

$$（すなわち \, a = \pm 1 \, かつ \, b = 0）.$$

　B もまた **S** の元であるとして，

　(c)　$N(AB) = N(A)N(B)$.

　最後の性質は，単に，2 数の積の絶対値が個々の絶対値
の積に等しいということを表しているに過ぎない．さて，
それでは，これらがどのように **S** の素数と関係するのか，
みていこう．

　通常の合成数のすべての素因数は，どれもみな 1 より
大きく，もとの合成数よりも小さい．この事実の類似
として，**S** の素数でない元 A のすべての素因数は，ど
れもみなノルムが 1 より大きく $N(A)$ より小さい，とな

るように素数を定義する．したがって，B が $\mathbf{S}$ の素数
でないとすると，$B = AC$ で，$1 < N(A) < N(B)$ かつ
$1 < N(C) < N(B)$ となるような $\mathbf{S}$ の整数 A, C が存在す
る．逆にそのような A, C が存在しないならば，B が素
数である．これは通常の整数の分解において素数を定義し
た方法の一般化である．例を挙げよう．

　10 は $\mathbf{S}$ の素数だろうか．素数ではない．なぜなら，
$10 = 5 \cdot 2$ であり $N(5) = 25$ と $N(2) = 4$ は共に 1 より大
きく $N(10) = 100$ より小さいからだ．これは易しい．で
は 2 はどうか．$\mathbf{S}$ の素数だろうか．素数でないとすると，
$2 = AB$ のように A, B の因子に分解されるはずだ．これ
より $N(2) = 4 = N(AB) = N(A)N(B)$ となる．2 が素数
でないということは，$N(A)$ と $N(B)$ が共に 1 より大き
く 4 より小さいということだ．ノルムは必ず普通の整数
だったことを思い出せば，$N(A) = N(B) = 2$ の場合の
み 2 が分解される可能性があり，こういう A, B が存在
すれば，2 が素数でないことになる．ところが，それは
すなわち $N(A) = 2 = a^2 + 6b^2$ ということで，整数 a, b が
これを満たすことはあり得ない．よって，2 は $\mathbf{S}$ の素数
だ．では 5 はどうだろうか．$\mathbf{S}$ の素数だろうか．これも
同様に考えよう．素数でないと仮定して $5 = AB$ と置く．
$N(5) = 25 = N(A)N(B)$ より，$N(A) = N(B) = 5$ の場
合のみ，5 が分解される可能性があるが，これはすなわち
$N(A) = a^2 + 6b^2 = 5$ を意味し，これを満たす整数 a, b
は存在しない．よって 5 も $\mathbf{S}$ の素数だ．

もうひとつだけ例を挙げよう. $2+i\sqrt{6}$ は **S** の素数だろうか（この数を選んだ理由は後でわかる）. 再び, 素数でないと仮定し $2+i\sqrt{6} = AB$ と置こう. $N(2+i\sqrt{6}) = 10 = N(AB) = N(A)N(B)$ となるので, $N(A) = 2$, $N(B) = 5$ であるかまたは $N(A) = 5$, $N(B) = 2$ のいずれかとなる. 一方, 先ほどみたようにノルムが2や5であるような **S** の整数は存在しない. よって因子 A, B は存在せず, $2+i\sqrt{6}$ は **S** の素数だ.

ここでおもしろいことが起こる. 先ほどの分解 $10 = 5 \cdot 2$ より, 10 は2つの素数5と2の積に表せた. 一方, $10 = (2+i\sqrt{6}) \cdot (2-i\sqrt{6})$ ともなっており, これは2つの別の素数の積なのである. よって, **S** で一意分解性は成立しない[26].

本節の最後に, オイラーが数論の問題を解くために, ラメや他のすべての数学者に先んじて複素数を用いた, その発想を説明しよう. 前述のように, 1770 年にオイラーは $y^3 = x^2 + 2$ の整数解が $y = 3$, $x = 5$ のみであることを証明した. この証明は, $a+ib\sqrt{2}$ という形の複素数の集合（これは 18 世紀半ばの当時, オイラー以外の者にとっては謎に満ちた対象であったに違いない）を用いて以下のように行なった. オイラーは, 方程式の右辺を

$$y^3 = (x+i\sqrt{2})(x-i\sqrt{2})$$

と分解し, 左辺が3乗であることから, 右辺の各因子も何かの3乗になっているべきであると考えた. この推論

は大雑把であり，その数十年後にラメが行なったのと同じ
意味で厳密さを欠いていた．そしてオイラーは，

$$x+i\sqrt{2} = (a+ib\sqrt{2})^3$$

となるような整数 a, b が存在しなければならないと考え
た．これより

$$x+i\sqrt{2} = (a+ib\sqrt{2})(a+ib\sqrt{2})(a+ib\sqrt{2})$$
$$= (a^2-2b^2+i2ab\sqrt{2})(a+ib\sqrt{2})$$
$$= a^3-2ab^2-4ab^2+i2a^2b\sqrt{2}+ia^2b\sqrt{2}-i2b^3\sqrt{2},$$

すなわち，以下の式が成り立つことになる．

$$\boxed{x+i\sqrt{2} = a^3-6ab^2+i[3a^2b-2b^3]\sqrt{2}}$$

この等式の両辺の虚部を比較して，

$$1 = 3a^2b-2b^3 = b(3a^2-2b^2)$$

を得る．

ここで b は整数であり，また a が整数であることから
$3a^2-2b^2$ も整数となる．2整数の積が1となるので，$b=$
±1 かつ $3a^2-2b^2 = \pm1$（複号同順）でなくてはならな
い．仮に $b=\pm1$ とすると，$3a^2-2b^2 = 1$ より $3a^2-2 =$
1 であるから $3a^2 = 3$，すなわち $a=\pm1$ となる．仮に $b=$
-1 とすると，$-(3a^2-2b^2) = 1$ より $3a^2-2 = -1$ であ
るから $3a^2 = 1$ となり，これを満たす整数 a は存在しな
い．よって，$b=+1$ かつ $a=\pm1$ となる．

ここで，枠内の数式の実部を比較すると，$b=+1$ より
$x = a^3-6ab^2 = a^3-6a$ となる．仮に $a=+1$ とすると

$x = 1 - 6 = -5$ となり，また $a = -1$ とすると $x = -1 + 6 = +5$ となる．最初の方程式で x は2乗されているので，$x > 0$ の解のみ求めればよい．$x = +5$ が唯一の正の解であり，これより $y^3 = 27$，よって $y = 3$ となる．こうして，$y^3 = x^2 + 2$ の（$x > 0$ なる）唯一の解は，フェルマーが最初に主張したように $(x, y) = (5, 3)$ だけであることが，オイラーにより証明された．強引な議論ではあったが，オイラーは（ラメと同様に）分解の一意性が成り立つと仮定し，2つの複素数の積が3乗数ならばそれらのすべての因子も3乗数であるとした．

1.8　ディリクレの不連続積分

　本章もいよいよ最後の節になった．まず次の数式をよくみて味わっていただきたい．何の手がかりもないところから，この数式を生み出すことがはたして可能であるか，よく考えていただきたい．私個人の感想としては，この数式は見るからにとっぴな内容であり，これを初めて考えた人物は，どれほど豊かな想像力を持っていたのかと思う．これこそ発見と呼ぶにふさわしい仕事であろう．以下，しばらくの間，ω は単に積分変数とする．

$$\int_{-\infty}^{\infty} \frac{e^{i\omega x}}{\omega} d\omega = i\pi \operatorname{sgn}(x).$$

ここで $\operatorname{sgn}(x)$ は，符号関数であり，以下で定義される不連続関数だ．

$$\text{sgn}(x) = \begin{cases} +1 & (x > 0 \text{ のとき}) \\ -1 & (x < 0 \text{ のとき}). \end{cases}$$

枠内の数式は驚くべき内容であり，後に第5章でディラック関数とフーリエ変換を扱う際に，非常に重要な役割を演ずる．ここではまず，オイラーの公式の力を借りてこの数式がどうやって証明されるのかに焦点を絞ろう．

今，もうひとつだけ sgn(x) についていっておくと，以下の式が形式的に成り立つ．

$$\frac{d}{dx}|x| = \text{sgn}(x).$$

この式が成り立つ理由を知るには，絶対値関数 $y = |x|$ のグラフを描き，$x < 0$ と $x > 0$，おのおので傾きをみればよい．これより形式的に，次のようなおもしろい式を得る（ただし，こうした式は意味を慎重に考える必要がある．後に 5.4 節において再度この式を扱うが，そこで行なう計算は非常に興味深い）．

$$|x| = \int_0^x \text{sgn}(s)ds.$$

この式の持つ意味を説明できるか，考えてみてほしい．

さて，$\int_{-\infty}^{\infty} e^{i\omega x}/\omega \, d\omega$ の計算を始めるに当たり，ひとつのテクニックを用いる．それは，関数 $g(y)$ を次の積分により定義することだ．

$$g(y) = \int_0^{\infty} e^{-sy}\frac{\sin s}{s}ds, \quad y \geqq 0.$$

どうしてこんな定義をするのか，理由はわかりにくいだろ
う．私も確かにそう思うが，だからこそこれがテクニック
なのだ．この方法が取られた歴史的な経緯はさておき，と
にかくこうやればうまくいくのである．先人の知恵が素晴
らしかったということだろう．積分記号下での微分に関す
るライプニッツの法則[27] を用いて $g(y)$ を微分すると，

$$\frac{dg}{dy} = \int_0^\infty \frac{d}{dy}\left\{e^{-sy}\frac{\sin s}{s}\right\}ds = \int_0^\infty -se^{-sy}\frac{\sin s}{s}ds,$$

すなわち

$$\frac{dg}{dy} = -\int_0^\infty e^{-sy}\sin s\, ds$$

となる．この最後の積分は簡単に計算できる．部分積分を
2回行ない，

$$\frac{dg}{dy} = -\frac{1}{1+y^2}$$

という結果を得る．

　ここで両辺を積分して

$$g(y) = C - \tan^{-1}(y)$$

となる．C は積分定数であり，いずれかの y について
$g(y)$ の値がわかれば，C は定まる．少し考えれば $g(\infty)$
$= 0$ であることが（積分を面積とみなし，$(\sin s)/s$ のグ
ラフと e^{-sy} の $y \to \infty$ における振舞いを任意の $s \geqq 0$ に
対して考えれば）[28] わかる．よって

$$0 = C - \tan^{-1}(\infty) = C - \frac{\pi}{2}$$

となり, $C = \pi/2$ となる. これより

$$g(y) = \int_0^\infty e^{-sy} \frac{\sin s}{s} ds = \frac{\pi}{2} - \tan^{-1}(y)$$

となる. $y = 0$ とおくと, $\tan^{-1}(0) = 0$ であることから

$$\boxed{\int_0^\infty \frac{\sin s}{s} ds = \frac{\pi}{2}}$$

という重要な結果を得る. この結果はすでに知られていて（意外だって? さほどのことでもないのだが）, それはオイラーの手によるものだった. この公式は数学, 物理, 工学の研究において, 数え切れないほどの頻度で用いられている.

この公式には, 素晴らしい宝石が隠されている. それは見た目からはまったくわからないが, その全貌を理解することは難しくないので, 後ほど扱う. 変数を $s = k\omega$ と置き換える. ここで k は定数であり, $ds = kd\omega$ となる. すると $k > 0$ ならば

$$\int_0^\infty \frac{\sin s}{s} ds = \frac{\pi}{2} = \int_0^\infty \frac{\sin(k\omega)}{k\omega} kd\omega$$
$$= \int_0^\infty \frac{\sin(k\omega)}{\omega} d\omega,$$

すなわち

$$\int_0^\infty \frac{\sin(k\omega)}{\omega} d\omega = \frac{\pi}{2}$$

となる. 先に得た式は $k = 1$ の場合に一致するが, 実際に

は任意の $k > 0$ に対してこれが成立するのだ．これだけで
も驚くに値するが，まだ続きがある．$k < 0$ の場合，$l > 0$
を用いて $k = -l$ と置くと，

$$\int_0^\infty \frac{\sin(k\omega)}{\omega} d\omega = \int_0^\infty \frac{\sin(-l\omega)}{\omega} d\omega = -\int_0^\infty \frac{\sin(l\omega)}{\omega} d\omega$$
$$= -\frac{\pi}{2}$$

となる．よって，l を $k > 0$ の場合の k と置き換えること
により，以下の結論を得る．

$$\int_0^\infty \frac{\sin(k\omega)}{\omega} d\omega = \begin{cases} +\dfrac{\pi}{2} & (k > 0 \text{ のとき}), \\ -\dfrac{\pi}{2} & (k < 0 \text{ のとき}). \end{cases}$$

ここで k を以前の記号 x と置き換えると，真に見事な結
論

$$\boxed{\int_0^\infty \frac{\sin(\omega x)}{\omega} d\omega = \begin{cases} +\dfrac{\pi}{2} & (x > 0 \text{ のとき}) \\ -\dfrac{\pi}{2} & (x < 0 \text{ のとき}) \end{cases}}$$

を得る．この結果はディリクレの不連続積分（略してディ
リクレ積分）と呼ばれる．このディリクレは，前節でフェ
ルマーの最終定理を $n = 5$ と $n = 14$ の場合に証明したデ
ィリクレと同一人物だ．彼はこの積分公式を 1837 年以前
のある時期に発見した．ディリクレ積分の被積分関数は ω
の偶関数なので，$-\infty$ から ∞ までの積分は 0 から ∞ ま
での積分の 2 倍であり，結果は

$$\int_{-\infty}^{\infty} \frac{\sin(\omega x)}{\omega} d\omega = \pi \operatorname{sgn}(x)$$

とも表せる.

　いよいよ証明も最終段階となった. ここでオイラーの公
式に再登場を願うことになる. $\cos(\omega x)/\omega$ は ω の奇関数
だから,

$$\int_{-\infty}^{\infty} \frac{\cos(\omega x)}{\omega} d\omega = 0.$$

したがって,

$$\int_{-\infty}^{\infty} \frac{e^{i\omega x}}{\omega} d\omega = \int_{-\infty}^{\infty} \frac{\cos(\omega x)}{\omega} d\omega + i \int_{-\infty}^{\infty} \frac{\sin(\omega x)}{\omega} d\omega$$

$$= i \int_{-\infty}^{\infty} \frac{\sin(\omega x)}{\omega} d\omega = i\pi \operatorname{sgn}(x)$$

となり, 本節の冒頭で掲げた数式を示すことができた. み
てきたように, この証明は非常に巧妙なテクニックに頼
ってきたわけだが, 結果が正しいことは確かだ. 複素平面
におけるコーシーの積分理論(線積分と呼ばれるもの. 註
13 の末尾を参照)を用いてこの結果を確かめることもで
きる. 多くの専門書にそうした内容は収められている[29].
なお, 5.4 節にてこの公式の見事な応用例を扱う.

第2章　ベクトルの旅

2.1　歩幅が調和数列だったなら

　第1章の冒頭でも述べたが，$i = \sqrt{-1}$ の物理的な意味が解明されてきた歴史の中で「複素数倍は複素平面内の回転である」ことの発見は，ひとつの大きな転換点だった．複素数で表されたベクトルに複素数 $e^{i\theta}$ を掛けると，ベクトルは反時計回りに角度 θ だけ回転する．この美しい複素数の性質により，一見難問にみえる問題をわかりやすく定式化でき，そのおかげで大きな成果が得られることも多い．そこで，これについてもう少し説明をしたいと思う．前著『虚数の話』では，この回転の考え方を用いてジョージ・ガモフの1947年の著書『1, 2, 3… 無限大』（崎川範行訳，白揚社，2004年）に収められたおもしろい小問「宝探し」が解けることを解説[1]した．本章ではガモフの問題よりもずっと洗練された問題を扱うが，それらもまた解く過程で「複素数倍は回転」の考えを用いる．

　最初に，複素数，特に複素数の指数で表されたベクトルで旅をするための準備運動として，次の問題を考えよう．ひとりの男が直交座標系の原点から歩き始める．第

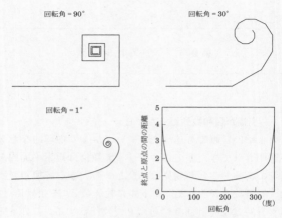

図 2.1.1　複素平面内の散歩

1歩で実軸上，正方向に距離1の地点に来るとする．そこで，かかとで立ってくるりと反時計回り（正の角度）に θ だけ回転し，その方向に第2歩を最初の $\frac{1}{2}$ の距離だけ進む．さらにそこから再度 θ 回転し今度は $\frac{1}{3}$ の距離を進む．男はこれを永遠に繰り返す（当然，次は θ だけ回転の後，距離 $\frac{1}{4}$ の地点に進むことになる）．たとえば，回転角が $\theta = 90°$ の場合，男の経路は図 2.1.1 の上左図のようになる．

　この行程の第1歩は長さ1のベクトルで，実軸との角度は0であった．すなわち $e^{i0} = 1$ と表される．第2歩

は長さ $\dfrac{1}{2}$ で角度は実軸から θ であったから，$\dfrac{1}{2}e^{i\theta}$ となる．第 3 歩は長さ $\dfrac{1}{3}$，角度は実軸から 2θ であるから，$\dfrac{1}{3}e^{i2\theta}$ となる．これを続けていくと，この男の「最終到達点」の位置ベクトル $p(\theta)$ は

$$p(\theta) = 1 + \frac{1}{2}e^{i\theta} + \frac{1}{3}e^{i2\theta} + \frac{1}{4}e^{i3\theta} + \frac{1}{5}e^{i4\theta} + \cdots$$

で表される．これを「終点」と呼ぶことにする．

たとえば，$\theta = 90° = \pi/2$ ラジアンであれば，オイラーの公式により

$$p\left(\frac{\pi}{2}\right) = 1 + \frac{1}{2}e^{i\pi/2} + \frac{1}{3}e^{i\pi} + \frac{1}{4}e^{i3\pi/2} + \frac{1}{5}e^{i2\pi} + \cdots$$

$$= 1 + \frac{1}{2}i - \frac{1}{3} - \frac{1}{4}i + \frac{1}{5} + \frac{1}{6}i - \frac{1}{7} + \frac{1}{8}i\cdots$$

$$= \left(1 - \frac{1}{3} + \frac{1}{5} - \cdots\right) + i\left(\frac{1}{2} - \frac{1}{4} + \frac{1}{6} - \cdots\right)$$

と，容易に計算できる．$\dfrac{1}{2} - \dfrac{1}{4} + \dfrac{1}{6} - \cdots = \dfrac{1}{2}\left(1 - \dfrac{1}{2} + \dfrac{1}{3} - \cdots\right)$ であるから，$\log(1+x)$ のマクローリン展開（1.3 節を参照）により，右辺の第 2 の級数は $\dfrac{1}{2}\log 2$ に等しいことがわかる．一方，第 1 の級数は値が $\pi/4$ であることが，1671 年に発見されている（これは第 4 章でも証明する）．よって，終点と原点との間の距離は，$\theta = \pi/2$ のとき

$$\left|p\left(\frac{\pi}{2}\right)\right| = \sqrt{\left\{\frac{\pi}{4}\right\}^2 + \left\{\frac{1}{2}\log 2\right\}^2} = 0.8585$$

となる.

　$\theta = 0$ と $\theta = 2\pi$ ラジアン（0° と 360°）のときは, この行程は実軸の正方向に沿ったまっすぐな道となり, 終点が無限大になることも明らかだ. これを「調和散歩」と呼ぼう[2]. 一般に $\theta \neq 0, 2\pi$ のとき, 散歩の道程は見た目から明らかなように, らせん状になり原点から有限距離の終点に収束する. この様子は図 2.1.1 からもみてとれる（図 2.1.1 の上右図は, 回転角 $\theta = 30°$ のらせん, 下左図は $\theta = 1°$ のらせんを示している）. すなわち, 任意の $\theta \neq 0, 2\pi$ に対し, $|p(\theta)| < \infty$ である. ここで

$$p(\theta) = \sum_{k=1}^{\infty} \frac{\cos\{(k-1)\theta\}}{k} + i \sum_{k=1}^{\infty} \frac{\sin\{(k-1)\theta\}}{k}$$

であるから, $\theta \neq 0, 2\pi$ なるすべての θ に対してらせんが収束するということは, この2つの無限和がともに, すべての $\theta \neq 0, 2\pi$ に対して収束することだ. これらの収束は, 級数の値がらせん状に歩いた経路の実部と虚部（x 軸方向と y 軸方向の成分）の総和であるという物理的な解釈の上に立てば明らかだが, 純粋に解析的な手段だけではとんどすべての θ に対する収束性を証明することは, 必ずしもやさしくないだろう.

　図 2.1.1 に示した各経路は, 同じ縮尺で描いたものではない. 下右図に示したように, 回転角が小さければ小さいほど, らせんは大きくなる. このグラフが回転角 ＝180° の縦線に関して左右対称であることに, すぐに気づいていただけるだろうか[3]. 散歩の終点が原点から最も

近いのは回転角が $\theta = 180°$ のときであることに気づく方もおられるかもしれない．このときの行程は実軸に沿って行ったり来たりすることになり，単なる減衰振動となる．$\theta = 180°$ において

$$p = 1 - \frac{1}{2} + \frac{1}{3} - \frac{1}{4} + \cdots = \log 2 = 0.693$$

となるが，図 2.1.1 の下右図より，これが実際に原点から最も近い終点であることを確かめられる．

2.2　風に乗って舞う鳥

　本節では複素数を一切使わない（ただしベクトルの概念は用いる）．本節は，次節で類似の（しかしより複雑な）問題に対して複素数を用いるための準備運動だ[4]．まずはじめに，一羽の鳥が地点 A から地点 B までまっすぐに飛び，再び地点 A に戻ってくるとしよう．AB 間は距離 d だけ離れている．鳥の地面に対する速さは V，ただしこれは無風状態での速さとする．無風状態で一往復の所要時間は，明らかに $T = 2d/V$ である．さて，ここで A から B の方向に風速 W（$< V$）で風が吹いているとする．A から B へ向かうときは追い風で鳥の地面に対する速さは $V + W$ となるが，帰りは向かい風で $V - W$ となる．よってこの場合の総飛行時間は

$$\frac{d}{V+W} + \frac{d}{V-W} = \frac{d(V-W)+d(V+W)}{(V+W)(V-W)}$$

$$= \frac{Vd-Wd+Vd+Wd}{V^2-W^2} = \frac{2Vd}{V^2-W^2}$$

$$= \frac{2Vd/V^2}{(V^2-W^2)/V^2} = \frac{2d/V}{1-(W/V)^2}$$

$$= \frac{T}{1-(W/V)^2} \geqq T$$

となり,等号は $W=0$ の場合のみ成立する.すなわち,
風が吹くと総飛行時間が長くなるのだ[5].

次に,同じ風が吹いている状況(これをベクトル場と呼
ぶ)で,この鳥が単なる直線上の往復ではなく,2次元の
ある閉路を一周する場合を考える.この閉路を C と置く.
当然,今度は追い風や向かい風になるような飛び方ばかり
ではなく,風に対してあらゆる角度で飛ぶ可能性がある.
総飛行時間に対する風の影響はどうだろうか.かなり大き
いというのがその答である.

鳥は常に,前向き(尾から頭への方向)にまっすぐ飛ぼ
うとするだろう.地面に対する速度ベクトルを,無風状態
において V と置く.V の長さは一定だが,方向は当然変
化する.風がなければ,V の方向は鳥が飛ぶ向きと同じ
だ.風の速度ベクトル W が一定,すなわち速さも向きも
至るところ同じで V とある角度をなしているとすると,
その瞬間の鳥の進行方向は V と W のベクトル和で表さ
れる.つまり鳥の動きは速度ベクトル $v = V + W$ によっ
て定まり,これは経路 C に接する.その瞬間に W と v

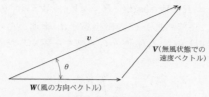

図 2.2.1 風に舞う鳥

のなす角を θ と置く．当然，θ の値は鳥のその瞬間における C 上の位置によって異なる．図 2.2.1 に余弦定理を用いると，$v = |\boldsymbol{v}|$，$V = |\boldsymbol{V}|$，$W = |\boldsymbol{W}|$ の間に以下の関係が成り立つ．

$$V^2 = W^2 + v^2 - 2Wv\cos\theta.$$

これを v の 2 次方程式として整理すると

$$v^2 - [2W\cos\theta]v + W^2 - V^2 = 0$$

となる．これは容易に解くことができ，

$$v = W\cos\theta \pm \sqrt{V^2 - W^2\sin^2\theta}.$$

となる．

　任意の θ についてこの平方根が実数であるために，$V \geqq W$ という仮定が必要なことは明らかだ．実際，ここでは常に $v > 0$，すなわち鳥がたとえ向かい風（閉路なので，どこかで必ず向かい風になるだろう）に対しても C に沿って前進することとしたいので，不等号の成立（$V > W$）を仮定する．また，任意の V に対して $v > 0$ という条件より，上の複号 $\pm$ のうち $+$ のみが有効だ．よって，

$$v = R + W\cos\theta, \quad R = \sqrt{V^2 - W^2\sin^2\theta}$$

となる. ここで, 鳥が C の微小部分 ds を進むために必要な微小時間は $dt = ds/v$ だから, C を一周するための総飛行時間は

$$T = \oint_C \frac{ds}{v}$$

となる. ここで丸つきの積分記号 $\displaystyle\oint_C$ は, 鳥が閉路 C を一周する際の微小時間 $dt = ds/v$ の総和を意味する. したがって, 次のように計算できる.

$$
\begin{aligned}
T &= \oint_C \frac{ds}{R + W\cos\theta} \\
&= \oint_C \frac{R - W\cos\theta}{\{R + W\cos\theta\}\{R - W\cos\theta\}} ds \\
&= \oint_C \frac{R - W\cos\theta}{R^2 - W^2\cos^2\theta} ds \\
&= \oint_C \frac{R - W\cos\theta}{V^2 - W^2\sin^2(\theta) - W^2\cos^2\theta} ds \\
&= \oint_C \frac{R - W\cos\theta}{V^2 - W^2\{\sin^2(\theta) + \cos^2\theta\}} ds \\
&= \oint_C \frac{R - W\cos\theta}{V^2 - W^2} ds \\
&= \oint_C \frac{R}{V^2 - W^2} ds - \frac{W}{V^2 - W^2} \oint_C \cos\theta\, ds.
\end{aligned}
$$

微小部分 ds の, 風の方向 (一定とする) への射影は $\cos\theta\, ds$ である. C は閉路で鳥は必ず出発点に戻ってく

るのだから，この無限小の射影の総和は 0 である．すなわち，$\oint_C \cos\theta ds = 0$ であり，これより

$$T = \oint_C \frac{R}{V^2 - W^2} ds$$

$$= \oint_C \frac{\sqrt{V^2 - W^2 \sin^2\theta}}{V^2 - W^2} ds > \oint_C \frac{\sqrt{V^2 - W^2}}{V^2 - W^2} ds$$

$$= \oint_C \frac{ds}{\sqrt{V^2 - W^2}} > \oint_C \frac{ds}{V}.$$

となる．

　この結論から，実際のスポーツに関するひとつのおもしろい（驚くべきといってもよいかも知れない）事実がみてとれる．陸上競技では通常，風が強いときに作った記録は公式に認められない（あるいは「追い風参考」などの注釈がつけられる）という規定がある．円盤投げ，ハンマー投げ，やり投げ，短距離走のような種目で追い風の場合，この規定は明らかに理にかなっている．しかしながら，今私たちが得た結論によると，どんな形の閉路であれ，それを整数回だけ回る陸上競技においては，この「明らか」は誤りということになる．実際，一定の風の中で競技が行なわれた場合，どんな向きの風であれ，そこで作られた記録は絶対に認めるべきなのだ．なぜなら，風がなければもっと良い記録が出ていたはずなのだから．

　以上，2 つの準備運動を終えたので，ベクトルの旅に関する問題に入っていこう．今度は複素数をベクトルの回転

として存分に応用する．そこでは，これまで以上に驚くべき結論が待っている．

2.3　犬と走る問題

最近，ある数学の論文が以下のような書き出しで始まっていた[6]．

　ある日，愛犬ローバーと小道を走っていたときのことだった．ローバーはよく訓練された犬で，決してうろついたりしない．いつも私の右側ぴったり1ヤード（約91センチ）の位置について走る．私が緩やかに方向を変えると，ローバーは同じ位置を保つように速度と進路を完璧に調節する．この日の道は平坦だったが曲がりくねっていた．私たちは何周か閉路を描いた（図2.3.1）．

　図中の道は時計回りだから，ローバーが主人の右側すなわち閉路の内側に平行に走ることになり，走る距離は明らかに主人よりも短くなる．この論文の著者は（当然，数学の教授だが）続けて以下の問題を提起した．「私はどれく

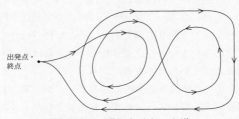

出発点・
終点

図2.3.1　曲がりくねった道

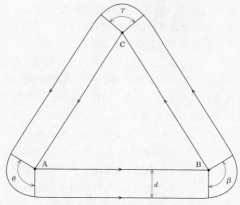

図 2.3.2 平行な三角形の道

らいローバーより多く走ったのだろうか？」この問題の正
解を初めて聞く者は，その簡潔さにほとんど必ずといって
いいほど驚く．図の道が複雑に曲がりくねっているため，
正解もそれに応じて複雑なのではないかと思ってしまいが
ちなのだ．まずは，いちばん簡単な場合から考えていくこ
とで，正解への手がかりを得ることができる．

　図 2.3.2 は 2 人の走者が平行な道を同時に出発し，同
時にゴールする閉路を示している．内側の走者は三角形の
辺に沿って走るが，外側の走者は内側の走者から常に一
定の距離 d を保っている．内側の走者が頂点 A，B，C に
いるときにもこの条件を満たすには，外側の走者は半径
d の円弧上を回転しなくてはならない．2 人は同時に出発

しゴールするので，外側の走者は回転を一瞬で行なうことになる．これは現実には不可能だが，いうまでもなく三角形の走者が頂点で方向を「ゆるやかに」変えていないために起こることなので，ここではそれを問題にしない．ここで問題としたいのは，2人が走った総距離の差だけだ．図より直ちに2つのことがいえる．第一に，直線部分については2人は同じ距離を走っているということ．第二に，$\theta + \beta + \gamma = 360°$ より，外側の走者は3度の方向転換を行なうごとに，半径 d の円周をちょうど一周することだ．回転軌道を走った距離の総和が，外側の走者が余分に走る分となり，ちょうど $2\pi d$ だけ三角形の走者よりも長く走ることになる．この値は三角形の大きさに無関係だ．関係するのは d，すなわち2人の間に設けられた一定の距離のみである．

　こんなことが図2.3.1のような複雑な経路でも成り立てばありがたいだろう．そして実際，その通りになる．非常に一般的な条件下で，犬と主人の走った距離の差は単に走行経路の方向ベクトルの最終的な回転角に二者間の距離をかけた値に等しい．図2.3.2の単純な三角形で示した結論はこの事実の一例であり，経路の方向ベクトルの最終的な回転角は明らかに 2π に等しい．方向ベクトルは始点から終点に至る過程でちょうど完全に一回転するからだ．

　走行距離の差が二者間の距離と方向ベクトルの回転角のみの関数であることを，どうしたら証明できるだろうか．三角形上を走った場合，経路が一定で単純な形であるため

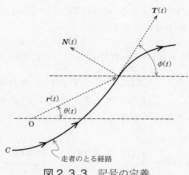

図 2.3.3 記号の定義

わかりやすかったが，一般には曲がり角や閉路をたくさん含んだ，ずっと複雑な経路もありえる．どんな複雑な状況もすべて考慮に入れることが可能だろうか．そのためには複素数の利用，特に $i = \sqrt{-1}$ をかけることによるベクトルの回転が鍵となる．

はじめに図 2.3.3 を見てみよう．これは走者の経路 C の一部分を拡大したものだ（犬は後で登場する）．図中の O は原点で，ベクトル $\boldsymbol{r}(t)$ は O と C 上の時刻 t における走者の位置を結ぶ．ベクトル $\boldsymbol{r}(t)$ は横軸と角度 $\theta(t)$ をなす．時刻 t での走者の座標を $(x(t),\ y(t))$ で表すと，

$$\boldsymbol{r}(t) = x(t) + iy(t),$$
$$|\boldsymbol{r}(t)| = \sqrt{x^2(t) + y^2(t)}$$

となる．

　　走者の速度ベクトルは $\boldsymbol{r}'(t)$ であり，この記号 $'$ は t に関する微分を表す．すなわち

$$\boldsymbol{r}'(t) = \frac{d}{dt}\boldsymbol{r}(t) = x'(t) + iy'(t)$$

であり，これを t に関して積分すると C 上の道のりになる．そして，C の接ベクトルのうち単位ベクトルであるもの（接線方向のベクトルで長さ 1 のもの）を $\boldsymbol{T}(t)$ とおくと，

$$\boldsymbol{T}(t) = \frac{\boldsymbol{r}'(t)}{|\boldsymbol{r}'(t)|} = \frac{\boldsymbol{r}'(t)}{\boldsymbol{r}'(t)} = \frac{x' + iy'}{\sqrt{x'^2 + y'^2}}$$

である．その理由は，速度ベクトル $\boldsymbol{r}'(t)$ は C に接しており，$\boldsymbol{r}'(t)$ をそれ自身の絶対値で割れば $\boldsymbol{r}'(t)$ と同じ方向で長さ 1 のベクトルになるからだ．よって $\boldsymbol{r}'(t) = \boldsymbol{T}(t)|\boldsymbol{r}'(t)|$ である．$\boldsymbol{T}(t)$ には単位がつかないことに注意しよう．

　　最後にもう少し記号を付け加えて準備を完璧にしておこう．$\boldsymbol{r}'(t)$ を反時計回りに 90° 回転すると，$\boldsymbol{T}(t)$ に垂直なベクトル（法線ベクトル）を得る．$\boldsymbol{r}'(t)$ に i をかけると $i\boldsymbol{r}'(t) = i[x'(t) + iy'(t)] = -y'(t) + ix'(t)$ となる．これを絶対値で割ると図 2.3.3 に示すように単位法線ベクトル $\boldsymbol{N}(t)$ を得る．

$$\boldsymbol{N}(t) = \frac{i\boldsymbol{r}'(t)}{|\boldsymbol{r}'(t)|}$$

であり，これは走者の左側を向くベクトルである．これも $\boldsymbol{T}(t)$ と同様に単位がない．$\boldsymbol{N}(t)$ を用いると，犬の位置を

数学的に記述することができるようになる．犬は走者の右
にいるので，犬の位置ベクトルは

$$d(t) = r(t) - \alpha N(t)$$

と表せる．ここで α は犬が主人との間に保っている一定
の間隔（冒頭の問題文では 1 ヤード）である．

　次に走者の位置ベクトルが横軸となす角度の変化率
$\theta'(t)$ を求めよう．次のような計算をする理由はすぐ後に
わかるので，当面説明しないでおく．

$$\cos \theta(t) = \frac{x}{\sqrt{x^2 + y^2}}$$

の両辺を t について微分する．θ, x, y は各々 t の関数で
あることに注意すると，

$$-(\sin \theta)\theta' = \frac{x'\sqrt{x^2 + y^2} - x/(2\sqrt{x^2 + y^2})(2xx' + 2yy')}{x^2 + y^2}$$

$$= \frac{x'(x^2 + y^2) - x^2 x' - xyy'}{(x^2 + y^2)^{3/2}} = \frac{x'y^2 - xyy'}{(x^2 + y^2)^{3/2}}$$

と計算できる．ここで

$$\sin \theta = \frac{y}{\sqrt{x^2 + y^2}}$$

であるから，

$$\theta' = -\frac{x'y^2 - xyy'}{(\sin \theta)(x^2 + y^2)^{3/2}} = -\frac{x'y^2 - xyy'}{(y/\sqrt{x^2 + y^2})(x^2 + y^2)^{3/2}}$$

$$= -\frac{x'y - xy'}{x^2 + y^2}$$

となり，以下の結論を得る．

$$\theta' = \frac{xy' - x'y}{x^2 + y^2}.$$

　なぜこのような計算をしたのか. ——元の問題を解くために θ' 自体は不要なのだから, これはもっともな疑問である. 先ほどみたように, 解決の核心となる角度は走者の位置ベクトルの角度 θ ではなく, 経路の方向ベクトルの角度の総変化量だ. すなわち, 私たちの関心の的は $\theta(t)$ ではなく, $\boldsymbol{T}(t)$ が横軸となす角 $\phi(t)$ なのだ. でもご安心願いたい. この計算をしたのには理由があるのだ. $\theta'(t)$ を計算した理由は, それが容易に計算できてなおかつ, その結果を使うと労せずして $\phi'(t)$ がわかるからである. そのからくりはこうだ. まず先ほどの $\boldsymbol{T}(t)$ を

$$\boldsymbol{T}(t) = \frac{\boldsymbol{r}'(t)}{|\boldsymbol{r}'(t)|} = c(t)\boldsymbol{r}'(t)$$

と書き直す. ここで

$$c(t) = \frac{1}{|\boldsymbol{r}'(t)|} = \frac{1}{r'(t)}$$

である. よって

$$\boldsymbol{T}(t) = c(t)[x'(t) + iy'(t)] = c(t)x'(t) + ic(t)y'(t)$$

となる.

　ここで, すでに得ている結論を考え直してみる. 今, ベクトル $(c(t)x'(t),\ c(t)y'(t))$ が横軸と $\phi(t)$ の角度をなしている. 先ほど計算した $\theta'(t)$ はベクトル $(x(t),\ y(t))$ が横軸となす角度の微分だった. $\phi(t)$ と $\theta(t)$ は成分が違うだけだから, $\theta'(t)$ に対して得た結論の $(x(t),\ y(t))$ に

$(c(t)x'(t),\ c(t)y'(t))$ を代入すれば $\phi'(t)$ が得られる．簡単な計算により

$$\phi'(t) = \frac{(cx')(cy''+c'y')-(cx''+c'x')(cy')}{c^2x'^2+c^2y'^2}$$

$$= \frac{c^2x'y''-c^2x''y'}{c^2x'^2+c^2y'^2},$$

すなわち，次の結論を得る．

$$\boxed{\phi' = \frac{x'y''-x''y'}{x'^2+y'^2}}.$$

ここで

$$\boldsymbol{N}(t) = \frac{i\boldsymbol{r}'(t)}{|\boldsymbol{r}'(t)|} = \frac{-y'+ix'}{\sqrt{x'^2+y'^2}}$$

であったことを思い出そう．これより

$$\boldsymbol{N}'(t) = \frac{1}{x'^2+y'^2}(\sqrt{x'^2+y'^2}(-y''+ix'')$$

$$-(-y'+ix')(x'x''+y'y'')/(\sqrt{x'^2+y'^2}))$$

となり，さらに計算を進めると

$$\boldsymbol{N}'(t) = \frac{x'+iy'}{\sqrt{x'^2+y'^2}} \cdot \frac{x''y'-y''x'}{x'^2+y'^2} = \boldsymbol{T}(t)\{-\phi'(t)\}$$

となる．よって

$$\boxed{\boldsymbol{N}'(t) = -\phi'(t)\boldsymbol{T}(t)}$$

となる．

　これも先ほど述べたが，犬は走者の右側に一定の距離 α を常に保っているので，犬の位置ベクトルは，次で与えら

れる.

$$\boldsymbol{d}(t) = \boldsymbol{r}(t) - \alpha \boldsymbol{N}(t).$$

よって

$$\boldsymbol{d}'(t) = \boldsymbol{r}'(t) - \alpha \boldsymbol{N}'(t) = \boldsymbol{r}'(t) + \alpha \phi'(t) \boldsymbol{T}(t).$$

はじめに見たように $\boldsymbol{r}'(t) = \boldsymbol{T}(t)|\boldsymbol{r}'(t)|$ であるから,

$$\boldsymbol{d}'(t) = \boldsymbol{T}(t)|\boldsymbol{r}'(t)| + \alpha \phi'(t) \boldsymbol{T}(t)$$

$$= \{|\boldsymbol{r}'(t)| + \alpha \phi'(t)\} \boldsymbol{T}(t)$$

となる. 犬の速さはただ絶対値をとればよく,

$$|\boldsymbol{d}'(t)| = |\{|\boldsymbol{r}'(t)| + \alpha \phi'(t)\} \boldsymbol{T}(t)|.$$

ここで, 一般に, 積の絶対値は絶対値の積であることから

$$|\boldsymbol{d}'(t)| = |\{|\boldsymbol{r}'(t)| + \alpha \phi'(t)\}||\boldsymbol{T}(t)|$$

となる. $\boldsymbol{T}(t)$ は C の単位方向ベクトルだったから $|\boldsymbol{T}(t)|$ $=1$ であり, 結局

$$|\boldsymbol{d}'(t)| = |\{|\boldsymbol{r}'(t)| + \alpha \phi'(t)\}|$$

となる.

　ここですべての t に対して $|\boldsymbol{r}'(t)| + \alpha \phi'(t) \geqq 0$ を仮定する. この仮定が正しいことは最後に示す. この仮定より, 犬の速さは

$$|\boldsymbol{d}'(t)| = |\boldsymbol{r}'(t)| + \alpha \phi'(t)$$

となる. $|\boldsymbol{r}'(t)|$ が走者の速さだったことを注意しておこう. 速さを時間に関して積分すれば, その時間で進んだ距離を得る. そこで時刻 0 から $\hat{T}$ までの間に走者と犬が進んだ距離をそれぞれ L_R, L_D と置けば,

$$L_R - L_D = \int_0^{\hat{T}} |\boldsymbol{r}'(t)| dt - \int_0^{\hat{T}} \{|[\boldsymbol{r}'(t)| + \alpha\phi'(t)\} dt$$

$$= -\alpha \int_0^{\hat{T}} \phi'(t) dt = -\alpha\{\phi(\hat{T}) - \phi(0)\}$$

$$= \alpha\{\phi(0) - \phi(\hat{T})\}$$

となる. 出発点では $\phi(0) = 0$ である. 図 2.3.1 を始点から終点までたどってみると, C の方向ベクトルは時計回りに 1.5 回転することがわかる. すなわち $\phi(\hat{T}) = -3\pi$ であり, $\alpha = 1$ ヤードだったから,

$$L_R = L_D + 1 \cdot \{0 - (-3\pi)\} = L_D + 3\pi$$

となる. これより, 走者は犬より 3π ヤード余計に走ったことになる.

　最後に一点. 先ほど設けた仮定 $|\boldsymbol{r}'(t)| + \alpha\phi'(t) \geqq 0$ は正しいのだろうか. この仮定の物理学的な重要性は走者の経路上の任意の点での曲率半径が

$$R(t) = \frac{(x'^2 + y'^2)^{3/2}}{x'y'' - x''y'}$$

で与えられることからわかる. 曲率半径の概念は 1671 年のニュートンに遡る. それは, 曲線上の各点において, その曲線と最もぴったり合うような円の半径のことである. 曲率半径の逆数を曲率と呼ぶ. たとえば, 直線は半径が無限大の円周とみなされるので, 直線の曲率は 0 だ. また, 円と最もぴったり合うような円はそれ自身だから, 円の曲率半径とは通常の半径のことで, 円は半径が一定だから曲率も一定となる. 上記の $R(t)$ の公式の証明は微積分の教

科書に載っている.

　曲率半径は正にも負にもなり得る. 道が時計回りに曲が
っていれば負であるし, 反時計回りならば正となる. 先ほ
どみたように $|\boldsymbol{r}'(t)| = \sqrt{x'^2 + y'^2}$ であり, $\phi'(t)$ の枠内の
公式を用いることによりただちに

$$R(t) = \frac{|\boldsymbol{r}'(t)|}{\phi'(t)}$$

がわかる. よって, $|\boldsymbol{r}'(t)| + \alpha\phi'(t) < 0$ のとき, $|\boldsymbol{r}'(t)| <$
$-\alpha\phi'(t)$ となる. 当然, 絶対値は負でないから, 条件
$|\boldsymbol{r}'(t)| + \alpha\phi'(t) < 0$ は $0 < |\boldsymbol{r}'(t)| < -\alpha\phi'(t)$ と同値 (α の
物理的な意味から $\alpha > 0$ だから, $\phi'(t) < 0$ となることは
明らか) である. この $|\boldsymbol{r}'(t)|$ に関する不等式の左側の不
等号から $R(t) < 0$ を得, 右側から $-\alpha < R(t)$ を得る. こ
れより

$$-\alpha < R(t) < 0$$

となる. $R(t)$ は負だから, 条件 $|\boldsymbol{r}'(t)| + \alpha\phi'(t) < 0$ は走
者が時計回りに (すなわち犬に向かって) 犬との間隔より
も小さな曲率半径で走ることを表す (曲率半径は小さいほ
ど曲がり方は急である). この場合には, 先ほど得た明快
な結論は成り立たない. 本問の出題者は次のように書いて
いる (再び註 6 を参照).

　　　私が, ローバーのいる側に向かって急激に回転する
　　　と, ローバーがいくら速度を落としても合わせられな
　　　いことがあり得る. こんなときにも彼が理想的な位置
　　　に居続けるためには, 彼は新たに小さな弧を描いて走

る必要がある．走者と犬の走行距離の差に関する明快
な公式は，この場合には当てはまらない．たとえば，
私が1ヤードより小さな半径で時計回りに円を描い
て走る場合，ローバーが私の右ちょうど1ヤードの
距離を保つにはどのように走ればよいか，考えてみる
とおもしろいだろう．

最後の一文に挙げられている問題は，挑戦してみるのにち
ょうどよい．本問の著者は解答を与えていないが，解くの
はそれほど難しくない．しばらくの間，読者も考えてみる
とよいだろう．解答は本章の最終節で与える．

2.4 猫とねずみの追いかけっこ

前節では，犬と走る問題を解くために複素数のベクト
ルとしての概念を用いた．この発想は，数学の歴史の中で
由緒ある「追いかけっこの問題」にも応用できる．ねずみ
が，居眠りしている猫を踏んでしまったことに気づき，驚
き慌てて逃げ出すとする．ねずみはそれほど賢くないた
め，猫を中心とする円周上を走り出すとしよう．猫は目を
覚まし，ちょうどいい昼食が現われたと思い，ねずみを追
いかけ始める．猫にとって大切なのは，はたしてねずみを
捕まえられるかということだ．ねずみの側も，猫から逃げ
られるのかは死活問題だ．

こうした問題が数学で初めて取り上げられた起源は
1732年に遡る．フランスの数学者で測量技師のピエー
ル・ブーゲー（1698-1758年）が，当時最も差し迫って

解決する必要のあった問題——商船が海賊船から逃げるための
まっすぐな道をみつけること——に対して初めて数学的な分析を
与えた. しかしここでは, 商船よりも複雑な円を描く腹を空かせた猫と, その獲物であるねずみの問題を扱おう. この問題を数学的に分析する際, 複素数とそれに関連するベクトル, そしてオイラーの公式がきわめて有用であることが, 次第にわかっていくだろう. 最初に設定を説明する.

　猫とねずみをそれぞれ C, M で表す. 時刻 t を, 猫が目覚めた瞬間を $t = 0$ としそこから測り始めることにしよう. また, ねずみが走る円の半径を 1 と仮定する. 距離を測る際には好きな長さを単位としてよいので, この仮定により一般性が損なわれることはない. また, 座標系の設定は $t = 0$ でのねずみの位置を M(1, 0) とし, ねずみは単位円周上を反時計回りに一定の速さ 1 で走ると仮定する. 速さの設定に関しては猫の速さ（一定と仮定する）がねずみの速さの何倍であるかを定めれば十分だから, この仮定もまた一般性を損なわない. すなわち, ねずみよりも遅い猫は速さが 1 より小さく, 速い猫は速さが 1 より大きいということだ.

　さて, 最後にひとつ重要な仮定を設ける. 猫がどのようにねずみを追いかけるか, その戦略を定めるのだ. 猫は最も直接的にその瞬間の快楽を追及し行動するものとし, 名づけて「単純追撃作戦」に従って行動するとしよう. すなわち, 各瞬間において猫はその瞬間のねずみの位置をめが

けてまっすぐな方向に走るとする．言い換えると，点 C
の速度ベクトルが常に M の位置を向くように C が M を
追っており，C も M も速さは一定だ．C の速度ベクトル
の絶対値が猫の速さ s であり，一方，ねずみの速度ベク
トルの絶対値は先に定めたように 1 である．時刻 t におけ
るねずみの位置を $\boldsymbol{m}(t)$ と置くと，ねずみの位置ベクトル
は

$$\boldsymbol{m}(t) = \cos t + i \sin t = e^{it}$$

となり，$t = 0$ ならば，仮定したねずみの出発点 $(1, 0)$ と
一致する．また，t が 0 から増加すると $\boldsymbol{m}(t)$ の偏角も 0
から増加する．すなわち $\boldsymbol{m}(t)$ は反時計回りに回転する．
そしてねずみの速度ベクトルは

$$\frac{d}{dt}\boldsymbol{m}(t) = -\sin t + i \cos t$$

だから，ねずみの速さは

$$\left|\frac{d}{dt}\boldsymbol{m}(t)\right| = |-\sin t + i \cos t| = \sqrt{\sin^2 t + \cos^2 t} = 1$$

となり，実際に一定値 1 となっている．

　ところで，猫の位置ベクトルを

$$\boldsymbol{c}(t) = x(t) + i y(t)$$

とおくと，図 2.4.1 に示すように，C から M に向けたベ
クトルは $e^{it} - \boldsymbol{c}(t)$ であることがわかる．C は常に M を
めがけて走るので C の速度ベクトルは常に M の方向を向
いており，今みたように，$e^{it} - \boldsymbol{c}(t)$ がそのベクトルとな
る．猫の速度ベクトルの絶対値を正しく求めるために，ま

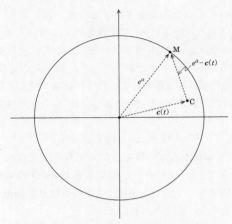

図 2.4.1　猫とねずみの追いかけっこ

ず前節で長さ 1 のベクトルを単位ベクトルと呼んだこと
を思い出そう．そして C から M へ向かう単位ベクトルが
$e^{it} - \boldsymbol{c}(t)$ をそれ自身の長さで割った

$$\frac{e^{it} - \boldsymbol{c}(t)}{|e^{it} - \boldsymbol{c}(t)|}$$

となることに注意しよう．猫の速度ベクトルは長さ s で
あるから，

$$\frac{d}{dt}\boldsymbol{c}(t) = \frac{dx}{dt} + i\frac{dy}{dt} = s\frac{e^{it} - \boldsymbol{c}(t)}{|e^{it} - \boldsymbol{c}(t)|}$$

と表される．ここで e^{it} をオイラーの公式で展開すると

$$\frac{dx}{dt} + i\frac{dy}{dt} = s\frac{\cos t + i\sin t - x - iy}{|\cos t + i\sin t - x - iy|}$$

$$= s\frac{\{\cos t - x\} + i\{\sin t - y\}}{|\{\cos t - x\} + i\{\sin t - y\}|}$$

$$= s\frac{\{\cos t - x\} + i\{\sin t - y\}}{\sqrt{\{\cos t - x\}^2 + \{\sin t - y\}^2}}$$

となる. 両辺の実部と虚部を等式で表すと, 一組の微分方
程式

$$\frac{dx}{dt} = s\frac{\cos t - x}{\sqrt{\{\cos t - x\}^2 + \{\sin t - y\}^2}} = s\frac{\cos t - x}{D(t, x, y)},$$

$$\frac{dy}{dt} = s\frac{\sin t - y}{D(t, x, y)}$$

を得る. ただし $D(t, x, y) = \sqrt{\{\cos t - x\}^2 + \{\sin t - y\}^2}$
である.

この微分方程式を $x(t), y(t)$ について解析的に解くこと
はおそらく（少なくとも私には）不可能だ. しかし与えら
れた s の値に対し, 計算機の力を借り MATLAB のよう
な優れたプログラム言語を用いれば, 数値的な結果を得る
ことは少しも難しくない. それには微分を 0 でない微小
な増分の比で近似するといった, どちらかというと原始的
な方法を用いれば十分だ. この方法では微小な値 Δt を固
定し,

$$\frac{dx}{dt} \approx \frac{\Delta x}{\Delta t}, \quad \frac{dy}{dt} \approx \frac{\Delta y}{\Delta t}$$

とする. したがって, t, x, y として何らかの初期値が与え

られたとき，この方法によれば微分方程式の組

$$\Delta x \approx \left\{ s \frac{\cos t - x}{D(t, x, y)} \right\} \Delta t, \quad \Delta y \approx \left\{ s \frac{\sin t - y}{D(t, x, y)} \right\} \Delta t$$

から x, y, t の新しい値 $x_{\text{new}}, y_{\text{new}}, t_{\text{new}}$ が古い値 x_{old}, $y_{\text{old}}, t_{\text{old}}$ を用いて

$$x_{\text{new}} = x_{\text{old}} + \Delta x, \quad y_{\text{new}} = y_{\text{old}} + \Delta y,$$

$$t_{\text{new}} = t_{\text{old}} + \Delta t$$

と計算できる.

　この過程を何度も繰り返すことにより，近似の誤差の累積が大きくなり過ぎなければ，これら x, y の値をグラフに表し，猫の軌道を描くことができる[7].

　各時刻にねずみが円周上にいることはすでにわかっているので，ねずみの軌道も一緒に表せる．図2.4.2と2.4.3では，ともに $\Delta t = 0.001$ 秒を用いて二者の軌道を一緒に表した．図2.4.2は，ねずみの1.05倍の速さで走る「速い猫」の軌道で，この猫は最終的にねずみを捕まえる様子がみてとれる．この図を描くためにMATLABのプログラムは2500回繰り返し計算を行なったので，追撃に要する時間は約2.5秒だ．一方，図2.4.3はねずみの速さの0.9倍でしか走れない「遅い猫」の軌道を示しており，猫はねずみをいつまでたっても捕らえられない．猫の軌道は円周の内部に収まり，ねずみの円軌道の内部に滞りながらのろのろとねずみを追い続けるのである.

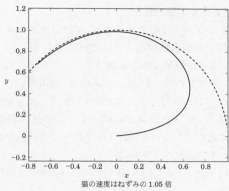

猫の速度はねずみの 1.05 倍

図 2.4.2　速い猫

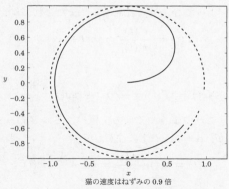

猫の速度はねずみの 0.9 倍

図 2.4.3　遅い猫

2.5　犬と走る問題の答

　飼い主が原点を中心とする半径 A の円周上を走り，犬は常に飼い主の右側ぴったり1ヤードの位置にいるとする．飼い主の円軌道は媒介変数により

$$x(t) = -A\cos t, \quad y(t) = A\sin t$$

と表せる．これらの方程式は $t=0$ で $x=-A, y=0$ の点から出発し，いずれ出発点に戻ってくる半径 A の時計回りの円軌道を表している．2.3節で扱った方程式を用いると，飼い主の位置ベクトルは

$$\boldsymbol{r}(t) = -A\cos t + iA\sin t = A[-\cos t + i\sin t]$$

となるから，

$$\boldsymbol{r}'(t) = A[\sin t + i\cos t]$$

となり，よって $|\boldsymbol{r}'(t)| = A$ となる．またこれより

$$\boldsymbol{T}(t) = \frac{\boldsymbol{r}'(t)}{|\boldsymbol{r}'(t)|} = \sin t + i\cos t$$

だから，

$$\boldsymbol{N}(t) = i\boldsymbol{T}(t) = -\cos t + i\sin t = \frac{\boldsymbol{r}(t)}{A}$$

である．これでようやく犬の位置ベクトル $\boldsymbol{d}(t) = \boldsymbol{r}(t) - \alpha\boldsymbol{N}(t)$ が，$\alpha = 1$ ヤードに注意して

$$\boldsymbol{d}(t) = \boldsymbol{r}(t) - \frac{\boldsymbol{r}(t)}{A} = \left(1 - \frac{1}{A}\right)\boldsymbol{r}(t)$$

と求められる．

　いろいろな A の値でこの結果を考えてみると，大変おもしろい様子がみえてくる．まず $A > 1$ のとき，すな

わち飼い主が「大きな」円を描いて走るときには，因子 $(1-1/A)$ が $0 < (1-1/A) < 1$ を満たすので，犬は単に飼い主が描く円の内側に，より小さな円を描いて走る．ここで A が次第に小さくなる様子を想像してみよう．$A = 1$ になると $\boldsymbol{d}(t) = 0$ となるが，このとき犬は走らずに原点に留まりながら，地面につけた足を軸に体の向きだけを変えながら回転している．さらに A が小さくなり $A < 1$ となると，因子 $(1-1/A)$ は $-\infty < (1-1/A) < 0$ を満たす．因子が負であるということは，$\boldsymbol{d}(t)$ が今や $\boldsymbol{r}(t)$ と反対向きであることを意味している．ということは，ここで状況が大きく変わったことになる．なぜなら，$A < 1$ では飼い主と犬はもはや「一緒に」走っておらず，原点を挟んで反対側にいるからだ．たとえば $A = 1/2$ のときは $\boldsymbol{d}(t) = -\boldsymbol{r}(t)$ となり，同じ円周上を半周分だけ離れて走っている．実際の状況は一緒に走るというより，追いかけっこという方が合っている（とはいっても，どちらが追う側なのかまったく見分けがつかないが）．こうした状況でも犬は常に飼い主の右側ぴったり 1 ヤードの位置にいるのである．

　A がさらに小さくなった $A < \dfrac{1}{2}$ での様子を示したのが図 2.5.1 だ．飼い主の円は半径 A，犬の円は半径 $|A(1-1/A)|$ である．円の半径は常に非負であり，今 $1-1/A < 0$ であるから，この絶対値は必要だ．$A < 1$ であるから

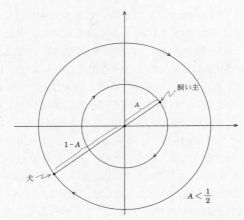

図 2.5.1　飼い主が小さな円を描く場合 $\left(A < \dfrac{1}{2} \right)$

$$\left| A\left(1 - \frac{1}{A}\right) \right| = |A - 1| = 1 - A$$

であり，$(A) + (1 - A) = 1$ より，飼い主と犬の間の距離は $A < 1$ のときも依然として 1 であることがわかる．最も驚くべきことは，今や大きな円を描くのは飼い主ではなく犬の方だということだ．そして A がもっと小さくなり，最終的に 0 になると，犬が $A = 1$ のときにしていた，原点に留まって体の向きだけを変えながら地面につけた足を軸に回転することを，今度は飼い主がすることになる．$A = 0$ のとき犬は，一点で回転する飼い主の回りに半径 1 ヤードの円周を描いて走るのだ．

　以上からわかることは，飼い主の走行距離が犬よりも $2\pi \times (\boldsymbol{T}(t)$ の時計回りの回転数）の分だけ大きいという先に得た結果は，$A < 1$ の場合は成り立たないということだ．円周の場合，$\boldsymbol{T}(t)$ の回転数はどんな A に対しても明らかに 1 であるから，先の公式によれば飼い主の走行距離は，どんな A に対しても犬よりも 2π ヤードだけ大きいことになるが，$A < 1$ のときに実際に走行距離を計算すると飼い主は $L_R = 2\pi A$，犬は $L_D = 2\pi(1-A)$ となるから

$$L_R - L_D = 2\pi A - 2\pi(1-A) = 4\pi A - 2\pi = 2\pi(2A-1)$$

となり，$A < 1$ よりこれは 2π より小さい．特に $A < 1/2$ だと $L_R - L_D < 0$ となってしまい，この場合，図 2.5.1 に示すように，余分に走るのは飼い主ではなく犬になる．

第3章　π^2 が無理数であること

3.1　π が無理数であるとは

　π の値をずっと先の桁まで求めようとする試みは何百年も前から行なわれていたが，π が無理数であるかという問題が意識されるようになったのはオイラーの時代になってからのようだ．実際，π が無理数であることは，1761 年にスイス人数学者ヨハン・ランベルト（1728-77 年）によって初めて証明された．ランベルトの証明は，x が 0 でない有理数ならば $\tan x$ は無理数であるという事実をもとにしていた．この事実を用いれば，$\tan(\pi/4) = 1$ が無理数ではないことから，$\pi/4$ は有理数ではあり得ない．すなわち，$\pi/4$ は無理数となる．したがって π もまた無理数であるとわかる．ランベルトはフリードリッヒ大王によって一時期オイラーとともにベルリン・アカデミーの会員だった人物だ．ランベルトの証明は，$\tan x$ の連分数展開

$$\tan x = \cfrac{1}{\cfrac{1}{x} - \cfrac{1}{\cfrac{3}{x} - \cfrac{1}{\cfrac{5}{x} - \cfrac{1}{\cfrac{7}{x} - \cdots}}}}$$

を導き出すこと[1] から始まっていた. とはいえ, この証明は荒削りであり, 数学的に厳密な証明は 1808 年にフランス人数学者アドリアン・マリ・ルジャンドル (1752-1833 年) の著書 *Éléments de géométrie* (第 7 版) の出版まで待たねばならなかった. ルジャンドルが実際に証明したのは, 単に π が無理数であることだけではなかった. 彼は π² が無理数であることを証明したのだ. π² が無理数ならば必然的に π も無理数となる (この逆は必ずしも正しくない. たとえば $\sqrt{2}$ は無理数だがその 2 乗は明らかに有理数だ). その理由は, 仮に π が有理数であるとすると, 整数 p, q を用いて $\pi = p/q$ と表せるが, このとき $\pi^2 = p^2/q^2$ となり, これがまた整数の比になっていることから π² もまた有理数となる. もし前もって π² が有理数でないとわかっていたら, ここで矛盾が生じる. したがって, はじめに仮定した $\pi = p/q$ が誤りだったことになり, π は有理数ではあり得ない.

　ルジャンドルは, π が無理数であることは $\sqrt{2}$ が無理数であることとは本質的に異なると考えた. 彼は著書で述べている.「π という数は ($\sqrt{2}$ のような) 代数的無理数の中には含まれないようだ. ただし, これをきちんと証明する

ことは非常に難しいだろう」[2] この指摘のとおり，π が超越数であることは，ドイツ人数学者フェルディナント・リンデマン（1852-1939 年）によって 1882 年に（オイラーの公式の助けを借りて）ようやく証明された．超越性の問題とはおもしろいもので，ほとんどすべての実数が超越数であるとわかっている[3] のに，たとえばルジャンドルが指摘した π のように，個々の実数が実際にそうであることを証明するのは往々にして非常に難しい．ドイツ人数学者ダフィット・ヒルベルト（1862-1943 年）もこれを認識していた．ヒルベルトは 1900 年に 23 の未解決問題を挙げて数学界に提起したが，この有名な「ヒルベルトの問題」[4] の第 7 問題が，数の超越性の解明，とりわけ $2^{\sqrt{2}}$ が超越数であるか否かを決定することだった．

1920 年，ロシア人数学者アレクサンダー・ゲルファント（1906-68 年）はこの問題を途中まで解決した．彼は，a が代数的数（$a \neq 0, 1$），$b = i\sqrt{c}$（c は平方数でない正の整数）であるときに，a^b が超越数であることを証明したのだ．1930 年に彼の同僚のロシア人ロディオン・クズミン（1891-1949 年）がこの結果を実数 $b = \sqrt{c}$ の場合に拡張した．このクズミンの結果により，ヒルベルトが例として挙げた問題は超越数であるとの結論で決着した．すなわち，$2^{\sqrt{2}}$ は超越数であることが示されたのだ．そして最終的に 1936 年，ドイツ人数学者カール・ジーゲル（1896-1981 年）が，a が代数的数（$a \neq 0, 1$），そして b が（実数の）有理数でないならば，常に a^b が超越数で

あることを証明した[5] [6]．重要な例として $a = i$（これは
代数的数である．註2を参照），$b = -2i$（これは確かに
実数でないから条件を満たす）がある．このとき，i^{-2i}
が超越数となるわけだが，一方オイラーの公式から

$$i^{-2i} = (e^{i\pi/2})^{-2i} = e^{(i\pi/2)(-2i)} = e^{\pi}$$

であるから，e^{π} が超越数となる．ただし，これと似てい
るかにみえる $\pi^e, \pi^{\pi}, e^e, e+\pi, \pi e$ などといった数が超越
数であるかどうかは現在でも未解決だ．

　さて，本章の数学を展開する前に，哲学的な話を少々．
π が無理数であることは，どれほど重要なのだろうか．物
理学や工学で π の値を 3.14159265 よりも詳しく知る必要
があるのだろうか．おそらくないだろう．小学校などで
時おり習う大まかな近似値 22/7 で十分ではないか．小説
Kandelman's Krim に登場する配管工の言葉によれば，

　　直径に π を掛けると管の全周になるというのはおな
　　じみの事実で，私たち配管工は見習い時代にこれを教
　　わって感動するものだ．私は π が無理数であること
　　など，当然のこととして体感で知り尽くしている．で
　　も仕事上は π を $3\frac{1}{7}$，いや急ぎのときは 3 として済
　　ませている[7]．

しかし，π が有理数か無理数かということは，値の正確さ
とは別であり，いわば精神の問題なのだ．ある数学者は一
般向けの本に記している[8]．

　　π が有理数なのかそれとも無理数なのかという問題

は，果たして重要なことなのだろうか．数学者に対す
るこうした質問は，音楽をまったく聴かない人から作
曲家への質問——なぜそこでその和音を演奏者に弾か
せたのか，他の音ではどうしてダメなのか——との問
いかけに似ている．こうした問いに答えるのは難しい
が，もし答えるとすれば，その和音には調和があり，
心地よく聞こえるからだというのが精一杯であろう．
いうまでもないことだが，数学の中には役に立つもの
もある（対数，微分方程式，線形作用素の応用がここ
で述べられる）．しかし，いわゆる純粋数学者はこう
した応用のために数学をやるわけではない．確かに，
π が無理数であることがわかっても何の役にも立たな
いかもしれない[9]．だが，解明できる可能性がある事
実を解明しないままでいるのは，絶対に耐え難いこと
なのだ．

　π が無理数であることの証明は，学生向けの教科書に
はあまり取り上げられない．だが実際には大学 1 年生で
習う微積分の概念とオイラーの公式があれば説明できる．
次節以降でルジャンドルの方針に従い，π^2 が無理数であ
るという，より強い結果を証明する．（これから直ちにわ
かることとして，オイラーが計算した平方数の逆数の和
——すなわち $\pi^2/6$——も無理数となる）．ただし，ルジャ
ンドル自身が行なった証明ではなく，現代的な手法を用い
る．背理法によるこの証明は，本質的にはカール・ジーゲ
ルの名著である 1946 年の小編 *Transcendental Numbers*

の中で与えられた．この本は 1946 年春にジーゲルがプリ
ンストンで行なった一連の講義録の再版で，非常に簡潔に
書かれている．ジーゲルは大学院生や数学の教授陣に向け
て話しており，こうした聴衆にとってやさしいだろうとジー
ゲルが判断した部分が，途中の段階でいくつも省略され
ている[10]．これらの中には，まるでオリンピックの大き
さ分くらいの省略もある．私はこれらの抜けていた部分を
埋めた．では証明を始めよう．

3.2　D-作用素

よく知られているように，e^x のべき級数展開は，展開
式の一般項 x^n の次数 n の最大値が存在しないという意味
で「次数が無限大」である．ここで e^x を $x = 0$ のまわり
で 2 つの有限次多項式（n 次とおく）の商で近似すること
を考えよう．すなわち，n 次多項式 $A(x), B(x)$ で $x \approx 0$
のとき

$$e^x \approx -\frac{A(x)}{B(x)}$$

となるような $A(x), B(x)$ を求めたいと思う．これを目標
として，まず関数 $R(x)$ を

$$\boxed{R(x) = B(x)e^x + A(x)} = B(x)\left[e^x + \frac{A(x)}{B(x)}\right]$$

と定義しよう．すなわち，$A(x)$ と $B(x)$ を適切に選べば，
$R(x)$ は $x \approx 0$ において小さくなる．次節では，本節の結
果を用いて $R(x)$ の入った方程式を解いて $A(x)$ と $B(x)$

を求める.

$A(x)$, $B(x)$ は共に n 次だから,

$$A(x) = a_0 + a_1 x + a_2 x^2 + \cdots + a_n x^n,$$

$$B(x) = b_0 + b_1 x + b_2 x^2 + \cdots + b_n x^n$$

と書ける. よって, これらと e^x のべき級数を直接かけることにより, 容易に

$$R(x) = (a_0 + b_0) + (a_1 + b_0 + b_1)x$$

$$+ (a_2 + b_1 + \frac{1}{2!}b_0 + b_2)x^2 + \cdots$$

となる. ここで $R(x)$ が x^{2n+1} の項から始まると仮定しよう. すなわち, $R(x)$ の最初の $2n+1$ 項が 0 であるとする. これは, $x \to 0$ のとき $R(x)$ は x^{2n+1} と同じ速さで 0 になることを意味する. 当然, x 自身よりも速く 0 になる. この仮定は, $A(x)$ と $B(x)$ をどこまで厳密に定めるかを調節する役割を果たす. n が大きければ大きいほど, $x \to 0$ で $R(x)$ が速く 0 になり, e^x の近似は良くなる. $R(x)$ の最初の $2n+1$ 個の係数を 0 と置くことにより,

$$a_0 + b_0 = 0,$$

$$a_1 + b_0 + b_1 = 0,$$

$$a_2 + b_1 + \frac{1}{2!}b_0 + b_2 = 0$$

などを得る. こうして $2n+1$ 本の等式が得られるが, $A(x)$, $B(x)$ の係数が全部で $2n+2$ 個あることに注意し

よう．すなわち，等式より多くの未知数があるので，
今設けた $R(x)$ の最初の $2n+1$ 項が 0 という仮定では
$A(x), B(x)$ の係数は完全には決まらない．$a_0, \cdots, a_n$ と
$b_0, \cdots, b_n$ の計 $2n+2$ 個についての連立方程式は自明でな
い解を持つ．

　これから微分作用素と呼ばれるものに関する結果をいく
つか準備し，次節で $A(x), B(x)$ を求める一般的な公式を
得よう．まず，$\boldsymbol{D}$ という記号の作用素を，正の整数 n に
対し，$\boldsymbol{D}^n\phi(x)$ が $\phi(x)$ の n 階導関数を表すとする．すな
わち，

$$\boxed{\boldsymbol{D}^n\phi(x) = \frac{d^n}{dx^n}\phi(x), \quad n = 1, 2, 3, \cdots}$$

により作用素の無限集合を定義する．微分は線形な操作だ
から，c_1, c_2 を定数とすると

$$\boldsymbol{D}^n\{c_1\phi_1(x) + c_2\phi_2(x)\} = c_1\boldsymbol{D}^n\phi_1(x) + c_2\boldsymbol{D}^n\phi_2(x)$$

が成り立つ．

　記号 $\boldsymbol{D}^n\phi(x)$ を，n が正でない整数（$n \leqq 0$）に拡張し
て解釈する方法を説明する．それには 2 つのことを踏ま
えればよい．第一に，$n = 0$ とは 0 回微分すること，すな
わち，$\phi(x)$ に何もしないことと定めるのが望ましい．し
たがって

$$\boldsymbol{D}^0\phi(x) = \phi(x)$$

とする．すなわち，作用素 $\boldsymbol{D}^0$ は単に形式的に 1 を掛け
る操作と同じとみなす．実際，$\boldsymbol{D}$ を変数とし作用素を値

とする関数（たとえば $g(D) = 1 + D$）を考えるとき，0
回掛ける操作は 1 と同じ（たとえば $g(D)^0 = (1+D)^0 = 1$）とみなすのだ．第二に，k, j がともに正の整数であ
るとき，$(d^k/dx^k)(d^j\phi/dx^j) = d^{k+j}\phi/dx^{k+j}$ であるから，
書き換えると $D^k D^j \phi(x) = D^{k+j}\phi(x)$ となるが，これを
すべての整数に拡張し，k, j が負のときにも成り立つもの
とする．

　さて，D^{-1} はいったい何を意味するのか，0 より小さ
な回数だけ微分することなどあり得ないだろう．式の上で
は $D^{-1}D^1 = D^0 = 1$ であることから，D^{-1} は D^1 の作用
を数学的に打ち消す作用であるべきだ．すなわち，D^{-1}
は D^1 の逆作用素，つまり積分であるはずだ．これより，
D^{-1} を以下で定義する．

$$\boxed{D^{-1}\phi(x) = \int_0^x \phi(t)\,dt}$$

いうまでもなく，t は単なる積分変数である．

　2 つの作用素は，作用する順序を入れ替えても結果が
変わらないときに可換と呼ばれる．したがって，もし D^1
と D^{-1} が可換ならば，$D^1 D^{-1}\phi(x) = D^{-1} D^1 \phi(x)$ が成
り立つことになる．しかし，今のこの 2 つの作用素につ
いては，これが一般に成立しないことが容易に示せる．と
いうのは，積分記号下での微分に関するライプニッツの法
則[11] より

$$D^1 D^{-1}\phi(x) = \frac{d}{dx}\left\{\int_0^x \phi(t)\,dt\right\} = \phi(x)$$

である一方,

$$D^{-1}D^1\phi(x) = D^{-1}\frac{d}{dx}\phi(x)$$

$$= \int_0^x \frac{d}{dt}\phi(t)dt = \int_0^x \frac{d\phi}{dt}dt$$

$$= \int_0^x d\phi = \phi(x) - \phi(0)$$

が成り立つからだ. よって, たまたま $\phi(0) = 0$ である
ときを除き, $D^1D^{-1} \neq D^{-1}D^1$ である. というわけで,
D^1 と D^{-1} の可換性は一般に成立しないわけだが, 後に
みるように, π^2 の無理性を証明するための議論において
は, この可換性が成り立つための条件が常に満たされるよ
ううまく工夫する. そこでは, $\phi(0) = 0$ となるような関
数 ϕ のみを扱うように慎重に論を進めるのだ.

さて, $n = -2$ のときはどうか. D^{-2} とは何を意味する
のだろう. D^{-1} が積分なのだから, D^{-2} はそれの2回分
と考えればよいだろうか. そのとおり. ただし, 2回の積
分を1回で表すための巧妙な仕掛けがある. これは前述
したようにジーゲルが著書の中で省略している箇所のひと
つなので, ここに説明しよう. まず

$$D^{-2}\phi(x) = D^{-1}D^{-1}\phi(x) = D^{-1}\int_0^x \phi(t)dt$$

である. そこで次のように置く.

$$f(x) = \int_0^x \phi(t)dt = \int_0^x \phi(s)ds.$$

これら2つの積分は, 積分変数の記号を t から s に変えた

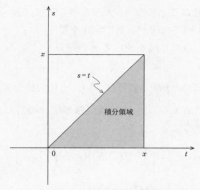

図 3.2.1 D^{-2} の積分領域

だけなので，まったく同じものだ．すると次のようになる．

$$D^{-2}\phi(x) = D^{-1}f(x) = \int_0^x f(t)dt$$
$$= \int_0^x \left\{ \int_0^t \phi(s)ds \right\} dt.$$

2 重積分を理解するには図を用いるとわかりやすい．図 3.2.1 をご覧いただきたい．この図で ϕ の三角形上での 2 次元の積分を行なうことで説明できる．それには 2 重積分の記号が表しているとおりの内容を考えればよい．まず 0 から x までの区間の中から値 t をひとつ選び（外側の積分），そしてその値 t に対し，$\phi(s)$ を $s=0$ から $s=t$ まで積分する（内側の積分）．これが縦の積分路（幅 dt の帯）となる．別の値 t をとれば，別の縦の積分路（すなわ

ち帯）を選ぶことになり，t が 0 から x まで動くことで，
これらのすべての帯が三角形全体を覆う.

　一方，この同じ図を使って ϕ の積分を（幅 ds の）横の
帯 で 行 な う こ と も で き る. そ れ に は 2 重 積 分 を
$\int_0^x \left\{ \int_s^x \phi(s)dt \right\} ds$ と書けばよい. 内側の積分変数は s で
はなく t であるから，$\phi(s)$ は内側の積分の外に出すこと
ができ，次のようになる.

$$D^{-2}\phi(x) = \int_0^x \left\{ \int_s^x \phi(s)dt \right\} ds = \int_0^x \phi(s) \left\{ \int_s^x dt \right\} ds$$
$$= \int_0^x \phi(s)(x-s)ds.$$

さっき言ったように，これで D^{-2} を D^{-1} のように 1 次
元の積分で表せた. さてそれでは D^{-3} はどうか. これまで
での議論を繰り返すことができるだろうか. そう，そのと
おり，できるのだ.

　まず $D^{-3}\phi(x) = D^{-1}D^{-2}\phi(x)$ より，

$$f(x) = \int_0^x \phi(s)(x-s)ds$$

と置くと

$$D^{-3}\phi(x) = D^{-1} \int_0^x \phi(s)(x-s)ds = D^{-1}f(x)$$
$$= \int_0^x f(t)dt$$

となり，これより

$$D^{-3}\phi(x) = \int_0^x \left\{ \int_0^t \phi(s)(t-s)ds \right\}dt$$

となる. 上と同様にしてこの2重積分は以下のようになる.

$$D^{-3}\phi(x) = \int_0^x \left\{ \int_s^x \phi(s)(t-s)dt \right\}ds$$

$$= \int_0^x \phi(s) \left\{ \int_s^x (t-s)dt \right\}ds.$$

ここで内側の積分は変数変換 $u = t-s$ により簡単に計算でき, $\dfrac{1}{2}(x-s)^2$ となる.

よって

$$D^{-3}\phi(x) = \int_0^x \phi(s)\frac{(x-s)^2}{2}ds.$$

この方法を繰り返し（あるいは数学的帰納法により）, 以下の一般形の結論を得る.

$$\boxed{D^{-n-1}\phi(x) = \int_0^x \phi(s)\frac{(x-s)^n}{n!}ds, \quad n = 0, 1, 2, 3, \cdots.}$$

これまで, $\phi(x)$ の性質にはまったく触れなかったが, ここで制限を置こう. これ以降, $\phi(x) = e^{\lambda x}P(x)$ の形の関数のみを扱う. ここで λ は定数, $P(x)$ は多項式で $P(0) = 0$ を仮定する. この仮定は $\phi(0) = 0$ を意味し, これより, 今後は D^1 と D^{-1} が可換となる. きわめて特殊な場合のみを扱うことになるわけだが, π^2 が無理数であることを証明するにはこれで十分であることが後にわか

る．以上の仮定のもとで

$$\boldsymbol{D}^1\phi(x) = \boldsymbol{D}^1\{e^{\lambda x}P(x)\}$$

$$= \frac{d}{dx}\{e^{\lambda x}P(x)\}$$

$$= e^{\lambda x}\frac{dP}{dx} + \lambda e^{\lambda x}P(x)$$

$$= e^{\lambda x}\left\{\lambda P(x) + \frac{dP}{dx}\right\}$$

$$= e^{\lambda x}\{\lambda P(x) + \boldsymbol{D}^1 P(x)\}$$

となり，記号 $\boldsymbol{D}^1$ を簡単に $\boldsymbol{D}$ と書けば以下のようになる．

$$\boldsymbol{D}\phi(x) = e^{\lambda x}(\lambda + \boldsymbol{D})P(x).$$

同様にして

$$\boldsymbol{D}^2\phi(x) = \boldsymbol{D}\{\boldsymbol{D}\phi(x)\}$$

$$= \frac{d}{dx}\left\{e^{\lambda x}\left[\lambda P(x) + \frac{dP}{dx}\right]\right\}$$

$$= e^{\lambda x}\frac{d}{dx}\left[\lambda P(x) + \frac{dP}{dx}\right] + \lambda e^{\lambda x}\left[\lambda P(x) + \frac{dP}{dx}\right]$$

$$= e^{\lambda x}\left[\lambda \frac{dP}{dx} + \frac{d^2P}{dx^2}\right] + \lambda^2 e^{\lambda x}P(x) + \lambda e^{\lambda x}\frac{dP}{dx}$$

$$= e^{\lambda x}[\lambda \boldsymbol{D}P(x) + \boldsymbol{D}^2 P(x)]$$

$$\qquad + \lambda^2 e^{\lambda x}P(x) + \lambda e^{\lambda x}\boldsymbol{D}P(x)$$

$$= e^{\lambda x}[\boldsymbol{D}^2 + 2\lambda\boldsymbol{D} + \lambda^2]P(x)$$

$$= e^{\lambda x}(\boldsymbol{D} + \lambda)^2 P(x)$$

となるから，結局

$$\boldsymbol{D}^2\phi(x) = e^{\lambda x}(\lambda + \boldsymbol{D})^2 P(x)$$

となる．この過程を繰り返せば（あるいは帰納法により），容易に以下の一般的な結論に至る．

$$\boldsymbol{D}^n\phi(x) = \boldsymbol{D}^n e^{\lambda x} P(x) = e^{\lambda x}(\lambda + \boldsymbol{D})^n P(x),$$
$$n = 0, 1, 2, \cdots$$

以上で，方程式 $R(x) = B(x)e^x + A(x)$ を解いて $A(x)$ と $B(x)$ を求めるための数学的な道具立てがすべて整った．次節で実際に解いてみよう．

3.3　$A(x)$ と $B(x)$ を求める

$R(x) = B(x)e^x + A(x)$ の両辺を $n+1$ 回微分すると，次のようになる．

$$\boldsymbol{D}^{n+1} R(x) = \boldsymbol{D}^{n+1}\{B(x)e^x + A(x)\}$$
$$= \boldsymbol{D}^{n+1}\{B(x)e^x\} + \boldsymbol{D}^{n+1} A(x).$$

$A(x)$ は n 次（前節の冒頭での仮定）だから，$\boldsymbol{D}^{n+1} A(x) = 0$ であり，前節の最後に述べた枠内の式を $\lambda = 1$ として用いると，

$$\boldsymbol{D}^{n+1}\{B(x)e^x\} = \boxed{e^x(1 + \boldsymbol{D})^{n+1} B(x) = \boldsymbol{D}^{n+1} R(x)}$$

となる．これより直ちに次式を得る．

$$(1 + \boldsymbol{D})^{n+1} B(x) = e^{-x}\boldsymbol{D}^{n+1} R(x).$$

さっき仮定したように，$R(x)$ は x^{2n+1} の項から始まるので，$R(x) = r_1 x^{2n+1} + r_2 x^{2n+2} + \cdots$ と表せる．よって，

$$D^{n+1}R(x) = (2n+1)(2n)(2n-1)\cdots(n+1)r_1 x^n$$
$$\qquad\qquad + [(n+1) \text{ 次以上の項}]$$

となり，これより $r_0 = (2n+1)(2n)\cdots(n+1)r_1$ とおくと，

$$(1+D)^{n+1}B(x)$$
$$= e^{-x}(r_0 x^n + \cdots)$$
$$= \left(1 - x + \frac{x^2}{2!} - \cdots\right)(r_0 x^n + [(n+1) \text{ 次以上の項}])$$
$$= r_0 x^n + [(n+1) \text{ 次以上の項}]$$

となる．

　ここで，$B(x)$ が n 次多項式であるという仮定により，$(1+D)^{n+1}B(x)$ も n 次多項式となる．その理由は，作用素 $(1+D)^{n+1}$ は，二項定理を形式的に適用すると，D 作用素たちの和で表せる．すなわち，

$$(1+D)^{n+1} = \sum_{j=0}^{n+1} \binom{n+1}{j} (1)^{n+1-j} D^j$$

であり，これらは $j = 0$ に対する作用素 $(1)^{n+1} = 1$ と，$1 \le j \le n+1$ に対する作用素たち $\binom{n+1}{j} D^j$ とを，単に足し合わせたものだ．このうち作用素 D^j の方は，$B(x)$ に作用して次数を j 下げる（少なくとも1次は下げることになる）が，1という作用素だけは $B(x)$ を変えない．よって $B(x)$ が n 次なら，$(1+D)^{n+1}B(x)$ もまた n

次となる. $(1+D)^{n+1}B(x)$ の中に n 次より高次の項が
ないことから, $e^{-x}D^{n+1}R(x)$ には n 次の項しかないこ
とがわかる. $(n+1)$ 次以上の項はすべて係数が 0 でなく
てはならないからである. 以上より $(1+D)^{n+1}B(x)=$
$r_0 x^n$ となる. さて, この式の両辺に作用素 $(1+D)^{-n-1}$
を施し, $(1+D)^{-n-1}(1+D)^{n+1}=(1+D)^0=1$ という
事実を用いることにより, 以下の結論に至る.

$$\boxed{B(x) = r_0(1+D)^{-n-1}x^n}.$$

ほぼ同じ方法で $A(x)$ も求められる. 今度は $R(x)$ の式
に e^{-x} を掛けた $R(x)e^{-x} = B(x) + A(x)e^{-x}$ を出発点と
しよう. $(n+1)$ 回微分すると,

$$D^{n+1}\{R(x)e^{-x}\} = D^{n+1}B(x) + D^{n+1}\{A(x)e^{-x}\}$$

となるが, $B(x)$ は n 次と仮定していたから $D^{n+1}B(x)$
$=0$ であり,

$$D^{n+1}\{A(x)e^{-x}\} = D^{n+1}\{R(x)e^{-x}\}$$

となる. 前節の末尾の枠内の式を $\lambda = -1$ として用いる
と,

$$e^{-x}(-1+D)^{n+1}A(x) = e^{-x}(-1+D)^{n+1}R(x).$$

よって

$$(-1+D)^{n+1}A(x) = (-1+D)^{n+1}R(x)$$

となる. ここで先ほど $B(x)$ に行なったのと同様の議
論を繰り返せば, $A(x)$ が n 次の多項式であることから
$(-1+D)^{n+1}A(x)$ も n 次多項式となる. よって $(-1+$
$D)^{n+1}R(x)$ の n 次以下の項のみがわかればよい. 仮定

より $R(x)$ は x^{2n+1} の項から始まる多項式だから，$(-1 + D)^{n+1}$ の二項展開のうち作用素 D^{n+1} のみが x^n の項を生み出す．すなわち，前と同様に

$$D^{n+1}R(x) = r_0 x^n + [(n+1) \text{ 次以上}]$$

の右辺のうち，$r_0 x^n$ 以外はすべて係数 0 となる．よって $(-1 + D)^{n+1}A(x) = r_0 x^n$ となり，結局，次の結論に至る．

$$\boxed{A(x) = r_0(-1 + D)^{-n-1}x^n}$$

以上で $A(x)$ と $B(x)$ を求めたわけだが，どちらも共通の r_0 という定数が掛かった形で表されている．実際には，$A(x)$ と $B(x)$ は e^x を近似する際に分数式の分子と分母として現れるため，r_0 の具体的な値はまったく重要でない．このことは前節の冒頭で述べた $x \to 0$ のときに

$$e^x \approx -\frac{A(x)}{B(x)}$$

を思い出せばわかるだろう．前にも述べたように $A(x)$ と $B(x)$ は値が 1 通りに定まるものではなく，個々の具体的な値は意味をなさない．よって，一般性を失うことなく（そして簡潔さとわかりやすさのために），単に $r_0 = 1$ とおけば以下の結論に達する．

$$\boxed{\begin{aligned} A(x) &= (-1 + D)^{-n-1}x^n \\ B(x) &= (1 + D)^{-n-1}x^n \end{aligned}}$$

この枠内の結論をご覧になった読者の感想は，だいた

い次のようなものではないだろうか.「何という強引な
証明だろう. ひとつひとつの段階は確かに納得できたし,
$A(x)$ と $B(x)$ の表示を得る過程も数式上では理解できた
が, それらの数式の意味はわからない」. これはきわめて
もっともな疑問だ. 今ちょうど π^2 の無理性の証明の約
半分が終わったところなので, ここで証明を進めるのを
一休みし, 今得た数式の意味を説明したい. 上の $A(x)$ と
$B(x)$ が解だというからには, どんな個々の正の整数 n に
対しても多項式 $A(x)$ と $B(x)$ が具体的に計算できるはず
だ. 実は, π^2 の無理性を証明するためだけならこういう
ことは必要ないのだが, ここでは2つの重要な理由から
敢えてこれを行なうことに価値がありそうだ. 第一に,
今到達した多項式 $A(x)$ と $B(x)$ が元来の目的 (すなわち
$x \approx 0$ のとき $-A(x)/B(x) \approx e^x$) を本当に満たすと確認
できれば, 枠内の結論に自信が持てる. これで, 一見素朴
にみえる作用素が意義深い働きをしたことを実感できる.
そして第二に, 具体的な多項式をいくつか計算すること
で, それらの多項式が持つある特徴をみてとれることだ.
後節でその特徴を利用し, π^2 の無理性の証明の最終段階
を乗り切ることができる.

　はじめに, 今得た枠内の数式から一段階戻ろう. つま
り, $r_0 = 1$ と置いて

$$(-1 + \boldsymbol{D})^{n+1} A(x) = x^n,$$

$$(1 + \boldsymbol{D})^{n+1} B(x) = x^n.$$

ここで $n=1$ とし，$A(x) = a_0 + a_1 x$，$B(x) = b_0 + b_1 x$ とおくと

$$(-1 + D)^2 (a_0 + a_1 x) = x,$$
$$(1 + D)^2 (b_0 + b_1 x) = x.$$

よって

$$(1 - 2D + D^2)(a_0 + a_1 x) = x,$$
$$(1 + 2D + D^2)(b_0 + b_1 x) = x.$$

ここで，左辺の作用素を施してみると，以下の式になる．

$$(a_0 + a_1 x) + (-2a_1) = x = (a_0 - 2a_1) + a_1 x,$$
$$(b_0 + b_1 x) + (2b_1) = x = (b_0 + 2b_1) + b_1 x.$$

これらの式で両辺の同次の項の係数を等しいと置くことにより $a_1 = 1$，$a_0 - 2a_1 = 0$ となる．これより $a_0 = 2a_1 = 2$．また $b_1 = 1$，$b_0 + 2b_1 = 0$ より $b_0 = -2b_1 = -2$ となる．よって

$$A(x) = 2 + x,$$
$$B(x) = -2 + x$$

となり，近似としては以下の式を得たことになる．

$$e^x \approx -\frac{A(x)}{B(x)} = -\frac{2 + x}{-2 + x}.$$

これがどれくらい良い近似なのか調べてみよう．まず $x = 0$ では明らかにぴったりだ．次に $x = 0.1$ では，

$$e^x = e^{0.1} = 1.105170918,$$

一方

$$-\frac{2+0.1}{-2+0.1} = -\frac{2.1}{-1.9} = \frac{2.1}{1.9} = 1.105263158$$

となり，$e^{0.1}$ の小数第3位まで完全に合っている．$x=0.1$ は小さな数ではあるが，ものすごく微小というほどではないから，この近似は悪くないといえるだろう．ところが，$n=2$ になるとさらに良い近似が得られる．上と同じ方法を繰り返すと

$$A(x) = -12 - 6x - x^2,$$
$$B(x) = 12 - 6x + x^2$$

となり，$x=0.1$ における近似は

$$-\frac{A(x)}{B(x)} = -\frac{-12 - 6(0.1) - (0.1)^2}{12 - 6(0.1) + (0.1)^2} = \frac{12.61}{11.41}$$

$$= 1.105170903$$

となる．何と $e^{0.1}$ の小数第7位まで一致しているではないか．驚くべき精度といってよいだろう．

　最後に一点．$n=1$ と $n=2$ の例から，多項式の係数がすべて整数であることに気づかれたかもしれない．$A(x)$ と $B(x)$ の詳しい計算法を少し追ってみると，実はこの事実は常に正しいことがわかる．後で証明の最後の部分で多項式 $A(x)$ に関してこの性質を用いることにする．

3.4 $R(\pi i)$ の値

次に，$x=\pi i$ のときの $R(x)$ の値を決定したい．これは
何の工夫もなくできるような自明なことではない．どうす
ればできるのか，以下にお目にかけよう．前節の冒頭に掲
げた一つ目の枠内の数式より，

$$D^{n+1}R(x) = e^x(1+D)^{n+1}B(x)$$

が成立していたことを思い出そう．よって，前節の最後の
枠内で形式的に得た解 $B(x)$ により，

$$D^{n+1}R(x) = e^x(1+D)^{n+1}[(1+D)^{-n-1}x^n] = e^x x^n$$

となり，これより次の式を得る．

$$R(x) = D^{-n-1}e^x x^n.$$

3.2節でみたように，

$$D^{-n-1}\phi(x) = \int_0^x \phi(s)\frac{(x-s)^n}{n!}ds$$

だから，$\phi(x) = e^x x^n$ と置くと次の式が成り立つ．

$$\boxed{R(x) = \frac{1}{n!}\int_0^x (x-s)^n e^s s^n ds}. \qquad (1)$$

この積分は，$u = s/x$ の変換をすると，もっと扱いやすく
なる．$du = (1/x)ds$，すなわち $ds = x(du)$ であるから，

$$\begin{aligned}
R(x) &= \frac{1}{n!}\int_0^1 (x-ux)^n e^{ux}(ux)^n x(du) \\
&= \frac{1}{n!}\int_0^1 x^n(1-u)^n e^{ux}u^n x^n x(du)
\end{aligned}$$

となり，結局次式を得る．

$$\boxed{R(x) = \frac{x^{2n+1}}{n!} \int_0^1 (1-u)^n u^n e^{ux} du} . \qquad (2)$$

この結果はさらに変換 $t = 1-u$（すなわち $dt = -du$）により

$$R(x) = \frac{x^{2n+1}}{n!} \int_1^0 t^n (1-t)^n e^{(1-t)x} (-dt),$$

すなわち

$$R(x) = \frac{x^{2n+1}}{n!} \int_0^1 t^n (1-t)^n e^{(1-t)x} dt$$

と書き換えられる．

ここで (2) の表示は積分変数 u を t で単に置き換えれば

$$R(x) = \frac{x^{2n+1}}{n!} \int_0^1 t^n (1-t)^n e^{tx} dt$$

とも表せることに注意する．この最後の 2 式を辺々加えて 2 で割ると

$$R(x) = \frac{x^{2n+1}}{n!} \int_0^1 t^n (1-t)^n \frac{e^{tx} + e^{(1-t)x}}{2} dt$$

となる．さて，

$$
\begin{aligned}
\frac{e^{tx} + e^{(1-t)x}}{2} &= \frac{e^{tx} + e^{x-tx}}{2} \\
&= \frac{e^{x/2} e^{(tx-x/2)} + e^{x/2} e^{(x/2-tx)}}{2} \\
&= e^{x/2} \frac{e^{(t-1/2)x} + e^{(1/2-t)x}}{2} \\
&= e^{x/2} \frac{e^{(t-1/2)x} + e^{-(t-1/2)x}}{2}
\end{aligned}
$$

より，次式が成り立つ.

$$R(x) = \frac{x^{2n+1}}{n!} e^{x/2} \int_0^1 t^n (1-t)^n \frac{e^{(t-1/2)x} + e^{-(t-1/2)x}}{2} dt.$$

ここで $x = \pi i$ とすると，積分の外にある項のうち階乗以外の部分は次のようになる.

$$(\pi i)^{2n+1} e^{\pi i/2} = \pi^{2n+1} (i^{2n+1}) i = \pi^{2n+1} i^{2n} i^2$$
$$= \pi^{2n+1} (i^2)^n (-1)$$
$$= \pi^{2n+1} (-1)^{n+1}.$$

また積分の内部ではオイラーの公式を繰り返し用いて

$$\frac{e^{(t-1/2)\pi i} + e^{-(t-1/2)\pi i}}{2} = \frac{e^{-\pi i/2} e^{i\pi t} + e^{\pi i/2} e^{-i\pi t}}{2}$$
$$= \frac{-i e^{i\pi t} + i e^{-i\pi t}}{2}$$
$$= -i \frac{2i \sin(\pi t)}{2} = \sin(\pi t)$$

となり，最終的に，次の結論が証明される.

$$R(\pi i) = (-1)^{n+1} \frac{\pi^{2n+1}}{n!} \int_0^1 t^n (1-t)^n \sin(\pi t) dt.$$

「最終的」といったのは，この式を得たことで目標が達せられたからだ．ここで，読者は2通りの反応を示すだろう．第一は，何とか終わってほっとしたという安堵の反応（これはどちらかというと消極的な読者）．そして第二が，これまでいろいろ計算してきたすべての苦労はこの式のためにあったのかという驚き，そして，この式のど

こにそんな価値があるのかという疑問の声である．実際，π^2 が無理数であることを証明するために必要なことは，$R(\pi i)$ に関する次の2つの事実だ．1つめは，$R(\pi i)$ が実数であることで，これは上の式から直ちにわかる．そして2つめが $R(\pi i) \neq 0$ だ．これが上の式からわかる理由は，積分の中身が任意の整数 n に対して積分区間内で常に正（ただし両端では0）となるからだ．これにより，積分の値は0になり得ない．$R(\pi i)$ 自体は n の偶奇により正負のいずれにもなり得るが，この符号は今の証明のためにはどうでもよい．重要なのは $R(\pi i) \neq 0$ である．その理由はまもなくわかるだろう．その前に，もうひとつ結果を得ておこう．

　計算の出発点に戻り，3.2節の冒頭の枠内の式

$$\boxed{B(x)e^x + A(x) = R(x)} \tag{3}$$

を思い出そう．これより直ちに

$$B(-x)e^{-x} + A(-x) = R(-x).$$

この両辺に e^x を掛けると

$$\boxed{A(-x)e^x + B(-x) = e^x R(-x)} \tag{4}$$

となる．

　次に，(1)で与えた $R(x)$ の表示から，次式が成立していることを思い出そう．

$$\boxed{R(x) = \frac{1}{n!} \int_0^x (x-s)^n e^s s^n ds}. \tag{5}$$

これより

$$e^x R(-x) = \frac{e^x}{n!} \int_0^{-x} (-x-s)^n e^s s^n ds$$

である. $t = -s$ (すなわち $ds = -dt$) の変数変換により

$$e^x R(-x) = \frac{e^x}{n!} \int_0^x (-x+t)^n e^{-t} (-t)^n (-dt)$$

$$= \frac{e^x}{n!} \int_0^x [-(x-t)]^n e^{-t} (-1)^n t^n (-dt)$$

$$= -\frac{e^x}{n!} \int_0^x (-1)^n (x-t)^n e^{-t} (-1)^n t^n dt$$

となるが, ここで $(-1)^n (-1)^n = (-1)^{2n} = 1$ であるから, e^x を積分の中に入れると次式を得る.

$$e^x R(-x) = -\frac{1}{n!} \int_0^x (x-t)^n e^{(x-t)} t^n dt.$$

もう一度変数変換 $u = x - t$ $(du = -dt)$ を行なうと,

$$e^x R(-x) = \frac{1}{n!} \int_x^0 u^n e^u (x-u)^n du$$

$$= -\frac{1}{n!} \int_0^x (x-u)^n u^n e^u du$$

となり, 積分変数を u から s に書き換えると次式を得る.

$$e^x R(-x) = -\frac{1}{n!} \int_0^x (x-s)^n s^n e^s ds.$$

これを式(5)で与えた $R(x)$ の表示と比較すると, ただちに

$$e^x R(-x) = -R(x)$$

であることがわかる. これを式(4)に代入すると

$$A(-x)e^x + B(-x) = -R(x)$$

となる．式(3)と合わせると，結局次の一組の結論に至る．

$$B(x)e^x + A(x) = R(x),$$

$$-A(-x)e^x - B(-x) = R(x).$$

第1式から第2式を引くと

$$e^x[B(x)+A(-x)] + [B(-x)+A(x)] = 0$$

となるが，この式は $B(x)+A(-x)$ と $B(-x)+A(x)$ の双方が恒等的に 0 であるときのみ成立する．すなわち，条件 $B(x) = -A(-x)$ と $B(-x) = -A(x)$ を得たことになるが，これらは同値だから，2つに見える条件は実際には1つの条件の言い換えである．

ここで $B(x)e^x + A(x) = R(x)$ において $x = \pi i$ と置くと，

$$B(\pi i)e^{\pi i} + A(\pi i) = R(\pi i)$$

となり，オイラーの公式により $e^{\pi i} = -1$ なので，次が成立している．

$$-B(\pi i) + A(\pi i) = R(\pi i).$$

一方，$B(\pi i) = -A(-\pi i)$ より $A(-\pi i) + A(\pi i) = R(\pi i)$ となり，ここで $R(\pi i) \neq 0$ を用いると次式を得る．

$$\boxed{A(-\pi i) + A(\pi i) \neq 0}.$$

3.5 ついに到達! 最後の一歩

$A(x) + A(-x)$ という式は,次の2つの多項式の和である. 3.3節の最後にみたように,これらはいずれも整数係数だ.

$$a_0 + a_1 x + a_2 x^2 + a_3 x^3 + \cdots + a_n x^n,$$

$$a_0 - a_1 x + a_2 x^2 - a_3 x^3 + \cdots \pm a_n x^n.$$

ここで,第2式の $\pm a_n x^n$ の符号は n の偶奇によって決まり,偶数なら「+」,奇数なら「−」となる.よって

$$A(x) + A(-x) = 2a_0 + 2a_2 x^2 + 2a_4 x^4 + \cdots$$

の形に表せて,最終項は n が奇数のとき $2a_{n-1} x^{n-1}$, n が偶数のとき $2a_n x^n$ となる.すなわち,$A(x) + A(-x)$ は $u = x^2$ の多項式とみなせ,その次数は n が奇数なら $(n-1)/2$,偶数なら $n/2$ である.実数 m の整数部分を表すのによく使われる記号 $[m]$(たとえば $[7.3] = 7$)を用いると,変数 u に関する $A(x) + A(-x)$ の次数は一般に $[n/2]$ となる.すなわち,

$$A(x) + A(-x) = 2a_0 + 2a_2 u + 2a_4 u^2 + \cdots + 2a_{2[n/2]} u^{[n/2]}$$

であり,ここに $u = x^2$,またすべての a_i は整数だ.

ここで,π^2 が有理数であると仮定しよう.すなわち,2つの整数 p, q により $\pi^2 = p/q$ と表されるとする.このとき,$x = \pi i$($u = -\pi^2$)に対し,

$$A(\pi i) + A(-\pi i)$$

$$= 2a_0 - 2a_2 \frac{p}{q} + 2a_4 \frac{p^2}{q^2} - \cdots \pm 2a_{2[n/2]} \frac{p^{[n/2]}}{q^{[n/2]}}.$$

ここで両辺に整数 $q^{[n/2]}$ を掛けると，明らかに右辺のすべての項は整数になるから，$q^{[n/2]}\{A(\pi i) + A(-\pi i)\}$ は整数でなくてはならない．前節でみた $A(\pi i) + A(-\pi i) = R(\pi i) \neq 0$ により，ある 0 でない（正にも負にもなり得る）整数 j があり

$$q^{[n/2]} R(\pi i) = j$$

となっている．よって両辺の絶対値をとると

$$|q^{[n/2]} R(\pi i)| = q^{[n/2]} |R(\pi i)| = |j| > 0$$

となる．

証明の完成まで最後の一歩を残すのみとなった．

$$|R(\pi i)| = \left|(-1)^{n+1} \frac{\pi^{2n+1}}{n!} \int_0^1 t^n (1-t)^n \sin(\pi t) dt\right|$$
$$= \frac{\pi^{2n+1}}{n!} \int_0^1 t^n (1-t)^n \sin(\pi t) dt$$

において，n を任意に大きくすると，

$$\lim_{n \to \infty} \frac{\pi^{2n+1}}{n!} = 0,$$

そして

$$\lim_{n \to \infty} \int_0^1 t^n (1-t)^n \sin(\pi t) dt = 0$$

の 2 式が成り立つ．これからわかることは，どのような整数 q に対しても十分大きな n をとれば $q^{[n/2]} |R(\pi i)| < 1$ が成り立つということだ．すなわち，ある整数 j に対して $1 > q^{[n/2]} |R(\pi i)| = |j| > 0$ が成り立っているという結論に達する．すなわち $1 > |j| > 0$ となるが，0 と 1 の間

に整数はないのだからこれは矛盾だ．これより，最初に仮
定した $\pi^2 = p/q$ が間違っていたことになり，そのような
整数 p, q は存在しないことがわかる．よって π^2 は無理
数となり，証明が完成した．

第 4 章　　フーリエ級数

4.1　振動する弦と波動方程式

　本章では，フーリエ級数の呼び名で知られている，ある
条件を満たす三角関数の級数を扱う．この呼び名はフラン
ス人数学者ジョゼフ・フーリエ（1768-1830 年）に由来
するが，この級数の起源はフーリエが生まれるずっと前に
遡る[1]．そして，今や読者もお察しのことと思うが，ここ
でもオイラーの公式が大きな役割を果たす．まずは手始め
に，基本的な問いを考えてみよう．

　「関数とは何だろうか」

　この問いに対し現代の解析学では，$f(t)$ が関数である
とは，t の値によって値を定める規則 f のことであると答
える．すなわち，関数は t から $f(t)$ への対応だ．この対
応の規則（すなわち関数）は解析的な数式であることも
あれば，そうでないこともある．たとえば，単なる数列
からなる対応表（表の大きさは無限かも知れない）でも
よい．表の左の列に t の値を記し，その右隣の数をその t
に対する f の値とするのだ．しかし，18 世紀にはこうし
た関数の広い解釈を受け入れなかった人々もいた．とり

わけ，フランス人数学者ジャン・ル・ロン・ダランベール
（1717-83年）は，関数は通常の代数や微積分を用いて表
されなくてはならないという厳格な解釈を堅持した．とは
いえ，その時代のすべての数学者がそこまで厳格だった
わけではない．なかでもオイラーはかなり広い視野を持
っていた方だった．オイラーは，当初はダランベールに賛
同していたが次第に考えを変え，関数とは，t軸上で$f(t)$
のグラフが描けさえすれば定義されるとの結論に達した．
この解釈の違いが数理物理学における有名な論争に発展
し，ひいてはそれが正式なフーリエ級数論の発展へとつな
がった．

　その論争の話に入る前に，一点述べておきたい．関数に
対するオイラーの考えは，進歩的で正しそうに聞こえるか
も知れないが，これは想像以上に大変な問題を含んでい
る．たとえば「グラフを描く」といった場合，グラフを描
いている鉛筆やペン先がどちらかの向きに動くのだから，
各瞬間ごとに何らかの方向が存在する．すなわち，グラフ
はそれらの各点で接線を持つ．これは各点で微分可能であ
ることを意味する（ここでは必ずしもすべての点で微分可
能である必要はない．有限個の点で微分不可能であって
も，当然グラフは描ける．たとえば$f(t) = |t|$は$t = 0$で
微分不可能である）．ところが，1872年にドイツ人数学者
カール・ワイヤストラス（1815-97年）は，至るところ
連続でありながら至るところ微分不可能な関数が存在す
ることを証明した．すなわち，このグラフはどの点でも接

線がないので，グラフが描けないのだ．この関数は三角関数を用いた級数で $\sum_{n=1}^{\infty} b^n \cos(a^n \pi x)$ と表される．ここで b は正で 1 未満の定数であり，a は $ab > 1 + \dfrac{3\pi}{2}$ を満たすような任意の奇数の定数である（後にみるように，これはフーリエ級数ではない）．

　ワイヤストラスの無限和は，物理学でいう「高周波イベント」を数多く含む．それは元来，微分が不可能になる物理的な原因だった（関数が高周波であるとは，変数の変化に伴い値が急激に変化することだ）．たとえば，$1 + 3\pi/2 \approx 5.7$ だから，$ab > 5.7$ と $b < 1$ より，a のとり得る最小の値は（5.7 より大きな最初の奇数だから）7 である．和の中の項の振動数は a^n に比例して増える．よって b の値を 1 よりほんの少しだけ（n が増大しても振幅 b^n がそれほど急激に減少しない程度に）小さくとると，級数の各項の振動数がほぼ 7^n に比例して増大する．これはきわめて急激な増大だ．そこで，n の増大に伴って振幅が急激に減少するように小さな b を選ぶと，今度は a のとり得る最小の値が 7 よりも大きくなり，振動数は 7^n よりもさらに急激に増大するようになる．したがって，b の取り方の大小に関わらず，ワイヤストラスの関数が高周波の項を含むことは避けられず，これが重大な影響を及ぼす．これこそが，$n \to \infty$ のときの極限において，級数の和が無数の極値（山と谷）を持つ原因だ．このことはどんな小さな区間に対しても当てはまり，その結果として任意

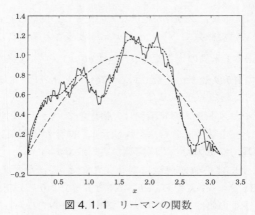

図 4.1.1 リーマンの関数

の x で微分が不可能であるという事実が成立する.

　これほどまでに奇妙な関数をワイヤストラスが思い
ついたのは, それ以前の 1861 年にドイツの天才数学者
G. F. B. リーマンによって作られた $\displaystyle\sum_{n=1}^{\infty} \frac{\sin(n^2 x)}{n^2}$ を知っ
ていたからだ. リーマンはこれを, 連続関数だが至るとこ
ろ微分不可能であろうと考えた (しかし証明はしなかっ
た[2]). この関数はワイヤストラスの関数よりもずっと単
純だが, それも比較の問題であり, 図4.1.1 をみればリ
ーマンの関数もまたかなり起伏に富んでいることがわか
る. 図は, $0 < x < \pi$ 上で 3 種の部分和についてグラフを
表したものだ. 第1項のみ (長い破線), 最初の3項 (短
い破線), 最初の 18 項 (実線) の3種である.

　以上で準備を終えたので，どのようにしてフーリエ級数の分野が起こったのか，その起源についての話を始めよう．発端となったのは，ピアノやバイオリンの弦のように振動で音を出す楽器に関する物理学の問題だった．ぴんと張った状態で両端を固定した弦がある．弦が完璧な弾力性を持ち，どの部分の密度も一様であるとするとき，はじかれた弦の動きはどうなるかという問題だ．スイス人数学者ヨハン・ベルヌーイ（1667-1748 年）は，1728 年にはすでにこの問題を取り上げ，等間隔に置かれた有限個の質点に押さえられた質量 0 の弦（すなわち荷重のかかった理想弦）の動きを研究した．しかし，この問題で中心的な活躍を見せるのは 1747 年のダランベール，1748 年のオイラー，そして 1753 年のダニエル・ベルヌーイ（1700-82 年，ヨハン・ベルヌーイの息子）であった．すぐ後に述べるように，オイラーとダランベールは概ね正しかったとはいえ，関数という概念について混乱もしていた．この 3 人の中で最も正しかったのはダニエル・ベルヌーイだった．3 人の数学的な位置づけを理解するために，まず物理学で最も有名な方程式のひとつである，いわゆる 1 次元波動方程式について詳しく見ていく必要がある．

　完全に弾性的なぴんと張った弦が x 軸に沿って静止しているとする．両端は $x=0$ と $x=l$ で固定されている．ここで，弦が「弾性的」とは，弦を切断しようとする力や曲げようとする力（弦に垂直な向きにかかる力）に対し弦は耐えられず，弦と同じ方向の力にのみ張力により

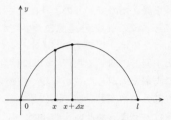

図4.1.2　振動する弦

対抗できるという意味だ．また「ぴんと張った」とは，静
止した弦が最初から0でない張力を持っていることを表
す．この張力をTと置く．さらに，ぴんと張った状態で
の単位長さあたりの弦の質量は一定とし，これをρと置
く．さて，今時刻0において弦にごくわずかな揺れが与
えられ，固定されている両端以外ではそれ以上x軸上に
とどまることができなくなったとする．ここで揺れが「ご
くわずか」であるとは，弦が揺れた結果として生ずる長さ
の変化が微小で，各点での弦方向の張力に影響がないとい
う意味である．図4.1.2は弦に揺れが与えられた様子
の模式化で，xから$x+\Delta x$までの弦の微小な要素を示し
ている．弦の形を表す曲線は$y = y(x, t)$で，yは各xとt
に対するx軸から弦までの距離だ（2変数であることに注
意）．最初の瞬間は$y(x, 0) = f(x)$である．これはある時
刻を定めた上での仮定であり，初期条件と呼ばれる．こ
こでは，弦が静止状態から揺らされたとして初期条件を
設定しよう．すなわち，任意のxに対し$\partial y/\partial t|_{t=0} = 0$を

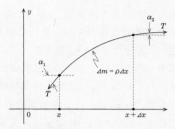

図4.1.3 弦要素が他の影響を受けない場合の自由体図

仮定する. 以上がいわゆる「かき鳴らした弦」の模式化である. $y(x, t)$ は2変数なので微分は偏微分だ. さらに端点を固定しているという条件から任意の $t \geqq 0$ に対し $y(0, t) = y(l, t) = 0$ となる. これは空間内のある位置を定めた上での仮定であり, 境界条件と呼ばれる.

初期の時代に研究の目標とされていたのは, 任意の $t > 0$ と区間 $[0, l]$ 内の任意の x に対して $y(x, t)$ を計算することだった. そのためには与えられた初期条件と境界条件の下で解けるような方程式が必要だった. 扱う関数は多変数なので方程式は偏微分方程式となるのだが, 実は, これは1次元波動方程式と呼ばれるものになり, その名のとおり, 空間を表す変数 x のみの1変数となる. このように1変数で表されてしまう理由は容易にわかるので, 以下に説明する.

先ほど図4.1.2で表した弦の微小部分を詳しくみてみると, 図4.1.3に示すように, 弦に働く力は2つだけだ

（弦に働く重力，すなわち弦の重さも入れると 3 つになるが，ここでは繁雑になるのを避けるため無視する）．図 4.1.3 は，他の影響を受けない弦要素を，工学や数学でいう自由体図で表したものだ．そこには弦要素からみた世界が完全に記述されている．α は弦のなす曲線の接線と横軸のなす角で（当然，$\alpha = \alpha(x, t)$ と 2 変数で表される），弦要素の両端での α の値を α_1, α_2 と置く．弦要素に働く 2 つの力は両端における張力で大きさはともに T に等しいが，弦が曲がっているため角度 α_1, α_2 は一般に異なる．

　振動の振幅が小さいと仮定しているので，弦要素の長さをほとんど常に Δx としてよい．よって弦要素の質量は単純に $\Delta m = \rho \Delta x$ となる．弦の鉛直方向の動き，すなわち弦の振動はニュートンの第 2 法則[3]（運動方程式）により記述される．よく知られているようにそれは「力＝質量×加速度」であり，力とは弦要素に作用する鉛直方向の力の合計を指す．この値は図 4.1.3 より $T \sin \alpha_2 - T \sin \alpha_1 = T[\sin \alpha_2 - \sin \alpha_1]$ である．振幅が小さいという仮定から，sin を tan で置き換えてよい（あえてこうする理由はすぐにわかる）から，鉛直方向の加速度を $\partial^2 y / \partial t^2$ と表すと，

$$\rho \Delta x \frac{\partial^2 y}{\partial t^2} = T[\tan \alpha_2 - \tan \alpha_1]$$

となり，これより

$$\frac{\partial^2 y}{\partial t^2} = \frac{T}{\rho} \cdot \frac{\tan[\alpha(x + \Delta x)] - \tan[\alpha(x)]}{\Delta x}$$

となる. ここで $\Delta x \to 0$ とすると, いちばん右の分数は
まさに $\tan\alpha$ の x に関する微分であるから,

$$\frac{\partial^2 y}{\partial t^2} = \frac{T}{\rho} \cdot \left\{ \frac{\partial}{\partial x} \tan\alpha \right\}$$

となる. あとは図 4.1.3 から図形的にわかる

$$\tan\alpha = \frac{\partial y}{\partial x}$$

に注意すれば, 証明は完成だ. ここで sin を tan に置き換
えた恩恵が得られ, ついに振動する弦の方程式が 2 階の
偏微分方程式

$$\frac{\partial^2 y}{\partial t^2} = \frac{T}{\rho} \cdot \frac{\partial^2 y}{\partial x^2}$$

であるという結論を得た.

右辺の因子 T/ρ は, その単位が特に興味深い. 実際,
簡単な計算により T/ρ の単位は

$$\frac{力}{質量／長さ} \implies \frac{質量 \cdot 加速度 \cdot 長さ}{質量}$$

$$\implies \frac{長さ \cdot 長さ}{(時間)^2}$$

$$\implies \left(\frac{長さ}{時間} \right)^2 \implies (速度)^2,$$

すなわち T/ρ は速度の 2 乗となる. いったい何の速度な
のかと思われるかも知れないが, それはまもなくわかる.
ここではとりあえず, 速度と同じ単位の量を $\sqrt{T/\rho} = c$ と
置き, 振動する弦の方程式を次の形に簡略化しておこう.

$$\frac{\partial^2 y}{\partial x^2} = \frac{1}{c^2} \cdot \frac{\partial^2 y}{\partial t^2}.$$

これは教科書などでよく見かける式だ．ダランベールは
1747 年にこれを初めて一般形で証明し，オイラーもこれ
と同じ解 $y(x,t)$ を得たが，解の意味の解釈は非常に異な
っていた．

　ダランベールとオイラーの解を理解することは難しく
ない．元になる仮定は，$y(x,t)$ が x, t の両変数について
2 回微分可能なことだ．この仮定の下，まずは変数変換

$$u = ct - x,$$
$$v = ct + x$$

を行う．すなわち，

$$x = \frac{v-u}{2},$$
$$t = \frac{v+u}{2c}$$

である．ここで，u, v は x, t と同様，独立変数であること
に注意する．u の値を知ったからといって x や t について
は何もわからないし，したがって v についても何もわか
らない．その逆もまたしかりである．

　すると，合成関数の微分法により

$$\frac{\partial y}{\partial v} = \frac{\partial y}{\partial x} \cdot \frac{\partial x}{\partial v} + \frac{\partial y}{\partial t} \cdot \frac{\partial t}{\partial v} = \frac{\partial y}{\partial x} \cdot \frac{1}{2} + \frac{\partial y}{\partial t} \cdot \frac{1}{2c}$$

となるので，もう一度合成関数の微分法を用いて微分する
と，

$$\frac{\partial}{\partial u}\left(\frac{\partial y}{\partial v}\right) = \frac{\partial^2 y}{\partial u \partial v} = \frac{\partial}{\partial x}\left(\frac{\partial y}{\partial v}\right) \cdot \frac{\partial x}{\partial u} + \frac{\partial}{\partial t}\left(\frac{\partial y}{\partial v}\right) \cdot \frac{\partial t}{\partial u}$$

となる. ここで $\partial y/\partial v$ に関する最初の結果を代入して

$$\frac{\partial^2 y}{\partial u \partial v} = \left[\frac{\partial^2 y}{\partial x^2} \cdot \frac{1}{2} + \frac{\partial^2 y}{\partial x \partial t} \cdot \frac{1}{2c}\right] \cdot \left(-\frac{1}{2}\right)$$

$$+ \left[\frac{\partial^2 y}{\partial t \partial x} \cdot \frac{1}{2} + \frac{\partial^2 y}{\partial t^2} \cdot \frac{1}{2c}\right] \cdot \left(\frac{1}{2c}\right)$$

$$= -\frac{1}{4} \cdot \frac{\partial^2 y}{\partial x^2} - \frac{1}{4c} \cdot \frac{\partial^2 y}{\partial x \partial t} + \frac{1}{4c} \cdot \frac{\partial^2 y}{\partial t \partial x} + \frac{1}{4c^2} \cdot \frac{\partial^2 y}{\partial t^2}$$

$$= -\frac{1}{4}\left\{\frac{\partial^2 y}{\partial x^2} - \frac{1}{c^2} \cdot \frac{\partial^2 y}{\partial t^2}\right\}$$

となる. ただし, 以上の計算で $\partial^2 y/\partial t \partial x = \partial^2 y/\partial x \partial t$, すなわち偏微分が順序によらないことを仮定した. これは常に成立するわけではないが, ここでは仮定しても問題ない. y は定義から振動弦の微分方程式を満たすので, 最後の括弧の中身は当然 0 となる. したがって, 次式を得る.

$$\frac{\partial^2 y}{\partial u \partial v} = 0.$$

この方程式はすでに, 積分して解ける形になっている (これが x, t から u, v へと変数変換した理由だ). 暗算で

$$y(u, v) = \phi(u) + \psi(v)$$

となり, ここで ϕ, ψ は共に u, v で 2 回微分可能な (そして, これ以外には一切制限のない) 関数である. すなわち, 波動方程式の一般解は以下のようになる.

$$y(x, t) = \phi(ct - x) + \psi(ct + x)\,.$$

　さてここで「波動」という修飾語の由来と，c の物理的な意義についてお話しよう．関数 $\psi(x)$ があり $x_0 > 0$ のとき，$\psi(x_0 + x)$ は単に $\psi(x)$ を左に x_0 だけ平行移動したものだ（$x_0 < 0$ のときは実際の移動は右側になる）．よって $\psi(ct + x)$ は $t = 0$ のときの $\psi(x)$ を左に ct だけ平行移動したものであり，これより $\psi(x)$ のグラフが t 秒後に距離 ct だけ（すなわち速度 c で）移動したことになる．一般に波動とはグラフの山が動くことを指すので，これで波動方程式の名前の由来と c の物理的な意味を説明できた．同じことが $\phi(ct - x)$ にもいえるが，今度は波が速さ c で右に移動している点が異なる．さて，ようやくこれで数学をやる準備が整った．

　ダランベールが直面した，かき鳴らされた弦の問題とは，正確には方程式

$$\frac{\partial^2 y}{\partial x^2} = \frac{1}{c^2} \cdot \frac{\partial^2 y}{\partial t^2}$$

を境界条件

　（1）　$y(0, t) = 0,$

　（2）　$y(l, t) = 0$

と初期条件

　（3）　$\partial y / \partial t|_{t=0} = 0,$

　（4）　$y(x, 0) = f(x)$

の下で解くことだった．（1）を上の枠内の数式に適用する

と,

$$\phi(ct) + \psi(ct) = 0$$

となり, これより $\phi = -\psi$ となる. よって一般解から ψ が消去できて,

$$y(x, t) = \phi(ct - x) - \phi(ct + x)$$

となる. ここで (2) を適用すると,

$$\phi(ct - l) = \phi(ct + l)$$

となり, これは任意の t について正しいので, t の恒等式である. この結論から大変おもしろい事実がわかる. すなわち, ϕ は時間の周期関数 (ある有限の時間 T での値を永遠に繰り返す関数) でなくてはならない. 周期関数については次節で詳しく述べるが, 手短にいうと, 関数 $s(t)$ が周期関数であるとは, 任意の時刻 t に対して $s(t) = s(t + T)$ が成立するような $T > 0$ が存在することであり, 今まさに ϕ がこの性質を満たしている.

　ここで重要なのは, $s(t)$ と $s(t + T)$ に対する 2 つの変数の差が周期だということだ. $\phi(ct - l)$ と $\phi(ct + l)$ は変数の差が $2l$ だから T を ϕ の周期と置くと $2l = cT$ となる. すなわち, ϕ の周期は $2l/c$ となる. これが, 弦の端から端までを波が往復する時間だ.

　さらに境界条件 (3)(4) を一般解に当てはめれば, 引き続きこの議論を進めることもできようが, ここではそうしないでおく. ダランベールはこの時点で解の周期性 (振動する弦が明らかに持つべき性質) を証明し, これによって完全に解が求まったと思った. その解は, たちの良い 2

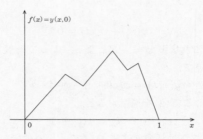

図 4.1.4 2 回微分可能でない折れた弦

回微分可能な関数によってきれいに表されていた. しかし
ながらオイラーは, たとえば図 4.1.4 のように, 弦がつ
まみ上げられ 2 回微分可能でない形になっているような
場合も明らかにあり得ることに気づき, そういう場合にダ
ランベールの解は当てはまらないことを見出した. これよ
りオイラーが得た結論は, ダランベールの解は確かに解
には違いないが, 一般解ではあり得ない, というものだっ
た. 事はさらに複雑になり, これよりわずか数年後にダニ
エル・ベルヌーイはまったく別の方法で波動方程式を解
き, まったく異なる形の解を得た. それは人々を戸惑わせ
るほどの発展であり, 数学に計り知れない影響を与えた.
その影響は今日なお続いている.

　ベルヌーイは変数分離法によって波動方程式の解を得
た. すなわち, 解が $y(x,t) = X(x)T(t)$ の形であると仮
定したのだ. 変数分離法は, 過去 150 年間に出版された
すべての微分方程式の教科書で用いられている標準的な手

法だ. $X(x)$, $T(t)$ はそれぞれ x, t のみの関数である（た
とえば, xt は容易に変数分離法で解けるが x^t は違う）.
この $y(x, t)$ を波動方程式に代入すると,

$$T\frac{d^2X}{dx^2} = \frac{1}{c^2} \cdot X\frac{d^2T}{dt^2}$$

となる. これより次式を得る.

$$\frac{1}{X}\frac{d^2X}{dx^2} = \frac{1}{c^2} \cdot \frac{1}{T}\frac{d^2T}{dt^2}.$$

左辺は x のみ, 右辺は t のみの関数だから, 任意の x, t
についてこれが成立するのは両辺が等しい定数の場合に限
られる. その定数を k と置くと,

$$\frac{d^2X}{dx^2} - kX = 0,$$

$$\frac{d^2T}{dt^2} - kc^2T = 0$$

となる.

　自分自身の微分（今の場合2階微分）に比例する関数
をみると, 数学者の頭には決まって指数関数が思い浮か
ぶ. 今のこの2つの方程式を解くには一般に,

$$\frac{d^2Z}{dz^2} - aZ = 0$$

を考え, C, α を定数として $Z(z) = Ce^{\alpha z}$ と仮定するとよ
いだろう. すると,

$$\alpha^2 C e^{\alpha z} - a C e^{\alpha z} = 0,$$

$$\alpha^2 - a = 0,$$

$$\alpha = \pm \sqrt{a},$$

より，一般解は

$$Z(z) = A e^{z\sqrt{a}} + B e^{-z\sqrt{a}}$$

となる．ここで A, B は定数である．したがって，今の関数 $X(x)$ と $T(t)$ は（X に対し $a = k$，T に対し $a = kc^2$ と置いて）

$$X(x) = A_1 e^{x\sqrt{k}} + B_1 e^{-x\sqrt{k}},$$

$$T(t) = A_2 e^{ct\sqrt{k}} + B_2 e^{-ct\sqrt{k}}$$

となるから，

$$y(x, t) = [A_1 e^{x\sqrt{k}} + B_1 e^{-x\sqrt{k}}][A_2 e^{ct\sqrt{k}} + B_2 e^{-ct\sqrt{k}}]$$

である．

境界条件（1）より $y(0, t) = 0$ だから，任意の $t \geqq 0$ に対し

$$[A_1 + B_1][A_2 e^{ct\sqrt{k}} + B_2 e^{-ct\sqrt{k}}] = 0$$

となり，これより $A_2 = B_2 = 0$ であるか（これは自明な解 $y(x, t) = 0$ に相当するので，求めるものではない），または $A_1 + B_1 = 0$（これは非自明な解であり，求めるものだ）となる．よって $B_1 = -A_1$ となり，添え字の1を省くと

$$y(x, t) = A[e^{x\sqrt{k}} - e^{-x\sqrt{k}}][A_2 e^{ct\sqrt{k}} + B_2 e^{-ct\sqrt{k}}]$$

を得る．次に境界条件（2）により $y(l, t) = 0$ だから，任意の $t \geqq 0$ に対し

$$A[e^{l\sqrt{k}} - e^{-l\sqrt{k}}][A_2 e^{ct\sqrt{k}} + B_2 e^{-ct\sqrt{k}}] = 0$$

となる．これを満たすのは $A = 0$ の場合と $A_2 = B_2 = 0$ の場合のみであり，これではちょっと困ったことになる（これらの解はいずれも $y(x, t) = 0$ を意味する．これは確かに初期条件（3）を満たすが，（4）より振動しない弦 $f(x) = 0$ となり，物理的に無意味な場合になってしまう）．この困難を乗り越えるには，以上の操作で暗黙のうちに $k \geqq 0$ としていたことに気づけばよい．そんな仮定をする必然性はなかったのだ．逆に $k < 0$ のときを考えてみよう．このとき，$\sqrt{k}$ を $i\sqrt{k}$ $(k > 0)$ の形に書き換えて表すと

$$y(x, t) = A[e^{ix\sqrt{k}} - e^{-ix\sqrt{k}}][A_2 e^{ict\sqrt{k}} + B_2 e^{-ict\sqrt{k}}]$$

となる．今度は $y(l, t) = 0$ より，きちんとした結論が得られる．最初の角括弧の中身にオイラーの公式を用いると，

$$y(x, t) = 2iA\sin(x\sqrt{k})[A_2 e^{ict\sqrt{k}} + B_2 e^{-ict\sqrt{k}}]$$

となるから，すべての t に対して

$$2iA\sin(l\sqrt{k})[A_2 e^{ict\sqrt{k}} + B_2 e^{-ict\sqrt{k}}] = 0$$

が成立する．これは 0 でない整数 n に対して $l\sqrt{k} = n\pi$ となっていることを意味する．すなわち，これまで任意と思ってきた定数 k は，実はすべての値がとれるわけではなく，次の形のものに限られる．

$$k = \frac{n^2\pi^2}{l^2}, \quad n = \cdots, -2, -1, 1, 2, \cdots.$$

したがって，定数 A の中に $2i$ も含めて表示をしなおすと

$$y(x, t) = A\sin\left(\frac{n\pi}{l}x\right)[A_2 e^{ict(n\pi/l)} + B_2 e^{-ict(n\pi/l)}]$$

となる.

よって

$$\frac{\partial y}{\partial t}$$

$$= A \sin\left(\frac{n\pi}{l}x\right)\left[A_2 \frac{icn\pi}{l}e^{ict(n\pi/l)} - B_2 \frac{icn\pi}{l}e^{-ict(n\pi/l)}\right]$$

となり，初期条件(3)を用いると，任意の x に対して

$$A \sin\left(\frac{n\pi}{l}x\right)\frac{icn\pi}{l}[A_2 - B_2] = 0$$

が成り立つ.これが成り立つのは $A = 0$ のとき（これは自明解 $y(x, t) = 0$ を表すので不適）か，または $A_2 = B_2$ のときである.よって，添え字の 2 を略して書くと

$$y(x, t) = A \sin\left(\frac{n\pi}{l}x\right)B[e^{ict(n\pi/l)} + e^{-ict(n\pi/l)}]$$

$$= AB \sin\left(\frac{n\pi}{l}x\right)2\cos\left(\frac{nc\pi}{l}t\right)$$

となり，定数はすべて n で決まるのでまとめて 1 つの文字で c_n と表せば，

$$y_n(x, t) = c_n \sin\left(\frac{n\pi}{l}x\right)\cos\left(\frac{n\pi c}{l}t\right)$$

となる.これを n について加えると一般解

$$y(x, t) = \sum_{n=-\infty}^{\infty} y_n(x, t)$$

$$= \sum_{n=-\infty}^{\infty} c_n \sin\left(\frac{n\pi}{l}x\right)\cos\left(\frac{n\pi c}{l}t\right)$$

を得る.

この式は，$n = \pm k$ の項を

$$c_{-k} \sin\left(\frac{-k\pi}{l}x\right)\cos\left(\frac{-k\pi c}{l}t\right)$$

$$+ c_k \sin\left(\frac{k\pi}{l}x\right)\cos\left(\frac{k\pi c}{l}t\right)$$

$$= (c_k - c_{-k})\sin\left(\frac{k\pi}{l}x\right)\cos\left(\frac{k\pi c}{l}t\right)$$

とまとめることにより少し簡略化される．定数 c_n をとり直し，$n = 0$ のときの項が 0 であることに注意すると，$n = 1$ から始まる和

$$y(x, t) = \sum_{n=1}^{\infty} c_n \sin\left(\frac{n\pi}{l}x\right)\cos\left(\frac{n\pi c}{l}t\right)$$

を得る．これはベルヌーイが得た式である．

これを解とみなすためには，定数 c_n たちが無限に連なっているこの式の意味を理解する必要がある．まずは，もう1つ残っている初期条件（4）$y(x, 0) = f(x)$ より

$$f(x) = \sum_{n=1}^{\infty} c_n \sin\left(\frac{n\pi}{l}x\right)$$

を考えてみよう．これは，どんな関数 $f(x)$ も，すなわち，弦をつまんで放す直前の状態がどんなふうであっても，その弦の形がいろいろな振幅の三角関数を無限個加えた和として表されるという，まさに驚くべき事実を表している．

ここで c_n を求める問題は後回しとし，このベルヌーイの解をオイラーがまったく認めようとしなかったことに

ついて話しておきたい．オイラーは，本来 $f(x)$ は奇関数
でも周期関数でもないのだから，奇関数でかつ周期関数で
ある sin を無限個加えることにより，任意の弦のゆがみの
形 $f(x)$ を表せるなどということは，明らかに間違ってい
ると考えた．ベルヌーイの三角関数展開は，特殊な $f(x)$
に対しては正しいが，一般には正しくないとオイラーは主
張したのだ．こうした論評に対しベルヌーイは一歩も引か
ず，オイラーやその賛同者のダランベールのような大数学
者たちが何と言おうが，この解は正しいのだと主張した．
4.3 節で関数の概念を正しく理解すれば，オイラーの主張
が完全に力を失っていくことがわかるだろう．

　さて，本節の締めくくりに，ひとつおもしろい事実を指
摘しておこう．c_n の計算の最終段階の研究を行い，実際
に計算法を示したのは，反対論者のオイラーその人であっ
た（ただしオイラーは自分が興味を持つと認めた特殊な
$f(x)$ の三角関数展開を扱った）．1777 年の論文（出版は
1793 年）において，オイラーは現代の標準的な教科書が
用いている方法を見出し，係数 c_n を計算した．詳細は後
ほど述べることにし，その前にフーリエの研究をみておこ
う．まずは一般の周期関数について，次節で詳しくみてい
きたい．

4.2　周期関数とオイラーの級数

　前節でみてきたように，関数を三角関数の級数として表
示することは，フーリエ以前に長い歴史がある．たとえば

フランス人数学者シャルル・ボシュ（1730-1814 年）は，有限項の和による多種多様な級数表示を得ていたし，それらを 1733 年にダニエル・ベルヌーイが単に $n \to \infty$ とし，無限級数の扱いを試みた．ただし，オイラーも含めた 18 世紀の数学に共通する特徴として，ベルヌーイも厳密な記法には無頓着だった．このベルヌーイの結果に意味を持たせるには，$\sin \infty$ や $\cos \infty$ が 0 である[4]という無意味な議論が必要だったのだ．なお，ベルヌーイ以前にもフーリエ級数に関するオイラーの足跡を見ることができる．

　たとえば，1744 年にオイラーは友人に宛てた手紙に次のような驚くべき式を書いている．

$$x(t) = \frac{\pi - t}{2} = \sum_{n=1}^{\infty} \frac{\sin(nt)}{n}$$

$$= \sin t + \frac{\sin(2t)}{2} + \frac{\sin(3t)}{3} + \cdots.$$

これがおそらく（ほぼ間違いなく）歴史上初めて登場した「フーリエ級数」だったと思われる．もちろん，これはフーリエが生を受ける 24 年前のことであり，オイラーがそう呼んだわけではなかったが．本節の末尾で，オイラーがどのようにしてフーリエの生まれる 20 年以上も前にこのフーリエ級数に到達したか，その経緯を説明する．この式は，当時としてはあまりにも突飛だったことが形からすぐ想像がつくが，この式を見ると，それ以前にまず，そもそもこれは計算式として正しいのかという疑問がわく．たとえば $t = 0$ とすると大変な問題が生ずるように見える．

$\pi/2 = 0$ を表している（これが正しくないことは誰もが認めるだろう）ように見えるからだ．ここで起こっていることを理解するための鍵となるのは，周期関数の概念だ．これから周期関数について，基本事項を振り返りながらみていこう．

T を実数とする．基本周期 T の周期関数 $x(t)$ とは，条件

$$x(t) = x(t+T), \quad -\infty < t < \infty$$

を満たすような関数 $x(t)$ のことであり，ここで T はこの等式を満たすような最小の正の値だ（最小の正の値 T が存在するという条件により，$x(t) =$ 定数という特殊な場合を周期関数から除いている．定数関数では $x(t) = x(t+T)$ を満たす最小の $T > 0$ は存在しない．その理由は，任意の $T > 0$ に対し，たとえば $T/2$ のように，より小さな正の数がまた周期の式を満たすからだ）．簡単に言うと，周期関数とは，変数（今の場合 t）が $\pm\infty$ に行くとき，ある一定の動きをいつまでも繰り返す関数のことだ．

最も簡単な周期関数は三角関数だろう．たとえば $x(t) = \sin t$ は周期 $T = 2\pi$ の周期関数だ．任意の正の整数 k に対し $\sin t = \sin(t+k2\pi)$ だが，このうち最小の k（すなわち $k = 1$）のときが基本周期 T となる．周期関数の概念は単純なので，ほとんど当たり前の結果しか出てこないのではないかと思ってしまいがちだが，私は声を大にして言いたい．決してそんなことはないのだ．たとえば，次の

質問にあなたはどう答えるだろうか.

「2つの周期関数の和は周期関数か」

多くの読者が, 間髪を入れず「当たり前だ」と答える
だろう. しかし, 正解は「場合による」である. つまり,
そうなることもあるし, ならないこともある. たとえば
$\cos t$ と $\cos(t\sqrt{2})$ は共に周期関数で, 各々の周期は 2π と
$2\pi/\sqrt{2}$ だが, それらの和は周期関数ではない. 理由を説
明しよう. 仮に周期 T があったとして,

$$x(t) = \cos t + \cos(t\sqrt{2}) = x(t+T)$$
$$= \cos(t+T) + \cos\{(t+T)\sqrt{2}\}$$

が成立したとしよう. これは任意の t に対して正しいか
ら, 特に $t=0$ のときも正しくて,

$$x(0) = \cos 0 + \cos 0 = 2 = \cos T + \cos(T\sqrt{2})$$

となる. $\cos$ という関数は最大値が 1 だから, この式は
$\cos T = \cos(T\sqrt{2}) = 1$ のときのみ成立する. これは 2 つ
の整数 m, n があり $T = 2\pi n$ かつ $T\sqrt{2} = 2\pi m$ となって
いるときのみ成り立つが, そうだとすると

$$\frac{T\sqrt{2}}{T} = \frac{2\pi m}{2\pi n} = \sqrt{2} = \frac{m}{n}$$

となり, $\sqrt{2}$ が有理数になってしまう. もちろん「はじめ
に」の章でみたようにそれは誤りだ. よって矛盾が生じる
ので, 最初に仮定した $x(t)$ の周期 T の存在が誤っていた
ことがわかる. 図 4.2.1 は $\cos t$, $\cos(t\sqrt{2})$, そしてそれ
らの和のグラフである. 和のグラフをみると, 周期関数と

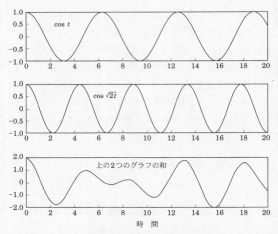

図 4.2.1　2 つの周期関数の和が周期関数にならない例

は似ても似つかないことがみてとれる．一般に 2 つ以上
の周期関数の和が再び周期関数になるのは，それらのどの
2 つを取っても周期の比が有理数である場合だ．このこと
は少し考えてみれば納得がいくだろう．

　周期関数について，もうひとつ単純な問題を出そう．
2 つの周期関数 $x_1(t), x_2(t)$ の和が周期関数で，その周期
がもとの 2 つの関数のいずれよりも小さいということが
あり得るだろうか．すなわち，$x_1(t), x_2(t)$ が周期 T_1, T_2,
そして $x_1(t) + x_2(t)$ が周期 T で，$T < \min(T_1, T_2)$ とな
ることはあり得るか．正解は「あり得る」のだ（講義でこ

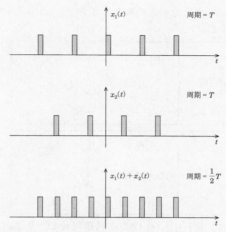

図 4.2.2 2 つの周期関数の和が，周期の短い
周期関数になる例

ういうと，学生は決まって「早過ぎて答えられない」とざ
わつく）．例を図 4.2.2 に示す．

　この例を「ちょっとずるい」と思う学生もいるようだ．
理由は，2 つの波形で表される関数がちょうど良い具合に
ずれて，一方が他方の波形のちょうど真ん中に来るように
正確に位置しなくてはこういうことは起こらないからだ．
ここまで完璧にずれない限り，和が周期関数になったとし
ても周期はもとの関数と同じになる．そこで，もっと驚く
べき実例をお目にかけよう．この例では，基本周期が等し
い 2 つの関数の和がいくらでも小さな周期を持つように

できる. N を任意の正の整数とする. $x_1(t), x_2(t)$ を以下
で定義する.

$$x_1(t) = \begin{cases} \sin(2N\pi t), & 0 \leqq t \leqq \dfrac{1}{N}, \\ 0, & \dfrac{1}{N} < t < 1, \\ x_1(t+1), & -\infty < t < \infty \end{cases}$$

$$x_2(t) = \begin{cases} 0, & 0 \leqq t \leqq \dfrac{1}{N}, \\ \sin(2N\pi t), & \dfrac{1}{N} < t < 1, \\ x_2(t+1), & -\infty < t < \infty \end{cases}$$

明らかに, $x_1(t), x_2(t)$ は共に周期関数で, 基本周期は 1
でありこれは N によらない. しかし, それらの和は

$$x_1(t)+x_2(t) = \begin{cases} \sin(2N\pi t), & 0 \leqq t < 1, \\ x_1(t+1)+x_2(t+1), & -\infty < t < \infty \end{cases}$$

となり, 明らかに基本周期 T は $2N\pi T = 2\pi$ すなわち
$T = 1/N$ とわかる. よって, N を大きくとれば T をい
くらでも小さくすることができる.

　最後にもう1問. 時間 t の関数 $x(t)$ が $x(t) = x(t+T)$
を任意の t に対して満たすのに, 基本周期 T が存在しな
いということがあり得るだろうか（先に注意したように,
$T > 0$ により定数関数は除かれている）. これは, 今まで
の問題より少し難しいが「あり得る」が正解だ. 例を示そ

う．$x_1(t), x_2(t)$ を以下で定義する．

$$x_1(t) = \begin{cases} 1 & (t \text{ が整数のとき}) \\ 0 & (t \text{ が整数でないとき}) \end{cases},$$

$$x_2(t) = \begin{cases} 1 & (t \text{ が有理数だが，整数でないとき}) \\ 0 & (t \text{ が無理数かまたは整数のとき}) \end{cases}.$$

明らかに，$x_1(t)$ はちゃんとした関数であり，紙の上にグラフを描くことができる．一方，$x_2(t)$ はグラフを描くのはかなり大変だ．なぜなら，2 つの有理数の間には無限に多くの無理数があるし，その反対に無理数の間にも有理数が無数にあるからだ．にも関わらず，周期関数の定義を当てはめてみればわかるように，$x_1(t)$ と $x_2(t)$ は共に周期関数で，基本周期は 1 である．ではそれらの和を考えてみよう．和は

$$s(t) = x_1(t) + x_2(t) = \begin{cases} 1 & (t \text{ が有理数のとき}) \\ 0 & (t \text{ が無理数のとき}) \end{cases}$$

となり，周期の条件 $s(t) = s(t+T)$ は任意の有理数 T が満たす．しかし，最小の有理数は存在しないので基本周期はない．実はここで与えた例は，わざと変わった性質を持つように意図的に構成されたものである．こうした例は工学や数学で「病的」と呼ばれることもある．この言葉はもともと，病気を扱う学問の病理学において，医学的な意味で用いられているものだ．

本節の締めくくりに，この議論の出発点となった三角関数の級数に，オイラーがいかにして到達したのかを見ておこう．これを読み終える頃には，$t=0$ において $\pi/2 = 0$ を示しているかに見えるという，例の謎も説明がつくだろう．またこの計算は，目を見張るほど天才的なオイラーの想像力を示す好例である．それらは現代数学の視点からは信じられないような計算法だったが，かなりの部分で正しかった．オイラーはまず等比級数

$$S(t) = e^{it} + e^{i2t} + e^{i3t} + \cdots$$

を考えた．そして収束性の問題（たとえば $S(0) = 1 + 1 + 1 + 1 + \cdots = \infty$）に構わずに彼は普通に「和」を求めたのだ．すなわち，e^{it} を両辺に掛けて

$$e^{it}S(t) = e^{i2t} + e^{i3t} + \cdots.$$

よって

$$S(t) - e^{it}S(t) = e^{it}.$$

これより

$$S(t) = \frac{e^{it}}{1-e^{it}} = \frac{e^{it}(1-e^{-it})}{(1-e^{it})(1-e^{-it})}$$
$$= \frac{e^{it}-1}{1-e^{it}-e^{-it}+1}.$$

ここで，本書の書名にもなっているオイラー自身の公式を用いると，複素数の指数を使わずに表せて

$$S(t) = \frac{\cos t + i\sin t - 1}{2 - (e^{it}+e^{-it})}$$

$$= \frac{\cos t - 1 + i \sin t}{2 - 2 \cos t} = \frac{-[1 - \cos t] + i \sin t}{2[1 - \cos t]}$$

となり，結局次式を得る．

$$\boxed{S(t) = -\frac{1}{2} + i \frac{1}{2} \cdot \frac{\sin t}{1 - \cos t}}.$$

ここでオイラーの定義した $S(t)$ のもともとの等比級数としての形に戻ろう．オイラーはここでまた自らの公式を用いることにより，

$$S(t) = \cos t + \cos(2t) + \cdots + i\{\sin t + \sin(2t) + \cdots\}$$

と書き表した．この式の実部を枠内の式の実部と比較することにより，次式を得た．

$$\cos t + \cos(2t) + \cos(3t) + \cdots = -\frac{1}{2}.$$

そこで，まさに天才的な発想により，何と両辺を項別に不定積分し

$$\sin t + \frac{\sin(2t)}{2} + \frac{\sin(3t)}{3} + \cdots = -\frac{1}{2}t + C$$

とした．ただし C は積分定数である．C を求めるため，オイラーは $t = \pi/2$ を代入してみた．すると最後の式は，

$$1 - \frac{1}{3} + \frac{1}{5} - \frac{1}{7} + \cdots = -\frac{\pi}{4} + C$$

となり，左辺が $\pi/4$ に等しい（この事実は 2.1 節でも用いたし，本節の後段で証明する）ので，$C = \pi/2$ となる．以上の議論を経た結果，オイラーは友人に宛てて

$$\sum_{n=1}^{\infty} \frac{\sin(nt)}{n} = \sin t + \frac{\sin(2t)}{2} + \frac{\sin(3t)}{3} + \cdots$$

$$= -\frac{1}{2}t + \frac{\pi}{2} = \frac{\pi - t}{2} = x(t)$$

と書き送ったのだ.

　人は驚嘆し, 同時に空恐ろしいと感じながら, ただただ口をあんぐりと開けてこの証明の全貌を見ているだけだろう. こんな証明を書く人間がいるとしたら, 天才か, さもなければ微積分で落第した学生くらいではないか. 次節では, 同じ展開式の現代的な証明を紹介する. だがその前に, この驚くべき展開式を, オイラーが夢にもできなかった方法で検証してみたい. 何百万回もの演算をほんの数秒で計算機を使って行い, t の関数として左辺 (sin の実際の和の値) のグラフを描き, それを $(\pi - t)/2$ のグラフと比較し, 似ているかどうかを単に見比べてみるのだ. 図 4. 2. 3-4. 2. 6 は, 部分和の項数を次第に増やしていったときの様子を表している. これらのグラフを一目見ただけで, いくつかの興味深い考察ができる.

　　(1) このオイラーの級数は周期関数で, 周期は 2π だ.

　　(2) この級数は奇関数だ.

　　(3) 区間 $0 < t < 2\pi$ では, この級数は確かに $(\pi - t)/2$ の近似になっている.

　　(4) 各周期の切れ目で, 級数の値は負の最大から正の最大へと急激に大きく変動する.

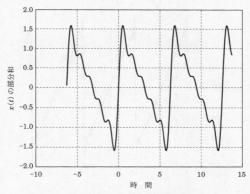

図 4.2.3 オイラーの級数. 最初の 5 項の和

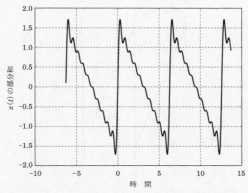

図 4.2.4 オイラーの級数. 最初の 10 項の和

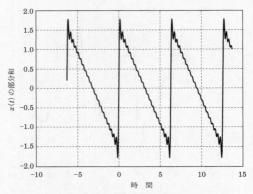

図 4.2.5 オイラーの級数. 最初の 20 項の和

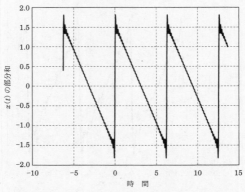

図 4.2.6 オイラーの級数. 最初の 40 項の和

(5)　区間 $0 < t < 2\pi$ に限って $(\pi - t)/2$ の近似の
様子をみると，部分和の項数を増やしたからといっ
て，区間内のすべての点で近似が良くなるとは必ずし
もいえない（$t = 0$ や $t = 2\pi$ の近くでグラフが突出す
るのはいったい何なのか，そして，項数を増やしても
それがなくならないのは何故なのか）．

　考察(1)と(2)は驚くには当たらない．なぜなら，級数
内のすべての項は sin であり，それらの一つ一つは奇関数
で，周期の比はどの２つをとっても有理数だ．考察(3)は
もちろんここでの本題であり，区間 $0 < t < 2\pi$ に限って
級数の $(\pi - t)/2$ への近似を考えることにすれば，オイ
ラーの奇想天外な計算も正当化できそうに見える（た
だしこの区間の外での近似は正しくない）．最後に，考
察(4)(5)は，オイラーが完全に見逃していた事実であり，
最も不思議な現象だ．オイラーばかりでなく，オイラー以
後何十年もの間，誰もこの事実に気づかなかった．フーリ
エもまた例外ではなかった．

　考察(1)(2)(3)は次節でより詳しく扱う．考察(4)(5)に
ついては，興味深い数学の話題が関係してくるばかりでな
く，今日に至るまで触れられず歴史に埋もれてきた，ある
才能豊かな数学者の人生にまつわる大変おもしろい話があ
るので，節をひとつそのために設けて説明する（4.4 節）．

4.3　周期関数に関するフーリエの定理とパーセバルの等式

ダニエル・ベルヌーイの死後 25 年経った 1807 年 12

月，ジョゼフ・フーリエはパリの科学アカデミーに驚くべ
き論文を発表した．当時，三角級数をめぐる議論は依然と
して混沌としていた．この論文でフーリエは，任意の関数
が三角級数として表せることを主張した．もちろん，これ
だけなら以前にダニエル・ベルヌーイが取った立場と同
じだが，フーリエはより進んだ議論を行ったのだ．具体的
には次のようであった．「オイラーの説とは反対に，一つ
一つが奇関数である sin を無限個加えた結果が奇関数にな
らないことがあり得る．cos についても同様である」．実
際，フーリエが示したように，$\sin x$ 自体すらをも無限個
の cos 関数の和として表せるのだ．その方法は次節で説明
する．

　この主張は，フーリエと同郷でフランス数学界の大物
であったジョゼフ・ルイ・ラグランジュ（1736-1813 年）
を怒らせた．彼は，フーリエの考えは荒唐無稽だと強い語
調で述べた．ラグランジュがそう感じたのももっともだ．
半世紀ほど前になるが，彼は若い頃，ベルヌーイが三角級
数を用いて発見した波動方程式の解に反対の立場を取り，
ダランベールやオイラーの側についていたのだった．ラ
グランジュにとっては三角級数に関するフーリエの主張
は，ヨギ・ベラ[5] の言葉を借りれば，まさに「再び再現」
だった．

　フーリエの主張は，別の偏微分方程式の研究からきてい
た．それは熱方程式という物理学の方程式で，フーリエは
その 1 次元，2 次元，3 次元の各場合を研究した．波動方

程式と同様に変数分離形で書かれ，1 次元では次の形で表される．

$$\frac{\partial^2 u}{\partial x^2} = \frac{1}{k} \cdot \frac{\partial u}{\partial t}.$$

ここで，$u(x, t)$ は，熱を伝える材質でできている細い棒の，位置 x の点における時刻 t での温度である[6]．もちろん，波動方程式のときと同じように，具体的な問題でこの方程式を扱う際には，初期条件と境界条件をつけて考える．棒の材質の物理的な性質（熱容量，断面積，熱伝導率）は定数 k に含まれている．この方程式は，熱以外の多くの物理量についても，時間の経過に伴い空間のかなたへ広がり拡散していく現象を表すので，拡散方程式とも呼ばれる．たとえば 3 次元なら，水に落とした一滴のインクがどのように広がっていくか，また，コーヒーカップに入れたクリームや角砂糖が溶けていく際にどんなふうに広がっていくかということを，この方程式は表している．拡散方程式は，長距離の電話用通信ケーブル（イギリスと北米大陸を電気的に結ぶ大西洋海底ケーブル）[7]を電気が伝わっていく際の拡散の仕方を説明するため，1850 年代にスコットランドの数理物理学者ウィリアム・トムソン（後のケルビン卿）（1824-1907 年）により卓越した方法で用いられた．トムソンはフーリエの研究に対する初期の賛同者であり，わずか 15 歳で書いた最初の出版論文が，フーリエ級数に関するものであった．晩年，トムソンは熱方程式を用いて地球の年齢を，聖書の研究によってではなく科

学的，理論的に計算することを試みた[8]．その論文で彼は
フーリエの理論を「数学的な詩」と呼んでいる．

　先ほども述べたが，1807 年のフーリエの論文[9]に，誰
もが納得したわけではなかった．その後，科学アカデミー
は熱の伝播の問題を 1812 年数学賞の課題として取り上げ
た．それは，フーリエが着想を明確にし発展させることを
願ってのことだったと思われる．もしそうだったとすれ
ば，その願いは叶えられたといえる．フーリエは理論のほ
んの一端を提出しただけで受賞してしまったのだ．ところ
があろうことか，批判的な連中はそれでも納得できず，フ
ーリエの新作論文は出版されなかった．そして 1822 年，
フーリエは研究を *Théorie analytique de la chaleur* と
いう書籍[10]として出版した．もはや彼の業績を無視する
ことはできなくなってしまったのだ．実際，その著作を若
きウィリアム・トムソンが目にすることになり，さらなる
発展を呼び起こした．それは本のぶ厚さも相当のものだ
が，内容も恐ろしく広範囲に渡っている．紙数が限られて
いるため，ここでその著作を正当に評価することはできな
い．本書では，数学的に見て彼の業績のどこが画期的だっ
たのかを述べることに専念したい．この節ではこれから関
数 $f(t)$ を取り上げ，ある有限区間上で定義されていると
仮定する．この区間に限った上で，$f(t)$ の振舞いに注目
する．

　まず，一般性を失なうことなく $f(t)$ が区間 $0 < t < L$
で定義されていると仮定してよい．区間が 0 から始まる

ようにするには，単に $t = 0$ を区間の始点と置けばよい
し，区間が L で終わるようにするには，時間の単位を適
当に調整すればよい．または，どんな区間 $a < t < b$ も簡
単な線形写像

$$\frac{L}{b-a}(t-a) \longrightarrow t$$

によって $0 < t < L$ に移ると考えてもよい．$t = a$ は $t = 0$
に，$t = b$ は $t = L$ に各々移るからだ．

　次に，$f(t)$ の定義域を区間 $0 < t < L$ から $-L < t < L$
に拡張するのだが，このとき拡張した部分 $-L < t < 0$ に
おいては $f(t)$ をどのように定めてもよい．これは，フー
リエ以前のオイラー，ダランベール，ベルヌーイ，ラグ
ランジュ等が見逃していたことであり，フーリエだけが，
ずば抜けた洞察により到達した工夫だった．興味の対象
は区間 $0 < t < L$ における $f(t)$ のみであり，$-L < t < 0$
に拡張された部分での $f(t)$ の振舞いはどうでもよい．こ
うした拡張を行う理由は，それをうまくやることで，興
味深い，いや驚くべきといってもよい数学的論証の単純
化ができるからだ．そして同時に，いくつかの価値ある
結果も証明できる（これらの例はすぐ後に述べる）．$f(t)$
を $-L < t < 0$ に拡張する方法として，2つの具体例があ
る．偶関数への拡張（図 4.3.1）と奇関数への拡張（図
4.3.2）だ．

　さて，いよいよ最終段階に入る．$f(t)$ の $-L < t < L$ に
おける振舞いを1周期として，$f(t)$ を周期的に拡張しよ

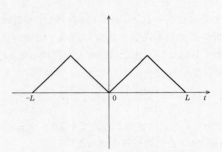

図 4. 3. 1　$f(t)$ の偶関数への拡張

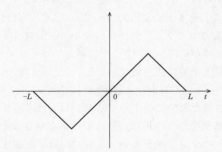

図 4. 3. 2　$f(t)$ の奇関数への拡張

う. すなわち, $f(t)$ を $-L < t < L$ から $-\infty < t < \infty$ へと拡張するのだ. そうすると, 周期 $T = 2L$ の周期関数となる. $f(t)$ を周期関数に拡張したものを改めて $f(t)$ と書くことにすると, 三角級数として

$$f(t) = a_0 + \sum_{k=1}^{\infty} \{a_k \cos(k\omega_0 t) + b_k \sin(k\omega_0 t)\}$$

と表される．ここで，a_k, b_k はすべて定数であり，$\omega_0 = 2\pi/T$（これを基本周波数と呼ぶ）となる．ここで現れた和は，複素数の指数関数で表すとたいへん便利だ．指数関数は一般に三角関数よりも扱いやすいからだ．そこでオイラーの公式を用いると次のようになる．

$$f(t) = a_0 + \sum_{k=1}^{\infty} \left\{ a_k \frac{e^{ik\omega_0 t} + e^{-ik\omega_0 t}}{2} + b_k \frac{e^{ik\omega_0 t} - e^{-ik\omega_0 t}}{2i} \right\}$$

$$= a_0 + \sum_{k=1}^{\infty} \left[\left\{ \frac{a_k}{2} + \frac{b_k}{2i} \right\} e^{ik\omega_0 t} + \left\{ \frac{a_k}{2} - \frac{b_k}{2i} \right\} e^{-ik\omega_0 t} \right].$$

和の中の添え字を $k = -\infty$ から $k = \infty$ まで渡らせるように書き換えると，

$$\boxed{f(t) = \sum_{k=-\infty}^{\infty} c_k e^{ik\omega_0 t}, \quad \omega_0 T = 2\pi}$$

のように表せる．ここで c_k は定数であり，一般に複素数となる．本書で扱う $f(t)$ は，t の実数値関数であることが多い（必ずしも常にそうとは限らず，後に紹介するように，複素数値関数のとる実数値の中に美しい実例もある）．実数の複素共役はもとの実数に等しいので，$f(t)$ が実数値関数ならば，任意の係数 c_k に対し

$$f(t) = \sum_{k=-\infty}^{\infty} c_k e^{ik\omega_0 t} = f^*(t) = \sum_{k=-\infty}^{\infty} c_k^* e^{-ik\omega_0 t}$$

となる．これより，両辺の同じ指数の項の係数比較を行

えば，$c_k^* = c_{-k}$ がわかる．そしてさらに，$k=0$ のときは $c_0^* = c_0$ より，任意の実数値関数 $f(t)$ に対して c_0 は常に実数となる．

これだけ準備をしておけば，もはやフーリエ係数 c_k の正体がわかったも同然だ．それは容易に計算できる．$-\infty$ から ∞ までの間の任意の整数 k（$k=n$ と置こう）に対し，枠内の $f(t)$ の式の両辺に $e^{-in\omega_0 t}$ を掛けて周期上で，すなわち長さ T の任意の区間上で積分すると

$$\int_{t'}^{t'+T} f(t)e^{-in\omega_0 t}dt = \int_{t'}^{t'+T} \left\{ \sum_{k=-\infty}^{\infty} c_k e^{ik\omega_0 t} \right\} e^{-in\omega_0 t}dt$$

$$= \sum_{k=-\infty}^{\infty} c_k \int_{t'}^{t'+T} e^{i(k-n)\omega_0 t}dt$$

となる．

この最後の積分は簡単に計算できる．$n \neq k$ と $n = k$ に場合分けして考えればよい．まず $n \neq k$ のときは，

$$\int_{t'}^{t'+T} e^{i(k-n)\omega_0 t}dt = \left[\frac{e^{i(k-n)\omega_0 t}}{i(k-n)\omega_0} \right]_{t'}^{t'+T}$$

$$= \frac{e^{i(k-n)\omega_0(t'+T)} - e^{i(k-n)\omega_0 t'}}{i(k-n)\omega_0}$$

$$= \frac{e^{i(k-n)\omega_0 t'}[e^{i(k-n)\omega_0 T} - 1]}{i(k-n)\omega_0}.$$

ここで $\omega_0 T = 2\pi$，そして $k-n$ は整数だから，オイラーの公式により $e^{i(k-n)\omega_0 T} = 1$ となり，積分は 0 だ．一方，$n = k$ のとき，積分は

$$\int_{t'}^{t'+T} e^0 dt = \left[t \right]_{t'}^{t'+T} = T$$

となる．以上をまとめると

$$\int_{\text{周期}} e^{i(k-n)\omega_0 t} dt = \begin{cases} T, & k = n, \\ 0, & k \neq n \end{cases}$$

となる．これより

$$\int_{\text{周期}} f(t) e^{-in\omega_0 t} dt = c_n T,$$

となり，結局，フーリエ級数の公式として

$$\boxed{c_n = \frac{1}{T} \int_{\text{周期}} f(t) e^{-in\omega_0 t} dt, \quad \omega_0 T = 2\pi}$$

という美しい結果を得る．4.1節の末尾で述べたように，周期関数 $f(t)$ を三角関数の級数で展開したときの係数をこのようにして求めたのは，オイラーの業績だ[11]．

　さていよいよ，前節で登場した，オイラーが1744年に発見した級数が，現代の解析でどのように扱われるか，みていこう．そこで挙げたグラフ（図 4.2.3-4.2.6）が示すように，オイラーが実際に扱っていたのは周期 $T = 2\pi$ の周期関数だった．たとえば $0 < t < 2\pi$ が1周期である．よって $\omega_0 T = 2\pi$ より $\omega_0 = 1$ であり，区間 $0 < t < 2\pi$ において

$$f(t) = \frac{\pi - t}{2} = \sum_{n=-\infty}^{\infty} c_n e^{int}$$

となる．ただし，

$$c_n = \frac{1}{2\pi} \int_0^{2\pi} \frac{\pi - t}{2} e^{-int} dt$$

$$= \frac{1}{4} \int_0^{2\pi} e^{-int} dt - \frac{1}{4\pi} \int_0^{2\pi} t e^{-int} dt$$

であり, $n = 0$ のときは容易に計算できて

$$c_0 = \frac{1}{4} \int_0^{2\pi} dt - \frac{1}{4\pi} \int_0^{2\pi} t dt$$

$$= \frac{1}{4} \Big[t \Big]_0^{2\pi} - \frac{1}{4\pi} \Big[\frac{1}{2} t^2 \Big]_0^{2\pi}$$

$$= \frac{2\pi}{4} - \frac{4\pi^2}{8\pi} = 0$$

となる.

$n \neq 0$ のときは, $e^{-i2\pi n} = 1$ が任意の整数 n について成り立つから, c_n の表示のうち最初の積分は

$$\frac{1}{4} \int_0^{2\pi} e^{-int} dt = \frac{1}{4} \Big[\frac{e^{-int}}{-in} \Big]_0^{2\pi} = \frac{e^{-i2\pi n} - 1}{-i4n} = 0$$

であり, c_n の表示式は

$$c_n = -\frac{1}{4\pi} \int_0^{2\pi} t e^{-int} dt$$

と簡単な形になる. 部分積分で計算するか, または公式集によって, 任意の定数 a に対し

$$\int t e^{at} dt = \frac{e^{at}}{a} \left(t - \frac{1}{a} \right)$$

であることがわかるから, $a = -in$ に適用して

$$c_n = -\frac{1}{4\pi}\left[\frac{e^{-int}}{-in}\left(t - \frac{1}{-in}\right)\right]_0^{2\pi}$$

$$= -\frac{i}{4\pi n}\left[e^{-int}\left(t - \frac{i}{n}\right)\right]_0^{2\pi}$$

$$= -\frac{i}{4\pi n}\left[e^{-i2\pi n}\left(2\pi - \frac{i}{n}\right) + \frac{i}{n}\right]$$

となり，$e^{-i2\pi n} = 1$ より次式を得る.

$$c_n = -\frac{i}{4\pi n}\left(2\pi - \frac{i}{n} + \frac{i}{n}\right) = -\frac{i}{2n}.$$

よって，区間 $0 < t < 2\pi$ において

$$f(t) = \frac{\pi - t}{2} = \sum_{n=-\infty,\neq 0}^{\infty} -\frac{i}{2n}e^{int}$$

であり，$n = \pm 1, n = \pm 2, n = \pm 3, \cdots$ で項を組み合わせて
並び替えると

$$\frac{\pi - t}{2} = -\frac{i}{2}\left[\left(\frac{e^{it} - e^{-it}}{1}\right) + \left(\frac{e^{i2t} - e^{-i2t}}{2}\right)\right.$$

$$\left. + \left(\frac{e^{i3t} - e^{-i3t}}{3}\right) + \left(\frac{e^{i4t} - e^{-i4t}}{4}\right) + \cdots\right]$$

$$= -\frac{i}{2}\left[2i\sin t + \frac{2i\sin(2t)}{2} + \frac{2i\sin(3t)}{3}\right.$$

$$\left. + \frac{2i\sin(4t)}{4} + \cdots\right]$$

$$= \sin t + \frac{\sin(2t)}{2} + \frac{\sin(3t)}{3} + \frac{\sin(4t)}{4} + \cdots$$

となる．これがオイラーが 1744 年の手紙に書いた式だ.
もちろんここで行った証明は前節で紹介したオイラーの並

外れた（正気の沙汰ではないとすらいえそうな）方法を避けている．ここで，ついでにちょっとした副産物が得られることに気づく．すなわち，$t = \pi/2$ と置くだけで

$$\frac{\pi}{4} = \sin\frac{\pi}{2} + \frac{\sin\pi}{2} + \frac{\sin(3\pi/2)}{3} + \frac{\sin(2\pi)}{4} + \frac{\sin(5\pi/2)}{5} + \cdots$$

となり，これより，ライプニッツの級数と通常呼ばれている

$$\frac{\pi}{4} = 1 - \frac{1}{3} + \frac{1}{5} - \frac{1}{7} + \cdots$$

が証明できる．これはドイツ人数学者ゴットフリート・ライプニッツ（1646-1716年）に因んで名づけられた式であり，本書でも証明なしで用いてきたので，読者も見覚えがあるだろう．

　オイラーの級数を使って，大変興味深い2つのことができる．1つ目は，両辺を0から x まで積分して

$$\int_0^x \frac{\pi - t}{2} dt = \int_0^x \sum_{n=1}^{\infty} \frac{\sin(nt)}{n} dt$$

$$= \frac{\pi}{2}x - \frac{x^2}{4} = \sum_{n=1}^{\infty} \frac{1}{n} \int_0^x \sin(nt) dt$$

$$= \sum_{n=1}^{\infty} \frac{1}{n} \left[-\frac{\cos(nt)}{n} \right]_0^x = \sum_{n=1}^{\infty} \frac{1 - \cos(nx)}{n^2}$$

$$= \sum_{n=1}^{\infty} \frac{1}{n^2} - \sum_{n=1}^{\infty} \frac{\cos(nx)}{n^2}$$

となったところに，オイラーが1734年に示し，本節の後

半でも証明する式

$$\sum_{n=1}^{\infty} \frac{1}{n^2} = \frac{\pi^2}{6}$$

を用いることにより,

$$\boxed{\sum_{n=1}^{\infty} \frac{\cos(nx)}{n^2} = \frac{\pi^2}{6} - \frac{\pi}{2}x + \frac{x^2}{4} = \frac{3x^2 - 6\pi x + 2\pi^2}{12}}.$$

ここで $x = \pi/2$ と置くと,

$$\sum_{n=1}^{\infty} \frac{\cos(n\pi/2)}{n^2} = -\frac{1}{2^2} + \frac{1}{4^2} - \frac{1}{6^2} + \frac{1}{8^2} - \cdots$$

$$= \frac{3\pi^2/4 - 6\pi^2/2 + 2\pi^2}{12},$$

すなわち

$$-\frac{1}{(1 \cdot 2)^2} + \frac{1}{(2 \cdot 2)^2} - \frac{1}{(3 \cdot 2)^2} + \frac{1}{(4 \cdot 2)^2} - \cdots = \frac{3\pi^2/4 - \pi^2}{12}$$

$$= -\frac{\pi^2}{48}.$$

よって

$$-\left[\frac{1}{4 \cdot 1^2} - \frac{1}{4 \cdot 2^2} + \frac{1}{4 \cdot 3^2} - \frac{1}{4 \cdot 4^2} + \cdots\right] = -\frac{\pi^2}{48},$$

というわけで, 結局, 次の美しい公式を得る[12].

$$\boxed{\frac{1}{1^2} - \frac{1}{2^2} + \frac{1}{3^2} - \frac{1}{4^2} + \cdots = \frac{\pi^2}{12}}.$$

この式は計算機で直ちに簡単に確認できる. $\pi^2/12 =$ 0.82246703342411 である一方, 交代級数の最初の一万項

を直接計算すると 0.822467028442461 となる.

さて，1つ前の枠内の $\sum_{n=1}^{\infty} \cos(nx)/n^2$ の式に戻り，その両辺を 0 から u まで積分してみよう．左辺は

$$\int_0^u \sum_{n=1}^{\infty} \frac{\cos(nx)}{n^2} dx = \sum_{n=1}^{\infty} \frac{1}{n^2} \int_0^u \cos(nx) dx$$

$$= \sum_{n=1}^{\infty} \frac{1}{n^2} \left[\frac{\sin(nx)}{n} \right]_0^u = \sum_{n=1}^{\infty} \frac{\sin(nu)}{n^3},$$

右辺は

$$\int_0^u \frac{3x^2 - 6\pi x + 2\pi^2}{12} dx = \left[\frac{x^3}{12} - \frac{\pi x^2}{4} + \frac{\pi^2 x}{6} \right]_0^u$$

$$= \frac{u^3}{12} - \frac{\pi u^2}{4} + \frac{\pi^2 u}{6}$$

となるから，合わせて

$$\sum_{n=1}^{\infty} \frac{\sin(nu)}{n^3} = \frac{u^3}{12} - \frac{\pi u^2}{4} + \frac{\pi^2 u}{6}$$

である．ここで $u = \pi/2$ と置くと，

$$\sum_{n=1}^{\infty} \frac{\sin(n\pi/2)}{n^3} = \frac{1}{1^3} - \frac{1}{3^3} + \frac{1}{5^3} - \frac{1}{7^3} + \cdots$$

$$= \frac{\pi^3}{12 \cdot 8} - \frac{\pi^3}{4 \cdot 4} + \frac{\pi^3}{12}$$

$$= \frac{\pi^3}{32}$$

となり [13]，再び検算してみると $\pi^3/32 = 0.96894614625937$ であるのに対し，交代級数の最初の 1000 項の値は 0.96894614619687 となる．すべての正の整数に渡る 3 乗の逆数の和

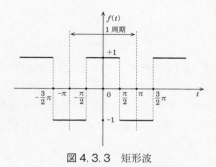

図 4.3.3 矩形波

$$\sum_{n=1}^{\infty} \frac{1}{n^3} = \frac{1}{1^3} + \frac{1}{2^3} + \frac{1}{3^3} + \frac{1}{4^3} + \cdots$$

を求めることは未解決問題だから，この式はとりわけ興味深い．ここで計算したのは奇数の3乗の逆数の和で，符号を交互に $+-$ としたものだから，この未解決問題とよく似た値であるようにも見える．しかし，グルーチョ・マルクス[14] もよくいっていたように「惜しい，けどハズレ！」なのだ．以上で行ってきたように，積分した式の変数のところに特殊な値を代入する操作は，文字通り限りなく繰り返すことが可能だ．そうやって整数のより高次のベキ乗の逆数の和に関する，実にいろいろな数式を無数に証明することもできる．しかしそれについてはここでは扱わないことにし，次の話題へ進もう．

　歴史的にみて重要な実例がある．図 4.3.3 に示すように，1つの周期上で

$$f(t) = \begin{cases} +1, & |t| < \dfrac{\pi}{2}, \\ -1, & \dfrac{1}{2}\pi < |t| < \pi \end{cases}$$

と定義された周期関数だ（次節で再びこの例の解説をする）．この図から，工学，物理学，数学においてこの周期関数が矩形波（あるいは方形波）と呼ばれている理由は明らかだろう．そうすると，$T = 2\pi$，$\omega_0 = 1$ から，フーリエが行ったように

$$f(t) = \sum_{n=-\infty}^{\infty} c_n e^{int},$$

$$c_n = \frac{1}{2\pi} \int_{-\pi}^{\pi} f(t) e^{-int} dt$$

となる．

この係数は，今の $f(t)$ に対してはきわめて容易に計算できる．まず $n = 0$ のとき

$$c_0 = \frac{1}{2\pi} \int_{-\pi}^{\pi} f(t) dt = 0,$$

そして $n \neq 0$ のとき

$$\begin{aligned} c_n &= \frac{1}{2\pi} \left(-\int_{-\pi}^{-\pi/2} e^{-int} dt + \int_{-\pi/2}^{\pi/2} e^{-int} dt \right. \\ &\quad \left. -\int_{\pi/2}^{\pi} e^{-int} dt \right) \\ &= \frac{1}{2\pi} \left(\left[\frac{e^{-int}}{in} \right]_{-\pi}^{-\pi/2} - \left[\frac{e^{-int}}{in} \right]_{-\pi/2}^{\pi/2} + \left[\frac{e^{-int}}{in} \right]_{\pi/2}^{\pi} \right) \end{aligned}$$

$$= \frac{1}{2\pi i n}(e^{in\pi/2} - e^{in\pi} - e^{-in\pi/2}$$
$$+ e^{in\pi/2} + e^{-in\pi} - e^{-in\pi/2})$$
$$= \frac{1}{2\pi i n}\left[2(e^{in\pi/2} - e^{-in\pi/2}) - (e^{in\pi} - e^{-in\pi})\right]$$
$$= \frac{1}{2\pi i n}\left[4i\sin\left(n\frac{\pi}{2}\right) - 2i\sin(n\pi)\right]$$
$$= \frac{2}{n\pi}\sin\left(n\frac{\pi}{2}\right)$$

であるから,

$$f(t) = \frac{2}{\pi}\sum_{n=-\infty,\,n\neq 0}^{\infty}\frac{\sin(n\pi/2)}{n}e^{-int}$$
$$= \frac{2}{\pi}\left[(e^{it} + e^{-it}) + \left(\frac{-e^{i3t}}{3} + \frac{e^{-i3t}}{-3}\right)\right.$$
$$\left. + \left(\frac{e^{i5t}}{5} + \frac{-e^{-i5t}}{-5}\right) + \cdots\right]$$
$$= \frac{2}{\pi}\left[2\cos t - 2\frac{\cos(3t)}{3} + 2\frac{\cos(5t)}{5} - \cdots\right]$$
$$= \frac{4}{\pi}\left[\cos t - \frac{\cos(3t)}{3} + \frac{\cos(5t)}{5} - \cdots\right]$$

となる. ここで $t=0$（このとき $f=+1$）を代入するとライプニッツの級数が再び得られる. 図 4.3.4 はこのフーリエ級数のある部分和（10 項）を示したものだ. ここでもオイラーの級数のとき同様, 関数が急激に変化する点の近くで, 関数に特有の変動がみられる.

このフーリエ級数には 1 つの有名な等式が隠されてい

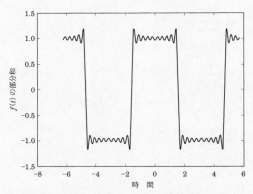

図 4.3.4 矩形波のフーリエ級数. 最初の 10 項の和

る. 任意の t に対して $f^2(t) = 1$ だから

$$\frac{16}{\pi^2}\Big[\cos t - \frac{1}{3}\cos(3t) + \frac{1}{5}\cos(5t) - \cdots\Big]^2 = 1$$

である. ここでこの式の両辺を 0 から 2π まで項別に積分しよう. 左辺では 2 乗を展開するから各項の 2 乗のほか, すべての項同士の組み合わせの積が出てくる.

公式

$$\int_0^{2\pi}\cos(mt)\cos(nt)dt = \begin{cases} 0, & m \neq n, \\ \pi, & m = n \end{cases}$$

は, cos を複素指数の定義で書き換えて積分するだけで容易に示せるが, これを用いると,

$$\frac{16}{\pi^2}\Big[\pi + \pi\frac{1}{3^2} + \pi\frac{1}{5^2} + \cdots\Big] = 2\pi,$$

よって

$$\frac{1}{1^2} + \frac{1}{3^2} + \frac{1}{5^2} + \cdots = \frac{\pi^2}{8}$$

となる．すなわち，奇数の 2 乗の逆数の和の値が得られたことになり，

$$\sum_{n=1}^{\infty} \frac{1}{(2n-1)^2} = \frac{\pi^2}{8}$$

とも書き表せる．

ここで，すべての整数は偶数と奇数の 2 つの集合に分けられることから，すべての整数に渡る 2 乗の逆数の和を

$$\sum_{n=1}^{\infty} \frac{1}{n^2} = \sum_{n=1}^{\infty} \frac{1}{(2n)^2} + \sum_{n=1}^{\infty} \frac{1}{(2n-1)^2} = \frac{1}{4} \sum_{n=1}^{\infty} \frac{1}{n^2} + \frac{\pi^2}{8}$$

のように分けて表せる．ここで中辺の最初の和は偶数の部分で，2 つ目の和は奇数の部分だ．これより

$$\frac{3}{4} \sum_{n=1}^{\infty} \frac{1}{n^2} = \frac{\pi^2}{8}$$

となり，これより直ちにオイラーの結果

$$\sum_{n=1}^{\infty} \frac{1}{n^2} = \frac{\pi^2}{6}$$

を得る．オイラーはこの等式を発見して世界にその名を知られるようになったが，発見当初の証明法は，もちろんフーリエ級数を使うものではなかった．本節の前半でこの結果を用いたことを覚えておられるだろう．数値計算によりこの結果を確認することは簡単であり，

$$\frac{\pi^2}{6} = 1.64493406684823$$

である一方，左辺の最初の 1 万項の和を直接計算すると 1.64483407184807 となる．

　最後に，フーリエ係数の実に目覚しい利用例を 1 つお目にかけよう．$-\pi < t < \pi$ において $f(t) = \cos(\alpha t)$ とする．ここで α は任意の実数だが，整数ではないと仮定する（こう仮定する理由はすぐにわかる）．この $f(t)$ を，周期 2π の周期関数として $-\infty < t < \infty$ に拡張することを考えると，$\omega_0 = 1$ だから

$$f(t) = \cos(\alpha t) = \sum_{n=-\infty}^{\infty} c_n e^{int}$$

において

$$
\begin{aligned}
c_n &= \frac{1}{2\pi} \int_{-\pi}^{\pi} \cos(\alpha t) e^{-int} dt \\
&= \frac{1}{2\pi} \int_{-\pi}^{\pi} \frac{e^{i\alpha t} + e^{-i\alpha t}}{2} e^{-int} dt \\
&= \frac{1}{4\pi} \left[\int_{-\pi}^{\pi} e^{i(\alpha-n)t} dt + \int_{-\pi}^{\pi} e^{-i(\alpha+n)t} dt \right] \\
&= \frac{1}{4\pi} \left[\frac{e^{i(\alpha-n)t}}{i(\alpha-n)} + \frac{e^{-i(\alpha+n)t}}{-i(\alpha+n)} \right]_{-\pi}^{\pi} \\
&= \frac{1}{4\pi i} \left[\frac{e^{i(\alpha-n)\pi} - e^{-i(\alpha-n)\pi}}{\alpha-n} - \frac{e^{-i(\alpha+n)\pi} - e^{i(\alpha+n)\pi}}{\alpha+n} \right]
\end{aligned}
$$

$$= \frac{1}{4\pi i} \cdot \frac{1}{\alpha^2 - n^2} (\alpha e^{i\alpha\pi} 2\cos(n\pi) - \alpha e^{-i\alpha\pi} 2\cos(n\pi)$$

$$- n e^{i\alpha\pi} 2i \sin(n\pi) - n e^{-i\alpha\pi} 2i \sin(n\pi))$$

$$= \frac{1}{4\pi i} \cdot \frac{2\alpha \cos(n\pi)(e^{i\alpha\pi} - e^{-i\alpha\pi})}{\alpha^2 - n^2}$$

$$= \frac{2\alpha \cos(n\pi) 2i \sin(\alpha\pi)}{4\pi i (\alpha^2 - n^2)}$$

$$= \frac{\alpha \cos(n\pi) \sin(\alpha\pi)}{\pi(\alpha^2 - n^2)} = \frac{\alpha(-1)^n \sin(\alpha\pi)}{\pi(\alpha^2 - n^2)}$$

となる．よって

$$\cos(\alpha t) = \sum_{n=-\infty}^{\infty} \frac{\alpha(-1)^n \sin(\alpha\pi)}{\pi(\alpha^2 - n^2)} e^{int}$$

であり，これより

$$\cos(\alpha t) = \frac{\alpha \sin(\alpha\pi)}{\pi\alpha^2}$$
$$+ \frac{1}{\pi} \sum_{n=1}^{\infty} \frac{\alpha(-1)^n \sin(\alpha\pi)}{\alpha^2 - n^2} [e^{int} + e^{-int}],$$

また

$$\cos(\alpha t) = \frac{\sin(\alpha\pi)}{\pi\alpha} + \frac{\alpha \sin(\alpha\pi)}{\pi} \sum_{n=1}^{\infty} \frac{(-1)^n}{\alpha^2 - n^2} 2\cos(nt)$$

とも書ける．よって次の結論を得る．

$$\boxed{\cos(\alpha t) = \frac{\sin(\alpha\pi)}{\pi} \left[\frac{1}{\alpha} + 2\alpha \sum_{n=1}^{\infty} \frac{(-1)^n}{\alpha^2 - n^2} \cos(nt) \right]}.$$

この結論の式に特殊な値を代入してみると，驚くべき事

実が次々に出てくることがわかる. たとえば $t=0$ なら

$$\frac{\pi}{\sin(\alpha\pi)} = \frac{1}{\alpha} + 2\alpha \sum_{n=1}^{\infty} \frac{(-1)^n}{\alpha^2 - n^2}$$

であり, $\alpha = 1/2$ とすると

$$\pi = 2 + \sum_{n=1}^{\infty} \frac{(-1)^n}{(1/2)^2 - n^2} = 2 + 4\sum_{n=1}^{\infty} \frac{(-1)^n}{1 - 4n^2}$$

となる[15]. この結果は数値計算で簡単に確かめることができて, 右辺の級数の最初の1万項の和は
3.14159264859029 となり, π の値に非常に近い. 次に,
枠内の式で $t = \pi$ と置くと, $\cos(n\pi) = (-1)^n$ および
$(-1)^n(-1)^n = (-1)^{2n} = 1$ を考え合わせ

$$\cos(\alpha\pi) = \frac{\sin(\alpha\pi)}{\pi}\left[\frac{1}{\alpha} + 2\alpha \sum_{n=1}^{\infty} \frac{1}{\alpha^2 - n^2}\right]$$

となる. これを書き換えると

$$\boxed{\frac{\pi}{\tan(\alpha\pi)} = \frac{1}{\alpha} + 2\alpha \sum_{n=1}^{\infty} \frac{1}{\alpha^2 - n^2}}$$

という, すばらしい結果を得る.

引き続きいろいろな関数のフーリエ展開を行う前に, すべてのフーリエ級数について成立するきわめて役に立つ公式について説明しよう. はじめに, 関数 $f(t)$ に対し「1周期上のエネルギー」と呼ばれる量を

$$W = \int_{\text{周期}} f^2(t)dt$$

で定義する. この定義は物理学から発生したものだが, こ

こでは単なる用語として定義する（すぐ後で，これがきわ
めて優れた定義であること，これを用いて計算の驚くべき
簡略化ができることがみてとれるだろう）．次に，$f(t)$ を
フーリエ級数に展開した形を書き，和に参加する添え字の
記号を，各 $f(t)$ ごとに別々の記号で表すと

$$W = \int_{周期} \left\{ \sum_{m=-\infty}^{\infty} c_m e^{im\omega_0 t} \right\} \left\{ \sum_{n=-\infty}^{\infty} c_n e^{in\omega_0 t} \right\} dt$$

$$= \sum_{m=-\infty}^{\infty} \sum_{n=-\infty}^{\infty} c_m c_n \int_{周期} e^{i(m+n)\omega_0 t} dt$$

となる．フーリエ級数の一般的な公式を導いた際にすで
にみてきたように，この最後の積分は $m+n \neq 0$ なる m,
n に対しては 0 となり，$m+n=0$ すなわち $m=-n$ の場
合には周期 T に等しい．したがって，$f(t)$ が実数値関数
ならば $c_{-k} = c_k^*$ であることを用いると，次の結論を得る．

$$W = \sum_{k=-\infty}^{\infty} c_k c_{-k} T = T \sum_{k=-\infty}^{\infty} c_k c_k^* = T \sum_{k=-\infty}^{\infty} |c_k|^2.$$

これはパーセバルの等式と呼ばれるものに他ならない．
パーセバルとはフランス人数学者アントワーヌ・パーセ
バル・デ・シュネ（1755-1836 年）である．この結論は，
次の形で記されることも多い．$|c_{-k}| = |c_k|$ だから，

$$\frac{W}{T} = c_0^2 + 2 \sum_{k=1}^{\infty} |c_k|^2 = \frac{1}{T} \int_{周期} f^2(t) dt.$$

物理学で単位時間上のエネルギーをパワー[16]と呼ぶのに
ならい，W/T を関数 $f(t)$ のパワーと呼ぶ．
　ここで，パーセバルの等式の見事な応用をお目にかけよ

う．区間 $0 < t < 2\pi$ 上で $f(t) = e^{-t}$ とし，$0 < t < 2\pi$ を
1周期として実数全体 $-\infty < t < \infty$ 上に定義域が拡張さ
れているとしよう．この結果得られる周期関数をフーリエ
級数として表すと，$\omega_0 T = 2\pi$ より $\omega_0 = 1$ となっている
から，

$$f(t) = \sum_{n=-\infty}^{\infty} c_n e^{int},$$

ただし

$$c_n = \frac{1}{2\pi} \int_0^{2\pi} e^{-t} e^{-int} dt$$

となる．この積分は簡単に計算でき，

$$c_n = \frac{1}{2\pi} \int_0^{2\pi} e^{-(1+in)t} dt = \frac{1}{2\pi} \left[\frac{e^{-(1+in)t}}{-(1+in)} \right]_0^{2\pi}$$

$$= \frac{1}{2\pi} \cdot \frac{1 - e^{-(1+in)2\pi}}{1+in}$$

$$= \frac{1}{2\pi} \cdot \frac{1 - e^{-2\pi} e^{-in2\pi}}{1+in} = \frac{1 - e^{-2\pi}}{2\pi(1+in)}$$

となる．これより

$$|c_n|^2 = \frac{(1 - e^{-2\pi})^2}{4\pi^2(1+n^2)}$$

であるから，

$$\sum_{n=-\infty}^{\infty} |c_n|^2 = \frac{(1 - e^{-2\pi})^2}{4\pi^2} \sum_{n=-\infty}^{\infty} \frac{1}{1+n^2}.$$

パーセバルの等式により，これは次式に等しい．

$$\frac{1}{T}\int_{\text{時間}} f^2(t)dt = \frac{1}{2\pi}\int_0^{2\pi} e^{-2t}dt$$

$$= \frac{1}{2\pi}\left[-\frac{e^{-2t}}{2}\right]_0^{2\pi}$$

$$= \frac{1}{4\pi}(1-e^{-4\pi})$$

$$= \frac{1}{4\pi}(1-e^{-2\pi})(1+e^{-2\pi}).$$

すなわち

$$\frac{1}{4\pi}(1-e^{-2\pi})(1+e^{-2\pi}) = \frac{(1-e^{-2\pi})^2}{4\pi^2}\sum_{n=-\infty}^{\infty}\frac{1}{1+n^2}$$

であり，これより次の美しい小定理を得る.

$$\sum_{n=-\infty}^{\infty}\frac{1}{1+n^2} = \pi\frac{1+e^{-2\pi}}{1-e^{-2\pi}}.$$

5.5 節にて，この結果をさらに美しく一般化する．もちろん，この結果が本当に正しいのかと感ずる読者もおられるだろう．両辺ともに数値計算は容易であり，

$$\pi\frac{1+e^{-2\pi}}{1-e^{-2\pi}} = 3.15334809493716$$

である一方，右辺で n を -100000 から 100000 まで渡らせた和は

$$\sum_{n=-100000}^{100000}\frac{1}{1+n^2} = 1+2\sum_{n=1}^{100000}\frac{1}{1+n^2}$$

$$= 3.15332809503716$$

となる．ここで項数を 100000 とした理由は特になく，真の和の値に近くなるような十分大きな数を単に選んだに過

ぎない.

この例に優るとも劣らない，パーセバルの等式のもうひ
とつの使用例をお目にかけよう．私にはこちらの方が優っ
ているように思える．まず，周期関数の周期ごとのエネ
ルギーの定義を，$f(t)$ が複素数値関数の場合に拡張する．
エネルギー自体は実数のまま（すなわち「実数の世界」に
片足のつま先をつけたまま）これを行うには

$$W = \int_{周期} f(t)f^*(t)dt = \int_{周期} |f(t)|^2 dt$$

とすればよい．この定義は，$f(t)$ が実数値ならば，先ほ
ど与えた実数値関数に対する定義に一致する．この拡張し
たエネルギーの定義により

$$W = \int_{周期} \left\{ \sum_{m=-\infty}^{\infty} c_m e^{im\omega_0 t} \right\} \left\{ \sum_{n=-\infty}^{\infty} c_n e^{in\omega_0 t} \right\}^* dt$$

となり，和や積の共役複素数は，共役複素数の和や積に等
しいので，

$$W = \int_{周期} \left\{ \sum_{m=-\infty}^{\infty} c_m e^{im\omega_0 t} \right\} \left\{ \sum_{n=-\infty}^{\infty} c_n^* e^{-in\omega_0 t} \right\} dt$$

$$= \sum_{m=-\infty}^{\infty} \sum_{n=-\infty}^{\infty} c_m c_n^* \int_{周期} e^{i(m-n)\omega_0 t} dt$$

となる．先ほどと同様に，積分の値は $m-n \neq 0$ となる
ような m, n の組に対しては0であり，$m-n=0$（すな
わち $m=n$）のときは T だから，

$$W = \sum_{k=-\infty}^{\infty} c_k c_{-k}^* T = T \sum_{k=-\infty}^{\infty} c_k c_{-k}^* = T \sum_{k=-\infty}^{\infty} |c_k|^2$$

となる．これは再びパーセバルの等式に一致する．

この証明では $c_{-k} = c_k^*$ を使わなかった．複素数値関数においてはこの式は成立しないので，証明としてこれは当然だ．さて，ここでよく注意して考えていただきたい．実はおもしろい事態が起きているのだ．今私たちは，パーセバルの等式が複素数値関数に対して正しいことを証明した．そしてこれは，実数値関数の場合を特別な場合として含んでいる．そうすると，先ほど実数値関数のときの証明で用いた $c_{-k} = c_k^*$ は，フーリエ係数が満たす条件として必ずしも必要でなかったことになる．すなわち，問題を一般化して考えたために，特殊な場合よりもかえって少ない条件で解けてしまったというわけだ．そう，数学の神のなせる業は，ときとしてこんなに神秘的なのだ．

さて，$-\pi < t < \pi$ 上で $f(t) = e^{i\alpha t}$ と置こう．ここで α は任意の実数だが，整数でないことを仮定する（この仮定が必要な理由はすぐにわかる）．そして $f(t)$ は実軸 $-\infty < t < \infty$ 全体に周期関数として拡張される．こうして周期 2π の複素数値関数を得る．$\omega_0 = 1$ より，フーリエの定理により

$$f(t) = \sum_{k=-\infty}^{\infty} c_k e^{ikt}$$

となる．ここで

$$c_k = \frac{1}{2\pi} \int_{-\pi}^{\pi} e^{i\alpha t} e^{-ikt} dt = \frac{1}{2\pi} \int_{-\pi}^{\pi} e^{i(\alpha-k)t} dt$$

$$= \frac{1}{2\pi} \left[\frac{e^{i(\alpha-k)t}}{i(\alpha-k)} \right]_{-\pi}^{\pi}$$

$$= \frac{1}{2\pi} \cdot \frac{e^{i(\alpha-k)\pi} - e^{-i(\alpha-k)\pi}}{i(\alpha-k)}$$

$$= \frac{1}{2\pi} \cdot \frac{i2\sin\{(\alpha-k)\pi\}}{i(\alpha-k)} = \frac{\sin\{\pi(\alpha-k)\}}{\pi(\alpha-k)}$$

である.α が整数でないと仮定しているので,この c_k の結論の式は常に定義され(すなわち,分母が 0 にならず),今得た c_k の表示は任意の整数 k について正しい.

この複素数値関数のエネルギーは

$$W = \int_{\text{周期}} f(t) f^*(t) dt = \int_{-\pi}^{\pi} e^{i\alpha t} e^{-i\alpha t} dt = \int_{-\pi}^{\pi} dt = 2\pi$$

である.よってパーセバルの等式より

$$\frac{W}{T} = \sum_{k=-\infty}^{\infty} |c_k|^2 = \frac{2\pi}{2\pi} = 1 = \sum_{k=-\infty}^{\infty} \frac{\sin^2\{\pi(\alpha-k)\}}{\pi^2(\alpha-k)^2}$$

となる.変数変換 $\alpha = u/\pi$ で書き換えると,次式を得る.

$$1 = \sum_{k=-\infty}^{\infty} \frac{\sin^2\{\pi((u/\pi)-k)\}}{\pi^2((u/\pi)-k)^2} = \sum_{k=-\infty}^{\infty} \frac{\sin^2\{u-k\pi\}}{(u-k\pi)^2}.$$

任意の整数 k に対して $\sin^2(u-k\pi) = \sin^2 u$ だから,

$$1 = \sum_{k=-\infty}^{\infty} \frac{\sin^2 u}{(u-k\pi)^2} = \sin^2 u \sum_{k=-\infty}^{\infty} \frac{1}{(u+k\pi)^2}$$

となる.ここで第 2 の等号が成立する理由は,和の中の k が正も負も含めたすべての整数を渡っているからだ.よっ

て，$u = \pi\alpha$ と置くと，最終的に

$$\frac{1}{\sin^2(\pi\alpha)} = \sum_{k=-\infty}^{\infty} \frac{1}{(\pi\alpha + k\pi)^2}$$

となり，これより以下の美しい等式が得られる．

$$\sum_{k=-\infty}^{\infty} \frac{1}{(k+\alpha)^2} = \frac{\pi^2}{\sin^2(\pi\alpha)}.$$

ただし，オイラーは 1740 年にはすでに，他の方法により
この式を証明していた[17]．α にいろいろな値を代入する
ごとに等式が得られ，数値計算で確かめることができる．
たとえば $\alpha = 1/2$ のとき，

$$\sum_{k=-\infty}^{\infty} \frac{1}{(k+1/2)^2} = \pi^2$$

となる．私にはこれが当たり前の式であるとは到底思えな
いし，そもそも本当に成り立つのかと感ずる読者もおられ
ることだろう．先ほどと同様に数値計算で確認してみる
と，

$$\pi^2 = 9.86960440108936$$

である一方，

$$\sum_{k=-10000}^{10000} \frac{1}{(k+1/2)^2} = 9.86940441108855$$

である．これで私は納得できた．読者もそう思っていただ
けるとよいのだが，そう思わない方もおられるかも知れな
い．

　そこで本節の締めくくりとして，私は，これまでに自分
が扱ってきたフーリエ級数について，収束性に一切触れ

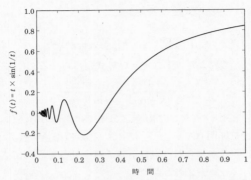

図 4.3.5　ディリクレの強い条件を満たさない関数

ずに（どちらかというと意図的に）勝手気ままにやってき
たことを，ここに告白したい．収束するためのひとつの十
分条件は 1829 年に定式化された．それは「ディリクレの
強い条件」の名で知られている．$f(t)$ を周期関数とする
とき，フーリエ級数の部分和は，$f(t)$ の絶対値が積分可
能であることに加え，次の条件を満たせば（不連続点を除
く）すべての t で $f(t)$ に収束する．

　　（1）　$f(t)$ の各周期内に，不連続点が有限個しかな
　　　い．

　　（2）　$f(t)$ の各周期内に，極値が有限個しかない．

　これが「強い条件」と呼ばれる理由は，必要条件である
かどうかがわからないからだ．すなわち，上の強い条件の
いずれかを満たさないにも関わらず，任意の（不連続点以

外の）t でフーリエ級数が収束するような $f(t)$ が，はた
して存在するのかどうか，まだわかっていない．この強
い条件は十分条件だが，実用上は厳しすぎるわけではな
く，工学で登場する現実世界の関数は皆それを満たして
いる．ディリクレの強い条件のうちどれか 1 つでも満た
さない関数は異様であり，病的であると称される．たとえ
ば図 4.3.5 は $f(t) = t\sin(1/t)$ の 1 周期を表したもので，
$0 < t < 1$ に無数の極値がある．実は，どんなに小さく ϵ
をとっても，有限区間 $0 < t < \epsilon$ に無数の極値があるの
だ．1904 年，ハンガリーの数学者リポット・フェイェー
ル（1880-1959 年）は，ディリクレの強い条件よりも弱
い収束条件を発見したが，それも必要十分条件であるかど
うかは，まだわかっていない．必要十分条件を求める問題
は未解決である．

4.4　ギブス現象とヘンリー・ウィルブラハム

　いよいよ，$(\pi - t)/2$ に対するオイラーの級数に見られ
るおかしな挙動について，説明すべきときが来たようだ．
図 4.2.3-4.2.6 が示したように，フーリエ級数の項をた
くさん加えれば加えるほど，部分和は周期 $0 < t < 2\pi$ の
大半の点において $(\pi - t)/2$ に近づくが，$t = 0$ の左側，
あるいは $t = 2\pi$ の右側ではそうならない．この特有の動
き（電気工学でリンギングと呼ばれる）は，任意の不連続
な周期関数に対してフーリエ級数が不連続点の近くで持つ
性質だ．その一例が，先ほどみた図 4.3.4 の矩形波フー

リエ級数の部分和である．だが驚くべきことに，フーリエ
の没後長きに渡り，この特有の挙動に気づいた数学者はい
なかった[18]．

ただ一つの例外を除いては．

しかしそれは後ほど述べるとしよう．このただ一つの例
外は，私が思うにこの「おかしな挙動の物語」全体の中で
最もおもしろいところなので，本節の末尾まで取っておこ
う．そこでは，これまでに出版されたことのない歴史的事
実にも触れる．

通説では，この特有の挙動が最初に取り上げられたの
は，シカゴ大学物理学科長のアメリカ人アルバート・マイ
ケルソン（1852-1931 年）がイギリスの科学雑誌『ネイ
チャー』に宛てた 1898 年の手紙[19]であるとされる．こ
の手紙で，彼はフーリエ級数が不連続関数を表す可能性を
論じた．手紙の書き出しは以下のようだった．

　　　これまで私が出会ってきたいろいろなフーリエ級数を
　　　みると，明らかに，フーリエ級数が不連続関数を表し
　　　得るように思われる．しかし実際には，不連続なもの
　　　が連続曲線（級数の各項）で表されるという考えは，
　　　物理学の量の概念に完全に反するものだ．そこで，こ
　　　の問題をできる限り単純化して初等的に述べることに
　　　価値があると思われる．誤っている点があれば直ちに
　　　数学者の方々にご指摘いただけるからである．

この文面からわかるように，マイケルソンは $-\pi < t < \pi$
における関数 $f(t) = t$ を周期関数として拡張した関数の

フーリエ級数が，不連続点の瞬間（すなわち π の奇数倍）において 0 に収束するとは思っていなかった．この値 0 はいわゆる孤立点を表すことになるのだが，マイケルソンはそれを思いついていながら，それが無意味であることを証明してほしいと公言したのだ．

これに対する返事[20]は一週間後に掲載された．後にケンブリッジ大学で数学の教授となる A. E. H. ラブ（1863-1940 年）からのものだった．ラブはマイケルソンの論証の中の数学的な誤りを指摘して修正した．多くの文が「これは数学的に認められない」「この証明は誤りである」との表現を含んでおり，結論として，マイケルソンがそもそも収束すらしない級数を用いて議論を始めていたことを指摘した．マイケルソンは数週間後に，納得できない旨の短い返事を書いた．その手紙と並んで同じ号に，ラブからの 2 通目の手紙が掲載され，それと同時に新しい差出人からの手紙も掲載された[21]．アメリカ人の数理物理学者，エール大学の J. W. ギブス（1839-1903 年）である．ラブはマイケルソンの論法の誤りをはっきりさせようともう一度試みたし，ギブスもまたマイケルソンの論法を批判した．これに対しマイケルソンは返事をしなかった．そして数か月後，ギブスは物理学の運命を決する手紙[22]を，補足的な 2 通目として書いた．この手紙は現代の物理学の教科書でしばしば引用されている．そして，ネイチャー誌に掲載されたその他の手紙は忘れ去られた．今の世の中でそれらを気にかけるのは歴史家くらいのもの

だろう.

　ギブスによればこの短い手紙は，一通目で彼が犯した不注意による誤りやみっともない誤解を正すためだけに書かれたとのことだ．しかし，ここにさりげなく書かれた一行が，後世に大きな影響を与えることになる．その内容はこうだ．不連続周期関数に関するフーリエ級数の部分和の項数を増やすと，不連続点の近くを除くすべての点で，凹凸のぶれ幅は減少する．これに対し不連続点の近くでは，部分和はもとの関数の値よりも大きくなったり小さくなったりし，部分和の項数を増やしても，大きくなる箇所の大きさが減少することはない．項数を増やすと，大きくなる部分の時間の長さが短くなることは確かだが，最も大きい点での振幅は減少しないのだ．図 4.2.3-4.2.6 を振り返れば，ギブスが手紙で述べているこの現象を確認できるだろう．

　そして何の証明もなく説明すらないまま，ギブスは，値が大きくなるところの最大値がある積分に関係しているとだけ述べた．すなわち，t が π に左から近づくとき，$f(t) = t$ を周期関数に拡張した関数の，フーリエ級数の最大の振幅は $2 \int_0^{\pi} (\sin u)/u \, du$ であると述べたのだ．もとの関数値からのずれは

$$\frac{2 \int_0^{\pi} ((\sin u)/u) du - \pi}{\pi} \cdot 100\% = \frac{2 \cdot 1.851937 - \pi}{\pi} \cdot 100\%$$
$$= 17.9\%$$

である．あるいはこれを一般化して，任意の不連続関数に
対し，そのフーリエ級数が不連続点のまわりに生ずるぶれ
の振幅は，不連続点での関数値の隔たりの約 8.9% である
という事実も成立する．この数値は，現代の多くの工学，
数学，物理学の教科書で目にすることができる．教科書が
文献を引用する場合（それは多いとはいえないが），必ず
ネイチャー誌に掲載されたギブスの 2 通目の手紙が引用
される．そして，このように値が大きくぶれる現象は「ギ
ブス現象」と呼ばれている．

ギブス現象は，不連続点がないような周期関数のフーリ
エ級数には発生しない．たとえば関数 $f(t) = \sin t$ を区間
$0 \leqq t \leqq \pi$ で考えると，この関数は両端で 0 になるから，
偶関数になるように $-\pi \leqq t \leqq 0$ にも拡張できる．すなわ
ち

$$f(t) = \begin{cases} \sin t, & 0 \leqq t \leqq \pi, \\ -\sin t, & -\pi \leqq t \leqq 0 \end{cases}$$

であり，これを周期関数になるように $-\infty < t < \infty$ に拡
張すると，至るところ連続な周期関数になる．ここでフー
リエ級数の部分和のグラフを描くと，ギブス現象は起き
ていないことがみてとれる．さらに気づくこととして，こ
のフーリエ級数は偶関数として拡張したので cos のみか
らなる．そしてこれは，$0 \leqq t \leqq \pi$ において $\sin t$ が cos た
ちを無限回用いて表せるという，フーリエの主張の実例
になっている．問題は，以下のように簡単に定式化でき
る．$T = 2\pi$ であり，前と同様に $\omega_0 T = 2\pi$ より $\omega_0 = 1$ な

ので，$f(t)$ を数直線 $-\infty < t < \infty$ 全体上での周期関数とすると

$$f(t) = \sum_{n=-\infty}^{\infty} c_n e^{int}.$$

ここで

$$c_n = \frac{1}{2\pi}\left[\int_0^\pi e^{-int}\sin t\,dt - \int_{-\pi}^0 e^{-int}\sin t\,dt\right]$$

となる.

　何度もやってきたように，$\sin t$ を複素数の指数関数で書いてから計算すると容易に計算できて（詳細は読者にお任せするが），次式を得る.

$$c_n = \begin{cases} \dfrac{2}{\pi}\cdot\dfrac{1}{1-n^2} & (n \text{ が偶数}), \\[2mm] 0 & (n \text{ が奇数}). \end{cases}$$

この結果を $f(t)$ の和の式に代入すると，

$$f(t) = \frac{2}{\pi}\sum_{\substack{n=-\infty, \\ n\,偶数}}^{\infty} \frac{1}{1-n^2}e^{int} = \frac{2}{\pi} + \frac{2}{\pi}\sum_{\substack{n=1, \\ n\,偶数}}^{\infty} \frac{2\cos(nt)}{1-n^2}$$

となり，$n = 2k$（$k = 1, 2, 3, \cdots$）と置くと，$n = 2, 4, 6, \cdots$であり，次式に至る.

$$f(t) = \frac{2}{\pi} + \frac{4}{\pi}\cdot\sum_{k=1}^{\infty} \frac{\cos(2kt)}{1-4k^2}.$$

計算が正しければ，これが区間 $0 \leqq t \leqq \pi$ 上で $\sin t$ に等しいはずだ．それを確かめるため，このフーリエ級数の部分和のグラフを描き，どんな関数になっているのかを

見てみよう．図4.4.1-4.4.4は，各々最初の1項，5項，10項，20項の和を表している．これを見ればはっきりわかるように，フーリエ級数の項を多くとればとるほど，グラフは$0 \leqq t \leqq \pi$上で限りなく$\sin t$に近づいていく．そして，ここにはギブス現象の兆候は見られない．不連続点がないからだ．

　このフーリエ級数について最後に一言だけ述べると，これは数学だけでなく電気工学においても重要な位置を占める級数だ．この，周期関数に拡張された至るところ連続な関数は，全波整流正弦波と呼ばれる．実際，これはある種の電気回路で，壁のコンセントに供給された交流が脈流に変換される際に生成される信号だ．これがさらにより平坦な直流に変換され，ラジオや計算機などの電気回路を正しく作動させるという日常の用途に用いられる．

　ネイチャー誌上での手紙のやり取りはまもなく収束を迎えた．フランス人数学者アンリ・ポアンカレ（1854-1912年）がマイケルソンを支持すると宣言した手紙がまず掲載された（ただし妙なことに，ディリクレの不連続積分の値を間違えていた）．続いてそれに対するラブの最後の手紙が掲載され，マイケルソンの問題に関する最後の説明が試みられた[23]．この論争でラブが敗者となったことは間違いないのだろうが，ここでひとつ重要なのは，マイケルソンはこの件に深く関わっていなかったということだ．彼は数学者ではないのだから数学の論争では不利だったが，それはまったく彼の落ち度ではなかった．当時は数学者でさ

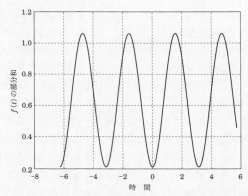

図 4.4.1 cos 級数による sin の近似（最初の 1 項）

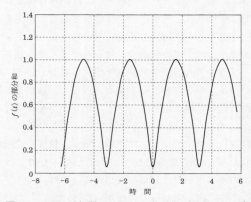

図 4.4.2 cos 級数による sin の近似（最初の 5 項）

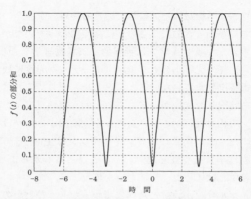

図 4.4.3 cos 級数による sin の近似（最初の 10 項）

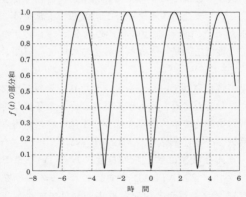

図 4.4.4 cos 級数による sin の近似（最初の 20 項）

え，フーリエ級数の不連続点における振舞いを完全には理
解していなかったのだ．この件に深く関わっていなかった
どころか，マイケルソンは世界的な実験物理学者だった．
彼は高性能の光学干渉計を用い，エーテルが光速に観測可
能な影響を与えていないことを示した．そしてこれは，あ
らゆる状況下で光速が一定であるという原理（アインシュ
タインの相対性理論の基本公理）を生み出すきっかけとな
ったのだ．この業績によりマイケルソンは1907年のノー
ベル物理学賞を受賞した．このことからもわかるように，
彼は論争とはまったく無縁だったのだ．

　マイケルソンが設計と製作に関わったもうひとつの実験
装置があり，彼はそこから得た実験結果にも納得できなか
った．これもまた，ネイチャー誌に最初の手紙を書く動機
になった．その前年（1898年）のストラットンとの共著
論文で，彼はこの驚くべき機械装置について，冒頭の一節
で述べている[24]．

> 　単純調和運動をいくつも合成したり，そのグラフを描
> いたりした者なら誰もが，計算にかかる多大な時間と
> 労力を節約でき，簡単な操作で正確な結果が得られる
> 機械の必要性を感じてきた．

今日，そんな機械は私たちの身近にある．いうまでもな
く，パソコンでMATLABやマセマティカのような理工
学用プログラム言語を用いればよい．だがマイケルソン
の時代，そういった機械は世界中を見渡しても他にひと
つしか存在しなかった．1880年代にウィリアム・トムソ

ンにより，潮の満干を予測するために作られた潮汐の調波分析器[25] である．これを実際に発明したのは，ウィリアムの兄のジェームス・トムソンだった．彼らは概念の詳細を 1876 年と 1878 年の王立協会会報（*Proceedings of the Royal Society*）に出版した．マイケルソンとストラットンの言葉を予見するかのように，ウィリアムは 1882 年に「この機械（潮汐の調波分析器）の目的は，真ちゅう（brass）が脳（brains）に代わることだ」と述べている——現代の計算機の演算チップはシリコンで作られているから，トムソンの言葉を現代風に言い換えれば「砂（sand）が知性（smarts）に代わることだ」とでもなるだろう．——潮汐の調波分析器は，見た目は現代の自動車に見られるエンジンの動力を車輪に伝達する装置に似ており[26] 印象的だが，マイケルソンとストラットンが 1898 年の論文で指摘したように，トムソン兄弟の装置は画期的だったとはいえ，細部において構造上の誤差の蓄積が避けられなかった．それはフーリエ級数の部分和により生ずる誤差よりもずっと大きかったのだ（潮汐の調波分析器は 15 項加えることができた）．

マイケルソンとストラットンは「数年前に我々のうちの一人は，現存する装置（潮汐の調波分析器しかなかった）の欠点をほとんどすべて事実上除去する方法を見出した」といくぶん謎めいた記述をしている．二人の共著者のうちの「一人」がどちらなのかについてはまったく手がかりを残していない．続けて彼らは述べている．

　1 年ほど前に（調波関数の和をとるという新しいテーマに関して），20 の要素（すなわち調波関数）を加えられるような装置を製作した．その結果がきわめて発展性のあるものだったので，80 個の要素を加えられる現在の装置を開発することに決めた．

トムソンの分析装置は，伸縮性のあるコードを複雑に配置された定滑車と動滑車の間を通して用いていたが，コードが伸縮するため装置の精密さに限界があった．これに対しマイケルソンとストラットンの装置[27] で用いられていたのは，大小さまざまな歯車やばね，偏心輪など，いずれも誤差の蓄積がされにくそうなものばかりだった．実際，論文の末尾で彼らは主張している．「適当な精密さを保った上で，要素の個数を数百から千程度に増やすことは可能だろう」．物理学で大掛かりな装置を用いるようになったのは，20 世紀のサイクロトロン生成機が初めてではなかったことが，これで明白だ．それに先駆けて 19 世紀にマイケルソンとストラットンがいたのだ．

　トムソンと，マイケルソン-ストラットンの調波分析器により和が計算されたことで，グラフを描くことも可能になった．マイケルソンとストラットンは，その中でも目を見張るような特徴のあるグラフをいくつか 1898 年の論文に掲載した．その中の不連続関数のグラフは，ギブス現象をはっきり表していた．これが，マイケルソンがネイチャー誌に宛てた一回目の手紙の書き出しの言葉につながったのだ．この装置で彼は 80 項の和をグラフに描いたが，そ

れでも不連続ではなかった. 不連続点を通るときの, 急激
でほとんど垂直ともいえるペンの動き, そこで生ずる凹凸
について, たとえ彼が疑問に感じたとしても, 彼はそれを
装置が不完全であることから必然的に生ずる誤差の蓄積
だと考えたに違いない. マイケルソンの手紙は物理実験の
結果であり, 純粋数学的な考えによってもたらされたもの
ではなかったのだ. これは, それ自体が興味深い事実であ
る. というのは, このネイチャー誌での論争がきっかけと
なり, 結果的に数学者たちが周期関数のフーリエ級数展開
を研究するようになったからだ. さてここで, 以上で述べ
てきたことに優るとも劣らない興味深い事実, 私がこの物
語で最もおもしろいと思っている部分について, いよいよ
お話ししよう.

　マイケルソンの質問に対する答え, そして, 不連続点の
近くでフーリエ級数が奇妙な振舞いをするというギブス
の発見は, その50年前の1848年にヘンリー・ウィルブ
ラハム (1825-83年) によって予測され, 出版すらされ
ていた. ウィルブラハムは歴史から忘れ去られてしまっ
たイギリス人であり, 当時はケンブリッジのトリニティ・
カレッジの22歳の学生だった. ウィルブラハムの論文[28]
は以下の一節から始まる.

　　フーリエは著書の中で等式

$$y = \cos x - \frac{1}{3} \cos 3x + \frac{1}{5} \cos 5x - \cdots$$

について論じた後「x を横軸, y を縦軸にとると, こ

の等式の表す図形は x 軸に平行で x 軸から上下に距離 $\dfrac{1}{4}\pi$ のところにある長さ π の 2 本の線分と，それらの端点同士を結ぶ垂線を合わせたものとなる」と述べている．その後この等式について他の研究者により書かれた論文では，グラフのうち x 軸に垂直な垂線の一部は，極限値 $\pm\dfrac{1}{4}\pi$ の間に含まれるとされた．本論文では，この極限値が誤りであることを計算により示す．

ウィルブラハムが引用した等式は前節に登場した矩形波関数であり，図 4.3.4 に示されているものであることがわかっていただけると思う．

　それに続く 2 ページで，ウィルブラハムはフーリエ級数の値が不連続点で上側にぶれる大きさが，積分 $\displaystyle\int_0^\pi ((\sin u)/u)\,du$ に比例することを証明した．この積分はギブスのものと同じだが，ギブスは証明をつけていなかった．ウィルブラハムの論文は，矩形波のフーリエ級数について，苦心して計算した部分和の手書きのグラフを数多く含んでいた．これらのグラフは，図 4.3.4 に見られる起伏を明確に表していた．ということは，ギブスがまだ 9 歳だった頃に，すでにギブス現象は印刷物として世に出ていたことになる．にもかかわらず，ハーバード大学で教鞭をとっていたアメリカ人数学者マキシム・ベッヒャー（1867-1918 年）は，不連続点におけるフーリエ級数の振

舞いを 1906 年に数学的に完全に解明した際，ウィルブラ
ハムのことをまったく知らずに，この挙動をギブスの現象
と呼んだ．その後「ギブス現象」が名称となり，そのまま
定着した．

　なぜこのような見逃しが起きたのだろうか．ウィルブラ
ハムが数学の才能に秀でていたことは疑うべくもない．し
かしその才能が学術的な経歴や，数多くの論文や本の出版
に生かされることはなかった．また彼は，自分の名前や業
績が広く知れ渡るような学問的な活動に従事することも
なかった．実際，王立科学論文目録によると，ウィルブラ
ハムには 7 つの論文しかなく，最初がフーリエ級数に関
するものであり，最後は 1857 年に *Assurance Magazine*
誌に掲載された保険数学に関する美しい論文[29] である．
50 年も時代を先取りして論文を発表し，その後長い間忘
れ去られていた，限りなく数学者と呼べるに近い男，ウィ
ルブラハム．彼について私が知り得たことをお話して本節
の締めくくりとしよう[30]．

　1825 年 7 月 25 日，ヘンリー・ウィルブラハムは特権
階級の家の 5 人兄弟の 4 番目として生まれた．父のジョ
ージ（1779-1852 年）は国会議員として 10 年間務めた人
物，母のレディ・アン（1864 年没）はフォーテスキュー
卿 1 世の娘であり，ウィルブラハム家は上流社会の一員
であった．たとえば，1832 年 10 月，当時 13 歳だったビ
クトリア王女（その 5 年後には女王となった）がグロス
ワナー橋（当時世界一の大きさを誇った石の単径アーチ

橋）の開通式へ向かう行進で，ヘンリーの両親は王家の後続の馬車に乗っていた．ウィルブラハムは上流階級の学校であるハーロー校[31]に通い，その後 1841 年 10 月，16 歳の誕生日を少し過ぎた頃に，ケンブリッジ大学トリニティ・カレッジに入学を許された．1846 年に学士号を，1849 年に博士号を取得し，1856 年までの間にトリニティ・カレッジのフェロー（研究員）だった時期が何年間かはあった．その後，彼は学問から離れたが，その理由はわかっていない．

1864 年に彼はメアリー・ジェーン・マリオット（1914 年没）と結婚し，7 人の子をもうけた（その 1 人は 1954 年まで生きた）．一度も数学者としての職に就いたことはなく，1875 年までマンチェスターの大法官庁裁判所で登記官の仕事に就いていた．遺言状に残されている履歴としては，これが（トリニティ・カレッジのフェローを除き）唯一の職である．1883 年 2 月 13 日，結核により彼はこの世を去った．まだ 57 歳だった．家族には高額な遺産に加え，37000 ポンドを越える年金が遺された．そして後年のごく少数の歴史家[32]を除き，世間はヘンリー・ウィルブラハムの名を忘れ去った．

ネイチャー誌の論争が始まったのは，ウィルブラハムの死後 15 年以上も経ってからだった．半世紀前の彼の業績は，すべてここで改めて見出されるべきだった．彼の論文が出版後すぐに人々の視界から消え去ってしまったことは，フーリエ解析の研究の発展にとって著し

い損失だった. たとえば, ウィルブラハムが当時すでに
見抜いていた事実「関数 $f(t)$ が $t = t_0$ で不連続ならば,
$f(t)$ のフーリエ級数は $[f(t_0-) + f(t_0+)]/2$ に収束する」
($f(t_0-), f(t_0+)$ はそれぞれ $f(t)$ の不連続点の直前と直
後における値) は, ベッヒャーが 1906 年の論文に証明を
発表するまで世に知れることがなかった.

4.5　ガウス和のディリクレによる評価

　本章も残り 2 節となった. 本節ではフーリエ級数の美
しい応用をお目にかける. この内容は抽象的な数論からき
ており, 多くの工学者や物理学者は馴染みがないだろう
し, 数学専攻の者でさえ, 大学院生以上でなければ見る機
会がないかもしれない. 本節で行う解析は, フーリエ級数
やオイラーの公式を用いているという意味で興味深いが,
それと同時に, かの偉大なるガウスが何年も悩んだ問題の
解決に関連するという意味でも価値がある. ガウスはこの
問題を数論的な手法により 1805 年にようやく解決した.
それはちょうどフーリエ級数の研究が始まったときだっ
た. その 30 年後の 1835 年, 1.7-1.8 節で登場したディ
リクレがフーリエ級数の手法を用いて, ガウスの結果のき
わめて美しい, 簡潔で完璧な新証明を生み出した. 問題を
述べるのは簡単だ.

　次式で定義される $G(m)$ という関数を評価したい (G
はガウスの頭文字).

$$G(m) = \sum_{k=0}^{m-1} e^{-i(2\pi/m)k^2}, \quad m > 1.$$

ガウスは正 n 角形の研究（1.6節を参照）の途中でこの
式に出会った．指数の符号をプラスにした

$$G(m) = \sum_{k=0}^{m-1} e^{i(2\pi/m)k^2}$$

という表示もよく見かけるが，これは問題の簡単な言い換
えに過ぎない．この $G(m)$ は，その前に定義した $G(m)$
（指数にマイナスの符号がついている点が異なる）とは互
いに複素共役だから，いずれか一方の $G(m)$ がわかれば
他方もわかる．この点については，説明の最後で再び触れ
る．

　$G(m)$ はガウスの2乗和（または単にガウス和）と呼
ばれる．その理由は，指数の k^2，すなわち k が2乗され
ていることが，この問題を本質的に難しくしているから
だ[33]．もしこれが単に k だったら等比級数となってしま
い，何ら複雑なこともなく，簡単に計算できる．ちなみに
この場合の和の値は0になるが，図形的に見てもこれは
明らかであり，$G(m)$ が原点から全方向に一様に放射状に
出ている m 本（$m \geqq 2$）の長さの等しいベクトルの和で
あることに気づけばよい．しかし，指数の中の k を2乗
にすると，全方向の一様性がなくなってしまい，問題は難
しくなる．

　もちろん2乗で終わる理由はない．実際，ガウス和の
指数を k^p（p は任意の正の整数）とした一般化を研究し

た数学者もいる．$p = 3, 4, 5, 6, \cdots$ とすれば，ガウスの3乗和，4乗和，5乗和，6乗和になる．私が知る限り，少なくとも $p = 24$ までは研究されている[34]．しかしながらここではそれらに深入りするのは控え，元来のガウスの2乗和に限定したい．

　話を始めるに当たり，本章の前節までの内容を，本節に必要な形で手短かに復習しておこう．$f(t)$ を周期1の周期関数とする．$f(t)$ のフーリエ級数は（$\omega_0 T = 2\pi$ で $T = 1$ だから $\omega_0 = 2\pi$ であり）

$$f(t) = \sum_{k=-\infty}^{\infty} c_k e^{ik2\pi t}$$

となる．ここでフーリエ係数は

$$c_k = \int_0^1 f(t) e^{-ik2\pi t} dt$$

で与えられる．以上で復習を終わる．ほら，言ったとおり「手短か」だっただろう．では，この $f(t)$ をどうやって利用するのだろうか．

　ディリクレの優れていた点は，$f(t)$ を以下のように定義したことだった．まず，関数 $g(t)$ を

$$g(t) = \sum_{k=0}^{m-1} e^{-i(2\pi/m)(k+t)^2}, \quad 0 \leqq t < 1$$

で定義する．そして，これを周期関数 $f(t)$ のちょうど1周期分の挙動とするのだ．すなわち，周期関数 $f(t)$ は，上で定義される $g(t)$ を t が正負の無限大になるまで，単純に何度も繰り返したものとする．よく注意してみると，

$$G(m) = g(0) = f(0)$$

がわかる. 一方, $f(t)$ のフーリエ級数に $t = 0$ を代入して

$$f(0) = \sum_{k=-\infty}^{\infty} c_k = G(m).$$

よって, あとは $f(t)$ のフーリエ係数 c_k を求め, それを和
に代入して結果を計算で求めればよい. これは, もともと
あった $G(m)$ という和を他の形の和に言い換えただけの
ように見えるかも知れないが, この言い換えが大変な利益
をもたらす. この新しい和はいとも簡単に処理できるから
だ. ではやってみよう.

$f(t)$ の1周期分の表示式, すなわち $g(t)$ を, フーリエ
係数の積分に代入すると,

$$c_n = \int_0^1 \left\{ \sum_{k=0}^{m-1} e^{-i(2\pi/m)(k+t)^2} \right\} e^{-i2\pi nt} dt$$

となる. ここで, 記号 k を積分内の和で用いているため,
c の添え字を k から n へ変更した. これは単なる記号の
問題に過ぎないが, 添え字の記号をきちんとしておくこと
は非常に大切だ. 計算を続けると,

$$c_n = \sum_{k=0}^{m-1} \int_0^1 e^{-i(2\pi/m)(k+t)^2} e^{-i2\pi nt} dt$$
$$= \sum_{k=0}^{m-1} \int_0^1 e^{-i2\pi((k+t)^2 + mnt)/m} dt$$

となる. 簡単な代数の計算で

$$(k+t)^2 + mnt = \left[k + t + \frac{1}{2}mn \right]^2 - \left[mnk + \frac{1}{4}m^2n^2 \right]$$

となり，これより

$$c_n = \sum_{k=0}^{m-1} \int_0^1 e^{-i2\pi([k+t+mn/2]^2 - [mnk + m^2 n^2/4])/m} dt$$

$$= \sum_{k=0}^{m-1} \int_0^1 e^{-i2\pi[k+t+mn/2]^2/m} e^{i2\pi nk} e^{i2\pi mn^2/4} dt$$

となる．ここで n と k は整数で，それらの積もまた整数だから，

$$c_n = e^{i2\pi mn^2/4} \sum_{k=0}^{m-1} \int_0^1 e^{-i2\pi[k+t+mn/2]^2/m} dt.$$

次に，積分内を $u = k + t + \dfrac{1}{2}mn$ と変数変換すると，

$$c_n = e^{i2\pi mn^2/4} \sum_{k=0}^{m-1} \int_{k+mn/2}^{k+1+mn/2} e^{-i2\pi u^2/m} du$$

となる．ここで，当たり前ともいえる変形

$$\sum_{k=0}^{m-1} \int_{k+mn/2}^{k+1+mn/2}$$

$$= \int_{mn/2}^{1+mn/2} + \int_{1+mn/2}^{2+mn/2} + \int_{2+mn/2}^{3+mn/2} + \cdots + \int_{m-1+mn/2}^{m+mn/2}$$

$$= \int_{mn/2}^{m+mn/2}$$

により，

$$c_n = e^{i2\pi mn^2/4} \int_{mn/2}^{m+mn/2} e^{-i2\pi u^2/m} du$$

となる．先ほど示したように，$G(m) = \displaystyle\sum_{n=-\infty}^{\infty} c_n$ であったから，

$$G(m) = \sum_{n=-\infty}^{\infty} e^{i2\pi mn^2/4} \int_{mn/2}^{m+mn/2} e^{-i2\pi u^2/m} du$$

となる.

　ここで再度，当たり前だが重要な点として，m と n が共に整数であることに注意しよう．範囲は $m > 1$，$-\infty < n < \infty$ である．右辺の1つ目の指数部分にある $mn^2/4$ の振舞いを調べたいが，特に n の偶奇で分けて考えよう.

　偶数の場合はやさしい．n が偶数（$n = 0, \pm 2, \pm 4, \cdots$）ならば $mn^2/4$ は整数だから $e^{i2\pi mn^2/4} = 1$ となる.

　奇数の場合は少し複雑になる．n が奇数（$n = \pm 1$，$\pm 3, \cdots$）ならば，整数 l を用いて $n = 2l+1$ と書けて $mn^2/4 = m(2l+1)^2/4 = m(4l^2+4l+1)/4 = ml^2 + ml + m/4$ となる．つまり $mn^2/4$ は，m のみで決まる半端分を整数に加えたものになる．この半端分は当然，$0, \dfrac{1}{4}$，$\dfrac{2}{4}, \dfrac{3}{4}$ の4通りのいずれかであり，このうち0となるのは m が4の倍数のときだ．各場合を順に考えていくと

　・半端分が0ならば，$e^{i2\pi mn^2/4} = 1$,

　・半端分が $\dfrac{1}{4}$ ならば，$e^{i2\pi mn^2/4} = i$,

　・半端分が $\dfrac{2}{4}$ ならば，$e^{i2\pi mn^2/4} = -1$,

　・半端分が $\dfrac{3}{4}$ ならば，$e^{i2\pi mn^2/4} = -i$

となる.

こうした状況を表すためによく使う記法として，数学で合同式と呼ばれるものがある．これは，整数 m, q, r に対して

$$\frac{m}{4} = q + \frac{r}{4}$$

が成り立つとき，簡単に $m \equiv r \mod 4$ と書く方法だ．「m は 4 を法として r に合同」と読む．すると，$\eta = e^{i2\pi mn^2/4}$ と置けば，奇数 n に対し，

$$\eta = \begin{cases} 1 & (m \equiv 0 \mod 4 \ \text{のとき}), \\ i & (m \equiv 1 \mod 4 \ \text{のとき}), \\ -1 & (m \equiv 2 \mod 4 \ \text{のとき}), \\ -i & (m \equiv 3 \mod 4 \ \text{のとき}) \end{cases}$$

となる．

$G(m)$ について得ていた式に戻ると，次式を得る．

$$G(m) = \sum_{n=-\infty (\text{偶数})}^{\infty} \int_{mn/2}^{m+mn/2} e^{-i2\pi u^2/m} du$$

$$+ \sum_{n=-\infty (\text{奇数})}^{\infty} \eta \int_{mn/2}^{m+mn/2} e^{-i2\pi u^2/m} du.$$

ここで，先ほど $\displaystyle\sum_{k=0}^{m-1} \int_{k+mn/2}^{k+1+mn/2} = \int_{mn/2}^{m+mn/2}$ を示したときに同様にすると，容易に $\displaystyle\sum_{n=-\infty (\text{偶数})}^{\infty} \int_{mn/2}^{m+mn/2} = \int_{-\infty}^{\infty}$ が示される．

同様のことが $\displaystyle\sum_{n=-\infty (\text{奇数})}^{\infty} \int_{mn/2}^{m+mn/2}$ に対しても成り立つ

から，

$$G(m) = \int_{-\infty}^{\infty} e^{-i2\pi u^2/m} du + \eta \int_{-\infty}^{\infty} e^{-i2\pi u^2/m} du$$

$$= (1+\eta) \int_{-\infty}^{\infty} e^{-i2\pi u^2/m} du$$

となり，オイラーの公式を使って書き換えると

$$G(m) = (1+\eta) \left[\int_{-\infty}^{\infty} \cos\left(2\pi \frac{u^2}{m}\right) du \right.$$

$$\left. -i \int_{-\infty}^{\infty} \sin\left(2\pi \frac{u^2}{m}\right) du \right]$$

となる．この 2 つの積分はフレネル積分と呼ばれる．ただしこれを世界で最初に求めたのはオイラーであり，方法は複素数を用いるものだった．1781 年のことである[35]．ここでは，当面必要な事項として，公式集から定積分

$$\int_0^{\infty} \sin(ax^2) dx = \int_0^{\infty} \cos(ax^2) dx = \frac{1}{2} \sqrt{\frac{\pi}{2a}}$$

を単に引用するにとどめたい．この公式を $a = 2\pi/m$ として用いれば，積分の中身が偶関数だから

$$\int_{-\infty}^{\infty} \cos\left(2\pi \frac{u^2}{m}\right) du = \int_{-\infty}^{\infty} \sin\left(2\pi \frac{u^2}{m}\right) du$$

$$= 2\left[\frac{1}{2} \sqrt{\frac{\pi}{2 \cdot 2\pi/m}} \right] = \sqrt{\frac{m}{4}}$$

$$= \frac{1}{2} \sqrt{m}$$

となる．よって

$$G(m) = (1+\eta)\left(\frac{1}{2}\sqrt{m} - i\frac{1}{2}\sqrt{m}\right)$$

$$= \frac{1}{2}\sqrt{m}(1+\eta)(1-i)$$

となり，最終的に以下の結論を得る．

$m \equiv 0 \bmod 4 \Longrightarrow G(m) = \dfrac{1}{2}\sqrt{m}(1+1)(1-i) = (1-i)\sqrt{m},$

$m \equiv 1 \bmod 4 \Longrightarrow G(m) = \dfrac{1}{2}\sqrt{m}(1+i)(1-i) = \sqrt{m},$

$m \equiv 2 \bmod 4 \Longrightarrow G(m) = \dfrac{1}{2}\sqrt{m}(1-1)(1-i) = 0,$

$m \equiv 3 \bmod 4 \Longrightarrow G(m) = \dfrac{1}{2}\sqrt{m}(1-i)(1-i) = -i\sqrt{m}.$

たとえば $m = 93$ のとき，$m \equiv 1 \bmod 4$ だから，今得た結論は

$$G(93) = \sum_{k=0}^{92} e^{-i2\pi k^2/93} = \sqrt{93} = 9.64365076099317$$

となる．一方，この和を直接 MATLAB で計算するのはたやすい作業で，私の計算結果は 9.64365076099295 であった（小数第 12 位以降が異なるのは誤差だ）．ガウスのすごさが感じられるだろう．

最後に，本節の冒頭で述べたように $G(m)$ の定義を複素共役に変えたときの結論を書くと次のようになる．

$$G(m) = \sum_{k=0}^{m-1} e^{i2\pi k^2/m}$$

$$= \begin{cases} (1+i)\sqrt{m} & (m \equiv 0 \bmod 4 \text{ のとき}), \\ \sqrt{m} & (m \equiv 1 \bmod 4 \text{ のとき}), \\ 0 & (m \equiv 2 \bmod 4 \text{ のとき}), \\ i\sqrt{m} & (m \equiv 3 \bmod 4 \text{ のとき}). \end{cases}$$

　皆さんも想像がつくかもしれないが，大家ガウスは，ディリクレの数学における数ある業績の中でもとりわけ，自分が過去に手がけた命題のこの美しい新証明を絶賛した．ベルリン・アカデミーのディリクレに宛てた1838年11月2日の手紙で，ガウスは「美しい論文を送ってくれたことに感謝する」と書いている．ディリクレの証明は，まさに文字通り美しかったのだ．そして，ガウスが1855年に他界した際に，ディリクレがゲッチンゲンでガウスの後任に選ばれたことは，ディリクレが数学界でいかに卓越していたかを物語っている．

4.6　フルビッツと等周不等式

　本章も最後の節となった．このタイトルは，次の古典的な問題を指している．「決められた長さの柵で，最大の面積を囲うにはどうすればよいか」．この問題は，文字通り何千年もの間，人々をひどくいらだたせた．というのも，正解は円形の柵を作ることであり，これはきわめて当然の結論であるにも関わらず，実際それを証明することはきわめて難しかったからだ．世界最高峰の数学者たちが何世紀

にも渡りこの問題に挑んだ. 私はこの等周不等式問題について, 変化率の計算を用いた証明を, 詳しい解説付きで他の本で紹介した[36] ので, ここでは, まず問題を述べてからフーリエ解析を用いてこの問題がいかに美しく解けるかをお目にかける. このフーリエ解析による証明が発見されたのは 1901 年と比較的新しく, ドイツ人数学者アドルフ・フルビッツ (1859-1919 年) による.

　等周問題は以下の 2 つの部分に分けられる.

　　（ⅰ）　周の長さが L の, 自分自身と交わらない（これを単純と呼ぶ）ような, 閉じた曲線で囲まれる面積は, 円周 L の円の面積を上回ることはない.

　　（ⅱ）　円は, 最大面積を囲むような単純で閉じた曲線として唯一のものである.

　曲線を C と置き, 囲む面積を A とすれば, 等周問題は数学的に

$$A \leqq \frac{L^2}{4\pi} \quad （ただし等号成立は C が円周のときのみ）$$

と表される.

　証明を述べる前に, 指摘しておきたい点がある. これは数学でいうところの, いわゆる「大きさによらない問題」である. すなわち, この不等式はどのような L の値に対しても成立するし, 仮にある特殊な L に対してこの不等式を証明できれば, 適当に拡大（または縮小）して他の任意の L に対しても証明できる. これを理解するには, C と同じ形で周長が C の l 倍すなわち $L' = lL$ であ

るような曲線 C' を考えてみればよい. $L' = lL$ のとき,
$A' = l^2 A$ となることは直感的にわかると思うので説明を
省略する. すなわち $L = L'/l$, $A = A'/l^2$ であり, 元の不
等式を A', L' で書き換えると

$$\frac{A'}{l^2} \leqq \frac{(L'/l)^2}{4\pi} = \frac{L'^2}{l^2 4\pi}$$

となり, これより

$$A' \leqq \frac{L'^2}{4\pi}$$

となる. 大きさを表す数 $l > 0$ は式中から消えているか
ら, l を用いたことは, 不等式の成立の可否には何の影響
もないことになる. このようにして, 一般性を失うことな
く, 好きな L の値に対して不等式を証明すればよいこと
がわかる. 実際には $L = 2\pi$ と選ぶのがよいと後にわかる
だろう. この場合, 示すべき等周不等式は $A \leqq \pi$ と簡単
な形になる.

　証明を始めるに当たり, まず, フルビッツの証明の途中
で必要になるひとつの補助定理について説明しよう. おも
しろいことに, この補助定理もまたフーリエ級数論, 特に
パーセバルの等式を用いている. $f(t)$ を周期が $T = 2\pi$ の
実数値周期関数とし, かつ平均値が 0 であるとする. こ
のとき, $\omega_0 T = 2\pi$ より $\omega_0 = 1$ であり,

$$f(t) = \sum_{k=-\infty}^{\infty} c_k e^{ikt}$$

と書ける. 項別微分が可能であると仮定すると, $f'(t) =$

$\dfrac{df}{dt}$ のフーリエ級数表示が得られ,

$$f'(t) = \sum_{k=-\infty}^{\infty} ikc_k e^{ikt} = \sum_{k=-\infty}^{\infty} c_k' e^{ikt}$$

となる. ここで $c_k' = ikc_k$ である. 一般的な係数の公式

$$c_k = \frac{1}{T} \int_{周期} f(t)e^{-ikt}dt$$

で $k = 0$ とすれば明らかなように, c_0 は $f(t)$ の平均値に等しく, 仮定より 0 となる (たとえ $c_0 \neq 0$ でも $c_0' = 0$ となることに注意). 4.3 節のパーセバルの等式から

$$\frac{1}{2\pi} \int_0^{2\pi} f^2(t)dt = c_0^2 + 2\sum_{k=1}^{\infty} |c_k|^2 = 2\sum_{k=1}^{\infty} |c_k|^2$$

および

$$\frac{1}{2\pi} \int_0^{2\pi} f'^2(t)dt = c_0'^2 + 2\sum_{k=1}^{\infty} |c_k'|^2 = 2\sum_{k=1}^{\infty} k^2|c_k|^2$$

がわかる. 明らかに

$$\sum_{k=1}^{\infty} k^2|c_k|^2 \geqq \sum_{k=1}^{\infty} |c_k|^2$$

であるから, 以上より, 次の補助定理を得る：実数値関数 $f(t)$ が周期 2π の周期関数で平均が 0 なら

$$\boxed{\int_0^{2\pi} f'^2(t)dt \geqq \int_0^{2\pi} f^2(t)dt}.$$

この結果はオーストリアの数学者ウィルヘルム・ヴィルティンガー (1865-1945 年) によるとされ, ヴィルティン

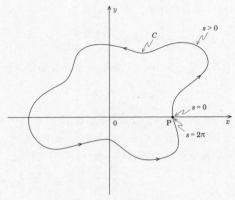

図 4.6.1 等周問題

ガーの不等式と呼ばれる.

さて，フルビッツの証明に入ろう．図 4.6.1 は座標平面上に C を描き，x 軸との交点のうち最も右にある点を P と置いたものだ．C の長さ L を 2π とする（先ほど見たように，このように定めても一般性を失わない）．P から出発して C を反時計回りに一周する際の x 座標と y 座標を，P から C 上を反時計回りに測った弧長 s の関数とみなす．明らかに $x(s)$，$y(s)$ は周期 2π の周期関数であり，C 上を一周すると s は 0 から 2π まで増え，$x(0) = x(2\pi)$，$y(0) = y(2\pi)$ が成り立つ．微分積分学で知られているように[37)]，弧長の微分 ds は関係式 $(ds)^2 = (dx)^2 + (dy)^2$ を満たすから，

$$\left(\frac{dx}{ds}\right)^2 + \left(\frac{dy}{ds}\right)^2 = 1 = x'^2 + y'^2$$

である．以上述べてきたことは，変数 s を t に変え数式を
より馴染みのある形にした上で，$\omega_0 T = 2\pi$ と $T = 2\pi$ か
ら $\omega_0 = 1$ であることに注意すると，次のように数学的に
表現できる．

$$x(t) = \sum_{k=-\infty}^{\infty} x_k e^{ikt}, \quad y(t) = \sum_{k=-\infty}^{\infty} y_k e^{ikt},$$

$$x'^2 + y'^2 = 1.$$

最後に，C の全周の重心が y 軸上にあるように座標軸を
設定する．このようにしても一般性を失わないことは，物
理的に明らかだろう．こうすると $x(t)$ の平均値は 0 とな
り，式で表せば

$$\int_0^{2\pi} x(t)dt = 0$$

が成立する．すぐ後でわかるように，こうすることで
$x(t)$ と $x'(t)$ に関してヴィルティンガーの不等式を使える
のだ．

　さて，微分積分学で学んだように，C で囲まれる面積
は次式で与えられる．

$$A = \int_0^{2\pi} x\frac{dy}{dt}dt = \int_0^{2\pi} xy'dt.$$

よって

$$2(\pi - A) = 2\pi - 2A = \int_0^{2\pi} dt - 2\int_0^{2\pi} xy'dt$$

であり，$x'^2 + y'^2 = 1$ だから

$$2(\pi - A) = \int_0^{2\pi} (x'^2 + y'^2)dt - 2\int_0^{2\pi} xy'dt$$

$$= \int_0^{2\pi} (x'^2 - 2xy' + y'^2)dt$$

となり，よって

$$2(\pi - A) = \int_0^{2\pi} (x'^2 - x^2)dt + \int_0^{2\pi} (x - y')^2 dt$$

となる．

　ヴィルティンガーの不等式により，第一の積分は負でない．また第二の積分も，積分の中身が 2 乗の形なので明らかに負にならない．よって $2(\pi - A) \geqq 0$，すなわち $A \leqq \pi$ となる．これで等周不等式の（ⅰ）が証明できた．C が円であれば等号が成立し $A = \pi$ となる．等周不等式の（ⅱ）を示すには，$A = \pi$ ならば C が円でなくてはならないことを示す必要がある．これは実際それほど難しくない．

　$A = \pi$ のとき，$2(\pi - A) = 0$ だから，先ほどの 2 つの負でない積分は，ともに 0 でなくてはならない．特に第二の積分は，積分の中身が 2 乗の形だったから，任意の t に対して $y' = x$ のときに限り 0 となる．この結論を，先ほどの $x'^2 + y'^2 = 1$ と組み合わせれば

$$\left(\frac{dx}{dt}\right)^2 + \left(\frac{dy}{dt}\right)^2 = 1 \quad かつ \quad \frac{dy}{dt} = x$$

となるから，

$$(dx)^2 + (dy)^2 = (dt)^2 \quad \text{かつ} \quad dt = \frac{1}{x}dy$$

となり，これより

$$(dx)^2 + (dy)^2 = \frac{1}{x^2}(dy)^2,$$

すなわち

$$1 + \left(\frac{dy}{dx}\right)^2 = \frac{1}{x^2}\left(\frac{dy}{dx}\right)^2.$$

これは直ちに

$$\left(\frac{dy}{dx}\right)^2 = \frac{x^2}{1-x^2}$$

と書き換えられ，さらに

$$\frac{dy}{dx} = \pm\frac{x}{\sqrt{1-x^2}}$$

となるから，

$$\int dy = \pm\int \frac{x}{\sqrt{1-x^2}}dx$$

を得る．積分定数を K と置くと，

$$y + K = \pm\sqrt{1-x^2}$$

と計算できる．これより

$$(y+K)^2 = 1-x^2$$

であり，結局，

$$x^2 + (y+K)^2 = 1$$

を得た．これは $(x, y) = (0, -K)$ を中心とする半径 1 の円の方程式だ．当然面積は π である．これで等周不等式

の(ⅱ)が解決した．最後に一言．円の中心の y 座標が任意なのに，x 座標が 0 に決まっているのを疑問に思われるかも知れない．だがこれは，証明の途中でヴィルティンガーの不等式を使うために C の全周の重心が y 軸上にあることを仮定したからだ．円の対称性により，C の中心の x 座標は必然的に 0 となったのだ．

第5章　フーリエ変換

5.1　瞬間的な値とディラック関数

　ここでは本題に入る前に，フーリエ級数の話をいったん
中断して1世紀ほど遡り，前書きでも触れたイギリス人
数学・物理学者ポール・ディラックの話を，ごく簡単にし
よう．今日では彼の名は「瞬間的な値をとる関数」（いわ
ゆるディラックの δ 関数）の代名詞となっている．それ
は次節でフーリエ変換を扱う際，オイラーの公式と並んで
有用な概念となる．後ほど「瞬間的な値」の定義を述べる
が，それは物理学や光学で最も重要な道具のひとつであ
る．ディラック自身は，もともとブリストル大学で電気工
学を専攻し，1921年卒業時には成績優秀で表彰されてい
る．ところが博士の学位は数学で，そして何とノーベル賞
を受賞したのは物理学賞だった．彼は長い間，ケンブリッ
ジ大学のルーカス教授職に就いていた．ルーカス教授職と
は，かつてニュートンの就いていた職位であり，現在では
有名な数理物理学者のスティーヴン・ホーキングが就いて
いる．そしてディラックは晩年，フロリダ州タラハシーの
フロリダ州立大学で物理学の教授となった．

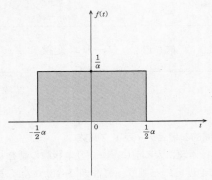

図 5.1.1　幅のある単位面積の波形

　多少厳密さを欠くことを承知の上で，敢えてわかりやすく言えば，瞬間的な値とは「すべてが一瞬に集中すること」である．たとえば，野球で打者がホームランを打つときにボールに及ぼす力は瞬間的だ．ディラック自身が瞬間的な値の様子を描いたものが図 5.1.1 だ．この図では $t = 0$ を中心に，横幅 $\alpha > 0$，高さ $1/\alpha$ の短い波形が描かれている．この波形を $f(t)$ と置くと，$|t| > \alpha/2$ において $f(t) = 0$ である．そして任意の $\alpha > 0$ に対し，$f(t)$ の下の面積は 1 だ，$f(t)$ は至って普通の，何の問題もない関数だが，ここに魔法が隠されているのだ．

　$f(t)$ に，連続性のみを仮定した任意の関数 $\phi(t)$ を掛け，その積をすべての t に渡り積分してみよう．すなわち，以下の積分を考える．

$$I = \int_{-\infty}^{\infty} f(t)\phi(t)dt = \int_{-\alpha/2}^{\alpha/2} \frac{1}{\alpha}\phi(t)dt$$
$$= \frac{1}{\alpha}\int_{-\alpha/2}^{\alpha/2}\phi(t)dt.$$

ここで $\alpha \to 0$ としてみる. すなわち, $f(t)$ の波形を限りなく高く, 積分区間 (すなわち横幅) を限りなく狭くするのだ. $\phi(t)$ は連続だから, 積分区間の始点から終点までを通じてあまり急激な変化をしないことは物理的に明らかだろう. そして $\alpha \to 0$ のとき, $\phi(t)$ は区間上で一定, すなわち $\phi(0)$ に等しいものとして扱っても本質的に支障はないだろう. そうすると,

$$\lim_{\alpha \to 0} I = \lim_{\alpha \to 0} \frac{1}{\alpha}\phi(0)\int_{-\alpha/2}^{\alpha/2}dt = \phi(0)$$

となる.

図 5.1.2 は, $\alpha \to 0$ のときの $f(t)$ の極限を示そうと試みたものだ. この図ではまったく普通の波形が, 高さ無限大で横幅 0, 面積 1 の波形に変化する様子が示されている. 無限大の高さを描くことはできないので, 上向きの矢印でその状態を表し, 数字の 1 を添えることで面積が 1 であることを表した (1 は高さを表していないことに注意). この極限がいわゆる「瞬間的な値をとる関数」(の 1 単位) である. より正確には, $f(t)$ の極限を

$$\lim_{\alpha \to 0} f(t) = \delta(t)$$

と置く. これが $t = 0$ において瞬間的な値をとる関数だ.

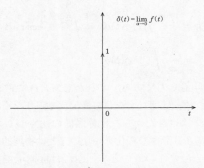

図 5.1.2 瞬間的な値をとるディラックの関数 $\delta(t)$

ディラックの δ 関数,あるいは単にディラック関数と呼ばれる.工学では衝撃関数と呼ばれることもある.

　この関数は,他の数式から孤立して単独で紙上に置かれても奇妙なだけであるが,積分の内部で用いると非常に良い性質を持つ.たとえば,先に見てきたように,任意の連続関数 $\phi(t)$ に対し,

$$\int_{-\infty}^{\infty} \delta(t)\phi(t)dt = \phi(0)$$

が成立する.実際には $t=0$ にこだわる必然性はまったくない.値をとる瞬間を任意の時刻 $t=t_0$ にずらすには,単に $\delta(t-t_0)$ とすればよい.上で述べたのと同様にして,任意の連続関数 $\phi(t)$ に対し

$$\int_{-\infty}^{\infty} \delta(t-t_0)\phi(t)dt = \phi(t_0)$$

が成り立つ．これはディラック関数の抽出性（値を選び出す性質）と呼ばれる．本節の末尾で，この性質の目覚しい応用を紹介する．

ディラック関数の理論づけは，かつて19世紀には多くの研究者によって「ばからしい以外の何ものでもない」としりぞけられてきた．現在では理論づけはなされているので，ここではそれを踏まえた上で進めていく．特に，$I = \int_{-\infty}^{\infty} f(t)\phi(t)dt$ の計算において $1/\alpha$ を積分の外に出し $\phi(t)$ 単独の積分にするときには α を定数としていたのに，後に $\alpha \to 0$ とする場面では明らかに α は定数ではない．積分というものは極限操作により定義されるので，ここで実際に行ったことは，2種類の極限の順序交換だ．「えっ」と声を上げて慎重派の方々は眉をひそめるだろう．「その順序交換が数学的に正しいとなぜいえるのか」．それに対する私の答えはこうだ．「いや，それはわからないし，実際に順序交換が正しくないことも多々ある．だが，ここは大胆に行こう．これ以上悩んで身動きが取れなくなってしまうよりも，とりあえず先に進み数学的に深刻な問題が起こるかどうかを見てみよう．もし問題が起これば，そのときに考えればよい」——ディラックもまた，これと同じ姿勢だった[1]．

当然，ディラックも，δ 関数の理論が厳密さに欠けていたことを認識していた．δ 関数がしばしば「普通でない関数」「特異な関数」と称されるのは，その概念が初めて世

に出た当初，まだ厳密な理論付けがなされていなかったという事情を反映している．ディラックの先駆的な論文は，彼がわずか 25 歳の 1927 年に出版された[2]．そこで彼は δ 関数を次のように物理学界に紹介した.

　　厳密に言えば，もちろん $\delta(x)$ は x の関数ではなく，ある関数列の極限としてのみ捉えられる．それでもやはり，量子力学においては実用上のあらゆる目的のために $\delta(x)$ を普通の関数と同じように用いることができるし，そのように用いても誤った結果に至ることがない．その上，$\delta(x)$ の導関数たち $\delta'(x)$，$\delta''(x)$，… を用いることすらできる．それらは $\delta(x)$ よりも不連続の程度が大きいし，より異常であるとも考えられるが，それでも用いることができるのだ.

　何年も経てからディラックは，若い学生向けの工学系の教育課程に寄せた推薦文で，純粋数学の絶対的な厳格さの呪縛を打ち破る能力について述べている[3].

　　この教育課程を受けて良かった点を説明したい．ここで学んだ内容を具体的に応用できたわけではないのだが，私は全体的なものの見方について非常に大きな影響を受けた．それ以前の私は，厳密な等式にしか興味がなかった．しかしこの工学系の課程を受けたことで，近似を寛大に受け入れられるようになった．そして，近似の下で成立する理論の中にも，多くの美しい事象が見られることを理解できるようになった．（中略）もしこの課程を受けていなかったら，私が後に行

った研究で成功することはなかっただろうと思っている．（中略）その後の研究において私は主として，工学者の用いる，厳格でない数学を使うようにしてきたし，私の後年の著作の大半は厳格でない数学を用いたものであることもおわかりだろう．（中略）**厳密な正確さでしか研究できない純粋数学者は，物理学では大したことはできそうにない．**（強調は著者）

決して，数学の価値が低いとか数学が不要だとか言っているわけではない．ディラックが最初に δ 関数を用いた後で，数学的に厳格な理論づけも行なわれた．初期の主な発展はロシア人数学者セルゲイ・ソボレフ（1908-89 年）によってなされた．その後中心的な役割を果たしたと一般に考えられているのが，フランス人数学者ローラン・シュワルツ（1915-2002 年）が著書『超函数の理論』（岩村聯訳，岩波書店，1971 年，原著は 2 分冊で出版は 1950-51 年）として出版した偉大な業績である．この超函数の理論でシュワルツは 1950 年に「数学のノーベル賞」と称されるフィールズ賞を受賞した．

さて，いよいよ「瞬間的な値」とは何かについて，その核心に触れるときがきた．まず，関数の積分とはグラフの下の面積であるという素朴な考えから，次の式は明らかに成立していると考えてよいだろう．

$$\int_{-\infty}^{t} \delta(s)ds = \begin{cases} 0 & (t < 0), \\ 1 & (t > 0). \end{cases}$$

ここで s は言うまでもなく，単なる積分変数だ．$t < 0$ な

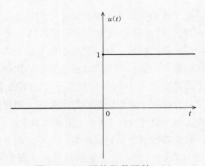

図 5.1.3 単位階段関数 $u(t)$

らば, 瞬間的な値 (面積 1 の領域) は $s = 0$ のところにあり, 積分区間の中にはないので積分値は 0 となる. 一方, $t > 0$ ならば, 瞬間的な値は積分区間内にあり, 積分値は面積に等しいから 1 となる. このように, $t < 0$ のとき 0, $t > 0$ のとき 1 となるような関数を単位階段関数と呼ぶ. その理由は, 図 5.1.3 でわかるように, グラフの形が階段の断面のように見えるからだ. 単位階段関数を $u(t)$ と書くと, これは $t = 0$ で不連続だが, $u(0)$ がいったい何なのかという疑問については 5.3 節まで保留にする. 以上より

$$u(t) = \int_{-\infty}^{t} \delta(s)\,ds$$

であり, 両辺を形式的に微分すると, 単位階段関数の導関数として, 瞬間的な値をとる面積 1 の関数を次式のように得る.

$$\boxed{\delta(t) = \frac{d}{dt}u(t)}.$$

$u(t)$ は $t=0$ を除くすべての点で増加も減少もせず，$t=0$ では瞬時に高さ1だけ跳ね上がる関数だから，微分の定義を思い出せば，枠内の式は直感によく合っているといえる．このように，瞬間的な値をとる関数を階段関数に結びつけるという着想は，ディラックが大学生の頃に電気工学の教育を受けたときに得たものだろうと思われる．そのとき彼はイギリス人数理電気工学者オリバー・ヘビサイド（1850-1925年）の，電気回路と電磁波に関する本で，階段関数に初めて出会った．現代でも電気工学や数学において，階段関数をヘビサイド関数と呼ぶことがあり，その場合，頭文字をとって $H(t)$ と表す．

本書でも，実際これまでに階段関数を用いてきた．1.8節を思い出してみると，ディリクレの不連続積分

$$\int_0^\infty \frac{\sin(\omega x)}{\omega}d\omega = \begin{cases} +\dfrac{\pi}{2} & (x > 0), \\[2mm] -\dfrac{\pi}{2} & (x < 0). \end{cases}$$

を証明したときに，この右辺を簡潔に書き換えるために $\mathrm{sgn}(x)$ という関数を用いたが，これを，今導入した階段関数を使っても表せる．

$$\int_0^\infty \frac{\sin(\omega x)}{\omega}d\omega = \pi\left[u(x) - \frac{1}{2}\right].$$

ここで形式的に両辺を微分すると，

$$\frac{d}{dx}\int_0^\infty \frac{\sin(\omega x)}{\omega}d\omega = \pi\delta(x) = \int_0^\infty \cos(\omega x)d\omega$$

となる. 最後の積分は, よくあるように微分と積分の順序
交換が可能と仮定して左辺から得たものだ. cos は偶関数
だから, 積分区間を $(0, \infty)$ から $(-\infty, \infty)$ へ拡張すれば
積分値は 2 倍になり,

$$2\pi\delta(x) = \int_{-\infty}^\infty \cos(\omega x)d\omega$$

となる. ここで sin は奇関数だから,

$$\int_{-\infty}^\infty \sin(\omega x)d\omega = 0$$

であり, オイラーの公式から

$$2\pi\delta(x) = \int_{-\infty}^\infty \cos(\omega x)d\omega + i\int_{-\infty}^\infty \sin(\omega x)d\omega$$
$$= \int_{-\infty}^\infty e^{i\omega x}d\omega$$

となる. すなわち, 次の「驚くべき表示式」を得た.

$$\delta(x) = \frac{1}{2\pi}\int_{-\infty}^\infty e^{i\omega x}d\omega.$$

これが驚くべき式といえる理由は, $e^{i\omega t}$ は $|\omega| \to \infty$ で極
限値を持たないので, この積分を実際に計算しようとして
も何も得られないからだ. $e^{i\omega t}$ の実部と虚部は, ともに
永遠にひたすら振動し続け, 決して最終的にどこかの値に
近づいたりはしない. この式に意味を持たせる方法がある

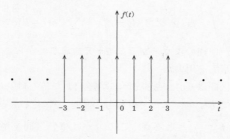

図 5.1.4　周期的 δ 関数列

とすれば，枠内の式の右辺の積分全体が，左辺の δ 関数
とまったく同じ概念を表すひとつの記号であると解釈する
ことだろう．右辺の積分が出てくるごとに，単にそれを δ
関数で置き換えるということだ．

　これだけでは単なる言葉遊びをしているようで意味がな
いから，少しは有意義と思っていただけるような実例を挙
げて本節の締めくくりとしたい．単位面積の瞬間的な値ばか
りを連ねて作った周期関数 $f(t)$ を考え，そのグラフを
図 5.1.4 に示す．瞬間的な値の間隔は 1 とする．すなわ
ち $f(t)$ は周期 1 を持つ．この関数には名前があり，周期
的 δ 関数列と呼ばれている．重要な概念である「サンプ
リング定理」を後ほど扱うが，そこで再度この関数を目に
するだろう．$f(t)$ のフーリエ級数を

$$f(t) = \sum_{k=-\infty}^{\infty} c_k e^{ik2\pi t}$$

と置く．ここで

$$c_k = \frac{1}{T} \int_{\text{周期}} f(t)e^{-ik2\pi t}dt = \int_{\text{周期}} \sum_{k=-\infty}^{\infty} \delta(t-k)e^{-ik2\pi t}dt$$

であり，前述のように $\omega_0 T = 2\pi$ であることから $\omega_0 = 2\pi$ という事実を用いた．

　積分区間は長さが周期（今の場合1）に等しければどこにとってもよい．ここでは積分の値を見やすくするため，$-\frac{1}{2} < t < \frac{1}{2}$ ととろう．このように積分区間を選ぶと，瞬間的な値はただ1回だけ，$t = 0$ にあるのみとなり，積分区間のちょうど中央に位置する．これに対し，積分区間を $0 < t < 1$ ととると，瞬間的な値は区間の両端の2箇所にあることになるが，1周期に2回あるのはおかしいので，いわば両端に半分ずつあるような解釈になり，意味がわかりにくくなる．区間 $-\frac{1}{2} < t < \frac{1}{2}$ を選ぶことにより，こうした繁雑で不明瞭な現象を何事もないかのように避けることができる．そして，δ 関数の抽出性により，次式が成り立つ．

$$c_k = \int_{-1/2}^{1/2} \delta(t)e^{-ik2\pi t}dt = 1.$$

これより

$$f(t) = \sum_{k=-\infty}^{\infty} e^{ik2\pi t} = \sum_{k=-\infty}^{\infty} \{\cos(k2\pi t) + i\sin(k2\pi t)\}$$

となる．この式から，任意の t に対し，次のようにして $f(t)$ の虚部が0であることがわかる（$f(t)$ はもともと純粋な実数値関数なので，これはもっともなことだ）．すな

わち，右辺の和から $k=0$ の項を取り出し，それ以外は
$k=\pm1, \pm2, \pm3, \cdots$ で組を作ってから計算するのだ．そ
うすると

$$\sum_{k=-\infty}^{\infty} \sin(k2\pi t) = \sin 0 + \{\sin(2\pi t) + \sin(-2\pi t)\}$$

$$+ \{\sin(4\pi t) + \sin(-4\pi t)\}$$

$$+ \{\sin(6\pi t) + \sin(-6\pi t)\} + \cdots = 0$$

となり，中カッコの中身は任意の t に対して恒等的に 0 と
なる．また $\sin 0 = 0$ である．以上より，関数 $f(t)$ の表示
として，以下の式を得る．

$$\boxed{f(t) = \sum_{k=-\infty}^{\infty} \delta(t-k) = 1 + 2\sum_{k=1}^{\infty} \cos(k2\pi t)}.$$

はたしてこの式は正しいのだろうか．

　こうした疑問に対し，これまでしてきたのと同様に，こ
こでも実践的な解決策をとってみよう．右辺の値を単に計
算してグラフを描き，どんな形になるのか見てみるのだ．
もし枠内の式が何らかの意味を持つとすれば，右辺の部分
和は，周期的 δ 関数列に近い形に見えるはずだ．右辺の
部分和を 3 種類，図 5.1.5-5.1.7 に示す．それぞれ最初
の 5 項，10 項，20 項の和である．これらの図から，瞬間
的な値が連なって出現するさまが見て取れる．ここで起き
ていることは，$\cos$ の項たちが足し合わされる際に，t が
整数のときは強め合い，それ以外のすべての t では互いに
打ち消して弱め合うということだ．もちろん，これらのグ

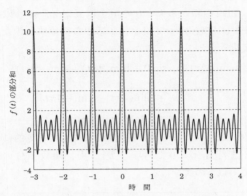

図 5.1.5 周期的 δ 関数列のフーリエ級数（最初の 5 項）

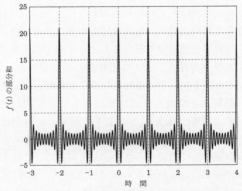

図 5.1.6 周期的 δ 関数列のフーリエ級数（最初の 10 項）

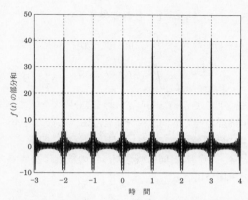

図 5.1.7 周期的 δ 関数列のフーリエ級数（最初の 20 項）

ラフによって何かが証明されたわけではないが，少なくとも，これまで記号遊びに見えていたことに，実は何らかの意味があるのだと感ぜずにはおられないだろう．

瞬間的な値について最後に一点．図 5.1.1 からわかるように，ディラックがこの概念を着想した際に用いた波形の関数は偶関数だった．$\delta(t)$ 自身もそれに相当する性質を持つことが，次のようにして形式的に証明される．実際，やってみるとほとんど明らかとも思えるほどやさしい．例によって $\phi(t)$ を任意の連続関数とすると，抽出性により

$$\int_{-\infty}^{\infty} \delta(t)\phi(t)dt = \phi(0)$$

となる. ここで $s = -t$ の変数変換をすると,

$$\int_{-\infty}^{\infty} \delta(-t)\phi(t)dt = \int_{\infty}^{-\infty} \delta(s)\phi(-s)(-ds)$$

$$= \int_{-\infty}^{\infty} \delta(s)\phi(-s)ds = \phi(-0) = \phi(0)$$

となる. よって $\delta(t)$ と $\delta(-t)$ は, 積分内でどんな連続関数と掛け合わせても同じ積分値となる. このことを, $\delta(t)$ と $\delta(-t)$ は同値であるというが, これは「関数としてほとんど等しい」のと同じ概念だ. この結論は重要であり, 次節の末尾で用いる.

5.2　フーリエの積分定理

　引き続き, t は時間を表すものとする. フーリエ級数は, $f(t)$ が周期関数であることの数学的表現だ. では, $-\infty < t < \infty$ 上で定義される関数 $f(t)$ が, 周期関数でないときはどうなるのだろうか. 関数の定義に t 軸全体上での値が使われているため, 周期関数になるように $f(t)$ を拡張するというこれまでの方法は使えない. もはや, これ以上拡張する場所はないのだ. この場合, フーリエ級数はダメだということになる. しかし, 巧みにずるがしこくいけば, 代わりの手段を取ることができる. 単純に考えて, 周期関数でない $f(t)$ を, 長さ ∞ の周期を持つ周期関数とみなしたらどうだろう. t が $-\infty$ から $+\infty$ まで動くと, それが1つの周期になり, その周期がたまたま我々が普段目にしている世界と一致しているのだ. この考

えは賢いだろうか．いや，正直いってずいぶん粗っぽい発想に思えるのだが，現実には，これまでに私が見てきたほとんどすべての工学系の教科書で，この方法が用いられている．その方法では，フーリエ級数の等式

$$f(t) = \sum_{k=-\infty}^{\infty} c_k e^{ik\omega_0 t},$$

$$c_k = \frac{1}{T} \int_{周期} f(t) e^{-ik\omega_0 t} dt, \quad \omega_0 T = 2\pi$$

を用い，ここで $T \to \infty$ とすると数学的にどのようなことが起こるかを探求している．

「探求」とは無難な単語を選び過ぎたかもしれない．ここで行っているのはむしろ「遊び」であり，2つのフーリエ級数の等式を大ざっぱに天下り的に扱うだけだ．途中で行う数式の巧みな扱いに関する正当化も反省もほとんど（いやまったくと言っていいくらい）ない．それでもなお，これらを理解することは大切だ．一度学んでしまえば，あとはどうでもいい．すなわち「$T \to \infty$ のときに何が起こるのか」に対する数学的な答えを得ることが目標であり，それさえ果たしてしまえば，あとはそれまでの過程をすべて忘れ，単にそこで得た結論を定義として採用すればよい．ここまで極端な態度をとる理由は，この結論（フーリエ変換と呼ばれる）が物理学で深い意義を持つからだ．人間が真実に近づく方法が多少いい加減であっても，真実そのものの価値は揺るがないと自然が物語っているかのようでもある．実際に，数学者によって書かれたフーリエ変換

の教科書の多くが，まさにこの方法を採用している．

　では，$T \to \infty$ で何が起こるのかを見ていこう．まず，c_k の積分内の指数 $k\omega_0$ の部分は，k が 1 増えるごとに ω_0 増えることに注意しよう．この変化を $\Delta\omega$ と置くと，$\Delta\omega = \omega_0$ である．今，$\omega_0 = 2\pi/T$ だから，$T \to \infty$ のとき，$\omega_0 \to 0$ である．すなわち，ω_0 はいくらでも小さくなる．そこで，$T \to \infty$ のとき，$\Delta\omega$ の代わりに $d\omega$ と書ける．言い換えると，$T \to \infty$ のとき，基本周波数の変化は微小となる．以上により第一の結論

$$\lim_{T \to \infty} \Delta\omega = \lim_{T \to \infty} \omega_0 = \lim_{T \to \infty} \frac{2\pi}{T} = d\omega$$

を得る．

　さらにこれより，$T \to \infty$ のとき，$k(2\pi/T) \to kd\omega$ であることがわかる．$d\omega$ は無限小と定義されているので，k が $-\infty$ から $+\infty$ に渡るとき，$kd\omega$ は連続変数のように振舞うべきだ．これを ω と置こう．すなわち

$$\lim_{T \to \infty} k\omega_0 = \omega$$

である．

　以上を用い c_k の表示式を変形していこう．周期を $t = 0$ を中心に左右対称にとり，その上で積分して $T \to \infty$ とすると，

$$\lim_{T \to \infty} c_k = \lim_{T \to \infty} \frac{1}{T} \int_{-T/2}^{T/2} f(t)e^{-ik\omega_0 t}dt$$

$$= \lim_{T \to \infty} \frac{1}{2\pi} \cdot \frac{2\pi}{T} \int_{-T/2}^{T/2} f(t) e^{-ik\omega_0 t} dt$$

$$= \lim_{T \to \infty} \frac{1}{2\pi} \left[\int_{-T/2}^{T/2} f(t) e^{-ik\omega_0 t} dt \right] \frac{2\pi}{T}$$

$$= \frac{1}{2\pi} \left[\int_{-\infty}^{\infty} f(t) e^{-i\omega t} dt \right] d\omega$$

となる. ここで大カッコの中身を $f(t)$ のフーリエ変換と
定義し $F(\omega)$ と書くと,

$$\lim_{T \to \infty} c_k = \frac{1}{2\pi} F(\omega) d\omega$$

となり,

$$\boxed{F(\omega) = \int_{-\infty}^{\infty} f(t) e^{-i\omega t} dt}$$

である. フーリエ変換には多くの素晴らしい数学的性質が
あり, これは物理学的な解釈をする上でも非常に有用だ.
これらについては本章の中でおいおい触れていく.

　論証もいよいよ詰めの段階だ. 今得た $\lim_{T \to \infty} c_k$ に関する
結果を, $f(t)$ の式に代入してみると

$$f(t) = \sum_{k=-\infty}^{\infty} \left\{ \frac{1}{2\pi} F(\omega) d\omega \right\} e^{ik\omega_0 t}$$

$$= \frac{1}{2\pi} \sum_{k=-\infty}^{\infty} F(\omega) e^{ik\omega_0 t} d\omega$$

となる. お気づきとは思うが, この式では少々記号が乱用
されており, ある部分では $T \to \infty$ としている一方で, 別

の部分では T が有限のまま残っている．そこでこの議論
の最終段階として，$T \to \infty$ で和を積分に変える．当然，
$k\omega_0 \to \omega$ である．こうしてフーリエ変換の逆方向の変換
である「逆フーリエ変換」が得られる．これは，先ほどと
は逆に $F(\omega)$ から $f(t)$ を得る変換であり，次式で表され
る．

$$\boxed{f(t) = \frac{1}{2\pi} \int_{-\infty}^{\infty} F(\omega)e^{i\omega t} d\omega}.$$

枠で囲って表した 2 つの等式は，フーリエ変換の積分対
と呼ばれる．フーリエ級数が実際にはフーリエよりずっと
以前から用いられていたのに対し，フーリエ変換はフーリ
エの独創であり，彼が論文に著したのが最初だ．$f(t)$ と
そのフーリエ変換 $F(\omega)$ との 1 対 1 対応を次の記号で表
す．

$$f(t) \leftrightarrow F(\omega).$$

矢印が両側に向いている記号は，両辺の関数とも他方が決
まれば一意的に定まることを意味している．左辺には時間
の関数を，右辺にはその変換である周波数の関数を書く習
慣がある．このように書かれた $f(t)$ と $F(\omega)$ はフーリエ
対，フーリエ積分対，フーリエ変換対などと呼ばれる．ま
たは略して単に，積分対，変換対と呼ばれることもある．

　以上の「証明」に，純粋数学の厳格な立場に立つ多くの
人々はただひたすら驚き呆れるだろうし，私自身も過去
30 年間に渡りフーリエ変換対を自分の学生に説明する際，

この方法でやってきてそのたびに若干の罪悪感は感じて
きた. だからといって, そんなことで私がこれをやめたり
するものか. 私は二重積分の順序交換など一瞬でやって見
せるし, 先ごろある数学者が言っていた[4]「数学も人生同
様, 善行が必ずしも報われるとは限らず, **悪行が必ずしも
罰せられるとは限らない**」(強調は著者) という言葉に望
みを託し, 私の運命を賭けてみたい. たとえそれがばかげ
ていたとしてもだ. とはいえ, どんな場合にも複数の方法
を知っておくことは良いことなので, もうひとつ別の方法
でフーリエ変換対の説明をしてみよう. おそらく先ほどよ
りも若干やさしいのではないかと思う.

　前節で得た $\delta(x)$ の「驚くべき表示式」を思い出そう.

$$\delta(x) = \frac{1}{2\pi} \int_{-\infty}^{\infty} e^{i\omega x} d\omega$$

という積分表示だ. これより直ちに,

$$\delta(x-y) = \frac{1}{2\pi} \int_{-\infty}^{\infty} e^{i\omega(x-y)} d\omega$$

である. ここで, 任意の関数 $h(x)$ に対し, δ 関数の抽出
性を用いると,

$$h(x) = \int_{-\infty}^{\infty} \delta(x-y)h(y) dy$$

となる. よって,

$$h(x) = \int_{-\infty}^{\infty} h(y) \left\{ \frac{1}{2\pi} \int_{-\infty}^{\infty} e^{i\omega(x-y)} d\omega \right\} dy$$

$$= \frac{1}{2\pi} \int_{-\infty}^{\infty} e^{i\omega x} \left\{ \int_{-\infty}^{\infty} h(y) e^{-i\omega y} dy \right\} d\omega$$

となる.

　ここまで来ればもうわかるだろう. この式を積分対とし
て表示すればよい. 内側の積分は

$$H(\omega) = \int_{-\infty}^{\infty} h(y) e^{-i\omega y} dy = \int_{-\infty}^{\infty} h(x) e^{-i\omega x} dx$$

であり, 外側の積分は

$$h(x) = \frac{1}{2\pi} \int_{-\infty}^{\infty} H(\omega) e^{i\omega x} d\omega$$

だから, こうして先ほどと同じフーリエ変換対を得るこ
とができた (記号は先ほどの $f(t)$ が $h(x)$ に変わってい
る).

　実数値関数 $f(t)$ のフーリエ変換は一般に複素数値と
なるが, これは別に問題ではない. しかるべき制限が
あるのだ. たとえば $|F(\omega)|^2$ が常に偶関数であること
を容易に証明できる. この事実は, $|F(\omega)|^2$ という量が
$F(\omega)$ の物理的な解釈に密接に関係しているので興味深い
($(1/2\pi)|F(\omega)|^2$ は $f(t)$ のエネルギーと呼ばれる. そう呼
ぶ理由は次節で述べる). だがここでは, 任意の実数値関
数 $f(t)$ に対し, $|F(\omega)|^2$ が偶関数となることだけ証明し
ておこう. オイラーの公式より

$$F(\omega) = \int_{-\infty}^{\infty} f(t)e^{-i\omega t}dt$$

$$= \int_{-\infty}^{\infty} f(t)\cos(\omega t)dt - i\int_{-\infty}^{\infty} f(t)\sin(\omega t)dt$$

と書ける. $F(\omega)$ を実部と虚部に分けて

$$F(\omega) = R(\omega) + iX(\omega)$$

と書けたとすると,

$$R(\omega) = \int_{-\infty}^{\infty} f(t)\cos(\omega t)dt,$$

$$X(\omega) = -\int_{-\infty}^{\infty} f(t)\sin(\omega t)dt$$

が成り立つ. $f(t)$ が実数値であることから, 当然 $R(\omega)$ と $X(\omega)$ は ω の実数値関数である.

$\cos(\omega t)$, $\sin(\omega t)$ はそれぞれ偶関数と奇関数だから,

$$R(-\omega) = \int_{-\infty}^{\infty} f(t)\cos(-\omega t)dt = R(\omega),$$

$$X(-\omega) = -\int_{-\infty}^{\infty} f(t)\sin(-\omega t)dt = -X(\omega)$$

である. すなわち, $R(\omega)$ は偶関数, $X(\omega)$ は奇関数だ. よって $R^2(\omega)$, $X^2(\omega)$ はともに偶関数となり,

$$|F(\omega)|^2 = R^2(\omega) + X^2(\omega)$$

であるから, $|F(\omega)|^2$ は (そして $|F(\omega)|$ も) 偶関数となる. ただし, $f(t)$ が実数値であると仮定していることを念頭に置いておかなければならない.

　この, 単に実数値であるという仮定を強め, $f(t)$ に関

していろいろな仮定を設ければ，$F(\omega)$ の性質がいろいろ得られる．たとえば，$f(t)$ が偶関数（または奇関数）とすると，$R(\omega)$ と $X(\omega)$ の積分表示から明らかに $F(\omega)$ は実数（または純虚数）となる．このことは本節の末尾で用いる．さらに6章では，$f(t)$ が因果的（$t < 0$ のとき $f(t) = 0$）ならば $R(\omega)$ と $X(\omega)$ は密接な関係があり，互いに他方によって完全に決定されることを示す．

　本節におけるフーリエ変換に関する考察はこれが最後になる．フーリエ変換はそもそもフーリエ級数を用いて導き出されたことは読者のご記憶に新しいと思うが，にもかかわらず，フーリエ変換の方がフーリエ級数よりも，ある意味でより一般的な概念なのだ．すなわち，周期関数以外はフーリエ級数を持たないけれど，まともな関数である限りフーリエ変換は必ず持つ．周期関数はフーリエ級数とフーリエ変換の両方を持つことになる．周期関数のフーリエ級数

$$f(t) = \sum_{k=-\infty}^{\infty} c_k e^{ik\omega_0 t}$$

があるとき，これをフーリエ変換の積分に代入すると

$$f(t) \longleftrightarrow F(\omega) = \int_{-\infty}^{\infty} \left\{ \sum_{k=-\infty}^{\infty} c_k e^{ik\omega_0 t} \right\} e^{-i\omega t} dt$$

$$= \sum_{k=-\infty}^{\infty} c_k \int_{-\infty}^{\infty} e^{i(k\omega_0 - \omega)t} dt$$

となる．この積分はどこか見覚えがあるだろう．前節の「驚くべき表示式」

$$\delta(x) = \frac{1}{2\pi} \int_{-\infty}^{\infty} e^{i\omega x} d\omega$$

である．変数を x から t に書き換えれば次式となる．

$$\delta(t) = \frac{1}{2\pi} \int_{-\infty}^{\infty} e^{i\omega t} d\omega.$$

さてここで，ちょっとした仕掛けをお目にかけよう．式中のすべての t を ω に，ω を t に置き換えるのだ．私たちが用いている式中の文字は，すべて歴史の流れの中から生まれた偶然の産物であるから，このような「仕掛け」をしても差し支えないはずだ．等式を書く際に絶対に守らなければならないことはただ一つ，左辺と右辺にまったく同じ操作をすることだ．t を ω に変え，ω を t に変える操作を両辺で同時に行えば，数学的な命題として元の等式とまったく同一になる．というわけで，

$$\delta(\omega) = \frac{1}{2\pi} \int_{-\infty}^{\infty} e^{i\omega t} dt$$

と表され，これが，周波数を定義域としたときの δ 関数の積分表示となる．δ 関数は偶関数だったから，これより

$$\int_{-\infty}^{\infty} e^{i(k\omega_0 - \omega)t} dt = 2\pi\delta(k\omega_0 - \omega) = 2\pi\delta(\omega - k\omega_0)$$

となり，t を変数とする周期 $2\pi/\omega_0$ の周期関数 $f(t)$ のフーリエ変換

$$F(\omega) = 2\pi \sum_{k=-\infty}^{\infty} c_k \delta(\omega - k\omega_0)$$

を得る．これは，ω を変数とする δ 関数列であり，一定

間隔 ω_0 ごとに瞬間的な値が発生している．ただし，一般に c_k たちは異なるので $F(\omega)$ 自体は必ずしも周期的ではない．

5.3　レイリーのエネルギー公式，畳み込み，自己相関関数

　フーリエ変換には美しい物理学的解釈がある．それはエネルギーとしての解釈で，フーリエ級数の章でパワーに関してパーセバルの等式が成り立ったことの類似だ．周期関数でないような実関数 $f(t)$ の総エネルギーを

$$W = \int_{-\infty}^{\infty} f^2(t)dt = \int_{-\infty}^{\infty} f(t)f(t)dt$$

と定義する（この定義によれば，周期関数の総エネルギーは当然無限大となる．このため 4 章で周期関数を扱ったときには 1 周期上のエネルギーであるパワーを用いた）．最後の積分の中身の $f(t)$ のうちの一方をフーリエ逆変換で書き換えると

$$W = \int_{-\infty}^{\infty} f(t)\left\{\frac{1}{2\pi}\int_{-\infty}^{\infty} F(\omega)e^{i\omega t}d\omega\right\}dt$$

となり，積分の順序を交換すると

$$W = \int_{-\infty}^{\infty} \frac{1}{2\pi}F(\omega)\left\{\int_{-\infty}^{\infty} f(t)e^{i\omega t}dt\right\}d\omega$$

となる．$f(t)$ は実数値だから，第 2 の積分は $F(\omega)$ の共役に等しい．すなわち，

$$\int_{-\infty}^{\infty} f(t)e^{i\omega t}dt = F^*(\omega)$$

であるから，次式を得る．

$$W = \int_{-\infty}^{\infty} \frac{1}{2\pi} F(\omega) F^*(\omega) d\omega$$

$$= \boxed{\int_{-\infty}^{\infty} \frac{1}{2\pi} |F(\omega)|^2 d\omega = \int_{-\infty}^{\infty} f^2(t) dt}.$$

　枠内の式は，フーリエ級数におけるパーセバルの等式に当たるものを，フーリエ変換において表したものであり，レイリー卿として知られる偉大なるイギリス人数理物理学者ジョン・ウィリアム・ストラット（1842-1919年）に因んで，しばしば，レイリーのエネルギー公式と呼ばれる．彼は 1889 年にこの公式を出版した．$(1/2\pi)|F(\omega)|^2$ は，$f(t)$ のエネルギーが周波数 ω に渡りどのように分布するかを表す量であり，$f(t)$ のエネルギースペクトルと呼ばれる．すなわち，$(1/2\pi)|F(\omega)|^2$ を区間 $\omega_1 < \omega < \omega_2$ 上で積分した値は，その周波数域内に分布する $f(t)$ のエネルギーを表す．もちろん，$\omega_1 = -\infty$，$\omega_2 = \infty$ のときは $f(t)$ の総エネルギーとなる．こうした性質から，$(1/2\pi)|F(\omega)|^2$ はエネルギースペクトル密度（Energy Spectral Density，略称 ESD）と呼ばれる．

　本筋から外れるが，数式に $1/2\pi$ が付くのが目障りならば，それを除外する方法があり，この方法を採用している研究者も多い．それには周波数を定義域とする積分区間を表す際に，ラジアン毎秒の代わりにヘルツ（1.4 節を参照）を用いればよい．すなわち，ω の代わりに ν（ただし

$\omega = 2\pi\nu$) を用いるのだ．このとき $d\omega = 2\pi d\nu$ となり，

$$W = \int_{-\infty}^{\infty} f^2(t)dt = \int_{-\infty}^{\infty} |F(\nu)|^2 d\nu$$

となる．

　本論に戻ろう．エネルギー公式は物理的なエネルギーの解釈だけでなく，純粋数学の道具としてもきわめて有用だ．ここでは3つの例を以下に挙げ，後ほど他の例を挙げる．

例 1.

　単純な例から始めよう．関数

$$f(t) = \begin{cases} 1 & \left(|t| < \dfrac{\tau}{2}\right), \\ 0 & （その他） \end{cases}$$

を考える．これは原点 $(t = 0)$ を中心とする幅 τ の波形だ．この関数のフーリエ変換は

$$F(\omega) = \int_{-\infty}^{\infty} f(t)e^{-i\omega t}dt = \int_{-\tau/2}^{\tau/2} e^{-i\omega t}dt = \left[\frac{e^{-i\omega t}}{-i\omega}\right]_{-\tau/2}^{\tau/2}$$

$$= \frac{e^{-i\omega\tau/2} - e^{i\omega\tau/2}}{-i\omega} = \frac{-i2\sin(\omega\tau/2)}{-i\omega} = 2\frac{\sin(\omega\tau/2)}{\omega}$$

$$= \tau\frac{\sin(\omega\tau/2)}{(\omega\tau/2)}$$

であるから，レイリーのエネルギー公式は以下のようになる．

$$\int_{-\infty}^{\infty} f^2(t)dt = \int_{-\tau/2}^{\tau/2} dt = \tau$$
$$= \frac{1}{2\pi} \int_{-\infty}^{\infty} \tau^2 \frac{\sin^2(\omega\tau/2)}{(\omega\tau/2)^2} d\omega.$$

ここで変数変換 $x = \omega\tau/2$ を行うと，$d\omega = (2/\tau)dx$ となり

$$\tau = \frac{1}{2\pi} \int_{-\infty}^{\infty} \tau^2 \frac{\sin^2 x}{x^2} \cdot \frac{2}{\tau} dx,$$

すなわち

$$\int_{-\infty}^{\infty} \frac{\sin^2 x}{x^2} dx = \pi$$

となる．積分の中身は偶関数だから，以下の結論を得る．

$$\boxed{\int_{0}^{\infty} \frac{\sin^2 x}{x^2} dx = \frac{\pi}{2}}.$$

この定積分は，1.8 節で示した結果 $\int_{0}^{\infty} ((\sin u)/u)du = \pi/2$ に似ており，高等数学，物理学，そして工学系の解析によく登場するが，これ以外の手段で証明することは難しい．

例 2.

今度は $f(t) = e^{-\sigma t}u(t)$ とする．ここで σ は任意の正の定数（$\sigma > 0$）で，$u(t)$ は前節で登場した単位階段関数だ．$f(t)$ のフーリエ変換は

$$F(\omega) = \int_{-\infty}^{\infty} f(t)e^{-i\omega t}dt = \int_{0}^{\infty} e^{-\sigma t}e^{-i\omega t}dt$$

$$= \int_{0}^{\infty} e^{-(\sigma+i\omega)t}dt = \left[\frac{e^{-(\sigma+i\omega)t}}{-(\sigma+i\omega)}\right]_{0}^{\infty} = \frac{1}{\sigma+i\omega}$$

である．すなわち，フーリエ変換対は次のようになる．

$$e^{-\sigma t}u(t) \longleftrightarrow \frac{1}{\sigma+i\omega}, \quad \sigma > 0.$$

これより $|F(\omega)|^2 = 1/(\sigma^2 + \omega^2)$ となり，レイリーのエネルギー公式は

$$\int_{-\infty}^{\infty} f^2(t)dt = \int_{0}^{\infty} e^{-2\sigma t}dt = \left[\frac{e^{-2\sigma t}}{-2\sigma}\right]_{0}^{\infty} = \frac{1}{2\sigma}$$

$$= \frac{1}{2\pi}\int_{-\infty}^{\infty} |F(\omega)|^2 d\omega$$

$$= \frac{1}{2\pi}\int_{-\infty}^{\infty} \frac{d\omega}{\sigma^2+\omega^2},$$

すなわち

$$\int_{-\infty}^{\infty} \frac{d\omega}{\sigma^2+\omega^2} = \frac{\pi}{\sigma}, \quad \sigma > 0$$

となる．これを変形して

$$\int_{-\infty}^{\infty} \frac{d\omega}{\sigma^2(1+(\omega^2/\sigma^2))} = \frac{\pi}{\sigma},$$

さらに

$$\int_{-\infty}^{\infty} \frac{d\omega}{(1+(\omega^2/\sigma^2))} = \pi\sigma$$

と表されるから，変数変換 $x = \omega/\sigma$ $(d\omega = \sigma dx)$ により

$$\int_{-\infty}^{\infty} \frac{\sigma dx}{1+x^2} = \pi\sigma$$

となり，結局，次の結論を得る.

$$\boxed{\int_{-\infty}^{\infty} \frac{dx}{1+x^2} = \pi}.$$

これは言うまでもなく，一般の積分公式 $\int \dfrac{dx}{1+x^2} = \tan^{-1} x$ の特別な場合に過ぎないのだが，ここでフーリエ変換の理論を用いてこの結論を得たことは，今の私たちにとって役に立つ. なぜなら，このフーリエ変換対を用いれば，前に 5.1 節で出した問に対する答えが見つかるからだ. その問とは，単位階段関数 $u(t)$ の $t=0$ における値 $u(0)$ とは何かである. これまで，その「値」は定義せずにきた. しかしフーリエ変換の理論により，$u(0)$ の値は何でもよいわけではなく，きちんと定まることになる. その理由は，フーリエ逆変換の式

$$e^{-\sigma t} u(t) = \frac{1}{2\pi} \int_{-\infty}^{\infty} \frac{1}{\sigma + i\omega} e^{i\omega t} d\omega$$

に $t=0$ を代入してみればわかる. 代入すると

$$u(0) = \frac{1}{2\pi} \int_{-\infty}^{\infty} \frac{1}{\sigma + i\omega} d\omega = \frac{1}{2\pi} \int_{-\infty}^{\infty} \frac{\sigma - i\omega}{\sigma^2 + \omega^2} d\omega$$

$$= \frac{\sigma}{2\pi} \int_{-\infty}^{\infty} \frac{d\omega}{\sigma^2 + \omega^2} - i\frac{1}{2\pi} \int_{-\infty}^{\infty} \frac{\omega}{\sigma^2 + \omega^2} d\omega$$

となる. ここで第 2 の積分は，積分の中身が ω の奇関数だから 0 となる. これより $u(0)$ の値は（当然のことなが

ら）実数となり，

$$u(0) = \frac{\sigma}{2\pi} \int_{-\infty}^{\infty} \frac{d\omega}{\sigma^2 + \omega^2}$$

となる．ところが，つい先ほど示したように，この積分は
π/σ に等しく，したがって $u(0) = 1/2$ となる．フーリエ
級数の不連続点での振舞いを思い出して比べてみると，こ
れは期待通りの結果だ．$u(0)$ とは，$t = 0$ の不連続点に左
右から近づいた値の平均だったのだ．

例 3.

今度は

$$f(t) = \begin{cases} e^{-at} & (0 \leqq t \leqq m), \\ 0 & (その他) \end{cases}$$

と置く．すると

$$\begin{aligned}
F(\omega) &= \int_{-\infty}^{\infty} f(t)e^{-i\omega t}dt = \int_0^m e^{-at}e^{-i\omega t}dt \\
&= \int_0^m e^{-(a+i\omega)t}dt \\
&= \left[\frac{e^{-(a+i\omega)t}}{-(a+i\omega)} \right]_0^m = \frac{e^{-(a+i\omega)m}-1}{-(a+i\omega)} \\
&= \frac{e^{-ma}\{\cos(m\omega) - i\sin(m\omega)\} - 1}{-(a+i\omega)} \\
&= \frac{1 - e^{-ma}\cos(m\omega) + ie^{-ma}\sin(m\omega)}{a+i\omega}
\end{aligned}$$

となるから，

$$|F(\omega)|^2$$

$$= \frac{\{1 - e^{-ma}\cos(m\omega)\}^2 + \{e^{-ma}\sin(m\omega)\}^2}{\omega^2 + a^2}$$

$$= \frac{1 - 2e^{-ma}\cos(m\omega) + e^{-2ma}\cos^2(m\omega) + e^{-2ma}\sin^2(m\omega)}{\omega^2 + a^2}$$

$$= \frac{1 + e^{-2ma} - 2e^{-ma}\cos(m\omega)}{\omega^2 + a^2}$$

である. よって, レイリーのエネルギー公式により

$$\frac{1}{2\pi}\int_{-\infty}^{\infty}\frac{1 + e^{-2ma} - 2e^{-ma}\cos(m\omega)}{\omega^2 + a^2}d\omega$$

$$= \int_{-\infty}^{\infty}f^2(t)dt = \int_0^m e^{-2at}dt = \left[\frac{e^{-2at}}{-2a}\right]_0^m$$

$$= \frac{1 - e^{-2ma}}{2a}$$

となり, これより

$$\int_{-\infty}^{\infty}\frac{1 + e^{-2ma} - 2e^{-ma}\cos(m\omega)}{\omega^2 + a^2}d\omega = \frac{\pi}{a}(1 - e^{-2ma}).$$

よって

$$2e^{-ma}\int_{-\infty}^{\infty}\frac{\cos(m\omega)}{\omega^2 + a^2}d\omega$$

$$= (1 + e^{-2ma})\int_{-\infty}^{\infty}\frac{d\omega}{\omega^2 + a^2} - \frac{\pi}{a}(1 - e^{-2ma})$$

となる.

　右辺の積分で変数変換 $x = \omega/a$ を行うと $d\omega = adx$ となり,

$$\int_{-\infty}^{\infty} \frac{d\omega}{\omega^2+a^2} = \frac{1}{a^2} \int_{-\infty}^{\infty} \frac{d\omega}{(\omega/a)^2+1} = \frac{1}{a^2} \int_{-\infty}^{\infty} \frac{a\,dx}{x^2+1}$$

$$= \frac{1}{a} \int_{-\infty}^{\infty} \frac{dx}{x^2+1}$$

となる．例2の結果

$$\int_{-\infty}^{\infty} \frac{d\omega}{\omega^2+a^2} = \frac{\pi}{a}$$

を用いると，

$$2e^{-ma} \int_{-\infty}^{\infty} \frac{\cos(m\omega)}{\omega^2+a^2} d\omega$$

$$= (1+e^{-2ma})\frac{\pi}{a} - \frac{\pi}{a}(1-e^{-2ma}) = \frac{2\pi}{a}e^{-2ma}$$

となるから，整理して

$$\int_{-\infty}^{\infty} \frac{\cos(m\omega)}{\omega^2+a^2} d\omega = \frac{\pi}{a}e^{-ma}$$

となる．これはきわめて美しい定積分だが，レイリーのエネルギー公式の助けなくして証明するのは至難の業だ（なお，$m=0$ の場合は先ほどの積分に一致する）．

　この定積分の証明において $m>0$ としてきた．すなわち，証明の前提として区間 $0<t<m$ 上で $f(t)$ が定義されているとしてきた．それでは区間 $m<t<0$ 上で定義される $f(t)=e^{at}$ に対してこの計算を行ったらどうなるだろうか（このとき当然 $m<0$ である）．証明は読者にゆだねるが，結果は

$$\int_{-\infty}^{\infty} \frac{\cos(m\omega)}{\omega^2 + a^2} d\omega = \frac{\pi}{a} e^{ma}, \quad m < 0$$

となる．以上の結果をひとつにまとめて，どのような m に対しても成り立つ形に書くと，次のようになる．

$$\boxed{\int_{-\infty}^{\infty} \frac{\cos(m\omega)}{\omega^2 + a^2} d\omega = \frac{\pi}{a} e^{-|m|a}}.$$

　レイリーのエネルギー公式は，きわめて興味深い物理的な解釈を持つことが，数学的な論証により直ちに示される．まず，$f(t)$ のエネルギーが有限であると仮定する[5]．この仮定は，工学で通常扱う範囲において，時間を変数とするほとんどすべての関数が満たしている．ただしすぐ後で触れるように，δ 関数と階段関数は例外だ．この仮定の下で，レイリーのエネルギー公式より次が成り立つ．

$$\int_{-\infty}^{\infty} f^2(t) dt = \frac{1}{2\pi} \int_{-\infty}^{\infty} |F(\omega)|^2 d\omega < \infty.$$

ただし，この式が成り立つためには ω の積分が収束することが必要で，そのためには $\lim_{|\omega| \to \infty} |F(\omega)|^2 = 0$ でなくてはならない．私の経験では，この事実をすぐに納得できない学生もいるようなので，簡単にその理由を説明しよう．$\lim_{|\omega| \to \infty} |F(\omega)|^2 = 0$ が成り立たない典型的な場合として，$\lim_{|\omega| \to \infty} |F(\omega)|^2 = \epsilon > 0$ という状況を考えてみるとよい．ここで ϵ はいくらでも小さくとれるが，0 ではないとする．ω の積分は $-\infty$ から $+\infty$ までだから，$|F(\omega)|^2$ のグラフと ω 軸との間で囲まれる部分の面積は

無限大となる。そういうわけで、積分が存在するために、$\lim\limits_{|\omega|\to\infty} |F(\omega)|^2 = 0$ が必要となる。そして実際には、この極限値は、単に0に近づくだけではなく、十分速く、すなわち、$1/|\omega|$ よりも速く0に近づかなくてはならない。$1/|\omega|$ が0に近づく速さは、積分が対数関数と同程度にゆっくりと増大してぎりぎりで発散する限界を表している。言い換えると、$f(t)$ のエネルギーが有限であるために、$F(\omega)$ が0に近づく速さとして $\lim\limits_{|\omega|\to\infty} \omega|F(\omega)|^2 = 0$ が必要だ。数学ではこれをリーマン–ルベーグの補題という。ルベーグとはフランス人数学者アンリ・ルベーグ（1875-1941 年）であり、リーマンは周知の通りだ。以上のことを電気工学では「実社会における任意の時間の関数は、エネルギースペクトル密度が周波数の増大に伴い相当な速度で0にロールオフする」と表現する。前に挙げた3つの例で、いずれもリーマン–ルベーグの補題が実際に満たされていることを確認していただきたい。ところで、パワーが有限であるような周期関数 $f(t)$ にパーセバルの等式を用いると、同様の議論により $\lim\limits_{|n|\to\infty} |c_n|^2 = 0$ が示せる。ここで、c_n は $f(t)$ のフーリエ係数だ。電気工学ではこれを「周波数の増大に伴い、パワースペクトルが0にロールオフする」という。

　レイリーのエネルギー公式は、より一般的な事実の特殊な場合だ。その事実とは、以下のような問題を考えてみるとわかる。

「時間の関数が2つあり, $m(t), g(t)$ とする. それらの
フーリエ変換をそれぞれ $M(\omega), G(\omega)$ とするとき, 積
$m(t)g(t)$ のフーリエ変換は何か」.

6章で, 2つの時間の関数の積をとることが, 盗聴防止
装置やラジオの作動においていかに重要であるかを述べる
が, ここではひたすら純粋に数学的な興味からこの問題を
扱う. $m(t)g(t)$ のフーリエ変換は, 定義から

$$\int_{-\infty}^{\infty} m(t)g(t)e^{-i\omega t}dt$$
$$= \int_{-\infty}^{\infty} m(t)\left\{\frac{1}{2\pi}\int_{-\infty}^{\infty}G(u)e^{iut}du\right\}e^{-i\omega t}dt$$

となる. ここでは $g(t)$ を $G(\omega)$ のフーリエ逆変換の形に
書いた. その際, 積分変数の ω を u に変更し, 積分外の
ω と混同しないようにした. ここでさらに積分の順序変換
をすると, $m(t)g(t)$ のフーリエ変換は

$$\int_{-\infty}^{\infty}\frac{1}{2\pi}G(u)\left\{\int_{-\infty}^{\infty}m(t)e^{iut}e^{-i\omega t}dt\right\}du$$
$$= \frac{1}{2\pi}\int_{-\infty}^{\infty}G(u)\left\{\int_{-\infty}^{\infty}m(t)e^{-i(\omega-u)t}dt\right\}du$$

と表せる. 内側の積分はちょうど $M(\omega-u)$ に等しいの
で, 次のフーリエ変換対を得る.

$$\boxed{m(t)g(t) \longleftrightarrow \frac{1}{2\pi}\int_{-\infty}^{\infty}G(u)M(\omega-u)du}.$$

右辺の積分は数学や工学で頻繁に登場するので, 固

有の名前がつけられており「畳み込み積分」と呼ばれる．一般に，2つの関数 $x(t), y(t)$ が $\displaystyle\int_{-\infty}^{\infty} x(\tau)y(t-\tau)d\tau$ の形に「結合」しているとき，$x(t)$ と $y(t)$ は畳み込まれているといい，記号 $x(t) * y(t)$ で表す．以上から，新しい対として次を得る．

$$m(t)g(t) \longleftrightarrow \frac{1}{2\pi}G(\omega) * M(\omega)$$

次章で，畳み込みの性質と電気工学へのいくつかの応用について詳しく扱う．

　なお，記号 $*$ は，肩に付けると複素共役を表し，数式の本行では畳み込みを表すので注意が必要だ．そして，積分の変数変換によって直接計算で簡単に証明できるように，畳み込みにおいてどちらの関数を $m(t), g(t)$ に選ぶかは自由であり，畳み込みは可換（順序の交換が可能）だ．したがって，$m(t)g(t) \longleftrightarrow (1/2\pi)M(\omega) * G(\omega)$ とも表せる．

　特別な場合として，$m(t) = g(t)$ のとき，

$$g^2(t) \longleftrightarrow \frac{1}{2\pi}G(\omega) * G(\omega)$$

となるが，実はこれが，純粋数学の結果が物理学的な世界に実りある帰結をもたらす好例として用いられる．$g(t)$ を電気工学でいう帯域制限ベースバンド[6]信号とする．

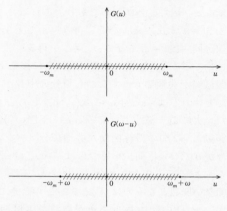

図 5.3.1　畳み込み積分の被積分関数

すなわち $g(t)$ は有限の周波数の区間 $|\omega| \leq \omega_m$ にエネルギーが制限されており（帯域制限），その区間は $\omega = 0$ を中心としている（ベースバンド）．$g^2(t)$ のエネルギーの位置を知るために $g^2(t)$ のフーリエ変換を知りたいわけだが，それは，今示したように

$$\frac{1}{2\pi} G(\omega) * G(\omega) = \int_{-\infty}^{\infty} G(u)G(\omega-u)du$$

となっており，これは，積分の中身が 0 ならば確実に 0 となる．つまり，ω が十分大きければ（または負で十分小さければ）$G(u)G(\omega-u) = 0$ となる．今，定義から明らかに $-\omega_m \leq u \leq \omega_m$（図 5.3.1 上図の斜線区間）のときのみ $G(u) \neq 0$ である．そして $G(\omega-u) \neq 0$ となるの

は $-\omega_m \leqq \omega - u \leqq \omega_m$ のときであり，これはすなわち $-\omega_m - \omega \leqq -u \leqq \omega_m - \omega$，さらに書き換えて図 5.3.1 下図の斜線区間 $-\omega_m + \omega \leqq u \leqq \omega_m + \omega$ を得る．ここで ω を増大させてみると，下図の斜線区間は右に移動する．2 つの斜線区間が共通部分（すなわち積分の中身が 0 でない区間）を持つのは $-\omega_m + \omega \leqq \omega_m$，すなわち $\omega \leqq 2\omega_m$ のときだ．次に ω を減少させてみると，下図の斜線区間は左に移動し，2 つの斜線区間が共通部分（すなわち積分の中身が 0 でない区間）を持つのは，$-\omega_m \leqq \omega_m + \omega$，すなわち $-2\omega_m \leqq \omega$ のときとなる．以上より，積分の中身が 0 でない関数となるのは，$|\omega| \leqq 2\omega_m$ のときである．これより，$g^2(t)$ の全エネルギーが周波数の区間 $|\omega| \leqq 2\omega_m$ に制限されることがわかる．6 章で，この結論がきわめて興味深い電気的な装置の製作に役立つことが見てとれるだろう．

　今の例では，畳み込み積分を評価するための詳細な議論を避けてきたので，ここで計算の細かい部分を説明しよう．この例は，本節の最後でも再び登場する．実数全体を定義域に持つ，時間 t の関数

$$f(t) = e^{-\alpha|t|} \cos t \quad (\alpha > 0)$$

を考える．$f(t)$ のフーリエ変換 $F(\omega)$ を，定義式の積分を直接計算することで求めてもよいのだが，畳み込みを用いるとより鮮やかに容易に計算できる．$g(t) = e^{-\alpha|t|}$，$h(t) = \cos(t)$ と置くと，先ほどの結果により

$$F(\omega) = \frac{1}{2\pi} H(\omega) * G(\omega)$$

$$= \frac{1}{2\pi} \int_{-\infty}^{\infty} H(\tau) G(\omega - \tau) d\tau.$$

ここで, $t > 0$ ならば $|t| = t$, また $t < 0$ ならば $|t| = -t$ であるから,

$$G(\omega) = \int_{-\infty}^{\infty} e^{-\alpha|t|} e^{-i\omega t} dt$$

$$= \int_{-\infty}^{0} e^{\alpha t} e^{-i\omega t} dt + \int_{0}^{\infty} e^{-\alpha t} e^{-i\omega t} dt$$

$$= \int_{-\infty}^{0} e^{(\alpha - i\omega)t} dt + \int_{0}^{\infty} e^{-(\alpha + i\omega)t} dt$$

$$= \left[\frac{e^{(\alpha - i\omega)t}}{\alpha - i\omega} \right]_{-\infty}^{0} + \left[\frac{e^{-(\alpha - i\omega)t}}{-(\alpha + i\omega)} \right]_{0}^{\infty}$$

$$= \frac{1}{\alpha - i\omega} + \frac{1}{\alpha + i\omega}$$

$$= \frac{2\alpha}{\alpha^2 + \omega^2}$$

であり,

$$H(\omega) = \int_{-\infty}^{\infty} \cos(t) e^{-i\omega t} dt = \int_{-\infty}^{\infty} \frac{e^{it} + e^{-it}}{2} e^{-i\omega t} dt$$

$$= \frac{1}{2} \left[\int_{-\infty}^{\infty} e^{i(1-\omega)t} dt + \int_{-\infty}^{\infty} e^{-i(1+\omega)t} dt \right]$$

である.

5.2 節の最後で

$$\delta(\omega) = \frac{1}{2\pi} \int_{-\infty}^{\infty} e^{i\omega t} dt$$

という結果を証明したのを覚えているだろう．これを用いると

$$\int_{-\infty}^{\infty} e^{i(1-\omega)t} dt = 2\pi\delta(1-\omega)$$

となり，δ 関数は偶関数だから

$$\int_{-\infty}^{\infty} e^{-i(1+\omega)t} dt = 2\pi\delta(1+\omega)$$

となる．

よって

$$H(\omega) = \pi\delta(1-\omega) + \pi\delta(1+\omega),$$

であり，直ちに

$$F(\omega) = \frac{1}{2\pi} \int_{-\infty}^{\infty} \pi\{\delta(1-\tau) + \delta(1+\tau)\} \frac{2\alpha}{\alpha^2 + (\omega-\tau)^2} d\tau$$

となる．この式は一見手ごわそうに見えるが，実は積分内の δ 関数の抽出性を使うと簡単に計算できる．こうして変換対

$$\boxed{\begin{aligned} &e^{-\alpha|t|}\cos(t) \\ &\longleftrightarrow F(\omega) = \alpha\left[\frac{1}{\alpha^2 + (\omega-1)^2} + \frac{1}{\alpha^2 + (\omega+1)^2}\right] \end{aligned}}$$

を得た．以上でこの例の説明を終わる．この結果は 5.6 節で，有名な不確定性原理の解説に用いる．

以上の計算では，ω を変数とした関数の畳み込みを行っ

てきたので, ここで得た結果を「周波数に関する畳み込み定理」と呼ぶ. ただしこの結果が $m(t)g(t)$ に関する一般的な変換対に関して成り立つという意味では, ω は任意の変数でよい. 特別な場合として $\omega = 0$ とすれば

$$\int_{-\infty}^{\infty} m(t)g(t)e^{-i\omega t}dt|_{\omega=0}$$
$$= \frac{1}{2\pi}\int_{-\infty}^{\infty} G(u)M(\omega-u)du|_{\omega=0}$$

であるから

$$\int_{-\infty}^{\infty} m(t)g(t)dt = \frac{1}{2\pi}\int_{-\infty}^{\infty} G(u)M(-u)du$$

となる. ここで

$$M(u) = \int_{-\infty}^{\infty} m(t)e^{-iut}dt$$

より, 明らかに $M(-u) = M^*(u)$. よって, 以下の結論を得る.

$$\boxed{\int_{-\infty}^{\infty} m(t)g(t)dt = \frac{1}{2\pi}\int_{-\infty}^{\infty} G(u)M^*(u)du}.$$

これを $m(t) = g(t)$ という特別な場合に適用すると $M(\omega) = G(\omega)$ となり,

$$\int_{-\infty}^{\infty} g^2(t)dt = \frac{1}{2\pi}\int_{-\infty}^{\infty} G(u)G^*(u)du$$
$$= \frac{1}{2\pi}\int_{-\infty}^{\infty} |G(\omega)|^2 d\omega$$

となる．最後の積分では積分変数を u から ω に変えて見やすくした．もうおわかりと思うが，これはレイリーのエネルギー公式にほかならない．

　これから，レイリーのエネルギー公式に戻って詳しい話に入るわけだが，その前に先ほど得た結果 $m(t)g(t) \longleftrightarrow M(\omega)*G(\omega)$ をより深く理解するために，この対の「逆」について考えてみよう．すなわち，$m(t)*g(t)$ を変換するとどうなるのだろうか．時間の関数の積を変換して周波数の関数の畳み込みになったのだから，対称に考えれば，時間の関数の畳み込みの変換が周波数の関数の積になっていると思われるが，実際その通りなのだ．証明は，とてもやさしいが非常に重要だ．まず，

$$m(t)*g(t) = \int_{-\infty}^{\infty} m(u)g(t-u)du$$

より，$m(t)*g(t)$ の変換は

$$\int_{-\infty}^{\infty} \left\{ \int_{-\infty}^{\infty} m(u)g(t-u)du \right\} e^{-i\omega t}dt$$

である．積分の順序を交換すると

$$\int_{-\infty}^{\infty} m(u) \left\{ \int_{-\infty}^{\infty} g(t-u)e^{-i\omega t}dt \right\} du$$

となる．

　ここで，内側の積分に変数変換 $\tau = t-u$（$d\tau = dt$）を施すと，

$$\int_{-\infty}^{\infty} m(u)\left\{\int_{-\infty}^{\infty} g(\tau)e^{-i\omega(\tau+u)}d\tau\right\}du$$

$$= \int_{-\infty}^{\infty} m(u)e^{-i\omega u}\left\{\int_{-\infty}^{\infty} g(\tau)e^{-i\omega\tau}d\tau\right\}du$$

$$= \int_{-\infty}^{\infty} m(u)e^{-i\omega u}G(\omega)du = G(\omega)\int_{-\infty}^{\infty} m(u)e^{-i\omega u}du$$

$$= G(\omega)M(\omega)$$

となる．これで先ほど述べた結論が示された．すなわち

$$\boxed{m(t)*g(t) \longleftrightarrow M(\omega)G(\omega)}.$$

ここでもまた $m(t)=g(t)$ の特別な場合を考えると，次式を得る．

$$\boxed{m(t)*m(t) \longleftrightarrow M^2(\omega)}.$$

　この特別な場合の公式に関連した結果をひとつ述べ，本節の締めくくりとしたい．ここで述べる結果は，フーリエ解析で最も偉大な定理のひとつに深く結びついている．読者の皆さんにより一層興味を抱いていただけるよう，ほとんど知られていないある事実をここで明かそう．この結果の発見者は数学者ではなかった．物理学者アルベルト・アインシュタインだったのだ．

　はじめに，実数値関数 $f(t)$ の自己相関関数と呼ばれる関数を以下で定義する．

$$R_f(\tau) = \int_{-\infty}^{\infty} f(t)f(t-\tau)dt.$$

$R_f(\tau)$ は τ の関数であり，t の関数ではないことに注意しよう．すなわち，この積分は一見したところでは畳み込み積分

$$f(t) * f(t) = \int_{-\infty}^{\infty} f(\tau)f(t-\tau)d\tau$$

に似ているように見えるが，こちらは t の関数であり，τ の関数ではない．それにしても，2つの積分は見れば見るほどよく似ている．t は時間の変数だが，τ の単位もまた時間であることを思うと，いったい τ とは何なのかという疑問もわいてくる．しかし，実際には，この2つの関数には大きな違いがある．すぐには納得していただけない方もおられると思うので，まずこの点を説明しよう．以前，私たちは計算法の工夫として，変数の記号を入れ替えるという「仕掛け」を行ったのを覚えておられると思う．ここでもそれを行い，両者を同じ変数の関数として表してみよう．たとえば，$R_f(\tau)$ の式で単に t を τ，τ を t と置き換えるのだ．このように置き換えても等式の成立の可否には影響がない．すると，

$$R_f(t) = \int_{-\infty}^{\infty} f(\tau)f(\tau-t)d\tau$$

となる．こうすると2式の違う点は明白になってくる．$R_f(t)$ では積分の中身の因子が $f(\tau-t)$ であるのに対し，

$f(t) * f(t)$ では $f(t-\tau)$ であることだ. 単に f の中身を
逆にしたことが, いったいどれくらいの違いをもたらすの
かとお思いだろうが, 実はこれが大違いなのだ.

　物理的に見て $R_f(\tau)$ とは何だろうか. $R_f(\tau)$ とは,
$f(t)$ とそれをずらしたもの (これで τ の正体がわかっ
た. まさに時間のずれだったのだ) が, どれくらい似てい
るか, またはどれくらい違っているか, その度合いを表
したものだ. 相関関数という名はここからきている. い
うまでもなく, 自己相関関数の自己とは $f(t)$ の自分自身
との間の相関という意味だ. ここでは詳しく扱わないが,
$R_f(\tau)$ を一般化して, 任意の実数値関数 $g(t)$ と $f(t)$ との
相関関数

$$R_{fg}(\tau) = \int_{-\infty}^{\infty} f(t)g(t-\tau)dt$$

を考えることもできる. $g = f$ ならば $R_{fg}(\tau) = R_{ff}(\tau)$
となり, これはすなわち $R_f(\tau)$ そのものだ. $R_{fg}(\tau)$ は相
互相関関数と呼ばれるが, 本書ではこれ以上触れない. ま
た, 自己相関関数の工学的応用についても詳細は省略する
が, 騒音の中に紛れているある情報を含んだ信号を, 電気
信号を加工することによって抽出するための回路の構成に
自己相関関数が大きく役立っていることだけは, ここで指
摘しておこう. これについて多少でも詳しく掘り下げるに
は, 確率過程の理論に立ち入る必要があり, それは本書の
範囲を大きく越える.

　任意の $R_f(\tau)$ について成り立つ一般的な基本性質は

たくさんあるが，そのうち 3 つを以下に挙げ，その後で $R_f(\tau)$ の計算例を挙げる．

（ⅰ）　$R_f(0) \geqq 0$．これは $\tau = 0$ を定義式の積分に代入するだけでわかる．$R_f(0) = \displaystyle\int_{-\infty}^{\infty} f^2(t)dt$ となるから，これは負になり得ない．実際．$R_f(0)$ は $f(t)$ のエネルギーに等しいこともわかる．

（ⅱ）　$R_f(\tau)$ は偶関数．すなわち $R_f(-\tau) = R_f(\tau)$ が成り立つ．これは定義式 $R_f(-\tau) = \displaystyle\int_{-\infty}^{\infty} f(t)f(t+\tau)dt$ に変数変換 $s = t + \tau$ $(ds = dt)$ を施せば $R_f(-\tau) = \displaystyle\int_{-\infty}^{\infty} f(s-\tau)f(s)ds$ となり，積分変数を s から t に変えると

$$R_f(-\tau) = \int_{-\infty}^{\infty} f(t-\tau)f(t)dt = R_f(\tau)$$

となることからわかる．

（ⅲ）　$R_f(0) \geqq |R_f(\tau)|$．すなわち $R_f(\tau)$ は時間のずれ τ が 0 のときに最大値をとる[7]．これを示すには，明らかに正しい不等式 $\displaystyle\int_{-\infty}^{\infty} \{f(t) \pm f(t-\tau)\}^2 dt \geqq 0$（実数値関数の 2 乗の積分は負でない）を展開してみればよい．

$$\int_{-\infty}^{\infty} f^2(t)dt \pm 2\int_{-\infty}^{\infty} f(t)f(t-\tau)dt + \int_{-\infty}^{\infty} f^2(t-\tau)dt \geqq 0.$$

すなわち $R_f(0) \pm 2R_f(\tau) + R_f(0) \geqq 0$ より $R_f(0) \geqq \pm R_f(\tau)$ となり，これより直ちに $R_f(0) \geqq |R_f(\tau)|$ を得る．

以上の性質を説明するために，例として $f(t) = e^{-t}u(t)$ を取り上げよう．ここで $u(t)$ は単位階段関数だ．すなわち，$t < 0$ のとき $f(t) = 0$，$t > 0$ のとき $f(t) = e^{-t}$ とする．このとき

$$R_f(\tau) = \int_{-\infty}^{\infty} e^{-t}u(t)e^{-(t-\tau)}u(t-\tau)dt.$$

これを計算するには，単位階段関数の意味を思い出せばよい．$t < 0$ ならば $u(t) = 0$，そして $t > 0$ ならば $u(t) = 1$ だから，$t < \tau$ ならば $u(t-\tau) = 0$，そして $t > \tau$ ならば $u(t-\tau) = 1$ である．積分の中身が 0 でないためには，2 つの階段関数がともに 1 でなくてはならないから，$R_f(\tau)$ は $\tau < 0$，$\tau > 0$ の 2 つの場合に分けて表示されることになる．すなわち，

$$R_f(\tau) = \begin{cases} \displaystyle\int_{\tau}^{\infty} e^{-t}e^{-(t-\tau)}dt & (\tau > 0), \\ \displaystyle\int_{0}^{\infty} e^{-t}e^{-(t-\tau)}dt & (\tau < 0). \end{cases}$$

積分の計算はどちらも容易で

$$\tau > 0 \text{ ならば } R_f(\tau) = e^{\tau}\int_{\tau}^{\infty} e^{-2t}dt = e^{\tau}\left[\frac{e^{-2t}}{-2}\right]_{\tau}^{\infty}$$
$$= e^{\tau}\frac{e^{-2\tau}}{2} = \frac{1}{2}e^{-\tau}.$$
$$\tau < 0 \text{ ならば } R_f(\tau) = e^{\tau}\int_{0}^{\infty} e^{-2t}dt = e^{\tau}\left[\frac{e^{-2t}}{-2}\right]_{0}^{\infty}$$
$$= \frac{1}{2}e^{\tau}$$

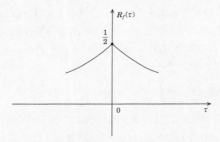

図5.3.2 自己相関関数

となる.

この結果を任意の τ について成り立つような1本の式に表すと,次のようになる.

$$R_f(\tau) = \frac{1}{2} e^{-|\tau|}.$$

この関数のグラフを図5.3.2に示す.先ほど示した3つの性質がどれもよく現れていることが,グラフから見てとれるだろう.さらに $\lim_{\tau \to \pm\infty} R_f(\tau) = 0$ という事実に注目してみると,これは,時間のずれ τ が大きくなるにつれ,関数として $e^{-t}u(t)$ が次第にまったく異なるものになっていくという,明らかに正しい事実を表している.

ここで自己相関関数が,フーリエ変換から作られる自分自身との畳み込みとまったく別物であることを説明し,この話題の締めくくりとしたい.本節の前半で,時間の関数の畳み込みに関する変換対

$$f(t) * f(t) \longleftrightarrow F^2(\omega)$$

を得たことを思い出そう．ここで，t の関数と見たときの
自己相関関数 $R_f(t)$ のフーリエ変換を求めてみよう．ま
ず，定義式に積分の順序交換を行うと，$R_f(t)$ のフーリエ
変換は

$$\int_{-\infty}^{\infty} R_f(t)e^{-i\omega t}dt = \int_{-\infty}^{\infty}\left\{\int_{-\infty}^{\infty} f(\tau)f(\tau-t)d\tau\right\}e^{-i\omega t}dt$$

$$= \int_{-\infty}^{\infty} f(\tau)\left\{\int_{-\infty}^{\infty} f(\tau-t)e^{-i\omega t}dt\right\}d\tau$$

である．内側の積分で変数変換 $s = \tau - t$ $(ds = -dt)$ を
行うと，$R_f(t)$ のフーリエ変換は

$$\int_{-\infty}^{\infty} f(\tau)\left\{\int_{\infty}^{-\infty} f(s)e^{-i\omega(\tau-s)}(-ds)\right\}d\tau$$

$$= \int_{-\infty}^{\infty} f(\tau)e^{-i\omega\tau}\left\{\int_{-\infty}^{\infty} f(s)e^{i\omega s}ds\right\}d\tau$$

となる．内側の積分は $F^*(\omega)$ そのものだから，$R_f(t)$ の
変換は

$$\int_{-\infty}^{\infty} f(\tau)e^{-i\omega\tau}F^*(\omega)d\tau = F^*(\omega)\int_{-\infty}^{\infty} f(\tau)e^{-i\omega\tau}d\tau$$

$$= F^*(\omega)F(\omega) = |F(\omega)|^2$$

となる．こうして，時間の関数である自己相関関数につい
ての対

$$R_f(t) \longleftrightarrow |F(\omega)|^2$$

を得る．これは，時間の関数の畳み込みについて先に得た
$F^2(\omega)$ とはまったく異なるものだ．$|F(\omega)|^2$ は $F(\omega)$ の

2乗の絶対値であり，$F^2(\omega)$ は $F(\omega)$ の2乗そのものだ．$|F(\omega)|^2$ が実数であるのに対し，$F^2(\omega)$ は一般に複素数である．

　さてそれでは，驚きの事実をひとつお伝えして本節を締めくくろう．今見てきてお気づきのように，$R_f(t)$ とエネルギースペクトル密度は，2π 倍の違いがあるとはいえ，ほとんどフーリエ変換対になっている．これは注目に値する結果であり，その価値を物語るかのように，定理として固有の名前がつけられている．その名はウィーナー－ヒンチンの定理だ．この事実を 1930 年に発見したアメリカ人数学者ノーバート・ウィーナー（1894-1964 年）と，それとは独立に 1934 年に発見したロシア人数学者アレクサンドル・ヒンチン（1894-1959 年）に因んだ名である．しかし実際には2人とも，この事実を 1914 年に発見していた理論物理学者アルベルト・アインシュタイン（1879-1955 年）の足跡をなぞったに過ぎなかった．アインシュタインの発見は，1914 年2月にスイスのバーゼルで開催されたスイス物理学会での配布論文に見ることができる[8]．しかしながら，ウィルブラハムの 1848 年の論文同様，この 1914 年の論文は数学者たちに気づかれぬまま 65 年の歳月が流れた．広く認められるようになったのは，アインシュタインの生誕 100 年に当たる 1979 年のことである．今日，アインシュタインは革命的な物理学を打ち立てた人物として知られているが，1914 年の発見が数学だったことからもわかるように，理工学の世界にあるものす

べて，若きアインシュタインがその手を触れると，それら
は黄金に変わったのだ．

5.4 一風変わったスペクトル

　これまで時間の関数についてエネルギーを考えてきた
が，私は存在問題の議論を避けてきた．それは，有限の積
分値 $\int_{-\infty}^{\infty} f^2(t)dt$ が存在するのかという問題だ．たとえ
ば単位階段関数はきわめて有用な関数だが，エネルギーは

$$\int_{-\infty}^{\infty} u^2(t)dt = \int_0^{\infty} dt = \infty$$

より明らかに無限大だ．これは $u(t)$ のフーリエ変換にと
って何を意味するのだろうか．記号に一貫性を持たせる
ためフーリエ変換を $U(\omega)$ と書くことにする．すなわち
$u(t) \leftrightarrow U(\omega)$ である．しかし，この $U(\omega)$ はそもそも存
在するのだろうか．とりあえず $U(\omega)$ の定義に $u(t)$ を代
入してみると，

$$U(\omega) = \int_{-\infty}^{\infty} u(t)e^{-i\omega t}dt = \int_0^{\infty} e^{-i\omega t}dt$$

$$= \left[\frac{e^{-i\omega t}}{-i\omega}\right]_0^{\infty} = \frac{e^{-i\infty}-1}{-i\omega} = ?$$

となる．これはたいそうな難問に見える．いったい $e^{-i\infty}$
とは何なのだろう．一方，δ 関数で同じ問題を考えたらど
うなるだろうか．いっそう謎めいているようにも感じられ
る．そもそも，$\int_{-\infty}^{\infty} \delta^2(t)dt$ をどのように意味づければよ

いのだろう．δ 関数の抽出性から，

$$\int_{-\infty}^{\infty} \delta^2(t)dt = \int_{-\infty}^{\infty} \delta(t)\delta(t)dt = \delta(0) = \infty$$

と考えればよいだろうか．しかし，これは 5.1 節の冒頭
で置いた関数 $\phi(t)$ のところに $\delta(t)$ を当てはめた計算だ．
$\phi(t)$ には $t=0$ で連続であるという数学的性質が仮定され
ていたが，$\delta(t)$ はその仮定を満たしていないから，こう
いう計算はできない．δ 関数と階段関数を比べると，階段
関数の方が一見無難な定義であるように思える．しかし意
外なことに，容易にフーリエ変換を求められるのは δ 関
数の方なのだ．その計算を以下に示そう．

　$t = t_0$ に瞬間的な値を持つ $\delta(t-t_0)$ のフーリエ変換は，
定義式に抽出性を用いて計算すると

$$\delta(t-t_0) \longleftrightarrow \int_{-\infty}^{\infty} \delta(t-t_0)e^{-i\omega t}dt = e^{-i\omega t}|_{t=t_0} = e^{-i\omega t_0}$$

となる．ここで $t_0 = 0$ と置くと，驚異的に単純な形のフ
ーリエ変換対を得る．

$$\boxed{\delta(t) \longleftrightarrow 1}.$$

さらに，任意の t_0 に対し，$\delta(t-t_0)$ のフーリエ変換の絶
対値の 2 乗は $|e^{-i\omega t_0}|^2$ であり，これはオイラーの公式に
より 1，すなわち，すべての周波数に渡り一定値となる．
これより $\delta(t-t_0)$ のエネルギースペクトル密度は ω の定
数関数 $1/2\pi$ となり，これは任意の t_0 に対して成り立つ．
時間の関数としての瞬間的な値は，全周波数に渡る一様な

エネルギーを持つのだ. ここで, 瞬間的な値の総エネルギーが無限大であることはすぐわかる. その理由は, レイリーのエネルギー公式によりエネルギーは次式に等しいからだ.

$$\int_{-\infty}^{\infty} \frac{1}{2\pi} d\omega = \frac{1}{2\pi} \int_{-\infty}^{\infty} d\omega = \infty.$$

これまで, 時間の関数としての瞬間的な値を幾度となく扱ってきたが, そこから自然と以下の疑問を感じておられる方もいるだろう.

「瞬間的な値をとる周波数の関数 $\delta(\omega)$ には, どんな時間の関数が対応するのか」.

この問に答えるには, $\delta(\omega)$ を逆フーリエ変換の積分に代入すればよい.

$$\frac{1}{2\pi} \int_{-\infty}^{\infty} \delta(\omega) e^{i\omega t} d\omega \longleftrightarrow \delta(\omega).$$

この式で δ 関数の抽出性を用いると, 次の重要な結果を得る.

$$\boxed{\frac{1}{2\pi} \longleftrightarrow \delta(\omega)}.$$

この結果は純数学的に証明できたわけだが, 次のような物理学的な解釈も成り立つ. 時間の関数 $1/2\pi$ とは, すべての時間を通じて一定値をとる関数だから, 電気工学では一定値の直流信号に相当する. ここで見方を変えると, 一定の直流信号とは周波数が 0, すなわち, 時間によって変化

しない信号であるともいえる．これは，信号の全エネルギーが1つの周波数 $\omega = 0$ に集中していることを意味する．これから何を連想するだろうか．そう，これぞまさに瞬間的な値そのものだ．$\omega = 0$ に瞬間的な値があるのだ．周波数0に瞬間的な値を持つ ω の関数 $\delta(\omega)$ には，時間 t の定数関数が対応し，それは，$-\infty$ から $+\infty$ までのすべての時間 t 上にエネルギーが一様に分布するという性質を持つのだ．総エネルギーは明らかに無限大であり，その計算は

$$\int_{-\infty}^{\infty} 1^2 dt = \int_{-\infty}^{\infty} dt = \infty$$

となる．

　ここまでの説明を聞いて，δ 関数がそれほど難しくなかったから，単位階段関数 $u(t)$ のフーリエ変換 $U(\omega)$ の計算もそんなに難しくないだろうと思われた方もおられるかもしれない．そういう方々は，たとえば前節の例2で $f(t) = e^{-\sigma t} u(t)$ のフーリエ変換 $F(\omega) = 1/(\sigma + i\omega)$ を求めたときの計算を思い出せばよいとおっしゃるかもしれない．その結果を用いて以下の議論をされる方もいるだろう．まず

$$\lim_{\sigma \to 0} f(t) = \lim_{\sigma \to 0} e^{-\sigma t} u(t) = u(t)$$

であるから，

$$U(\omega) = \lim_{\sigma \to 0} F(\omega) = \lim_{\sigma \to 0} \frac{1}{\sigma + i\omega} = \frac{1}{i\omega}$$

が成り立つべきであり，そうすると

$$|U(\omega)|^2 = \frac{1}{\omega^2}$$

となる．レイリーのエネルギー公式により，単位階段関数
のエネルギーは

$$\int_{-\infty}^{\infty} \frac{1}{2\pi} |U(\omega)|^2 d\omega = \frac{1}{2\pi} 2 \int_{0}^{\infty} \frac{d\omega}{\omega^2} = \infty$$

となり，本節の冒頭で計算したのと同じ結果を得る．だ
が，この計算は正しくない．その理由を説明しよう．

$U(\omega) = 1/i\omega$ より，明らかに $U(\omega)$ は純虚数だ．だが
もしそうだとすると，5.2 節で示したように，$u(t)$ は奇
関数でなくてはならない．しかしそれは明らかに成り立た
ない．これは深刻な矛盾であり，$U(\omega)$ の計算をもう一度
初めからやり直さなくてはならない．いったい何が間違っ
ていたのだろうか．実は，$U(\omega) = 1/i\omega$ という式はほと
んど正しいが，何かが欠けていたのだ．いったいそれは何
だったのだろう．答えを聞いて驚くなかれ，それは「瞬間
的な値」だったのだ．そのからくりを以下に説明しよう．

要点は，$u(t)$ を $\mathrm{sgn}(t)$ で表すことだ．sgn は 1.8 節で
導入した関数で，定義は

$$\mathrm{sgn}(t) = \begin{cases} +1 & (t > 0), \\ -1 & (t < 0) \end{cases}$$

であった．5.1 節でディリクレの不連続積分を説明したと
きにすでに見たように，単位階段関数は，明らかに

$$u(t) = \frac{1}{2} + \frac{1}{2} \mathrm{sgn}(t)$$

と表せる. すると, $u(t)$ の変換 $U(\omega)$ は, $\dfrac{1}{2}$ の変換と $\dfrac{1}{2}\,\mathrm{sgn}(t)$ の変換の和となる. すでに示した対 $1/2\pi \longleftrightarrow \delta(\omega)$ により, $\dfrac{1}{2}$ の変換は $\pi\delta(\omega)$ である. 一方, フーリエ逆変換の積分式に $2/i\omega$ を代入すると

$$\frac{1}{2\pi}\int_{-\infty}^{\infty}\frac{2}{i\omega}e^{i\omega t}d\omega = \frac{1}{\pi i}\int_{-\infty}^{\infty}\frac{e^{i\omega t}}{\omega}d\omega$$

となり, この積分は 1.8 節の末尾で示したように $\pi i \cdot \mathrm{sgn}(t)$ だから, $2/i\omega$ と対になる時間の関数は $(1/\pi i)[\pi i \cdot \mathrm{sgn}(t)] = \mathrm{sgn}(t)$ となり, これより $\mathrm{sgn}(t)$ のフーリエ変換は $2/i\omega$ であることがわかる. これより

$$U(\omega) = \pi\delta(\omega) + \frac{1}{2}\left(\frac{2}{i\omega}\right)$$

となり, 結局, 次の変換対を得た.

$$\boxed{u(t) \longleftrightarrow U(\omega) = \pi\delta(\omega) + \frac{1}{i\omega}}\ .$$

　ここで少し中断し, $\delta(\omega)$ が出てきた理由を考えてみよう. $u(t)$ は負で 0, 正で 1 となる関数だから, 直感的に平均値 $\dfrac{1}{2}$ を持つと考えられる. これが $\pi\delta(\omega)$ の発生源だ. これに対し, $\mathrm{sgn}(t)$ は負で -1, 正で 1 だから平均値 0 なので, そのフーリエ変換に $\delta(\omega)$ は出てこない. $\mathrm{sgn}(t)$ は奇関数なので, 純虚数である $2/i\omega$ が出てくるのは妥当だ. そして, $t=0$ における段差の違いにより $u(t)$

と $\mathrm{sgn}(t)$ からそれぞれ $1/i\omega,\, 2/i\omega$ が出てくる．すなわち
どちらの関数も，時間の関数としての不連続的な変化を支
えるためのエネルギーが，どんなに高い周波数においても
必要だということだ．ここで出てくる項が，$1/i\omega$ に段差
の高さ（$u(t)$ は 1，$\mathrm{sgn}(t)$ は 2）を掛けた値に等しいこと
に注意しておこう．

　$U(\omega)$ について得られた結果はそれ自体が興味深いもの
だが，ここでこの結果を用い，さらに興味深そうなフーリ
エ変換対を求めてみよう．すなわち，次の問に対する解答
を得たい．

　「周波数の単位階段関数と対をなす時間の関数は何
　　か」．

これは，ここでは数学の問題だが，6 章のラジオの理
論では実用的な価値を持つ．問題を言い換えると，変換
対「　　」$\longleftrightarrow u(\omega)$ の左側に来るものは何かというこ
とだ．ここで念のため，記号を整理しておこう．$u(\omega)$ と
$U(\omega)$ は異なる．$U(\omega)$ は時間の単位階段関数の変換で，
$u(t) \longleftrightarrow U(\omega)$ である．一方，$u(\omega)$ は周波数の単位階段
関数で，$\omega > 0$ では $u(\omega) = 1$，そして $\omega < 0$ では $u(\omega) =$
0 と定義される．このように，全エネルギーが正の周波数
に偏っているような ω の関数を片側スペクトルと呼ぶ．
今考えているのはこのような偏ったスペクトルに対応する
時間の関数なのだから，その答えもまた，変わった関数に
なるのかもしれない．

　答えを求めるには，もうひとつ事実を証明する必要があ

る．変換対 $g(t) \longleftrightarrow G(\omega)$ があったとしよう．このとき
フーリエ逆変換の式

$$g(t) = \frac{1}{2\pi} \int_{-\infty}^{\infty} G(\omega) e^{i\omega t} d\omega$$

において，両辺で t を $-t$ に置き換えても式の真偽に影響
はないから

$$g(-t) = \frac{1}{2\pi} \int_{-\infty}^{\infty} G(\omega) e^{-i\omega t} d\omega$$

となる．ここで，前節で用いた「記号を入れ替える仕掛
け」を再び用いる．すなわち，ω を t で置き換え，t を ω
で置き換えると，

$$g(-\omega) = \frac{1}{2\pi} \int_{-\infty}^{\infty} G(t) e^{-it\omega} dt$$

すなわち

$$2\pi g(-\omega) = \int_{-\infty}^{\infty} G(t) e^{-i\omega t} dt$$

となる．この積分は $G(t)$ のフーリエ変換そのものだ．こ
うして，次の素晴らしい結論に至る．これは双対定理と呼
ばれている．

$$\boxed{\begin{array}{c} g(t) \longleftrightarrow G(\omega) \\ \text{ならば} \quad G(t) \longleftrightarrow 2\pi g(-\omega) \end{array}}$$

これで準備完了だ．先ほど示したように

$$u(t) \longleftrightarrow \pi\delta(\omega) + \frac{1}{i\omega}$$

であるから，双対定理により

$$\pi\delta(t) + \frac{1}{it} \longleftrightarrow 2\pi u(-\omega).$$

今求めているのは $u(-\omega)$ よりもむしろ $u(\omega)$ の相手だから，これがそのまま答になるわけでないのは当然だが，ほとんど答に近いところまできているのは確かだ．証明の完成まで，あと残っているのは簡単な考察のみだ．一般に $f(t)$ を任意の関数とするとき，いうまでもなく，もし積分が存在するならば

$$f(t) \longleftrightarrow \int_{-\infty}^{\infty} f(t)e^{-i\omega t}dt = F(\omega)$$

であるから，

$$F(-\omega) = \int_{-\infty}^{\infty} f(t)e^{-i(-\omega)t}dt = \int_{-\infty}^{\infty} f(t)e^{i\omega t}dt$$

が成り立つ．ここで変数変換 $v = -t$ を行なうと，

$$F(-\omega) = \int_{\infty}^{-\infty} f(-v)e^{i\omega(-v)}(-dv)$$

$$= \int_{-\infty}^{\infty} f(-v)e^{-i\omega v}dv$$

$$= \int_{-\infty}^{\infty} f(-t)e^{-i\omega t}dt,$$

となり，これはちょうど $f(-t)$ のフーリエ変換だ．ここで最後の等号は積分変数の v を単に t に置き換えたものだ．これで変換対 $f(-t) \longleftrightarrow F(-\omega)$ を得た．

よって，先ほど「ほとんど答に近い」と呼んだ $u(-\omega)$

の結果に戻り，$-\omega$ を ω で置き換えれば

$$\pi\delta(-t) + \frac{1}{i(-t)} \longleftrightarrow 2\pi u(\omega)$$

となる．$\delta(t)$ が偶関数であったことを思い出せば，

　「周波数の単位階段関数と対になる時間の関数は何か」という元来の問に対する答として，下の枠内に示す「奇抜な変換対」を得る．奇抜という呼び方も，決して大げさではないだろう．

$$\boxed{\frac{1}{2}\delta(t) + i\frac{1}{2\pi t} \longleftrightarrow u(\omega)}\ .$$

時間の複素数値関数が登場していることからもわかるように，この変換対は，決して月並みな結果ではあり得ないだろう．

　本節のタイトル「一風変わったスペクトル」の通り，実際これまでにかなり興味深い実例を見てきたが，最後に，ひときわ変わった信号の計算例を 2 つお目にかけよう．最初は，どちらかというと美しさに特徴がある例だ．実用面ではあまり関心を引かないものの，数学の問題としては魅力的で，フーリエ変換の理論を使って解くことができる．これに対し第 2 の，そして最後を飾る例は，電気工学において実用面できわめて興味深い．

　第 1 の例では関数 $g(t) = |t|$ を扱う．これは 1.8 節で $\mathrm{sgn}(t) = (d/dt)|t|$ を解説したときに初めて用いた関数だ．ここでは，$g(t)$ のエネルギーが周波数に関してどのよう

に分布するかという問題を考える．明らかに $g(t) = |t|$ の
エネルギーは無限大だが，これまでに見てきた他の無限大
のエネルギーを持つ信号（単位階段関数と δ 関数）とは
まったく異なる状況が観察される．いうまでもなく，まず
最初に $g(t)$ のフーリエ変換の計算を行なうのだが，そこ
で早くも困難が生ずる．すなわち，$|t|$ を直接フーリエ変
換の積分式に代入しオイラーの公式を用いて展開すると

$$G(\omega) = \int_{-\infty}^{\infty} |t| e^{-i\omega t} dt$$

$$= \int_{-\infty}^{\infty} |t| \cos(\omega t) dt + i \int_{-\infty}^{\infty} |t| \sin(\omega t) dt$$

となるが，右辺第 1 項の積分の中身は偶関数で，第 2 項
は奇関数だから，

$$G(\omega) = 2 \int_0^{\infty} t \cos(\omega t) dt =?$$

となって求められない．そこで他の方法を取ることにしよ
う．これで完璧にうまくいくわけではないが，ほぼうまく
いくと言ってよく，最後に 1 つの手順を補えば完全な答
を得られる．

　すでに $\text{sgn}(t)$ のフーリエ変換を求めたので，それを用
いて

$$\text{sgn}(t) = \frac{d}{dt} |t| \longleftrightarrow \frac{2}{i\omega}$$

である．これを利用して $|t|$ のフーリエ変換 $G(\omega)$ を手中
におさめることができるだろうか．上でも言ったように，

ほぼできるのだ．そのからくりはこうだ．それにはいわゆる「時間による微分定理」を用いる．変換対 $f(t) \longleftrightarrow F(\omega)$ があるとき，逆変換の式

$$f(t) = \frac{1}{2\pi} \int_{-\infty}^{\infty} F(\omega) e^{i\omega t} d\omega$$

を t で微分すると，

$$\frac{df}{dt} = \frac{1}{2\pi} \int_{-\infty}^{\infty} F(\omega) i\omega e^{i\omega t} d\omega$$

となる．これより，$f(t) \longleftrightarrow F(\omega)$ ならば $df/dt \longleftrightarrow i\omega \times F(\omega)$ であることがわかる．5.6節で不確定性原理の議論の際にこの定理を再び用いる．いうまでもなく，この定理は $f(t)$ が微分可能であることを仮定している．$|t|$ は $t = 0$ で微分不可能だから「すべての点で微分可能」という仮定を満たさない．よってこの定理を用いて多少の問題が生じたとしても驚くには当たらない．ではここで本腰を入れて正確な事実を調べてみよう．

　関係をより明確にわかりやすくするため，次式で定義されるような，$f(t)$ にフーリエ変換を施す作用素 $\boldsymbol{T}$ を導入する．

$$\boldsymbol{T}\{f(t)\} = F(\omega).$$

たとえば，時間による微分定理は

$$\boldsymbol{T}\left\{\frac{df}{dt}\right\} = i\omega \boldsymbol{T}\{f(t)\}$$

と簡単に表せる[9]．これより

$$\boldsymbol{T}\{\operatorname{sgn}(t)\} = \boldsymbol{T}\left\{\frac{d}{dt}|t|\right\} = i\omega\boldsymbol{T}\{|t|\} = i\omega G(\omega)$$

であり，よって

$$G(\omega) = \frac{1}{i\omega}\boldsymbol{T}\{\operatorname{sgn}(t)\} = \frac{1}{i\omega}\cdot\frac{2}{i\omega} = -\frac{2}{\omega^2}$$

となる．すなわち，変換対 $|t| \longleftrightarrow -2/\omega^2$ を得る．これ
で問題は解けたかのようである．しかしそれは間違いなの
だ．その理由はこうだ．$g(t)$ のフーリエ変換は

$$G(\omega) = \int_{-\infty}^{\infty} g(t)e^{-i\omega t}dt$$

であるから，$\omega = 0$ のとき

$$G(0) = \int_{-\infty}^{\infty} g(t)dt = \int_{-\infty}^{\infty} |t|dt = +\infty$$

となり，∞ の符号が合わない．実際，$-2/\omega^2$ は $\omega = 0$ を
除くすべての ω に対して正しいのだが，単位階段関数
$u(t)$ の変換を初めて求めたとき同様，$\omega = 0$ ではまだ何か
が欠けているのだ．ではその何かを見つけるため，さらに
別の方法を試してみよう．

　1.8 節で，次式について考えたことを思い出そう．

$$|t| = \int_0^t \operatorname{sgn}(s)ds.$$

これは，$t > 0$ と $t < 0$ の2つの場合を別々に考えて簡単
に証明できた．$t > 0$ のときはほとんど明らかで，$t > 0$ よ
り全積分区間上で $s > 0$ だから

$$\int_0^t \mathrm{sgn}(s)ds = \int_0^t 1 \cdot ds = t = |t|$$

となり，最後の等号は $t>0$ であることから成り立つ．
$t<0$ のときはこれよりほんの少しだけ手順を踏む．$l = -t$ とおけば，当然 $l>0$ であり，

$$\int_0^t \mathrm{sgn}(s)ds = \int_0^{-l} \mathrm{sgn}(s)ds = -\int_{-l}^0 \mathrm{sgn}(s)ds$$

となる．全積分区間上で $s<0$ だから，

$$\int_0^t \mathrm{sgn}(s)ds = -\int_{-l}^0 (-l)ds = \int_{-l}^0 ds = \Big[\,s\,\Big]_{-l}^0$$
$$= 0-(-l) = l = -t = |t|$$

となり，最後の等号は $t<0$ より成り立つ．こうして先に述べた

$$|t| = \int_0^t \mathrm{sgn}(s)ds$$

が示された．

　ここで，1.8節で証明したディリクレの不連続積分

$$\int_{-\infty}^{\infty} \frac{\sin(\omega t)}{\omega}d\omega = \pi\,\mathrm{sgn}(t)$$

を思い出そう．今示した $|t|$ の結果と合わせると，

$$|t| = \int_0^t \left\{ \frac{1}{\pi} \int_{-\infty}^{\infty} \frac{\sin(\omega s)}{\omega}d\omega \right\}ds$$

となる．積分の順序を交換すると，

$$|t| = \frac{1}{\pi} \int_{-\infty}^{\infty} \frac{1}{\omega} \left\{ \int_0^t \sin(\omega s) ds \right\} d\omega$$

$$= \frac{1}{\pi} \int_{-\infty}^{\infty} \frac{1}{\omega} \left[\frac{-\cos(\omega s)}{\omega} \right]_0^t d\omega$$

$$= \frac{1}{\pi} \int_{-\infty}^{\infty} \frac{1-\cos(\omega t)}{\omega^2} d\omega$$

となる.

この $|t|$ の表示をフーリエ変換の定義[10]に代入し, $|t|$ のフーリエ変換を計算するという最初の目的に戻ろう. すると,

$$G(\omega) = \int_{-\infty}^{\infty} \left\{ \frac{1}{\pi} \int_{-\infty}^{\infty} \frac{1-\cos(\alpha t)}{\alpha^2} d\alpha \right\} e^{-i\omega t} dt$$

となる. ここで, 記号 ω は外側の積分で変数として用いるため, 内側の積分変数を ω から α に変えた. 積分の順序を交換すると次式となる.

$$\boxed{G(\omega) = \int_{-\infty}^{\infty} \frac{1}{\pi\alpha^2} \left\{ \int_{-\infty}^{\infty} \{1-\cos(\alpha t)\} e^{-i\omega t} dt \right\} d\alpha.}$$

内側の積分は

$$\int_{-\infty}^{\infty} \{1-\cos(\alpha t)\} e^{-i\omega t} dt$$

$$= \int_{-\infty}^{\infty} e^{-i\omega t} dt - \int_{-\infty}^{\infty} \cos(\alpha t) e^{-i\omega t} dt$$

となるが, この右辺第1項は, 5.1節で見た「驚くべき表示式」と同じものだ. そこで見たように

$$\delta(x) = \frac{1}{2\pi} \int_{-\infty}^{\infty} e^{i\omega x} d\omega$$

$$= \frac{1}{2\pi} \int_{-\infty}^{\infty} e^{isx} ds$$

が成り立つ. x を ω で置き換えると

$$\delta(\omega) = \frac{1}{2\pi} \int_{-\infty}^{\infty} e^{is\omega} ds$$

となる. よって ω を $-\omega$ で置き換えると

$$\int_{-\infty}^{\infty} e^{is(-\omega)} ds = 2\pi\delta(-\omega) = 2\pi\delta(\omega)$$

$$= \int_{-\infty}^{\infty} e^{-i\omega s} ds$$

$$= \int_{-\infty}^{\infty} e^{-i\omega t} dt$$

となり, 先ほどの内側の積分は次のようになる.

$$\int_{-\infty}^{\infty} \{1 - \cos(\alpha t)\} e^{-i\omega t} dt$$

$$= 2\pi\delta(\omega) - \int_{-\infty}^{\infty} \cos(\alpha t) e^{-i\omega t} dt.$$

　右辺の残りの積分はちょうど $\cos(\alpha t)$ のフーリエ変換であり, 今やそれはオイラーの公式を使っておなじみの計算で求められる.

$$\int_{-\infty}^{\infty} \cos(\alpha t)e^{-i\omega t}dt$$

$$= \int_{-\infty}^{\infty} \frac{e^{i\alpha t} + e^{-i\alpha t}}{2}e^{-i\omega t}dt$$

$$= \frac{1}{2}\int_{-\infty}^{\infty} e^{it[-(\omega-\alpha)]}dt + \frac{1}{2}\int_{-\infty}^{\infty} e^{it[-(\omega+\alpha)]}dt$$

$$= \frac{1}{2}2\pi\delta(-\{\omega-\alpha\}) + \frac{1}{2}2\pi\delta(-\{\omega+\alpha\})$$

$$= \pi\delta(\omega-\alpha) + \pi\delta(\omega+\alpha).$$

以上より，内側の積分は最終的に

$$\int_{-\infty}^{\infty} \{1-\cos(\alpha t)\}e^{-i\omega t}dt = 2\pi\delta(\omega) - \pi\delta(\omega-\alpha)$$
$$- \pi\delta(\omega+\alpha)$$

となる．この結果を枠内の式に代入して $G(\omega)$ を求めると，次式となる．

$$G(\omega) = \int_{-\infty}^{\infty} \frac{1}{\pi\alpha^2}\{2\pi\delta(\omega) - \pi\delta(\omega-\alpha) - \pi\delta(\omega+\alpha)\}d\alpha$$

$$= 2\delta(\omega)\int_{-\infty}^{\infty} \frac{d\alpha}{\alpha^2} - \int_{-\infty}^{\infty} \frac{1}{\alpha^2}\delta(\omega-\alpha)d\alpha$$

$$- \int_{-\infty}^{\infty} \frac{1}{\alpha^2}\delta(\omega+\alpha)d\alpha.$$

第1項は $\omega = 0$ における瞬間的な値だが，強さが無限大であることに注意しよう．ここで強さとは，以前に学んだように δ の係数のことだ．瞬間的な値は常に高さが無限大だが，今の場合，それに加えて強さも無限大なの

だ. つまり, 超強力な瞬間的な値である. そして先にみた $\text{sgn}(t)$ や $u(t)$ の例からフーリエ変換における $\delta(\omega)$ の役割がわかるが, それによると $\delta(\omega)$ に掛かっている強さの値 (各場合にそれぞれ $0, \dfrac{1}{2}$ だった) は, もとの時間の関数の平均値を表していたはずだ. では $|t|$ の全時間に渡る平均値は何だろうか. それこそまさに無限大である. この巨大な瞬間的な値こそ, 先ほどの答で欠けていたものだった. それを加えれば, 先ほどのほぼ正しい結果 $G(\omega) = -2/\omega^2$ での $G(0)$ の値 $-\infty$ を, 正しい値 $G(0) = +\infty$ に修正できる.

　$G(\omega)$ について得ていた表示式のうち残りの 2 つの積分は, 前に計算した $-2/\omega^2$ に等しい. これは δ 関数の抽出性により

$$-\int_{-\infty}^{\infty} \frac{1}{\alpha^2} \delta(\omega-\alpha) d\alpha - \int_{-\infty}^{\infty} \frac{1}{\alpha^2} \delta(\omega+\alpha) d\alpha$$
$$= -\frac{1}{(\omega)^2} - \frac{1}{(-\omega)^2} = -\frac{2}{\omega^2}$$

と計算すればわかる. 以上より, 最終的に次の変換対を得た.

$$\boxed{\; |t| \longleftrightarrow 4\delta(\omega) \int_{0}^{\infty} \frac{d\alpha}{\alpha^2} - \frac{2}{\omega^2} \;}$$

これは実際, ひときわ変わったスペクトルだ.

　この証明の最初で述べたように, $|t|$ のエネルギーは無限大だ. だが, 上のひときわ変わった変換対により, 全

エネルギーの周波数に渡る分布も，また同様に変わっていることがわかる．$\omega \neq 0$ ではエネルギースペクトル密度は $4/\omega^4$ であるから，任意に小さな $\omega_1 > 0$ をとると，$-\omega_1 < \omega < \omega_1$ の小さな穴を除いた全周波数に渡る総エネルギーを，レイリーのエネルギー公式で求めることができ，

$$\frac{1}{2\pi}\left[\int_{-\infty}^{-\omega_1} \frac{4}{\omega^4} d\omega + \int_{\omega_1}^{\infty} \frac{4}{\omega^4} d\omega\right] = \frac{4}{2\pi} \cdot 2 \int_{\omega_1}^{\infty} \frac{d\omega}{\omega^4}$$

$$= \frac{4}{\pi}\left[-\frac{1}{3\omega^3}\right]_{\omega_1}^{\infty}$$

$$= \frac{4}{3\pi\omega_1^3} < \infty$$

となる．すなわち，$\omega = 0$ を含まないような任意の周波数の区間上のエネルギーは，たとえ区間の幅が無限大であっても，有限なのだ．したがって $|t|$ の無限大のエネルギーは，$\omega = 0$ のまわりの無限小の周波数の区間に集中している．これは本節の前半でみた「並みの瞬間的な値」が無限大のエネルギーを持つ状況とは本質的に異なる．それらの状況では，すべての周波数に渡りエネルギーが一様に分布していた．

ひときわ変わったスペクトルの第2の実例を挙げ，この話の締めとしたい．基本的な信号 $s(t) = \sin(\omega_c t)$ $(-\infty < t < \infty)$ を詳しくみていくと，無線工学のきわめて興味深い問題に出会う．ラジオを聴く人にとって必要なのは，話し声や音楽などの情報を含んだ信号だが，そ

れはいわゆる搬送信号に乗って送られる．搬送信号は sin
関数であり，周波数を ω_c とすると $s(t)$ である（第6章で
「乗って送られる」の意味について詳しくみる．そこでは
フーリエ変換の理論と複素数が非常に有用であることが
わかるだろう）．商業用の AM 放送では，$\nu_c = \omega_c/2\pi$ は
搬送周波数と呼ばれ，その値は Hz（ヘルツ）の単位で表
される．受信時の相互干渉を避けるため，その地域の各
放送局ごとに別々の値が割り当てられている．たとえば，
ある局の搬送周波数が 1.27 MHz（メガヘルツ）すなわち
1270 KHz（キロヘルツ）なら，アナウンサーは「お聞き
の放送はダイヤル 1270」などと言ったりする．ここで，

「搬送信号のエネルギーはどうなっているのか」

という疑問が自然にわく．これはもちろん現代の未解決問
題などではなく，ちゃんと解明されている．エネルギーは
搬送周波数に存在するのだ．それは数学的にそれほど自明
なことではないが，フーリエ変換をうまく用いることで容
易に解決できる．

オイラーの公式より

$$s(t) = \sin(\omega_c t) = \frac{e^{i\omega_c t} - e^{-i\omega_c t}}{2i}$$

であるから，$s(t)$ のフーリエ変換は

$$S(\omega) = \int_{-\infty}^{\infty} \frac{e^{i\omega_c t} - e^{-i\omega_c t}}{2i} e^{-i\omega t} dt$$

$$= \frac{1}{2i} \left[\int_{-\infty}^{\infty} e^{i(\omega_c - \omega)t} dt - \int_{-\infty}^{\infty} e^{i[-(\omega_c + \omega)]t} dt \right]$$

となる. 前に示した

$$\delta(\omega) = \frac{1}{2\pi}\int_{-\infty}^{\infty} e^{i\omega t}dt$$

と, δ 関数が偶関数であることを用いると,

$$\int_{-\infty}^{\infty} e^{i(\omega_c - \omega)t}dt = 2\pi\delta(\omega_c - \omega) = 2\pi\delta(\omega - \omega_c)$$

および

$$\int_{-\infty}^{\infty} e^{i[-(\omega_c + \omega)]t}dt = 2\pi\delta[-(\omega_c + \omega)] = 2\pi\delta(\omega + \omega_c)$$

を得る. これより

$$S(\omega) = \frac{1}{2i}[2\pi\delta(\omega - \omega_c) - 2\pi\delta(\omega + \omega_c)]$$
$$= -\pi i[\delta(\omega - \omega_c) - \delta(\omega + \omega_c)]$$

である. 時間の実数値関数 $\sin(\omega_c t)$ は奇関数であることを反映し, $\sin(\omega_c t)$ のフーリエ変換は純虚数となっており, $\omega = \omega_c$ と $\omega = -\omega_c$ における 2 つの瞬間的な値のみからなっている.

搬送信号のエネルギーの位置というもとの疑問への解答は, 形式的にはエネルギースペクトル密度 $(1/2\pi)|S(\omega)|^2$ のグラフで与えられる. ただし, $S(\omega)$ は瞬間的な値からなるので, グラフを想像するのはちょっと難しいと, 誰もが感じるだろう. 瞬間的な値の 2 乗とは, いったいどんな関数なのだろうか. 瞬間的な値はちょうど $\pm\omega_c$ にあるので, その 2 乗も $\pm\omega_c$ にあり, したがってエネルギーも $\pm\omega_c$ にあることは明らかなようにも思える. たとえそう

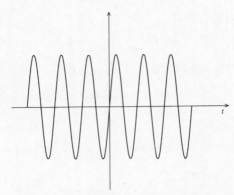

図 5.4.1　正弦バースト信号（6 周期分）

だとしても，エネルギースペクトル密度はどうなっている
のだろうか.

　ここで，正解に近づく実に賢い方法がある. これまで，
sin で表される搬送信号がすべての時間上で定義される
（すなわちスイッチが常にオンである）としてきたが，そ
れは現実的な見地からみると，関数 $|t|$ を扱ったときと同
様に，無意味ではないだろうか. そして，何とこの点こそ
が，2 つの瞬間的な値が出てくる原因なのだ. そこで，す
べての時間を考えるのではなく，ちょうど N 周期分の時
間だけスイッチがオンであるとしてみよう. その状態でエ
ネルギーを求めてから $N \to \infty$ とするのである. このよ
うな信号を正弦バースト信号（または単にバースト信号）
と呼ぶ. 図 5.4.1 に $N = 6$ のバースト信号を示す. バー

スト信号はパルスレーダーと呼ばれる装置によって次のような目的のために生成される。その目的とは，超高周波帯域の電磁波を非常に短いバースト信号として発信し，その反射波を受信することにより目標物の存在を確認したり，発信から反射波受信までの時間差を測定することによって，目標物までの距離を求めたりすることである。反射波を繰り返し分析することで，目標物を追跡することもできる。たとえば，10 GHz（ギガヘルツ）の電磁波を出すパルスレーダーは，波長が 3 センチなので「3 センチ波レーダー」と呼ばれるが，このレーダーで 1 マイクロ秒間発信した場合は $N = 10000$（周期）となる。

数学的な設定は以下のようになる。1 周期分の時間は $2\pi/\omega_c$ であるから，

$$s_b(t) = \begin{cases} \sin(\omega_c t) & \left(-\dfrac{2\pi}{\omega_c} \cdot \dfrac{N}{2} \leq t \leq \dfrac{2\pi}{\omega_c} \cdot \dfrac{N}{2}\right), \\ 0 & （それ以外の t）, \end{cases}$$

すなわち

$$s_b(t) = \begin{cases} \sin(\omega_c t) & \left(-\dfrac{N\pi}{\omega_c} \leq t \leq \dfrac{N\pi}{\omega_c}\right), \\ 0 & （それ以外の t）, \end{cases}$$

とバースト信号を定義する。ここで再びオイラーの公式を用いて，$s_b(t)$ のフーリエ変換を次のように計算できる。

$$S_b(\omega) = \int_{-\infty}^{\infty} s_b(t) e^{-i\omega t} dt = \int_{-N\pi/\omega_c}^{N\pi/\omega_c} \sin(\omega_c t) e^{-i\omega t} dt$$

$$= \int_{-N\pi/\omega_c}^{N\pi/\omega_c} \frac{e^{i\omega_c t} - e^{-i\omega_c t}}{2i} e^{-i\omega t} dt$$

$$= \frac{1}{2i} \left[\int_{-N\pi/\omega_c}^{N\pi/\omega_c} e^{-i(\omega-\omega_c)t} dt - \int_{-N\pi/\omega_c}^{N\pi/\omega_c} e^{-i(\omega+\omega_c)t} dt \right]$$

$$= \frac{1}{2i} \left[\left[\frac{e^{-i(\omega-\omega_c)t}}{-i(\omega-\omega_c)} \right]_{-N\pi/\omega_c}^{N\pi/\omega_c} - \left[\frac{e^{-i(\omega+\omega_c)t}}{-i(\omega+\omega_c)} \right]_{-N\pi/\omega_c}^{N\pi/\omega_c} \right]$$

$$= \frac{1}{2} \left[\left\{ \frac{e^{-i(\omega-\omega_c)(N\pi/\omega_c)} - e^{i(\omega-\omega_c)(N\pi/\omega_c)}}{\omega-\omega_c} \right\} \right.$$

$$\left. - \left\{ \frac{e^{-i(\omega+\omega_c)(N\pi/\omega_c)} - e^{i(\omega+\omega_c)(N\pi/\omega_c)}}{\omega+\omega_c} \right\} \right]$$

$$= \frac{1}{2} \left[\left\{ \frac{e^{-iN\pi(\omega/\omega_c)} e^{iN\pi} - e^{iN\pi(\omega/\omega_c)} e^{-iN\pi}}{\omega-\omega_c} \right\} \right.$$

$$\left. - \left\{ \frac{e^{-iN\pi(\omega/\omega_c)} e^{-iN\pi} - e^{iN\pi(\omega/\omega_c)} e^{iN\pi}}{\omega+\omega_c} \right\} \right].$$

ここで N の偶奇により場合分けをする. N が偶数な
ら, オイラーの公式より $e^{iN\pi} = e^{-iN\pi} = 1$ であるから,

$$S_b(\omega) = \frac{1}{2}\left[\left\{\frac{e^{-iN\pi(\omega/\omega_c)} - e^{iN\pi(\omega/\omega_c)}}{\omega - \omega_c}\right\}\right.$$

$$\left. - \left\{\frac{e^{-iN\pi(\omega/\omega_c)} - e^{iN\pi(\omega/\omega_c)}}{\omega + \omega_c}\right\}\right]$$

$$= \frac{1}{2}\left[\frac{-2i\sin(N\pi(\omega/\omega_c))}{\omega - \omega_c} - \frac{-2i\sin(N\pi(\omega/\omega_c))}{\omega + \omega_c}\right]$$

$$= -i\sin\left(N\pi\frac{\omega}{\omega_c}\right)\left[\frac{1}{\omega - \omega_c} - \frac{1}{\omega + \omega_c}\right].$$

これより

$$\boxed{S_b(\omega) = -i\frac{2\omega_c\sin(N\pi\omega/\omega_c)}{\omega^2 - \omega_c^2} \quad (N \text{ は偶数})}.$$

一方，N が奇数なら，$e^{iN\pi} = e^{-iN\pi} = -1$ であるから，

$$S_b(\omega) = \frac{1}{2}\left[\left\{\frac{-e^{-iN\pi(\omega/\omega_c)} + e^{iN\pi(\omega/\omega_c)}}{\omega - \omega_c}\right\}\right.$$

$$\left. - \left\{\frac{-e^{-iN\pi(\omega/\omega_c)} + e^{iN\pi(\omega/\omega_c)}}{\omega + \omega_c}\right\}\right]$$

$$= \frac{1}{2}\left[\frac{2i\sin(N\pi(\omega/\omega_c))}{\omega - \omega_c} - \frac{2i\sin(N\pi(\omega/\omega_c))}{\omega + \omega_c}\right]$$

$$= i\sin\left(N\pi\frac{\omega}{\omega_c}\right)\left[\frac{1}{\omega - \omega_c} - \frac{1}{\omega + \omega_c}\right].$$

これより

$$S_b(\omega) = i\frac{2\omega_c \sin(N\pi\omega/\omega_c)}{\omega^2 - \omega_c^2} \quad (N \text{ は奇数}).$$

以上より，任意の負でない整数 N に対し，N 周期分の正弦バースト信号のエネルギースペクトル密度（ESD）は

$$\frac{1}{2\pi}|S_b(\omega)|^2 = \frac{2}{\omega_c^2\pi}\cdot\frac{\sin^2(N\pi(\omega/\omega_c))}{\left[\left(\dfrac{\omega}{\omega_c}\right)^2 - 1\right]^2}$$

となる.

図 5.4.2-5.4.5 に，$N = 1, 2, 5, 10$ の場合の ESD を示す．ただし，図は上式の右辺から定数倍の因子 $2/\omega_c^2\pi$ 倍を除いた部分のグラフで，横軸は ω/ω_c と正規化した上で区間 $-2 \leqq \omega/\omega_c \leqq 2$ に限定した．グラフが偶関数であるのは，$s_b(t)$ が実数値であることに対応している．N が大きくなるにつれて，グラフは $(\omega/\omega_c) = \pm 1$ の 2 箇所での瞬間的な値に限りなく近づいていくように見える．比較的小さな値 $N = 10$ でこれだけ顕著なのだから，このグラフの収束の速さは相当なものと思われる．先ほどパルスレーダーの説明で例として挙げた $N = 10000$ の場合なら，ESD は永遠に発信され続ける真の（非現実的な）正弦波の ESD である δ 関数と，実際ほとんど見分けがつかないだろう．

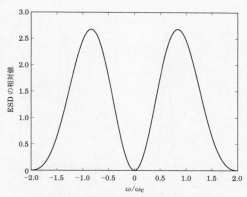

図 5.4.2 1周期正弦バーストの ESD

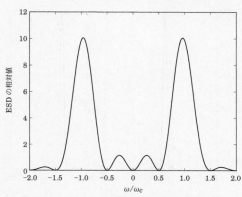

図 5.4.3 2周期正弦バーストの ESD

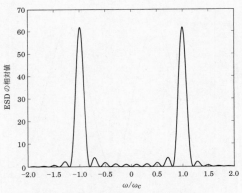

図 5.4.4　5 周期正弦バーストの ESD

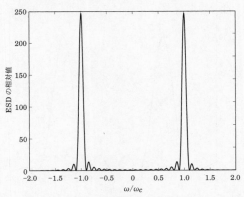

図 5.4.5　10 周期正弦バーストの ESD

5.5 ポアソンの和公式

ここで短い節を設け，時間の関数とそのフーリエ変換との間に成り立つ美しい関係「ポアソンの和公式」を紹介する．これは想像だにしない意外な関係だ．この名称はフランス人数学者シメオン・ドニ・ポアソン（1781-1840年）に因んだものだが，皮肉なことにポアソンはフーリエを最も厳しく批判した人物の一人だった．実数全体 $-\infty < t < \infty$ の上で定義された関数 $f(t)$ があるとしよう．この $f(t)$ を用いて新たな関数 $g(t)$ を次式で定義する．

$$g(t) = \sum_{k=-\infty}^{\infty} f(t+k).$$

この定義を少し眺めて考えれば，$g(t)$ が周期 $T=1$ の周期関数であることがわかるだろう．証明は形式的な変形で容易にできる．定義式

$$g(t+1) = \sum_{k=-\infty}^{\infty} f(t+1+k)$$

において，和を渡る文字を $n=k+1$ に置き換えれば

$$g(t+1) = \sum_{n=-\infty}^{\infty} f(t+n) = g(t)$$

となるからだ．いうまでもなく，ここで用いているのは，整数全体からなる無限集合は，各整数に 1 を加えても集合全体として変わらないという性質だ．

第 4 章で見たように，$g(t)$ は，周期関数なのでフーリエ級数で表せる．$T=1$ より $\omega_0 = 2\pi$ だから，

$$g(t) = \sum_{n=-\infty}^{\infty} c_n e^{in2\pi t}$$

となり,

$$c_n = \frac{1}{T} \int_{周期} g(t) e^{-in2\pi t} dt = \int_0^1 \sum_{k=-\infty}^{\infty} f(t+k) e^{-in2\pi t} dt$$

$$= \sum_{k=-\infty}^{\infty} \int_0^1 f(t+k) e^{-in2\pi t} dt$$

である. 積分内を $s = t + k$ と変数変換すると $ds = dt$ であるから,

$$c_n = \sum_{k=-\infty}^{\infty} \int_k^{k+1} f(s) e^{-in2\pi(s-k)} ds$$

$$= \sum_{k=-\infty}^{\infty} \int_k^{k+1} f(s) e^{-in2\pi s} e^{ink2\pi} ds$$

$$= \sum_{k=-\infty}^{\infty} \int_k^{k+1} f(s) e^{-in2\pi s} ds$$

となる. 最後の等号は, n, k が整数だから $e^{ink2\pi} = 1$ となることを用いた. ここで

$$\sum_{k=-\infty}^{\infty} \int_k^{k+1} = \int_{-\infty}^{\infty}$$

より次式を得る.

$$c_n = \int_{-\infty}^{\infty} f(s) e^{-in2\pi s} ds = \int_{-\infty}^{\infty} f(t) e^{-in2\pi t} dt.$$

変換対 $f(t) \longleftrightarrow F(\omega)$ の定義は

$$F(\omega) = \int_{-\infty}^{\infty} f(t) e^{-i\omega t} dt$$

であるから，上式と比べると
$$c_n = F(2\pi n)$$
であることがわかり，結局
$$g(t) = \sum_{n=-\infty}^{\infty} F(2\pi n)e^{in2\pi t} = \sum_{k=-\infty}^{\infty} f(t+k)$$
となる．これは t に関する恒等式なので，特に $t=0$ と置くと，ポアソンの和公式と呼ばれる次の素晴らしい結果を得る．

$$\boxed{\sum_{k=-\infty}^{\infty} f(k) = \sum_{n=-\infty}^{\infty} F(2\pi n)}.$$

これはポアソン自身により 1827 年に証明された[11]．単に無難な公式のようにも見えるが，その誤った印象を正しく説明するために，3 つの例を示そう．

例 1.

任意の t について $f(t)$ が次式で定義され，α が任意の正の数であるとする．
$$f(t) = e^{-\alpha|t|}, \quad \alpha > 0.$$
このとき，
$$F(\omega) = \int_{-\infty}^{\infty} f(t)e^{-i\omega t}dt$$
$$= \int_{-\infty}^{0} e^{\alpha t}e^{-i\omega t}dt + \int_{0}^{\infty} e^{-\alpha t}e^{-i\omega t}dt$$

$$= \int_{-\infty}^{0} e^{(\alpha - i\omega)t} dt + \int_{0}^{\infty} e^{-(\alpha + i\omega)t} dt$$

$$= \left[\frac{e^{(\alpha - i\omega)t}}{\alpha - i\omega} \right]_{-\infty}^{0} + \left[\frac{e^{-(\alpha + i\omega)t}}{-(\alpha + i\omega)} \right]_{0}^{\infty}$$

$$= \frac{1}{\alpha - i\omega} + \frac{1}{\alpha + i\omega} = \frac{2\alpha}{\alpha^2 + \omega^2}.$$

よってポアソンの和公式は

$$\sum_{k=-\infty}^{\infty} e^{-\alpha|k|} = \sum_{n=-\infty}^{\infty} \frac{2\alpha}{\alpha^2 + (2\pi n)^2}$$

となる. 左辺の和を書き下すと

$$\sum_{k=-\infty}^{\infty} e^{-\alpha|k|} = 1 + 2 \sum_{k=1}^{\infty} e^{-\alpha k}$$

$$= 1 + 2(e^{-\alpha} + e^{-2\alpha} + e^{-3\alpha} + \cdots)$$

となるが, カッコ内は等比数列となるから, 容易に和を計算でき,

$$\sum_{k=-\infty}^{\infty} e^{-\alpha|k|} = 1 + 2 \frac{e^{-\alpha}}{1 - e^{-\alpha}} = \frac{1 + e^{-\alpha}}{1 - e^{-\alpha}}$$

となる. これより

$$\sum_{n=-\infty}^{\infty} \frac{2\alpha}{\alpha^2 + (2\pi n)^2} = \frac{1 + e^{-\alpha}}{1 - e^{-\alpha}}$$

となり, 簡単な計算 (これは読者におまかせする) を行なうと, 次の結論を得る.

$$\boxed{\sum_{n=-\infty}^{\infty} \frac{1}{(\alpha/2\pi)^2 + n^2} = \pi \left(\frac{2\pi}{\alpha} \right) \frac{1 + e^{-\alpha}}{1 - e^{-\alpha}}.}$$

　この新しい結論は, $\alpha = 2\pi$ という特別な場合に, 4.3
節で示した事実

$$\sum_{n=-\infty}^{\infty} \frac{1}{1+n^2} = \pi \frac{1+e^{-2\pi}}{1-e^{-2\pi}}$$

と一致する. 枠内の結果はこの事実の一般化なのだ. もち
ろん, これ以外の好きな $\alpha > 0$ を選ぶごとに, 特別な場合
の式が無数に得られる. たとえば $\alpha = \pi$ なら

$$\sum_{n=-\infty}^{\infty} \frac{1}{1/4+n^2} = 2\pi \frac{1+e^{-\pi}}{1-e^{-\pi}}$$

となる. 右辺の値は 6.850754 であり, 左辺の和を
$-10000 \leqq n \leqq 10000$ に対して直接計算すると 6.850734
となるから, これは正しいと確認できる. こんなすごい式
を証明できる方法があるなんて, 信じられるだろうか.

例 2.

　今得た一般的な公式を使うと, 4.3 節で得た特殊な結果
をさらに発展させた, ひときわ美しい結論を得ることがで
きる. 具体的に言うと, 和の値

$$\sum_{n=-\infty}^{\infty} \frac{(-1)^n}{1+n^2}$$

を求められるのだ. これは 4.3 節の式を交代和に変えた
ものだ. これを求めるにはまず

$$\sum_{n=-\infty}^{\infty} \frac{(-1)^n}{1+n^2} = \sum_{n\ \text{偶数}} \frac{1}{1+n^2} - \sum_{n\ \text{奇数}} \frac{1}{1+n^2}$$

と分けた上で,

$$\sum_{n \text{ 偶数}} \frac{1}{1+n^2} = \sum_{n=-\infty}^{\infty} \frac{1}{1+(2n)^2} = \sum_{n=-\infty}^{\infty} \frac{1}{1+4n^2}$$

$$= \frac{1}{4} \sum_{n=-\infty}^{\infty} \frac{1}{1/4+n^2},$$

および

$$\sum_{n \text{ 奇数}} \frac{1}{1+n^2} = \sum_{n=-\infty}^{\infty} \frac{1}{1+n^2} - \sum_{n \text{ 偶数}} \frac{1}{1+n^2}$$

$$= \sum_{n=-\infty}^{\infty} \frac{1}{1+n^2} - \frac{1}{4} \sum_{n=-\infty}^{\infty} \frac{1}{1/4+n^2}$$

と各々を計算すればよい. そうすると,

$$\sum_{n=-\infty}^{\infty} \frac{(-1)^n}{1+n^2} = \frac{1}{4} \sum_{n=-\infty}^{\infty} \frac{1}{1/4+n^2}$$

$$- \left\{ \sum_{n=-\infty}^{\infty} \frac{1}{1+n^2} - \frac{1}{4} \sum_{n=-\infty}^{\infty} \frac{1}{1/4+n^2} \right\}$$

$$= \frac{1}{2} \sum_{n=-\infty}^{\infty} \frac{1}{1/4+n^2} - \sum_{n=-\infty}^{\infty} \frac{1}{1+n^2}$$

$$= \pi \frac{1+e^{-\pi}}{1-e^{-\pi}} - \pi \frac{1+e^{-2\pi}}{1-e^{-2\pi}}$$

となるから, これを計算して整理すると次の美しい事実を
得る.

$$\boxed{\sum_{n=-\infty}^{\infty} \frac{(-1)^n}{1+n^2} = \frac{2\pi}{e^\pi - e^{-\pi}}.}$$

これもまた直接計算で確認ができる. 右辺は
0.27202905498213 であり, 左辺の和を $-100000 \leqq n \leqq$

100000 に対して求めると 0.27202905508215 となる.

例 3.

本節の最後を締める第 3 の例では，まず，ガウス波と呼ばれる関数のフーリエ変換を求める．ガウス波とは，

$$f(t) = e^{-\alpha t^2}, \quad \alpha > 0, \quad |t| < \infty$$

のことだ．すなわち，$f(t)$ は指数が 2 次式であるような指数関数だ．定義より

$$F(\omega) = \int_{-\infty}^{\infty} e^{-\alpha t^2} e^{-i\omega t} dt$$

であり，この積分計算は非常に難しそうに見えるが，次のような巧みな方法で攻略できる．

両辺を ω で微分して

$$\frac{dF}{d\omega} = -i \int_{-\infty}^{\infty} t e^{-\alpha t^2} e^{-i\omega t} dt.$$

右辺を，部分積分の公式

$$\int_{-\infty}^{\infty} u\, dv = \Big[uv \Big]_{-\infty}^{\infty} - \int_{-\infty}^{\infty} v\, du,$$

で $u = e^{-i\omega t}$, $dv = t e^{-\alpha t^2} dt$ として計算すると，$du = -i\omega e^{-i\omega t} dt, v = -(1/2\alpha) e^{-\alpha t^2}$ であるから

$$\int_{-\infty}^{\infty} t e^{-\alpha t^2} e^{-i\omega t} dt = \left[-\frac{1}{2\alpha} e^{-\alpha t^2} e^{-i\omega t} \right]_{-\infty}^{\infty}$$
$$- i \frac{\omega}{2\alpha} \int_{-\infty}^{\infty} e^{-\alpha t^2} e^{-i\omega t} dt$$

$$= -i\frac{\omega}{2\alpha} \int_{-\infty}^{\infty} e^{-\alpha t^2} e^{-i\omega t} dt.$$

ただし，最後の等号は $\lim\limits_{|t|\to\infty} e^{-\alpha t^2} e^{-i\omega t} = 0$ を用いた．ここでこの最後に出てきた積分が $F(\omega)$ であることに気づけば，$F(\omega)$ に関する単純な 1 階微分方程式

$$\frac{dF}{d\omega} = -i\Big[-i\frac{\omega}{2\alpha} F(\omega) \Big] = -\frac{\omega}{2\alpha} F(\omega),$$

すなわち

$$\frac{dF}{F} = -\frac{\omega}{2\alpha} d\omega$$

を得たことになる．両辺を積分し，不定積分の積分定数を $\log C$ とおけば，

$$\ln\left[F(\omega) \right] = -\frac{\omega^2}{4\alpha} + \log C.$$

これより

$$F(\omega) = C e^{-\omega^2/4\alpha}$$

となる．定数 C を求めるには $C = F(0)$，すなわち

$$C = \int_{-\infty}^{\infty} e^{-\alpha t^2} dt$$

に気づけばよい．この定積分は特殊であり，初等的だがきわめて巧妙な方法[12] によって求められ，その値は $\sqrt{\pi/\alpha}$ となる．以上より，きわめて興味深い変換対

$$\boxed{f(t) = e^{-\alpha t^2} \longleftrightarrow F(\omega) = \sqrt{\frac{\pi}{\alpha}} e^{-\omega^2/4\alpha}}$$

を得た．この式からわかることは，時間の関数としてのガウス波のフーリエ変換は，周波数の関数として同じ形のもの，すなわち，ω の2次式を指数に持つ指数関数だということだ．

　ちょっと脱線．話の続きは次の段落にまわすことにして，ここで得たひとつの美しい小定理に目を留めよう．今得た変換対より

$$\int_{-\infty}^{\infty} e^{-\alpha t^2} e^{-i\omega t} dt = \sqrt{\frac{\pi}{\alpha}} e^{-\omega^2/4\alpha}$$

であるが，右辺は実数だから左辺の積分も実数となり，オイラーの公式を用いて

$$\boxed{\int_{-\infty}^{\infty} e^{-\alpha t^2} \cos(\omega t) dt = \sqrt{\frac{\pi}{\alpha}} e^{-\omega^2/4\alpha}}$$

が示される．これは，容易に直接証明できる式ではないだろう．なお，同時に $\int_{-\infty}^{\infty} e^{-\alpha t^2} \sin(\omega t) dt = 0$ も示されているが，こちらの結論は奇関数の積分なので当然だ．もう一点注意しておくと，$\alpha = \dfrac{1}{2}$ の特別な場合に変換対は

$$e^{-t^2/2} \longleftrightarrow \sqrt{2\pi} e^{-\omega^2/2}$$

となる．すなわち，$\sqrt{2\pi}$ の定数倍を除けば，$e^{-(t^2/2)}$ のフーリエ変換は自分自身に等しい[13]．

　本論に戻り，今や私たちの手中にある先ほどの枠内の変換対を，ポアソンの和公式に適用してみよう．結果は

$$\sum_{k=-\infty}^{\infty} e^{-\alpha k^2} = \sum_{n=-\infty}^{\infty} \sqrt{\frac{\pi}{\alpha}} e^{-4\pi^2 n^2/4\alpha},$$

すなわち

$$\boxed{\sum_{k=-\infty}^{\infty} e^{-\alpha k^2} = \sqrt{\frac{\pi}{\alpha}} \sum_{n=-\infty}^{\infty} e^{-\pi^2 n^2/\alpha}}$$

となる．両辺の和に，多少は見覚えがあるだろう．4.5節で扱ったガウスの2乗和だ．ここではこれ以上深入りしないが，枠内の両辺に登場した和は，テータ関数というきわめて一般的な対象の，ある特殊な場合として解釈される．テータ関数を初めて体系的に研究したのはドイツ人数学者カール・ヤコビ（1804-51年）であり，1829年の名著 *Fundamenta nova theoriae functionum ellipticarum*（楕円関数の新しい基礎理論）においてであった．テータ関数[14]は解析数論における数多くの深い問題と密接に結びついている．枠内の結果は，純粋な数値計算の用途に用いることができる．双方の和の計算のしやすさが α の値によって異なるため，一方の和を他方の和で書き換えることで計算がしやすくなるのだ．たとえば α が小さければ，右辺の和は左辺の和よりも速く収束するし，逆に大きければその反対になる．

5.6　相互拡散と不確定性原理

　1927年，ドイツの理論物理学者ヴェルナー・ハイゼンベルク（1901-76年）は量子力学で有名な「不確定性原

理」を発表した．ここでは量子力学の解説のために延々と
わき道にそれることはしないが，関連する数学へのつなぎ
のために多少の概念的な説明を行なう．量子力学は確率
論的な物理学だ．量子力学以前の理論物理は古典物理学
と呼ばれ，与えられた状況から未来に必ず起こること（ま
たは決して起こらないこと）を予知するものだった．これ
に対し量子力学では，微小な世界のある状況において，複
数（しばしば多数）の事象が起こり得るという考察を，事
実として認める．量子力学でわかるのは，複数の起こる可
能性のある事象が，実際に起こるそれぞれの確率だ．もう
読者もお察しかもしれないが，量子力学に関係する数学と
は，確率論なのだ．

　はじめに，確率論で扱う用語と記号を記しておこう．X
は測定可能な値だが不確定的，すなわち，測定するごとに
異なる値になり得るとする．これをランダム変数と呼ぶ．
このとき，X に付随する関数 $f_X(x)$ で，次の 2 性質を満
たすものを確率密度関数と定義する．

（ⅰ）　$f_X(x) \geqq 0 \quad (-\infty < x < \infty)$,

（ⅱ）　$\displaystyle\int_a^b f_X(x)dx = [X$ のとる値が区間 $a \leqq x \leqq b$ 内
である確率]．

　このうち（ⅱ）より次の（ⅲ）が成立し，正規化条件と
呼ばれる．

（ⅲ）　$\displaystyle\int_{-\infty}^{\infty} f_X(x)dx = 1$

これはすなわち，X が区間 $-\infty < x < \infty$ のいずれかの

値を必ずとるという自明な事実を表している.

　確率論では，X の性質に関する情報から $f_X(x)$ を計算するための巧みな方法をいろいろ学ぶが，ここではそうした計算がすでになされていて $f_X(x)$ がわかっていると単に仮定する．いったん $f_X(x)$ がわかってしまえば，あとはそれを用いて X に関する様々な数値を計算できる．たとえば，X の平均値（$\widehat{X}$ と書く）や 2 乗平均値（$\widehat{X^2}$ と書く）などである．$\widehat{X}$ は計算式

$$\widehat{X} = \int_{-\infty}^{\infty} x f_X(x) dx$$

のことであり，X の標準的な値として用いられる．一般性を失うことなく，$\widehat{X} = 0$ と仮定してよい．X の代わりに $X - \widehat{X}$ を考えればよいからだ．ここで，$X - \widehat{X}$ の平均値は，その作り方から 0 である．証明は以下のようにできる.

$$\begin{aligned}
\widehat{X - \widehat{X}} &= \int_{-\infty}^{\infty} (x - \widehat{X}) f_X(x) dx \\
&= \int_{-\infty}^{\infty} x f_X(x) dx - \widehat{X} \int_{-\infty}^{\infty} f_X(x) dx \\
&= \widehat{X} - \widehat{X} = 0.
\end{aligned}$$

念のため注意しておくが，$\widehat{X}$ は数値であり，x の関数ではない.

　X が $\widehat{X}$ からあまり大きく外れた値をとらないならば，$\widehat{X}$ は X の標準的な値を定める数々の方法の中でも適切な方だといえる．一方，X が $\widehat{X}$ から見て変動が大きい場

合，$\widehat{X}$ は標準的な値としてあまり適切とはいえない．標準的な値としての $\widehat{X}$ の適切さを表すための便利な量として，X の分散と呼ばれる値があり，$\sigma_X = \sqrt{\widehat{(X-\widehat{X})^2}}$ で定義される．σ_X^2 は X が $\widehat{X}$ からどれだけ外れているか，そのぶれの2乗の平均だ．2乗していることにより，正と負のぶれが互いに打ち消しあうことがない．今の $\widehat{X} = 0$ という仮定の下では

$$\sigma_X = \sqrt{\int_{-\infty}^{\infty} x^2 f_X(x)dx}$$

である．常に $\sigma_X \geqq 0$ であることに注意しておこう．

よし．ではそろそろ本題に入ろう．σ_X にはもうひとつの解釈がある．それは，値 X の不確定性を表す尺度だ（σ_X は X と同じ単位であることに注意）．平均値 $\widehat{X}$（今の場合 0）を X の標準的な値とみなしたいわけだが，σ_X が小さければ $\widehat{X}$ は X の標準的な値として適格なことが「確からしい」といえる．これが，値 X の不確定性が低いということだ．一方，σ_X が大きければ，X が実際にとる値には高い不確定性があり，かなりの確率で X は平均値 0 から大きく外れた値をとる．

量子力学ではよく確率論的な2個1組の量を扱う．ハイゼンベルクの不確定性原理は，そうした組である2つの変数の不確定性の積が，少なくともある正の定数よりも大きいことを主張する．こうした組の古典的な例で，物理学の教科書でよく用いられるものとして，粒子の位置と運

動量がある．σ_X と σ_Y が，それぞれ位置と運動量の不確定性を表すとすると，ある定数 $c > 0$ に対して

$$\sigma_X \sigma_Y \geqq c$$

が成り立つ．これは一般によく「粒子の位置と運動量を完全に正確かつ同時に測定することは不可能である」と表現される．１組の値を測定するとき，一方の正確さをとれば他方の正確さが損なわれてしまうのだ．

　これと同種のことが，１組のフーリエ対 $g(t) \longleftrightarrow G(\omega)$ に関しても考えられる．すなわち，時間の関数 $g(t)$ の位置についての不確定性と，周波数の関数 $G(\omega)$ の位置（$g(t)$ のエネルギーがどの周波数にあるのかを表す尺度）についての不確定性との関係を考えるのだ．ここで「時間の関数 $g(t)$ の位置」とは，$g(t)$ の主な挙動が発生する時間の区間（無限区間もあり得る）のことである．周波数の関数 $G(\omega)$ の位置も同様だ．一般に，この２つの区間は互いに逆の関係を保ちながら変動する．すなわち，非常に狭い時間の区間で発生した信号のフーリエ変換の主要部は，非常に広い周波数の区間にわたる．この現象を最もよく表す例は $\delta(t)$ だ．時間の区間は 0 であり，フーリエ変換は ω 軸上の全（無限）区間上で一定の値を持つ．こうした逆の関係は「相互拡散」と呼ばれる．前に 5.3 節で証明したフーリエ変換対

$$e^{-\alpha|t|}\cos(t) \longleftrightarrow \alpha\left[\frac{1}{\alpha^2+(\omega-1)^2}+\frac{1}{\alpha^2+(\omega+1)^2}\right]$$

を用いた相互拡散の例を，図 5.6.1 に示す．上段の２図

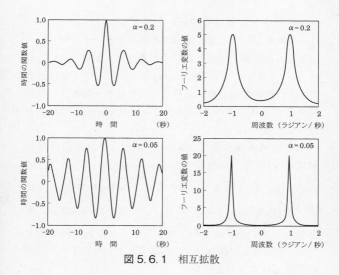

図 5.6.1 相互拡散

は $\alpha = 0.2$ のときの時間の関数とそのフーリエ変換のグラフであり，これは時間の関数の変動が急激に減少する例である．これに対し下段の2図は $\alpha = 0.05$ の場合であり，時間の関数の変動が緩やかに減少する例である．時間側の「一極集中」の度合いを下げるように計らうと，逆に周波数の側でその度合いが増してくる様子が見て取れる．

ハイゼンベルクの論文が世に出たまさに翌年の 1928 年，ドイツ人数学者ヘルマン・ワイル（1885-1955 年）が，不確定性原理の見事な数学的な証明を著書 *The Theory of Groups and Quantum Mechanics*（1931 年に

Dover 社より英語版が刊行）で発表した．以下に，フー
リエ変換を用いた不確定性原理の証明を紹介するが，これ
はワイルの証明を元にしたものであり，1.5 節で示したコー
シー–シュワルツ不等式を用いる．ただしワイルは著書
の中で，この手法を最初に見出したのはオーストリア人物
理学者ヴォルフガング・パウリ（1900-58 年）であると
述べている．

　時間の関数 $g(t)$ として，周期関数でない任意の実数
値関数をとる．変換対を $g(t) \longleftrightarrow G(\omega)$ とする．この
とき，$g(t)$ のエネルギー $W = \displaystyle\int_{-\infty}^{\infty} g^2(t)dt$ を用いた式
$\displaystyle\int_{-\infty}^{\infty} g^2(t)/W\,dt = 1$ および $g^2(t)/W \geqq 0$ が成立する．す
なわち，$g^2(t)/W$ は，あたかもランダム変数の確率密度
関数であるように振舞う．この類似性をさらに深め，時間
の関数 $g(t)$ の不確定性を

$$\sigma_t = \sqrt{\int_{-\infty}^{\infty} t^2 \frac{g^2(t)}{W} dt}$$

で定義しよう．時間を区間 $-\infty < t < \infty$ 内のランダム変
数とみなしているので変数の平均値は 0 であり，それが
確率密度関数 $g^2(t)/W$ を持つということだ（ただし，こ
れはあくまでも類似であることを肝に銘じておこう）．

　レイリーのエネルギー公式により，同様にして $W =$
$1/2\pi \displaystyle\int_{-\infty}^{\infty} |G(\omega)|^2 d\omega$ であるから，$\displaystyle\int_{-\infty}^{\infty} |G(\omega)|^2/(2\pi W)$
$\times d\omega = 1$ となり，任意の ω に対して $|G(\omega)|^2/2\pi W \geqq 0$

が成り立つ．よって，$|G(\omega)|^2/(2\pi W)$ もまた区間 $-\infty <$ $\omega < \infty$ 上のランダム変数のように振舞い，変数の平均値は 0 である．σ_t と同様にして，周波数に関する不確定性を

$$\sigma_\omega = \sqrt{\int_{-\infty}^{\infty} \omega^2 \frac{|G(\omega)|^2}{2\pi W} d\omega}$$

で定義しよう．ここで考えるのは，以下の単純な問題だ．

　「積 $\sigma_t \sigma_\omega$ に関して何かいえるだろうか」．

　この問題の答を見つけるため，まず 1.5 節で紹介したコーシー－シュワルツ不等式を思い出そう．時間の関数を 2 つ，$h(t)$ と $s(t)$ とし，以下の式中のすべての積分が存在するならば，

$$\left\{ \int_{-\infty}^{\infty} s(t)h(t)dt \right\}^2 \leq \left\{ \int_{-\infty}^{\infty} s^2(t)dt \right\} \left\{ \int_{-\infty}^{\infty} h^2(t)dt \right\}$$

が成り立つ．等号が成立すれば $h(t)$ が $s(t)$ の定数倍である，すなわち，ある定数 k に対して $h(t) = ks(t)$ が存在する．逆に，$h(t) = ks(t)$ ならば明らかに，両辺はともに $k^2 \left\{ \int_{-\infty}^{\infty} s^2(t)dt \right\}^2$ となり，等号が成立する．以上のことは，この不等式の元の証明を振り返ればわかる．等号が成立するとは，1.5 節で用いた記号で書くと，

$$\int_{L}^{U} \{f(t) + \lambda g(t)\}^2 dt = 0$$

ということだ．これが成り立つのは，平方の形である積分の中身が恒等的に 0 のときのみである．これはすなわ

ち $f(t) = -\lambda g(t)$ であり，$f(t)$ と $g(t)$ が定数倍の関係で
あることと同値だ．今述べたことは，これから展開する議
論の最後で大いに役立つだろう．

　では始めよう．まず，以下の定義をする．

$$s(t) = tg(t), \quad h(t) = \frac{dg}{dt}.$$

すると，コーシー–シュワルツ不等式より

$$\left\{\int_{-\infty}^{\infty} tg(t)\frac{dg}{dt}dt\right\}^2 \leqq \left\{\int_{-\infty}^{\infty} t^2g^2(t)dt\right\}\left\{\int_{-\infty}^{\infty} \left(\frac{dg}{dt}\right)^2 dt\right\}.$$

枠内の左辺の積分を

$$\int_{-\infty}^{\infty} tg(t)\frac{dg}{dt}dt = \int_{-\infty}^{\infty} t\frac{d(g^2(t)/2)}{dt}dt$$

と書き換えれば，部分積分によって計算ができる．すなわ
ち，部分積分の公式

$$\int_{-\infty}^{\infty} u\, dv = \left[uv\right]_{-\infty}^{\infty} - \int_{-\infty}^{\infty} v\, du$$

において，$u = t$，$dv = d(g^2(t)/2)dt/dt$ と置くのだ．そ
うすると，$du = dt$，$v = \frac{1}{2}g^2(t)$ であるから，

$$\int_{-\infty}^{\infty} t\frac{d(g^2(t)/2)}{dt}dt = \left[\frac{1}{2}tg^2(t)\right]_{-\infty}^{\infty} - \int_{-\infty}^{\infty} \frac{1}{2}g^2(t)dt$$

となる．

　ここで $|t| \to \infty$ のときに $g(t) \to 0$ となる速さが $1/\sqrt{t}$
よりも速い（これは「極端に速い」というほどではない）

と仮定すると，$\lim_{|t|\to\infty} tg^2(t)=0$ となるから，

$$\int_{-\infty}^{\infty} tg(t)\frac{dg}{dt}dt = -\frac{1}{2}\int_{-\infty}^{\infty} g^2(t)dt = -\frac{1}{2}W$$

となる．これで枠内のコーシー–シュワルツ不等式の左辺が計算できた．では右辺の2つの積分を見てみよう．

最初の積分は簡単だ．定義から直ちに

$$\int_{-\infty}^{\infty} t^2 g^2(t)dt = W\sigma_t^2$$

である．次に，第2の積分だが，これもほぼ似たようなものだ．前に5.5節で証明した「時間による微分定理」を思い出せば，

$$g(t) \longleftrightarrow G(\omega) \quad \text{ならば} \quad \frac{dg}{dt} \longleftrightarrow i\omega G(\omega)$$

であり，レイリーのエネルギー公式により

$$\int_{-\infty}^{\infty} \left(\frac{dg}{dt}\right)^2 dt = \frac{1}{2\pi}\int_{-\infty}^{\infty} |i\omega G(\omega)|^2 d\omega$$

$$= \frac{1}{2\pi}\int_{-\infty}^{\infty} \omega^2 |G(\omega)|^2 d\omega = W\sigma_\omega^2$$

となる．ただし，最後の等号が成立するのは，ω の積分が存在する場合のみであり，それには $\lim_{|\omega|\to\infty} \omega^2|G(\omega)|^2 = 0$ が成り立たなくてはならない．これは5.3節のリーマン–ルベーグの補題の仮定 $\lim_{|\omega|\to\infty} \omega|G(\omega)|^2 = 0$ よりも強い仮定だ．たとえば5.3節の例1では波形

$$f(t) = \begin{cases} 1 & \left(|t| < \dfrac{\tau}{2}\right), \\ 0 & (その他の\ t) \end{cases}$$

のフーリエ変換対を求め，

$$F(\omega) = \tau \frac{\sin(\omega\tau/2)}{\omega\tau/2}$$

であることを示した．これより $f(t)$ のエネルギーは $W = \tau$ であり，

$$\sigma_\omega^2 = \int_{-\infty}^{\infty} \omega^2 \tau^2 \frac{\sin^2(\omega\tau/2)}{(\omega\tau/2)^2 2\pi\tau} d\omega$$

$$= \frac{2}{\pi\tau} \int_{-\infty}^{\infty} \sin^2\left(\frac{\omega\tau}{2}\right) d\omega = \infty$$

となる．σ_ω^2 の値に関するこうした結論は，いうまでもなく

$$\lim_{|\omega| \to \infty} \omega^2 |F(\omega)|^2 \neq 0$$

という事実に起因している．

　以上，コーシー–シュワルツ不等式中の3つの積分を求めてきたが，これらを不等式に代入すると，

$$\left(-\frac{1}{2} W\right)^2 = \frac{1}{4} W^2 \leqq (W\sigma_t^2)(W\sigma_\omega^2) = W^2 \sigma_t^2 \sigma_\omega^2,$$

すなわち

$$\frac{1}{4} \leqq \sigma_t^2 \sigma_\omega^2$$

となる．こうして，ついにフーリエ変換論における不確定

性原理

$$\sigma_t \sigma_\omega \geqq \frac{1}{2}$$

を得た. これが月並みな結論であるとは, 私には到底思えない.

ここで自然な疑問が湧く. 積 $\sigma_t \sigma_\omega$ を下から押さえている $\frac{1}{2}$ は, どのくらい精度の良い値なのか. 実例を計算して状況を調べてみよう. $T > 0$ とし, $-\infty < t < \infty$ 上で

$$g(t) = e^{-|t|/T},$$

と置く. $g(t)$ のエネルギーは

$$\begin{aligned}
W = \int_{-\infty}^{\infty} g^2(t)dt &= \int_{-\infty}^{0} e^{2t/T}dt + \int_{0}^{\infty} e^{-2t/T}dt \\
&= \left[\frac{e^{2t/T}}{2/T}\right]_{-\infty}^{0} + \left[\frac{e^{-2t/T}}{-2/T}\right]_{0}^{\infty} \\
&= \frac{1}{2/T} + \frac{1}{2/T} = T
\end{aligned}$$

である. よって

$$\begin{aligned}
\sigma_t^2 &= \frac{1}{W}\int_{-\infty}^{\infty} t^2 g^2(t)dt \\
&= \frac{1}{T}\left[\int_{-\infty}^{0} t^2 e^{2t/T}dt + \int_{0}^{\infty} t^2 e^{-2t/T}dt\right]
\end{aligned}$$

であり, これらの積分を求めると $T^2/2$ となる (この計算は読者に任せる. 部分積分でもできるし, または公式集を見ればもっと簡単だろう). したがって

$$\sigma_t = \frac{T}{\sqrt{2}}$$

である.

次に σ_ω を計算する. もし $G(\omega)$ がわかれば, 公式

$$\sigma_\omega = \sqrt{\int_{-\infty}^{\infty} \omega^2 \frac{|G(\omega)|^2}{2\pi W} d\omega}$$

に代入して求められそうだ. しかしここでは, もっと楽な
方法で求めよう. 上の公式を証明したときに, 時間による
微分定理を用いていたことを思い出せば, 別の表示

$$\sigma_\omega^2 = \frac{1}{W} \int_{-\infty}^{\infty} \left(\frac{dg}{dt}\right)^2 dt$$

が成り立つことがわかるだろう.

この積分を今の例に対して計算することはたやすい.

$$\frac{dg}{dt} = \begin{cases} \dfrac{1}{T} e^{t/T} & (t < 0), \\[2mm] -\dfrac{1}{T} e^{-t/T} & (t > 0) \end{cases}$$

であり, $W = T$ だから,

$$\sigma_\omega^2 = \frac{1}{T}\left[\frac{1}{T^2}\int_{-\infty}^{0} e^{2t/T} dt + \frac{1}{T^2}\int_{0}^{\infty} e^{-2t/T} dt\right]$$

$$= \frac{1}{T^3}\left[\left[\frac{e^{2t/T}}{2/T}\right]_{-\infty}^{0} + \left[\frac{e^{-2t/T}}{-2/T}\right]_{0}^{\infty}\right]$$

$$= \frac{1}{2T^2}(1+1) = \frac{1}{T^2}.$$

すなわち

$$\sigma_\omega = \frac{1}{T}$$

である．よって

$$\sigma_t \sigma_\omega = \frac{T}{\sqrt{2}} \cdot \frac{1}{T} = \frac{1}{\sqrt{2}} = 0.707$$

となり，これは実際，先ほど理論的な考察で得た下からの評価 0.5 よりもかなり（41% 余りも）大きい．

　これより直ちに，次の疑問が頭に浮かぶだろう．積 $\sigma_t \sigma_\omega$ が 0.5 にちょうど等しくなることはあり得るのか．正解は「あり得る」である．$\sigma_t \sigma_\omega = \frac{1}{2}$ であれば，コーシー–シュワルツの不等式の等号が成立しなくてはならない．先ほどコーシー–シュワルツの不等式を復習したときの記号で書くと，ある定数 k に対して $h(t) = k s(t)$ が成立していたから，今の記号に戻すと，

$$\frac{dg}{dt} = k t g(t)$$

である．すなわち，

$$\frac{dg}{g(t)} = k t dt$$

であり，積分定数を C と置くと，

$$\log g(t) - \log C = \frac{1}{2} k t^2 .$$

今，振幅の目盛りはいつでも自由に取り直してよいので，一般性を失わずに $C = 1$ として

$$\log g(t) = \frac{1}{2}kt^2.$$

ここで $\frac{1}{2}k$ を改めて k と置き換えれば

$$g(t) = e^{kt^2}$$

となる. $g(t)$ がフーリエ変換を持つために明らかに $k < 0$ であることが必要だ. 以上のことから, 時間と周波数の不確定性の積を最小にするような時間の関数は, 5.5 節の例 3 で扱ったガウス波の信号である.

　相互拡散の概念は, かつては理論物理学や, きわめて一部の数学の分野でのみ扱われていたが, 今日では小説にもみることができる. たとえば, カール・セーガンの 1985 年の小説『コンタクト』がそうだ. 主人公は電波天文学者の女性で, 地球外生物からの無線交信を受信しようとしている. あるとき, 彼女はその信号が受信できないという問題に苦しんだ. 宇宙の彼方の知的生命体との交信に失敗した原因は何か, 彼女は思いを巡らせる. その地球外生物は, たとえばこんなふうかもしれない.

　宇宙の果てにものすごい早口の小さな生物がいて, 彼らは一瞬の遅滞もなくキビキビと動きまわり, 英語の本にして百ページに匹敵する量のメッセージを, わずか十億分の一秒間で発信している, という設定だ. もちろん, こちらの受信機の帯域がごくせまく, きわめて狭い幅の周波数しか聞き取れなかったら, 長い時定数を受け容れざるを得なくなる (著者注: これが相互拡散だ). したがって, 異常に急速度の変調は, まず

　検知不可能だろう．これはフーリエの積分定理の単純
な結論であり，ハイゼンベルクの不確定性原理とも密
接な関連がある．だから，こちらの聴取可能な帯域が
一キロヘルツだとすると，一ミリセコンドよりも速い
スピードで変調される信号は聞き取れない．それは，
ぶうーんという，曖昧な雑音でしかあるまい．アーガ
ス（著者注：彼女の受信機の名前）の帯域は一ヘルツ
よりもせまいから，われわれに探知してもらおうと
思ったら，発信音はきわめて緩慢に，一秒につき一ビ
ットの情報を送るよりものろい速度で変調を行なわ
なくてはならない．（カール・セーガン著，『コンタク
ト』（池央耿，高見浩共訳，新潮社，1986 年），上巻
pp. 84-85 より引用）

5.7　ハーディ-シュスター積分

　フーリエ変換論はそれ自体がきわめて美しい理論なの
で，ついつい数式の扱いに熱中してしまい，物理学的な現
実の世界との関係を忘れがちである．そこで，これから折
に触れて，フーリエ変換の科学への応用という観点から解
説していきたい．本節で扱う内容は，私が知る限り，これ
までに発表されたことのないものだ．

　ドイツ生まれで 1875 年にイギリスに帰化し，1920 年
にはナイトの爵位を与えられたイギリス人物理学者アーサ
ー・シュスター（1851-1934 年）は，1925 年に光の理論
に関する論文を発表した[15]．彼はこの論文中で，ある定

積分に遭遇した．それは一見，いかにも取り組み甲斐がありそうだった（後から見直したところで変わるものではないが）．論文中の記号で書くと，

$$\int_0^\infty \left[\left\{ \frac{1}{2} - C(v) \right\}^2 + \left\{ \frac{1}{2} - S(v) \right\}^2 \right] dv$$

であり，ここで

$$C(v) = \int_0^v \cos\left(\frac{\pi}{2} v^2 \right) dv,$$

$$S(v) = \int_0^v \sin\left(\frac{\pi}{2} v^2 \right) dv$$

である．いうまでもなく，著者のシュスターは，この C や S の積分式の上端変数に積分変数と同じ文字を使ってしまうという，大学1年生が微積分の時間にするような誤りを犯している．C や S は，正しくは

$$C(y) = \int_0^y \cos\left(\frac{\pi}{2} v^2 \right) dv,$$

$$S(y) = \int_0^y \sin\left(\frac{\pi}{2} v^2 \right) dv, \quad y \geqq 0$$

などとするべきだ．すると問題の積分は，

$$\int_0^\infty \left[\left\{ \frac{1}{2} - C(y) \right\}^2 + \left\{ \frac{1}{2} - S(y) \right\}^2 \right] dy$$

となる．いずれにせよ，記号のことは別にしても，シュスターはこの積分を求められなかった．しかしながら，彼は「仮に次式が証明できれば，この問題の物理学的な側面は解決できる」と，論文中で結論づけた．次式とは

$$\int_0^\infty \left[\left(\frac{1}{2} - C \right)^2 + \left(\frac{1}{2} - S \right)^2 \right] dv = \pi^{-1}$$

であった. 残念なことに, 彼はこの式を証明できず, この
問題から手を引いた.

シュスターの論文は, すぐに偉大なるイギリス人数学
者 G. H. ハーディの目に留まった. ハーディはこれまでに
本書でも何度か登場してきたし, 次章でもまた扱う. ただ
し, ハーディが興味を持ったのはシュスターの物理学の研
究ではなかった.「ハーディは科学の価値をほとんど認め
ない点で際立っていた」とは, 彼が亡くなった際に出版さ
れた死亡者略歴にみられる記述だ[16]. ハーディが取った
この特有の姿勢については「はじめに」でも述べた. 彼は
極端なまでの純粋数学者であり, 彼の世界には応用数学の
居場所などなかったのだ. 彼の著作でおもしろくもあり,
そしてまた多少の悲哀を含んだ『ある数学者の弁明』(和
訳はハーディ, スノー共著,『ある数学者の生涯と弁明』
[柳生孝昭訳, 丸善出版. 2014 年] の中に収録) の中で,
彼は述べている.「確かに, 弾道学や航空力学など, 応用
数学の中に戦争を目的として計画的に発展してきた分野
もある. しかし, それらの中に真の学問と呼べるものはな
い. 実際, それらの中身はぞっとするほど醜く, 耐え難い
ほど退屈だ」. こんな文章を書く者にとって, 光の物理学
が興味深かったはずがない. 数学者ハーディの目を釘付け
にしたのは, その点ではなくシュスターの定積分そのもの
だった.

　答のわからない定積分をハーディに見せるのは，闘牛の
前に赤い布をちらつかせるようなものだ．ハーディの論
文[17]にはそんな計算が数多く収められている．ハーディ
ーが持てる知性を結集させ，いかにもいやな感じの心底ぞ
っとするような格好をした積分を攻略し勝利を収めるさま
に，感動しない者はいない．先ほど引用した死亡者略歴に
は「彼は，解析学のほとんどすべての分野に貢献し，当時
のイギリス数学界における第一人者と広く認められるに至
った」とある．シュスターの積分は，ハーディが克服して
きた他の積分と比べると，比較の上ではそれほど恐ろしい
ものではなかった．だがそれでも，そのとき取り組んでい
た仕事をとりあえずすべて押しやってでもその積分に挑戦
したいと，数学者であるハーディには思えた．ひとりの物
理学者が数学上の助けを必要としていたとき，ハーディは
まさにその救出劇を演ずるために現れたのだ．2人とも，
それぞれの分野では明らかに一流の学者だった．両名とも
が王立協会の最も栄誉あるコプリ・メダル[18]を授与され
ている（シュスターは1931年，ハーディは1947年）．た
だこの問題はハーディの縄張りであり，ハーディにとっ
て，これは単なる実験結果に対する数学的思考の優位性を
見せつける絶好の機会であった．

　ハーディがまず行なったのは，問題をより簡明な形に書
き換えることだった．彼は論文で何の前置きもなく以下の
ように述べている[19]．

　　問題の積分は

$$J = \int_0^\infty (C^2 + S^2)\,dx$$

である．ここで，

$$C = \int_x^\infty \cos(t^2)\,dt, \quad S = \int_x^\infty \sin(t^2)\,dt$$

である．アーサー・シュスター卿はこの積分の値が $\dfrac{1}{2}\sqrt{\dfrac{1}{2}\pi}$ であることを示唆している．

　そしてハーディは脚注で読者に向けて「私は記号を多少改めた」といっている．まさにそのとおりである．

　ではここで，シュスターの積分をハーディが書き換えた際におそらくしたであろう計算を，再現してみよう．このように正しく書き直された C や S は有名なフレネル積分と同じものであり，これは 4.5 節でガウス和を扱った際に初めて登場した．それらは

$$\lim_{y \to \infty} C(y) = \lim_{y \to \infty} S(y) = \frac{1}{2}$$

という性質を持つ．したがって，C と S を

$$C(y) = \int_y^\infty \cos\left(\frac{\pi}{2}v^2\right) dv,$$

$$S(y) = \int_y^\infty \sin\left(\frac{\pi}{2}v^2\right) dv, \quad y \geqq 0$$

と定義しなおせば，$\displaystyle\int_y^\infty = \int_0^\infty - \int_0^y$ かつ $\displaystyle\int_0^\infty = \frac{1}{2}$ であることから，シュスターの積分は

$$\int_0^\infty \{C^2(y) + S^2(y)\} dy$$

となり，シュスターの予想は

$$\int_0^\infty \{C^2(y) + S^2(y)\} dy = \frac{1}{\pi}$$

と書き換えられる．

　ここで変数変換 $t = v\sqrt{\pi/2}$ を施すと，

$$C(y) = \sqrt{\frac{2}{\pi}} \int_{y\sqrt{\pi/2}}^\infty \cos(t^2) dt,$$

$$S(y) = \sqrt{\frac{2}{\pi}} \int_{y\sqrt{\pi/2}}^\infty \sin(t^2) dt, \quad y \geqq 0$$

となり，シュスターの予想は

$$\int_0^\infty \left\{ \left[\int_{y\sqrt{\pi/2}}^\infty \cos(t^2) dt \right]^2 + \left[\int_{y\sqrt{\pi/2}}^\infty \sin(t^2) dt \right]^2 \right\} dy = \frac{1}{2},$$

$$y \geqq 0$$

となる．さらに変数変換 $x = y\sqrt{\pi/2}$ を施すと，この予想は上に述べた形

$$J = \int_0^\infty \left\{ \left[\int_x^\infty \cos(t^2) dt \right]^2 + \left[\int_x^\infty \sin(t^2) dt \right]^2 \right\} dx$$

$$= \frac{1}{2} \sqrt{\frac{\pi}{2}}, \quad x \geqq 0$$

となり，ようやくハーディの論文の出発点に到達する．以下，本節ではこのハーディの新しい $C(x)$ と $S(x)$ を，最終的な定義として採用する．すなわち，

$$C(x) = \int_x^\infty \cos(t^2)dt, \quad S(x) = \int_x^\infty \sin(t^2)dt$$

である. この新しい定義では, $\lim_{x \to \infty} C(x) = \lim_{x \to \infty} S(x) = 0$ であることに注意しておこう.

　ハーディの論文は, この書き出し部分で, すでに全体の1/3 近くを占める. 残りはわずか 20 行ほどしかなく, その大半は証明の決まり文句から成っていて, そこで彼はシュスターの積分 (以後ハーディ–シュスター積分と呼ぶ) を計算してしまうのだ. しかも驚くことに, この短さの中で 2 通りの証明を述べている. 第 2 の方法ではフーリエ変換論が用いられており, それが本節の要点となる. まずは第 1 の方法について少し説明しよう. これもまた巧みな解法で, オイラーの公式が有効に用いられている. ハーディはまず真っ向から積分を捕らえ,

　　当然のことながら

$$C^2 + S^2 = \int_x^\infty \int_x^\infty \cos(t^2 - u^2)dt\,du$$

　　である.

との書き出しで証明を始めている. この式がどうして「当然」なのか, 聡明な人々でも議論したくなるかもしれないが, それほど大きな苦労をせずにこの式を導く方法があるので, 以下に紹介しよう. オイラーの公式から

$$e^{it^2} = \cos(t^2) + i\sin(t^2)$$

であるから,

$$C(x) + iS(x) = \int_x^\infty e^{it^2} dt$$

が成り立つ. 両辺の共役複素数は

$$C(x) - iS(x) = \int_x^\infty e^{-it^2} dt = \int_x^\infty e^{-iu^2} du$$

であり, これら 2 式を辺々乗じて

$$C^2(x) + S^2(x) = \int_x^\infty e^{it^2} dt \int_x^\infty e^{-iu^2} du$$

$$= \int_x^\infty \int_x^\infty e^{i(t^2 - u^2)} dt\, du$$

$$= \int_x^\infty \int_x^\infty \cos(t^2 - u^2) dt\, du$$

$$+ i \int_x^\infty \int_x^\infty \sin(t^2 - u^2) dt\, du.$$

　ここで, $C^2(x)$ と $S^2(x)$ はともに実数だから, 虚部は 0 であり, ハーディのいう「当然」の結果

$$C^2(x) + S^2(x) = \int_x^\infty \int_x^\infty \cos(t^2 - u^2) dt\, du$$

を得る. したがって, ハーディ-シュスター積分は, 印象的な形をした次のような 3 重積分に同値である.

$$J = \int_0^\infty \int_x^\infty \int_x^\infty \cos(t^2 - u^2) dt\, du\, dx, \quad x \geqq 0.$$

ここでハーディは, 数学者というよりも物理学者や工学者のような言い方で「x について積分し, 積分の順序交換によるすべての困難を無視すれば, … すると, 積分はばらばらに分かれ …」などと続け, 突然, 最終的な結論だけ

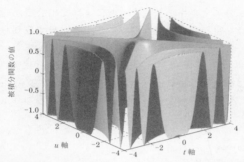

図 5.7.1 ハーディ-シュスター積分の被積分関数

を書くのである. ここまでわずか6行しか費やしていない. しかも, そのうち4行は証明の決まり文句だ. そして最後は誇らしげに (少なくとも私にとっては) 驚くべき言葉「よって我々はシュスターの結果を**ほとんど何も計算する必要もなく得た**」(強調は著者) で締めくくっている. 図5.7.1にハーディ-シュスター積分の被積分関数のグラフを示す.

だが, 「積分の順序交換によるすべての困難を無視すれば」という表現が連想させてしまうかもしれない軽々しい姿勢を, ハーディの数学的本能は許せなかったのだろう. 「容易にわかるように, 厳密な解析的な証明を書くのは厄介だ」と書いた後, 彼は続けて「フーリエ変換論に基づく別の証明がある」と述べている. 以下, 本節ではハーディが成し遂げたこの証明を解説する. この証明は本質的にレ

イリーのエネルギー公式と，前に 4 章で出会った巧みな
仕掛けを組み合わせたものであることが見て取れるだろ
う．証明の全体は見事な離れ業というほかない．

　まず，$C(x)$ や $S(x)$ に限らず，任意の $f(x)$ について成
り立つ補助的な事実から始めよう．$C(x)$ や $S(x)$ を扱う
のは，少し後になってからとする．$f(x)$ のフーリエ変換
は

$$F(\omega) = \int_{-\infty}^{\infty} f(x)e^{-i\omega x}dx$$

$$= \int_{-\infty}^{\infty} f(x)\cos(\omega x)dx - i\int_{-\infty}^{\infty} f(x)\sin(\omega x)dx$$

であるから，$f(x)$ が実数値で $x < 0$ のとき 0 ならば，右
辺の 2 つの積分の中身はいずれも偶関数にも奇関数にも
ならないので，$F(\omega)$ は実数でも純虚数でもない．ここ
で，$f(x)$ の $x < 0$ への拡張を，$f(x)$ が奇関数になるよう
に行なう（これが予告しておいた巧みな仕掛けだ）．する
と，$F(\omega)$ の実部の方は，積分の中身が奇関数となるから
積分が 0 となる．したがって，この $f(x)$ の奇関数への拡
張を $\widehat{f}(x)$ と置けば，そのフーリエ変換 $\widehat{F}(\omega)$ は純虚数で

$$\widehat{F}(\omega) = -i\int_{-\infty}^{\infty} \widehat{f}(x)\sin(\omega x)dx$$

となる．$x > 0$ では $\widehat{f}(x) = f(x)$（当然 $x < 0$ では $\widehat{f}(x) = -f(x)$）であるから，

$$\widehat{F}(\omega) = -i\left[\int_{-\infty}^{0} \widehat{f}(x)\sin(\omega x)dx + \int_{0}^{\infty} f(x)\sin(\omega x)dx\right]$$

である. 第1の積分で変数変換 $s=-x$ を施すと,

$$\int_{\infty}^{0}\widehat{f}(-s)\sin(-\omega s)(-ds) = -\int_{0}^{\infty}\widehat{f}(-s)\sin(\omega s)ds$$
$$= \int_{0}^{\infty}\widehat{f}(s)\sin(\omega s)ds$$

となる. ここで最後の等号は $\widehat{f}$ の意味から $\widehat{f}(-s)=-\widehat{f}(s)$, すなわち奇関数なので成り立つ. したがって

$$\widehat{F}(\omega) = -i\left[\int_{0}^{\infty}\widehat{f}(s)\sin(\omega s)ds + \int_{0}^{\infty}f(x)\sin(\omega x)dx\right].$$

ここで, 2つの積分ともに積分区間は正の実数であり, 正の範囲では $\widehat{f}=f$ であるから, 積分変数を統一して表すと次式を得る.

$$\boxed{\widehat{F}(\omega) = -i2\int_{0}^{\infty}f(x)\sin(\omega x)dx}. \qquad (1)$$

さて, $\widehat{f}(x)$ のエネルギーは $\int_{-\infty}^{\infty}\widehat{f}^{2}(x)dx = 2\times\int_{0}^{\infty}f^{2}(x)dx$ であるが, これはレイリーの公式により $1/2\pi\int_{-\infty}^{\infty}|\widehat{F}(\omega)|^{2}d\omega$ とも等しい. $\widehat{f}(x)$ は実数だから $|\widehat{F}(\omega)|^{2}$ は偶関数であり, このエネルギーはまた $1/\pi\times\int_{0}^{\infty}|\widehat{F}(\omega)|^{2}d\omega$ とも表せる. これより次式を得る.

$$\boxed{\int_{0}^{\infty}f^{2}(x)dx = \frac{1}{2\pi}\int_{0}^{\infty}|\widehat{F}(\omega)|^{2}d\omega}. \qquad (2)$$

　ここで一般論を終え，$f(x)$ を任意の関数から $C(x)$ や
$S(x)$ に制限する．先ほどの定義は

$$C(x) = \int_x^\infty \cos(t^2)dt, \quad S(x) = \int_x^\infty \sin(t^2)dt$$

であり，これは任意の $x \geqq 0$ に対し有効だ．$x < 0$ に対し
ては，上で任意の $f(x)$ について行なったように，奇関数
への拡張を考える．すると，

$$\phi(\omega) = \int_0^\infty C(x)\sin(\omega x)dx,$$

$$\psi(\omega) = \int_0^\infty S(x)\sin(\omega x)dx$$

で定義される 2 つの実数値関数 $\phi(\omega), \psi(\omega)$ を用いて，上
の (1) で得たように，$C(x)$ と $S(x)$ のフーリエ変換が

$$\widehat{F}_{C(x)}(\omega) = -i2\phi(\omega), \quad \widehat{F}_{S(x)}(\omega) = -i2\psi(\omega)$$

と得られる．(2) より

$$\int_0^\infty C^2(x)dx = \frac{1}{2\pi}\int_0^\infty 4\phi^2(\omega)d\omega$$

$$= \frac{2}{\pi}\int_0^\infty \phi^2(\omega)d\omega.$$

同様に

$$\int_0^\infty S^2(x)dx = \frac{2}{\pi}\int_0^\infty \psi^2(\omega)d\omega$$

となるから，ハーディ-シュスター積分は

$$J = \int_0^\infty \{C^2(x) + S^2(x)\}dx$$

$$= \frac{2}{\pi} \int_0^\infty \{\phi^2(\omega) + \psi^2(\omega)\}d\omega$$

となる. $\phi(\omega)$ と $\psi(\omega)$ は, 部分積分で求められる. $C(x)$ $= \int_x^\infty \cos(t^2)dt$ と置き, $\phi(\omega) = \int_0^\infty C(x)\sin(\omega x)dx$ に対し, 部分積分の公式 $\int_0^\infty u\,dv = \left[uv\right]_0^\infty - \int_0^\infty v\,du$ を $u = C(x)$ として適用する. $du/dx = -\cos(x^2)$, また dv $= \sin(\omega x)dx$, $v = -\cos(\omega x)/\omega$ であるから,

$$\int_0^\infty C(x)\sin(\omega x)dx$$

$$= \phi(\omega)$$

$$= \left[-\frac{\cos(\omega x)}{\omega}C(x)\right]_0^\infty - \int_0^\infty -\frac{\cos(\omega x)}{\omega}\{-\cos(x^2)dx\}$$

となり, $C(\infty) = 0$ より

$$\phi(\omega) = \frac{1}{\omega}C(0) - \frac{1}{\omega}\int_0^\infty \cos(\omega x)\cos(x^2)dx$$

である. $C(0) = \int_0^\infty \cos(t^2)dt = \frac{1}{2}\sqrt{\pi/2}$ であり, 積分公式

$$\int_0^\infty \cos(ax^2)\cos(2bx)dx$$

$$= \frac{1}{2}\sqrt{\frac{\pi}{2a}}\left[\cos\left(\frac{b^2}{a}\right) + \sin\left(\frac{b^2}{a}\right)\right]$$

において, $a = 1$, $b = \frac{1}{2}\omega$ と置けば,

$$\int_0^\infty \cos(\omega x)\cos(x^2)dx$$

$$= \frac{1}{2}\sqrt{\frac{\pi}{2}}\left[\cos\left(\frac{1}{4}\omega^2\right)+\sin\left(\frac{1}{4}\omega^2\right)\right]$$

となるから，結局

$$\phi(\omega) = \frac{1}{2\omega}\sqrt{\frac{\pi}{2}}\left[1-\cos\left(\frac{1}{4}\omega^2\right)-\sin\left(\frac{1}{4}\omega^2\right)\right]$$

と求められる．$\psi(\omega)$ についても計算はほとんど同じだ．
詳細は読者に任せよう．結果は

$$\psi(\omega) = \frac{1}{2\omega}\sqrt{\frac{\pi}{2}}\left[1-\cos\left(\frac{1}{4}\omega^2\right)+\sin\left(\frac{1}{4}\omega^2\right)\right]$$

となる．以上より，

$$\phi^2(\omega)+\psi^2(\omega)$$

$$= \frac{\pi}{8\omega^2}\left[\left\{1-\cos\left(\frac{1}{4}\omega^2\right)-\sin\left(\frac{1}{4}\omega^2\right)\right\}^2\right.$$

$$\left.+\left\{1-\cos\left(\frac{1}{4}\omega^2\right)+\sin\left(\frac{1}{4}\omega^2\right)\right\}^2\right]$$

$$= \frac{\pi}{8\omega^2}\left[2\left\{1-\cos\left(\frac{1}{4}\omega^2\right)\right\}^2+2\sin^2\left(\frac{1}{4}\omega^2\right)\right]$$

$$= \frac{\pi}{4\omega^2}\left[1-2\cos\left(\frac{1}{4}\omega^2\right)+\cos^2\left(\frac{1}{4}\omega^2\right)\right.$$

$$\left.+\sin^2\left(\frac{1}{4}\omega^2\right)\right]$$

$$= \frac{\pi}{2\omega^2}\left[1-\cos\left(\frac{1}{4}\omega^2\right)\right]$$

であるから,

$$J = \frac{2}{\pi} \cdot \frac{\pi}{2} \int_0^\infty \frac{1 - \cos(\omega^2/4)}{\omega^2} d\omega$$
$$= \int_0^\infty \frac{1 - \cos(\omega^2/4)}{\omega^2} d\omega$$

となる. 積分の中身の $\omega = 0$ における挙動についてはまったく問題なく, この広義積分は存在する (これに似た被積分関数の振舞いを註 10 で扱ったので参照されるとよい). そしてこの広義積分もまた部分積分で計算できる. 先ほどの部分積分の公式で $u = 1 - \cos\left(\dfrac{1}{4}\omega^2\right)$ と置くと $du = \dfrac{1}{2}\omega \sin\left(\dfrac{1}{4}\omega^2\right) d\omega$ であり, さらに $dv = d\omega/\omega^2$ より $v = -1/\omega$ である. したがって

$$J = \int_0^\infty \frac{1 - \cos(\omega^2/4)}{\omega^2} d\omega$$
$$= \left[-\frac{1}{\omega}\left\{1 - \cos\left(\frac{1}{4}\omega^2\right)\right\} \right]_0^\infty$$
$$\quad - \int_0^\infty -\frac{1}{\omega} \cdot \frac{1}{2}\omega \sin\left(\frac{1}{4}\omega^2\right) d\omega$$
$$= \frac{1}{2} \int_0^\infty \sin\left(\frac{1}{4}\omega^2\right) d\omega$$

となる. ここで $t = \dfrac{1}{2}\omega$ と置くと, $dt = \dfrac{1}{2}d\omega$ であるから, ついにハーディの結果

$$J = \frac{1}{2} \int_0^\infty \sin(t^2) 2dt = \int_0^\infty \sin(t^2) dt = \frac{1}{2}\sqrt{\frac{\pi}{2}}$$

を得た.

　シュスターは以上の証明を見てどう思ったのだろうか.
私が知る限り, ハーディの解法に関してシュスターが発言
した記録はない. しかし私は, 数学的な欠陥を埋めるため
の上述の証明に, 彼がそれほど興味を持たなかったとして
も驚くには当たらないと思う. ハーディは1920年に王立
協会からロイヤルメダルを受賞したが, シュスターは王立
協会に1879年からフェローとして, さらに1912年から
1919年までは長官として務めていたことから, 彼がハー
ディの解析学における偉大さを十分認識していたことは間
違いない. シュスターにとって, 自分の予想の正しさが専
門家の手で立証され, 予想がそのまま正しい命題となった
ことは, 当然喜ばしかっただろう. しかし一方で, シュス
ター自身も自分で欠陥を埋めていたかもしれない. いや,
少なくとも彼が本気でそうしようと思えばできたであろう
ことは間違いないと思う. 実際, 彼はフーリエの数学をよ
く理解し, その価値を認めていた. たとえば, シュスター
の著書 *An Introduction to Optics* には, フーリエ変換と
レイリーのエネルギー公式に関する優れた解説が収めら
れている. なお, この本の出版はハーディの論文が出るよ
りも前であり, ついでに付け加えるならば, シュスターの
友人のレイリー卿に捧げるために書かれたものだった. こ
ういう言い方はハーディに失礼かもしれないが, 彼の論文
から私が受ける印象では, 彼はこの証明を, 朝, 紅茶を片
手にタイムズ紙を広げ, クリケットの試合結果を見ながら

片手間に書き留めた些細なことのように装っている. 私には, ハーディが「物理学者よ, 君たちもこのくらいの証明が書けるように, せいぜい頑張りたまえ」と言っているように感じられる. あらゆる記録や証言からハーディは優れた人格の紳士だったとされているが, それでもなお, 彼もまた人間だったのだ.

第6章　電気工学と $\sqrt{-1}$

6.1　なぜ電気工学なのか

　この本ではこれまで数学の話題をいろいろ扱ってきた
が，それらはもっぱら数学そのもののためだった．実は，
私がこの本をどうしても書きたいと思った理由は，オイ
ラーが数学者としてだけではなく，工学系の物理学者と
して非常に優れていると感じているからだ．そこで工学
への応用を紹介し，本書の締めくくりとしたい．ここで用
いられる数学は，複素数という，オイラーが大きく発展さ
せた対象を駆使したものだ．オイラーには膨大な応用系
の業績があるが，これは彼がベルリン・アカデミーのモッ
トー「theoria cum praxi」（実践を伴う理論）を真剣に捉
え，それを念頭に置いて研究していたことを表している．
オイラーはベルリン・アカデミーに 1741 年から 1766 年
まで所属していた．なお，このモットーを掲げた人物が，
1700 年にベルリン・アカデミーを設立した数学者ライプ
ニッツであったことは，ぜひ言っておくべきだろう．工学
者でもこうは言えまい．

　オイラーの時代，電気といえば，空に光る稲妻くらいし
か存在しなかった．そこでこの章では，オイラーが知った

らさぞかし喜ぶに違いない．複素数の電気工学への目覚し
い応用の一端を紹介したい．そう決めたのは，やはり，私
の専門が電気工学だからということもある．ただし念のた
めいっておくと，読者がそうである必要はない．本章を読
むに当たり，電気工学の知識はまったく必要としないので
ご安心願いたい．オイラーの応用系の業績のうち，造船や
大砲の弾道計算，そして水力学に関するものの中にもまた
目を見張るものがあるが，それらはこれまで多くの出版物
で紹介されてきた[1] ので，ここでは少し違った視点から
見てみたい．

6.2 LTI システム，畳み込み，伝達関数，因果性

電気回路は，電流や電圧が指定された関係を正確に満た
すように，驚くほど複雑で微小な部品から構成されてい
て，その製造工程もまた複雑だ．微小な部分の多くはシリ
コンでできている．シリコン（ケイ素）はありふれた元素
であり，世界中のどの海岸の砂浜に行っても，砂の中に少
なくとも数千トンのシリコンが含まれている．部品にはコ
ンデンサー，トランジスタ，ダイオードなどといった特有
の凝った名前がつけられていて，電気工学用語として平常
用いられている．何百万個もの微小なシリコン製の部品で
構成された回路の中を電子が伝わっていく仕組みを熟知す
れば，電気技師として多額の報酬を得られる．回路で部品
同士が複雑に接続される様子は，人間の脳の内部構造の複
雑さに迫るほどだ．それはきわめて奥深く難解な代物で，

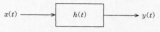

図 6.2.1　最も単純なブロック線図

魔術に近いとすらいえるが，ここではその内容はまったく必要ない．

　その代わり，以下ではいわゆる工学系独立ブロック線図を扱う．それは，会社で企画室のホワイトボードで目にするような図式[2]で，私が「管理レベルの図式」と呼んでいるものだが，一般には単に「入出力図式」と呼ばれることもある．その種の図式で最も単純なものは，図 6.2.1 のようにひとつの箱からなる．$x(t)$ は入力，$y(t)$ は出力だ．箱の中の $h(t)$ の意味は，すぐ後で説明する．当然，どのような箱の振舞いも，原理的には，$y(t)$ を $x(t)$ の関数として表しさえすれば，数学的に表現できる．たとえば，箱が積分作用素なら，

$$y(t) = \int_{-\infty}^{t} x(s)ds$$

と書けるだろう．

　本章では，当面の目的のために必要な，電気工学でいう「線形かつ時間不変」の性質を持つ箱に限定する．そのような箱を「LTI システム」と呼ぶ．L とは Linear（線形）を指し，重ね合わせの原理が成り立つことを意味する．式で表すと

$$x_1(t) \longrightarrow y_1(t) \quad \text{かつ} \quad x_2(t) \longrightarrow y_2(t)$$

ならば　$c_1 x_1(t) + c_2 x_2(t) \longrightarrow c_1 y_1(t) + c_2 y_2(t)$

（ただし，c_1, c_2 は任意の定数［通常は複素数］）

となる．ここで右向きの矢印は，$x(t) \longrightarrow y(t)$ により入力 $x(t)$ から出力 $y(t)$ が生ずることを表す記号だ．次に TI とは，Time Invariant（時間不変）を指し，

$$x(t) \longrightarrow y(t) \quad \text{ならば} \quad x(t - t_0) \longrightarrow y(t - t_0)$$

を意味する．これは，LTI システムへの入力が時間 t_0 だけ遅れたら，出力もまた t_0 だけ遅れるということだ．

では，図 6.2.1 の $h(t)$ とは何だろうか．それは，瞬間的な値を入力したときの出力である．瞬間的な値はインパルスとも呼ばれるので，$h(t)$ をインパルス応答という．すなわち，$x(t) = \delta(t)$ のとき $y(t) = h(t)$ となる．$h(t)$ とは，入力が強さ 1 の瞬間的な値 $\delta(t)$ のときに箱から得られる出力だ．以下に示すように，$h(t)$ は箱の中身に関する情報を完全に含んでいる．つまり，$h(t)$ がわかれば，あらゆる入力 $x(t)$ に対する出力 $y(t)$ を計算できるのだ．インパルス応答が箱の中身のすべてを決定してしまうひとつの理由は，$\delta(t)$ のエネルギーが，5 章で示したように，$-\infty$ から $+\infty$ まですべての周波数にわたり一様に分布するからだ．箱に入れられたどの瞬間のどの信号も，そのエネルギーがどの周波数にあろうと，そこで必ず入力 $\delta(t)$ のエネルギーに出会う．言い換えれば，$\delta(t)$ が入力されると，箱の中のどの部分も，最終的な出力を生み出すため

に無関係ではいられない．人間にたとえると，箱の中の
誰一人として，秘密を守ることができない，いわば，入力
$\delta(t)$ に対しては，箱の中の全員が自分の身の上を語って
しまうのだ．

　電気工学専攻の学生が最初に学ぶことのひとつに，たと
えば回路図のような，LTI システムの詳細な内部構造か
ら $h(t)$ を求めるための計算法がある．ここではその点に
立ち入らず，すでに $h(t)$ が求まっているものと単に仮定
する．実質的には，箱に $\delta(t)$ を入力し，単純にその結果
を測定したと考えればよい．その結果こそ，まさに $h(t)$
の定義そのものだ．もちろん，$\delta(t)$ を入力するとは実際
にどういうことなのかとの疑問があるかも知れない．無
限大のエネルギーを持つ信号である $\delta(t)$ をどうやって発
生させればよいのだろう．これは確かにもっともな疑問
だが，答えは簡単だ．それについては本節の後段でお話し
する．いうまでもなく，数学的な計算で $\delta(t)$ を入力する
ことには何の問題もない．たとえば，積分作用素に対する
$h(t)$ を求めるには，$x(t) = \delta(t)$ として

$$y(t) = \int_{-\infty}^{t} x(s)ds = \int_{-\infty}^{t} \delta(s)ds = \begin{cases} 0 & (t < 0) \\ 1 & (t > 0) \end{cases}$$

であるから，$h(t) = u(t)$ となる．積分作用素のインパル
ス応答は，単位階段関数だったのだ．

　では証明に入ろう．最初に，理論的にせよ実験的にせ
よ，何らかの手段で $h(t)$ が得られた場合に，実際に任意
の $x(t)$ に対して $y(t)$ が計算できることを示す．図 6.2.1

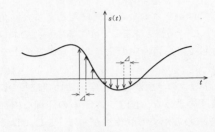

図 6.2.2　一定の時間間隔 Δ ごとに発生する δ 関数列

の箱への入力が，図 6.2.2 に示すような δ 関数列である
としよう．瞬間的な値は等間隔に発生しており，強さの変
動が関数 $s(t)$ によって表されるとする．すなわち，時間
の間隔を Δ とすると，$x(t)$ は

$$x(t) = \sum_{k=-\infty}^{\infty} s(k\Delta) \cdot \Delta \cdot \delta(t-k\Delta)$$

と表せる．念のため，この式の意味をきちんと理解してお
こう．$s(k\Delta) \cdot \Delta$ は，時刻 $t=k\Delta$ における瞬間的な値の
強さまたは面積だ．高さはあくまでも無限大であることを
注意しておきたい．LTI システムへの入力が $x(t)$ である
とき，重ね合わせの原理と時間不変性により，出力は

$$y(t) = \sum_{k=-\infty}^{\infty} s(k\Delta) \cdot \Delta \cdot h(t-k\Delta)$$

となる．ここで，$t=k\Delta$ における強さ 1 の瞬間的な値
$\delta(t-k\Delta)$ に対する出力が $h(t-k\Delta)$ であることを用い
た．

　ここで, 5.2節でフーリエ級数の和からフーリエ変換の積分を導いたときと同じ議論をしよう. すなわち, $\Delta \to 0$ の極限を考えるのだ. すると,

（ⅰ）$k\Delta$ は連続変数になる. これを τ と置く.

（ⅱ）$\displaystyle\sum_{k=-\infty}^{\infty}$ は $\displaystyle\int_{-\infty}^{\infty}$ になる.

（ⅲ）Δ は $d\tau$ になる.

以上より, $x(t), y(t)$ は次の表示を持つ.

$$x(t) = \int_{-\infty}^{\infty} s(\tau)\delta(t-\tau)d\tau,$$

$$y(t) = \int_{-\infty}^{\infty} s(\tau)h(t-\tau)d\tau.$$

　$\delta(t)$ の抽出性により, $x(t)$ の式は単に $x(t) = s(t)$ となる. これを $y(t)$ の式に代入すると, 次の答を得る.

$$\boxed{\,y(t) = \int_{-\infty}^{\infty} x(\tau)h(t-\tau)d\tau = \int_{-\infty}^{\infty} x(t-\tau)h(\tau)d\tau\,}.$$

ここで第2の積分は, 第1の積分に自明な変数変換を施したものだ. この結果は, 5.3節で学んだ言葉を用いると, LTI システムへの入力 $x(t)$ に対する出力は, $y(t) = x(t) * h(t)$, すなわち「入力 $x(t)$ とインパルス応答 $h(t)$ の畳み込み」とも表せる. この事実はいわば情報の金鉱であり, ここから実に様々な事実を証明できる.

　たとえば, 発生させることが不可能な入力信号 $\delta(t)$ を実際に発生させることなく, いかにして実験的に $h(t)$ を

測定するかという疑問に対し，上の結果を用いて答えることができる．まずは入力が単位階段関数であるとしよう．これなら簡単に発生させられる．すなわち $x(t) = u(t)$ である．なお，$u(t)$ は $\delta(t)$ と同様にエネルギーが無限大の信号だが，その無限大のエネルギーの発生が瞬時でないという点で異なる．$u(t)$ を入力するには，単に信号をひたすら発信し続ければよい．このときのシステムの出力は，さしづめ「階段応答」とでも呼べるものだが，

$$y(t) = \int_{-\infty}^{\infty} x(t-\tau)h(\tau)d\tau = \int_{-\infty}^{\infty} u(t-\tau)h(\tau)d\tau$$
$$= \int_{-\infty}^{t} h(\tau)d\tau$$

となる．両辺を t について微分すると，直ちに

$$\frac{dy}{dt} = h(t)$$

を得る．すなわち，LTI システムのインパルス応答は，階段応答の微分だったのだ．これはもちろん容易に測定も計算もできる．何という単純な結論だろう．

畳み込み積分からわかる2つ目の事実に移ろう．まず 5.3 節で時間に関する畳み込み積分のフーリエ変換を扱ったときに得た結果

$$\boxed{Y(\omega) = X(\omega)H(\omega)}$$

を思い出そう．この式は，そのときに枠で囲って表したが，きわめて重要な結果なので，ここでも再び枠で囲っ

た. 今度はこれを次のように変形する.

$$\frac{1}{2\pi}|Y(\omega)|^2 = \frac{1}{2\pi}|X(\omega)|^2|H(\omega)|^2.$$

レイリーのエネルギー公式から, $1/2\pi|X(\omega)|^2$ と $1/2\pi$ $\times|Y(\omega)|^2$ は, それぞれ, 入力信号と出力信号の ESD であるから,

$$(出力信号のエネルギー)$$
$$= \int_{-\infty}^{\infty} \frac{1}{2\pi}|Y(\omega)|^2 d\omega$$
$$= \int_{-\infty}^{\infty} (入力信号の ESD) \cdot |H(\omega)|^2 d\omega$$

となる. インパルス応答 $h(t)$ のフーリエ変換 $H(\omega)$ が, LTI システムの研究において果たす役割の重大さは, いくら強調しても足りないほどだ. $H(\omega)$ はあまりにも重要なので名前がついており, LTI システムの伝達関数[3] と呼ばれている. 名前の由来は, 上の積分で見たように, 入力信号のエネルギーが出力信号にどのように伝達されるかを $H(\omega)$ が決定するからだ. $H(\omega) = 0$ となるような周波数は, 出力信号にまったくエネルギーが存在しない帯域であり, このことは, たとえ入力信号でその周波数に多くのエネルギーがある場合でも成り立つ. この考察は, 本章の後段で電気回路を構成する際に大いに役立つだろう.

　これまで, $h(t)$ の性質についてはまったく触れずにきた. そこで本節の締めくくりに, $h(t)$ が因果的であるという概念を紹介したい. 数学的な定義は「$t < 0$ ならば

$h(t) = 0$」と単純であるが，この概念には深い物理学的
な解釈がある．インパルス応答 $h(t)$ は，LTI システムに
$\delta(t)$ が入力された場合の出力だが，$\delta(t)$ とは $t = 0$ の瞬間
のみに発生する入力だ．したがって，考えてみれば当然だ
が，世の中に実在する部品で箱を作る限り，入力 $\delta(t)$ に
対して $t = 0$ より前に応答することは不可能だ．因果的と
いう名はここからきている．すなわち，入力信号 $\delta(t)$ と
出力信号 $h(t)$ が因果関係にあるのだ．これに対し，イン
パルス応答 $h(t)$ がある時刻 $t < 0$ で $h(t) \neq 0$ となる場合，
$t = 0$ でやってくる瞬間的な値を予測し，それに先行する
形で $t = 0$ より前，すなわち $t < 0$ で出力となる応答を開
始する．こうしたシステムは先行的と呼ばれる．先行的な
システムは，タイムマシンのようなものだと思えばよいだ
ろう．まだ発生していない入力に対して反応を開始するか
らだ．$h(t)$ が因果的であると仮定することにより，その
フーリエ変換である伝達関数 $H(\omega)$ の性質に影響がある
ことはおわかりと思う．だが，その影響の大きさまでは，
なかなか想像できないだろう．実際，その影響は莫大なの
だ．理由を説明しよう．

　一般には複素数値である $H(\omega)$ の実部と虚部を，それ
ぞれ $R(\omega), X(\omega)$ と置くと，

$$H(\omega) = R(\omega) + iX(\omega)$$

である．また，$h(t)$ を偶関数 $h_e(t)$ と奇関数 $h_o(t)$ の和に
分け

$$h(t) = h_e(t) + h_o(t)$$

とする．いつでも必ずこのように分けられることを最も簡単に証明するには，任意の $h(t)$ に対し $h_e(t)$ と $h_o(t)$ を単純に求めてしまえばよい．あらゆる証明法の中でも，実際に構成してみせる方法は最善の手段のひとつだ．偶関数と奇関数の定義から直接

$$h_e(-t) = h_e(t),$$

$$h_o(-t) = -h_o(t)$$

となるから，

$$h(-t) = h_e(-t) + h_o(-t) = h_e(t) - h_o(t)$$

であり，$h(t)$ と $h(-t)$ を辺々足したり引いたりすると直ちに

$$h_e(t) = \frac{1}{2}\,[h(t) + h(-t)],$$

$$h_o(t) = \frac{1}{2}\,[h(t) - h(-t)]$$

を得る．これで，どんなふうに $h(t)$ が与えられても $h_e(t)$ と $h_o(t)$ が存在することが示せた．

さて，$h(t)$ が因果的，すなわち $t < 0$ に対し $h(t) = 0$ であるから，

$$t > 0 \text{ のとき} \begin{cases} h_e(t) = \dfrac{1}{2}h(t) \\[2mm] h_o(t) = \dfrac{1}{2}h(t) \end{cases}$$

かつ

$$t < 0 \text{ のとき} \begin{cases} h_e(t) = \dfrac{1}{2}h(-t) \\[2mm] h_o(t) = -\dfrac{1}{2}h(-t) \end{cases}$$

である. したがって
$$h_e(t) = h_o(t) \qquad (t > 0),$$
$$h_e(t) = -h_o(t) \quad (t < 0)$$
となり, これは当然, 次のようにも表せる.
$$h_o(t) = h_e(t) \qquad (t > 0),$$
$$h_o(t) = -h_e(t) \quad (t < 0).$$

以上の結果を t の正負で分けずに一本の式で書くと, 次の最終結果を得る.

$$\boxed{\begin{aligned} h_e(t) &= h_o(t)\,\mathrm{sgn}(t), \\ h_o(t) &= h_e(t)\,\mathrm{sgn}(t) \end{aligned}}$$

$h(t) = h_e(t) + h_o(t)$ より
$$H(\omega) = H_e(\omega) + H_o(\omega)$$
である. 定義より $h_e(t)$ は偶関数だから $H_e(\omega)$ は実数, $h_o(t)$ は奇関数だから $H_o(\omega)$ は純虚数となる (復習には 5.2節を参照). よって,
$$H_e(\omega) = R(\omega),$$
$$H_o(\omega) = iX(\omega)$$
が成立しなくてはならない. ここで5.4節で証明したフーリエ変換対

$$\mathrm{sgn}(t) \longleftrightarrow \frac{2}{i\omega}$$

を思い出そう. これと5.3節で扱った周波数に関する畳み込み定理を, 枠内の2式に適用すると,

$$H_e(\omega) = R(\omega) = \frac{1}{2\pi} H_o(\omega) * \frac{2}{i\omega} = \frac{1}{2\pi} iX(\omega) * \frac{2}{i\omega},$$

$$H_o(\omega) = iX(\omega) = \frac{1}{2\pi} H_e(\omega) * \frac{2}{i\omega} = \frac{1}{2\pi} R(\omega) * \frac{2}{i\omega}$$

を得る. これより

$$R(\omega) = \frac{1}{\pi} X(\omega) * \frac{1}{\omega} = \frac{1}{\pi} \int_{-\infty}^{\infty} \frac{X(\tau)}{\omega - \tau} d\tau,$$

$$X(\omega) = -\frac{1}{\pi} R(\omega) * \frac{1}{\omega} = -\frac{1}{\pi} \int_{-\infty}^{\infty} \frac{R(\tau)}{\omega - \tau} d\tau$$

となる.

　ここで得た2式からわかることは, LTI システムが因果的であれば $R(\omega)$ と $X(\omega)$ は互いに互いを決定してしまうということだ. $R(\omega)$ と $X(\omega)$ を関係付ける積分式はヒルベルト変換と呼ばれている[4]. この名は本書でも前からお馴染みのハーディによる命名だ. ハーディは1909年にこの変換を英文の出版物として初めて発表したが, 後に彼はそれ以前の1904年にドイツ人数学者のダフィット・ヒルベルト（3.1節で登場したが覚えておられるだろうか）が同じ変換を研究していたことを知り, ヒルベルト変換と呼ぶようになった. しかし, ヒルベルトもまた第一発見者ではなかったのだ. 同じ変換は, 1873年にユーリアン・カール・ヴァシレビッチ・ソホーツキー (1842-1927年) の学位論文に登場している. ヒルベルト変換はフーリエ変換と異なり, 定義域が変わらない. すなわち, ヒルベルト変換は ω の関数を ω の関数に変換するが, フーリエ変換

はいうまでもなく，t と ω という2種類の定義域を持つ関
数どうしを結ぶ変換である．

　因果的な箱の伝達関数の実部と虚部を関係づけている
ヒルベルト変換の積分式を，局所的制約と呼ぶ．その理由
は，個々の ω に対し，$R(\omega)$ と $X(\omega)$ の値がどのように定
まるかが，この条件式によって表されているからだ．これ
に対し，因果的な $h(t)$ において $R(\omega)$ と $X(\omega)$ に課せら
れる大局的制約と呼ばれる条件も，以下のように考えられ
る．レイリーのエネルギー公式をフーリエ変換対

$$h_e(t) \longleftrightarrow R(\omega),$$

$$h_o(t) \longleftrightarrow iX(\omega)$$

に適用する．$R(\omega)$ と $X(\omega)$ は実数値関数であったから，

$$\int_{-\infty}^{\infty} h_e^2(t)dt = \frac{1}{2\pi} \int_{-\infty}^{\infty} R^2(\omega)d\omega,$$

$$\int_{-\infty}^{\infty} h_o^2(t)dt = \frac{1}{2\pi} \int_{-\infty}^{\infty} X^2(\omega)d\omega.$$

先ほど示したように，$h(t)$ が因果的ならば $h_e(t) = h_o(t)$
$\times \mathrm{sgn}(t)$ であるから $h_e^2(t) = h_o^2(t)$ となる．よって，上の
2式の左辺の時間に関する積分は，互いに等しい．したが
って，右辺の周波数に関する積分も互いに等しく，

$$\int_{-\infty}^{\infty} R^2(\omega)d\omega = \int_{-\infty}^{\infty} X^2(\omega)d\omega$$

が成り立つ．この式は $h(t)$ が因果的であるときに，積分
という大局的な挙動に関し，$R(\omega)$ と $X(\omega)$ がどのように
関係しているかを示している．

　以上の説明で, 因果的という条件がいかに強い制約であるかがよくわかるだろう. それは, 単なる紙の上の形式的な計算ではなく, 実在する部品を用いた LTI システムの製作が実際に可能であるための条件だ. 理論的にいかに優れた最高機密の電気装置であろうと, それを実際に組み立てれば必ず「原因から結果へ」という基本的な流れに従わなくてはならない[5]. 仮にこの流れにそむくような装置を提案したとしても, そうした装置では入力 $\delta(t)$ よりも出力 $h(t)$ が先行しており, 実際に製造するのは不可能ということになる. 電気工学ではこれを, 実現不可能な装置と呼ぶ. 信号が入力されるまで出力は発生しないという, 単純な考えだ. これは当たり前に聞こえ何の説明も要らないように思われるかもしれないが, 実際に, 一見よさそうに見える回路が実は因果的でなく, 机上の空論であるという事態が起こりえるのだ. そういう装置をいくら電気工学的に研究しても, 実際に製造するのは不可能だ. 存在しないものを求めて徒労に終わることのないよう, 紙の上の計画が実現されるまでの仕組みを理解しておくことは重要だ. ここで具体例を使い, 詳しく説明しよう.

　電気工学で重要とされる理論上の回路に, 増幅度1の理想的帯域通過フィルターというものがある. この回路は, ある定められた周波数の区間上のエネルギーのみが通過でき, それ以外のエネルギーは完全に遮断される. 図 6.2.3 に, そうしたフィルターの伝達関数の絶対値をグラフで示す. 増幅度1の呼び名は, エネルギー伝達が

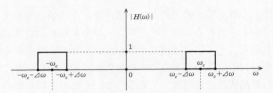

図6.2.3 増幅度1の理想的帯域通過フィルターの伝達関数（絶対値のみ）

起きている周波数では $|H(\omega)| = 1$ であることからきている．そして，それ以外の周波数に対し $|H(\omega)| = 0$ であることを，理想的と呼んでいる．一般に，$|H(\omega)|$ の値が変化する区間上のグラフはスカート線と呼ばれるが，この用語を用いると，理想的とはスカート線が垂直なことだ．なお，スカート線の名称は，フープ・スカート[6] に形が似ていることから名づけられた．実在するフィルターは，垂直よりも少し傾いたスカート線を持つ．

このフィルターの帯域幅は $2\Delta\omega$ である．エネルギーがフィルターを通過する周波数区間を通過帯域と呼ぶ．今の場合，通過帯域は $\omega_c - \Delta\omega < |\omega| < \omega_c + \Delta\omega$ であり，ω_c は通過帯域の中心となる．このグラフの意味を明確にしておこう．$\omega_c - \Delta\omega < \omega < \omega_c + \Delta\omega$ とし，入力信号を $\cos(\omega t) = (e^{i\omega t} + e^{-i\omega t})/2$ とする．このとき，入力信号のエネルギーの半分は周波数 $+\omega$ にあり，半分は $-\omega$ にある．よって $\cos(\omega t)$ は弱められることなくフィルターを通過する．その理由は，図6.2.3で ω 軸の右側では $|H(\omega)| = 1$ であるから $e^{i\omega t}/2$ は通過し，同様に左側では

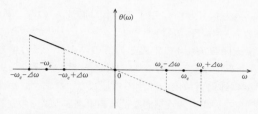

図 6.2.4　理想的な帯域制限フィルターの位相関数

$|H(\omega)| = 1$ であるから $e^{-i\omega t}/2$ も通過するからだ.

　当然，$|H(\omega)|$ がわかったからといって，理想的な帯域制限フィルターが完全にわかるわけではない. 位相の情報がないからだ. つまり，一般に $H(\omega)$ は複素数であり $H(\omega) = |H(\omega)|e^{i\theta(\omega)}$ と表せる. この $\theta(\omega)$ を $H(\omega)$ の位相関数という. 位相関数の定め方として，電気工学では「位相の歪みがない」ことを理想的なフィルターの条件として追加する. フィルター内で位相の歪みが発生しているとは，入力から出力までフィルターを通過するのに要する時間が周波数によって異なることである. 物理的には，位相の歪みがないとは，入力信号の全エネルギーが通過帯域に入っているならば，理想的な帯域制限フィルターを通過しても，入力信号の形が変化しないということだ.

　ここで，フィルターの通過帯域内の特定の周波数を考えよう. そして，フィルターを伝わった全エネルギーが同一の時間 t_0 だけ遅れたとする. このとき，入力信号の絶対値と形は増幅度 1 のフィルターによって変化しない

から，入力信号 $e^{i\omega t}$ に生ずる遅れは時間 t_0 のみである．
すなわち，出力信号は $e^{i\omega(t-t_0)} = e^{i\omega t}e^{-i\omega t_0}$ だ．ところ
が，伝達関数 $H(\omega)$ の定義そのものにより，出力信号は
$H(\omega)e^{i\omega t}$ である．これより，$H(\omega) = e^{-i\omega t_0}$ となる．こ
こで ω は通過帯域内の任意の周波数だ．なお，ω が通過
帯域内にない場合，理想的な帯域制限フィルターの定義に
よって $H(\omega) = 0$ である．したがって，位相の歪みのない
理想的な帯域制限フィルターは，図 6.2.4 に示すような，
傾きが負の線形な位相関係を持つ．

　こうした理想的なフィルターを実際に作るのは不可能
であることが証明できる．その理由は，インパルス応答が
$h(t) \neq 0$ となるような $t < 0$ が存在するからだ．これを示
すには，フーリエ逆変換の積分

$$h(t)$$
$$= \frac{1}{2\pi} \int_{-\infty}^{\infty} H(\omega)e^{i\omega t}d\omega$$
$$= \frac{1}{2\pi}\left[\int_{-\omega_c-\Delta\omega}^{-\omega_c+\Delta\omega} e^{-i\omega t_0}e^{i\omega t}d\omega + \int_{\omega_c-\Delta\omega}^{\omega_c+\Delta\omega} e^{-i\omega t_0}e^{i\omega t}d\omega \right]$$

を計算する．オイラーの公式を用いて

$$h(t) = \frac{1}{\pi t_0} \cdot \frac{1}{t/t_0-1}(\sin\left[\omega_c t_0(1+\Delta\omega/\omega_c)(t/t_0-1)\right]$$
$$- \sin\left[\omega_c t_0(1-\Delta\omega/\omega_c)(t/t_0-1)\right]).$$

となり，三角関数の公式を使って次のように変形できる．

$$h(t) = \frac{2}{\pi t_0} \cdot \frac{\cos\left[\omega_c t_0(t/t_0-1)\right]\sin\left[\Delta\omega t_0(t/t_0-1)\right]}{t/t_0-1}.$$

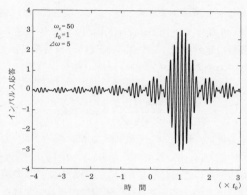

図 6.2.5 理想的な帯域制限フィルターのインパルス応答

この $h(t)$ とは, どんな関数だろうか. グラフを描くために, 仮に $t_0 = 1$, $\omega_c = 50$, $\Delta\omega = 5$ としてみよう. 図 6.2.5 にこのときの $h(t)$ のグラフを, $-4 \leqq t/t_0 \leqq 3$ の範囲で示す. 予想できたことかもしれないが, 最大の出力となるのは $t = t_0$ のときであることがわかる. 同時に, この $h(t)$ は, $t < 0$ でもかなり動きがあることもわかる.

したがって, 理想的な帯域制限フィルターを作ることは不可能だ. しかし, それでもなお, それは電気工学において, 少なくとも理論上は非常に重要であり, 電気回路を考察する際にはよく用いられている. 本章の後段でその方法を紹介する. アメリカ人数学者のノーバート・ウィーナー (5.3 節のウィーナー–ヒンチンの定理で登場した)

とイギリス人数学者レイモンド・ペイリー（1907-33年）
は1933年の共同研究で，$|H(\omega)|$ が因果的フィルターの
伝達関数の絶対値であるための必要十分条件を発見した.
それはいわゆるペイリー–ウィーナー積分が有限，すなわ
ち

$$\int_{-\infty}^{\infty} \frac{|\log|H(\omega)||}{1+\omega^2} d\omega < \infty$$

という条件だ. 理想的な帯域制限フィルターでは，大半の
ω について $|H(\omega)| = 0$ であるから，ペイリー–ウィナー積
分が有限でないことは明らかだ. したがって，この絶対値
関数は，因果的フィルターの伝達関数の絶対値とはなり得
ない. ウィーナーは2冊目の自伝でこの共同研究につい
て述べている.

　ペイリーは（この問題に）元気よく取りかかったが，
私には幸いでペイリーにはそうでなかったのは，それ
が本質的に電気工学に関する問題であることだった.
濾波器[7] が一定の周波数帯を切り取る鋭さには一定
の限度があるということは多年知られていたが，物理
学者や工学者はこういう限度に対する深い数学的根
拠をまったく知らないままだった. ペイリーにとっ
てはそれ自身で完結した一個の美しくて難しいチェ
スの問題だったものを解きながら，私は同時に，電気
工学者に課されていた限界はまさしく未来が過去に
作用するのを防ぐ限界であることを示した.（ノーバ
ート・ウィーナー著，『サイバネティックスはいかに

して生まれたか』[8]（鎮目恭夫訳，みすず書房，2002
年），訳書 p. 111 から引用）

ウィーナーは非常に変わった人物で，自伝は大変おもし
ろいのだが，これを読んだ多くの人にとって，この引用部
分の最後の一文は，何のことかよく意味がわからないに
違いない．もうおわかりのように，ウィーナーは，回路が
因果的でない場合に入力信号に先行して出力が生ずるこ
とを指していたのだ．ペイリー–ウィーナー積分からは伝
達関数の位相については何もわからない．わかることは，
$|H(\omega)|$ がペイリー–ウィーナーの条件を満たすならば，あ
る位相関数が存在して $|H(\omega)|$ と合わせると因果的なフィ
ルターの伝達関数になるということだけである．

とはいえ，ペイリー–ウィーナー積分からわかることは
他にもある．理想的な帯域制限フィルターのみならず，理
想的な低域通過フィルター，高域通過フィルター，そし
て帯域阻止フィルターもまた，実際に作ることは不可能
ということだ．図 6.2.6 にそれらの伝達関数の絶対値の
グラフを示す．しかし，これら 3 種のフィルターもまた，
理想的な帯域制限フィルター同様，電気工学における考察
に有用であり，こうした実現不可能なフィルターがあたか
も存在するかのように扱いながら議論を進めることが電気
工学ではよくある．

6.3 変調定理，ラジオのしくみ，盗聴防止装置の作り方

電気工学では，しばしば信号のエネルギーの周波数を上

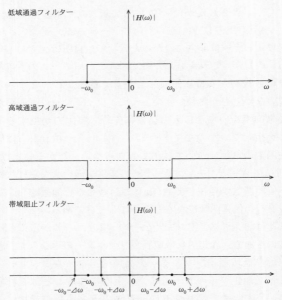

低域通過フィルター

高域通過フィルター

帯域阻止フィルター

図 6.2.6 理想的な低域通過, 高域通過, 帯域
阻止フィルターの伝達関数の絶対値

下にずらす操作が重要だ. これが電気回路でどのように実
現できるかを理解するには, フーリエの理論が不可欠だ.
だがその話に入る前に, この操作が重要である理由をわか
りやすい実例を使って説明しよう. それが, 本節での数学
を展開する動機づけになるだろう. 読者の中に, ラジオと
いう電気製品が素晴らしい発明であることに異存のある方

は一人もおられないだろう．しかしながら，ラジオにおいて周波数をずらす操作が重要であることはあまり知られていないかもしれない．以下にそれを説明しよう．

AM ラジオと呼ばれる通常の民放ラジオは，ひとつの地域で複数の放送局が電波を発信できるようになっている．なぜこれらの複数の電波が互いに干渉しないのだろうか．言い換えると，どのように私たちは複数ある放送局の顔ぶれから聞きたい局の周波数を選び出しているのだろうか．簡略化して考えてみよう．今，アリスが A 局，ボブが B 局でマイクに向かって何か話しているとする．この 2 つの音声は，物理的には人間の声帯の振動というまったく同じ過程から作られるから，それらのエネルギーも本質的に同じ周波数帯に属する．通常は数十から数千ヘルツの間だ．つまり，アリスのマイクからの電気信号が占める周波数区間は，ボブのマイクからのものと同じだ．この周波数区間を可聴周波数帯と呼び，これによっていわゆるベースバンド・スペクトルが決まる．言い換えれば，アリスとボブが，5.3 節で定義したベースバンド帯域制限エネルギーを生成している．

しかし，マイクのベースバンド信号を直接アンテナに送ることは，エネルギーを空間に放射する方法として効率的ではない．電磁場に関するマクスウェルの方程式により，効率的なアンテナの物理的な大きさは，放射される波長とほぼ同規模でなくてはならない（この表現は多少，電気工学に特有の言い回しかもしれないが，我慢してい

ただこう）．たとえば，ベースバンド周波数が 1 kHz のと
き，電磁波の波長は 300 km 以上と，膨大な数値になる．
そのため常識的な大きさのアンテナを用いるには波長を
下げなくてはならない．これはすなわち周波数を上げるこ
とだ．AM ラジオではマイクから発せられた信号のベー
スバンド周波数を上げ，500 kHz から 1500 kHz の，いわ
ゆる AM 周波数帯の中にずらす．各ラジオ局は FCC[9] か
ら免許を取得し，その地域の他の局とは異なる周波数を使
用する許可を得ている．たとえば，これが 1000 kHz だと
すると，波長は 1 kHz のときの 1/1000，すなわち 300 m
余りとなる．ラジオ局のアンテナが波長の 1/4 の大きさ
だとすると，アンテナの高さは 80 m 程度でよいことにな
る．近くの AM ラジオ局のそばを通ったら，実際に見て
確認するとよいだろう．

　そこで，A 局のアリスのベースバンド信号を 900 kHz
とし，B 局のボブのベースバンド信号を 1100 kHz としよ
う．すると，ラジオの受信機では，調節可能な（すなわち
可変な）帯域制限フィルターを使って，どちらの信号を
聞くかを選ぶことになる．すなわち，中心周波数を 900
kHz か 1100 kHz に合わせられるような調節可能なフィ
ルターを用いるのだ[10]．なお，AM ラジオの帯域幅は 10
kHz である．注意しておくが，ラジオが周波数のずらし
を用いる理由は次の 2 つだ．

　　　（1）　ベースバンド・エネルギーをラジオの周波数
まで持ち上げ，エネルギーの効率的な放射を行なう．

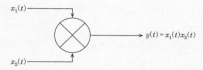

$y(t) = x_1(t)x_2(t)$

図 6.3.1   掛け算を行なう回路のブロック線図

(2)　局ごとに別々の周波数を利用することにより，ベースバンド・スペクトルを分離する．これによって帯域制限フィルターで局の選択が可能になる．

そして最後に受信側で周波数を下げて信号のエネルギーをベースバンド周波数に戻し，最終的に私たちの耳に届くのだ．

以上に述べた周波数の上昇と下降を行なうことは，後ほどわかるように掛け算と同程度に単純だ．しかし，これも後に説明するが，電気回路内で直接掛け算を行なうのはそれほど簡単ではない．そこにはちょっとした工夫が必要であり，フーリエの理論を用いることで道が開ける．数学でいう掛け算が周波数の「ずらし」に相当することをみるため，まず図 6.3.1 のように，ある電気回路 2 つの入力 $x_1(t)$ と $x_2(t)$ があり，それらの積が 1 つの出力 $y(t)$ として得られる場合を考えてみよう（ちなみに，この回路は LTI システムになり得ないことがおわかりだろうか）[11]．ここで，$x_1(t) = m(t)$ はマイクを通した声のベースバンド信号であり，また $x_2(t) = \cos(\omega_c t)$ とし，ω_c をラジオ局が FCC から割り当てられた周波数（いわゆる搬送周波数）とする．ここで次の問題を考えよう．

「$y(t) = m(t)\cos(\omega_c t)$ のエネルギーは，どの周波数
にあるか」．

当然，この問に答えるには $y(t)$ のフーリエ変換を求め
る必要がある．やってみると

$$Y(\omega)$$
$$= \int_{-\infty}^{\infty} y(t)e^{-i\omega t}dt$$
$$= \int_{-\infty}^{\infty} m(t)\cos(\omega_c t)e^{-i\omega t}dt$$
$$= \int_{-\infty}^{\infty} m(t)\frac{e^{i\omega_c t}+e^{-i\omega_c t}}{2}e^{-i\omega t}dt$$
$$= \frac{1}{2}\left[\int_{-\infty}^{\infty} m(t)e^{-i(\omega-\omega_c)t}dt + \int_{-\infty}^{\infty} m(t)e^{-i(\omega+\omega_c)t}dt\right]$$
$$= \frac{1}{2}[M(\omega-\omega_c)+M(\omega+\omega_c)].$$

これより，積の出力のフーリエ変換は，ベースバンド信
号の変換を周波数 ω_c だけ上下にずらしたものになる．こ
の結果は重要であり，変調定理[12]，または周波数変換定
理と呼ばれている．図 6.3.2 に，$m(t)$ のエネルギーを周
波数の区間 $-\omega_m \leqq \omega \leqq \omega_m$ に制限したときの変調定理の
様子を示す．なお，先ほど述べたように，ω_m はベースバ
ンド信号 $m(t)$ のエネルギーが存在する最大の周波数であ
り，値は数 kHz である．

ベースバンド信号 $m(t)$ の情報は，もともとは $\omega = 0$
を中心としていたが，今や，いわば高周波に便乗して

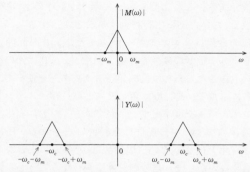

図 6.3.2 ベースバンド信号のフーリエ変換とその変調

$\omega = \omega_c$ となった．これで搬送周波数と呼ばれる理由がお
わかりだろう．ラジオ局では，変調器という電気回路を用
いて掛け算を行なう（これについては 6.4 節で詳しく述
べる）．アメリカの民放 AM ラジオの場合，積の出力 $y(t)$
のパワーを 50000 ワットもの高レベルに上げてからアン
テナに送っている．なお，図 6.3.2 で，$m(t)$ の変換のグ
ラフを三角形としたのは単なる例であって，実際の変換は
三角形と大きく異なることもあり得る．ただし，$m(t)$ が
実数値なので，当然 $|M(\omega)|$ は常に偶関数だ．そしてここ
で重要なことは，$M(\omega)$ の帯域が制限されているという
ことだ．

信号を受ける側は，周波数を選択する際に再度 $\cos(\omega_c t)$
を掛けることにより，周波数を下げて元のベースバンド信

号を復元する．これは図 6.3.2 に示す $Y(\omega)$ のグラフを，
周波数 ω_c だけ上下に平行移動することだ．すると，この
移動後の変換は，エネルギーが $2\omega_c$ と $\omega = 0$ の周囲に集
中するような信号の変換となる．当然，$\omega = 0$ は元のベー
スバンド信号だ．あとは低域通過フィルターを使って $2\omega_c$
周辺のエネルギーを遮断することにより，ベースバンド信
号のエネルギーを選び出すことができる．なお，実用上は
この最後のフィルター操作は自動的になされる．民放の
AM ラジオでは $2\omega_c$ という周波数は 1 MHz 以上となるの
で，扱えないからだ．信号の受け手が行なうこうした操作
の全般は，電気工学で検出または復調と呼ばれる．受信者
が復調を行なうには，放送局と同じ信号 $\cos(\omega_c t)$ を使う
ことが重要だ．周波数 ω_c との間に誤差があったり，位相
のずれが生じて $\cos(\omega_c t + \theta)$（$\theta \neq 0$）を用いたりすると，
深刻な問題となる[13]．こうした形のラジオ受信機を同期
復調器（または同期検出器）という．受信信号を $r(t)$ と
すると，これは送信された信号 $y(t)$ と似たスペクトルを
持つ．図 6.3.3 に同期復調器で受信する場合のブロック
線図を示す．ここで，円内に波形を描いた記号は，周波数
ω_c の正弦信号を作り出す発振回路を表す．そうした回路
を作ることは難しくない．

　図 6.3.3 の受信側ブロック線図は単純に見えるが，そ
れは外見だけだ．何千キロも離れたところにいるかもしれ
ない受信者が，送信者の正弦信号と，周波数と位相の両方
がほとんど正確に同じであるような信号を自前で生成する

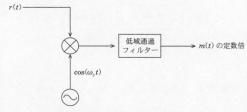

図 6.3.3 同期復調型のラジオ

ことは，現実的でない．それが絶対に不可能とは言わない
が，そういう機能を持つラジオの製作に大変なコストがか
かってしまうので，民放 AM ラジオの意味がなくなって
しまうだろう．実際，現在ある民放 AM ラジオ受信機は
非常に廉価で，壊れたら誰も修理に出したりせず，皆それ
を捨てて新品を買ってしまうだろう．このことからもわか
るように，実際の AM ラジオでは，発振されたベースバ
ンド信号を検出するために，同期復調とは別の技術が使わ
れている [14)]．ただし，コストを問わなければ，同期復調
のための複雑な回路を作ることができ，そこからさらに興
味深い別の可能性も出てくる．そうした例を 6.5 節で紹
介する．

　さて，これで首尾よく受信までこぎつけたわけだが，こ
こまでの議論の出発点で，積を出力とするような回路の存
在を前提としていた．そういう回路は本当に存在するの
だろうか．実は，それが違うのだ．そうした回路で，ラジ
オの周波数で作動するものを作るのは，非常に困難だ．で

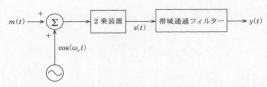

図6.3.4　2乗装置とフィルターを用いた掛け算

は，これまでの私の話は，大風呂敷を広げておきながら結局できないという落ちで終わる話だったのか．いや，そうでもないのである．実際に掛け算を実行せずに，掛け算に相当することを行なうような，ちょっとした工夫をすればよいのだ．こんな言い方ではわかりにくいと思うので，説明のためにまずはそこまで欲張らず，簡単な場合に話を絞ろう．掛け算の特別な場合として，ひとつの入力信号の2乗を生成するような回路を考える（再び註11を参照）．これを2乗装置と呼ぼう．すると，そこでさらに足し算を行なう回路があれば，この2乗装置と組み合わせることで，一般の掛け算を生成できる．図6.3.4にその概要を示す．図中で円内に $\sum$ の記号を描いたのは，足し算の回路を表す．また，帯域通過フィルターがある理由はすぐ後で説明する．2乗装置への入力は $m(t) + \cos(\omega_c t)$ であるから，2乗された出力は

$$s(t) = [m(t) + \cos(\omega_c t)]^2$$

$$= m^2(t) + 2m(t)\cos(\omega_c t) + \cos^2(\omega_c t)$$

であり，ここに今欲しい積 $m(t)\cos(\omega_c t)$ が含まれてい

る．出力 $s(t)$ には他に 2 つの項が含まれており，一見こ
れが問題であるように思える．しかし実はうまいことに，
積の項のエネルギーを完全に分離して，他の 2 項のエネ
ルギーから周波数で区別するように工夫できるのだ．し
たがって，$s(t)$ を適当な帯域通過フィルターに入力すれ
ば，出力 $y(t)$ は積の項のエネルギーだけを含む．すなわ
ち，$y(t)$ が $m(t)\cos(\omega_c t)$ の定数倍になるようにできるの
だ．

　では，$s(t)$ の 3 つの項を順に考えていこう．まず，最
も簡単な $2m(t)\cos(\omega_c t)$ であるが，周波数変換定理によ
りこの項のエネルギーは，単に $m(t)$ のエネルギーを，中
心の周波数が $\omega = \pm\omega_c$ になるように ω 軸に沿って上下さ
せたものだ．次に，$\cos^2(\omega_c t)$ の項は，三角関数の公式を
使って変形でき，そのフーリエ変換は次のようになる．

$$\frac{1}{2} + \frac{1}{2}\cos(2\omega_c t)$$

$$\longleftrightarrow \pi\delta(\omega) + \frac{1}{2}\pi[\delta(\omega - 2\omega_c) + \delta(\omega + 2\omega_c)].$$

すなわち，$\cos^2(\omega_c t)$ の全エネルギーは 3 つの周波数 $\omega =$
0，$\pm 2\omega_c$ に集中する．なお，定数関数と $\sin$ のフーリエ
変換は，ともに 5.4 節で扱った．そこでは $\sin(\omega_c t)$ を扱
ったが，$\cos(\omega_c t)$ でも計算は同じであり，ほとんど似た
結果を得る．最後に，$m^2(t)$ のフーリエ変換は，5.3 節と
周波数に関する畳み込み定理により

$$m^2(t) \longleftrightarrow M(\omega) * M(\omega)$$

となる．5.3 節では図 5.3.1 を使って $m^2(t)$ のフーリエ

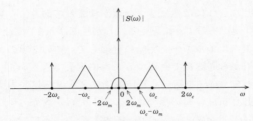

図 6.3.5　2 乗装置（図 6.3.4）の出力 $s(t)$ に
おけるエネルギーの位置

変換が帯域制限された区間 $|\omega| \leqq 2\omega_m$ 内に収まることを
示した．以上の結果を 1 つの図に表したものが図 6.3.5
だ．ここでは，今求めている周波数変換後のベースバンド
信号のエネルギーが，他の 2 項からのエネルギーと重な
らないような図を描いた．この図からわかるように，この
ような状況は $2\omega_m < \omega_c - \omega_m$，すなわち $\omega_c > 3\omega_m$ のと
きに起こる．AM ラジオの場合，この条件は十分に満た
されている．先ほど，ω_c は $500\,\mathrm{kHz}$ 以上であり，ω_m は
高々数 kHz であるとお話ししたのを覚えておられるだろ
う．したがって，図 6.3.4 において，2 乗装置の出力 $s(t)$
が帯域通過フィルターに入力されると，フィルターからの
出力のエネルギーは積 $m(t)\cos(\omega_c t)$ からのエネルギーの
みとなる．なお，AM 放送の帯域幅は $2\omega_m = 10\,\mathrm{kHz}$ で
ある．

　これまで述べてきた方法は確かに見事だったが，実は，
2 乗装置とフィルターを組み合わせたこの回路は，掛け算

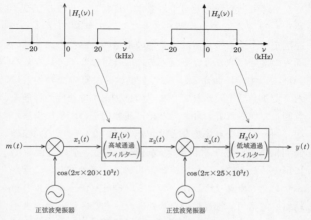

図6.3.6　盗聴防止装置

を行なうための最良の方法ではない. 実際に AM ラジオ局で掛け算のために用いられている方法は, 信じられないほどはるかに巧妙である. その方法は次節で紹介するのでお待ち願いたい. それまで, 次の問題を考えておいてほしい. 図6.3.4よりももっと単純で, なおかつずっと廉価であるような方法があるだろうか. まったく考えずに先に答を見てしまうことのないように. そしてここでもまた, フーリエの理論が解法を理解するための鍵となる.

　本節の締めくくりに, これまで本章で扱ってきたいろいろな考え方を組み合わせて作ることのできる, 電気的な盗聴防止装置を紹介しよう. これは, 個人が持ち歩く装置

で，公の電話回線を使用する際に，日常レベルでのプライ
バシーを守るものだ．図 6.3.6 に，この装置のブロック
線図を示す．この装置は，普通の電話の受話器の口と耳の
両方の部分に取り付ける（両方に取り付けなくてはならな
い理由はすぐにわかる）．この装置は，悪意のない他人に
たまたま会話を聞かれてしまうのを防止する程度の性能を
意図して作られており，たとえば犯罪捜査のために警察が
法に則って行なう盗聴などは想定していない．この回路の
発明は古く，第 1 次世界大戦直後に遡る．初めて商業的
に用いられたのは，ロスアンゼルスと，その沖合いに浮か
ぶサンタ・カタリナ島に立つカジノやリゾートホテルとを
結ぶ，電話用無線通信のためだった．ちなみに，サンタ・
カタリナ島は，私がロスアンゼルス近郊の小さな街で高校
生活最後の年を過ごしていた 1958 年に，フォー・プレッ
プスのトップ 10 入りしたヒット曲「26 マイル」によって
知られ，一時期はその地名が大いに流行した場所だった．
その曲は，

　　海を隔てること 26 マイル

　　サンタ・カタリナが私を待っている

と続く．私は今，2004 年の冬に氷点下のニュー・ハンプ
シャーでこの文章を書きながら，一人でこの歌を口ずさん
でいる．

　まあ，感傷に浸り懐かしむのもこのくらいにしておこう
か．

　図中のフィルターは 2 つとも理想的であるとする．ス

カート線は $20\,\mathrm{kHz}$ において 0 に向けて垂直に下降する．
盗聴防止装置の入力信号 $m(t)$ は，声のベースバンド信号
で，入力直後に低域通過フィルターにかけられ，$5\,\mathrm{kHz}$ に
帯域制限されているとする．回路内にある信号は左から右
に向けて順に $x_1(t)$，$x_2(t)$，$x_3(t)$，そして暗号化された
出力信号 $y(t)$ である．これらのフーリエ変換の絶対値を
図 6.3.7 に示した．レイリーのエネルギー公式より，こ
れらからエネルギーの位置がわかる．なお，これらのグラ
フを得るには，周波数変換定理とフィルターの伝達関数を
用いればよい．図が示すように，この装置の最終的な出力
は，入力のエネルギースペクトルの波形を逆さにした形に
なっている．すなわち，周波数 $\nu\,\mathrm{kHz}$ における入力エネ
ルギー（$\omega = 2\pi\nu$ を思い出そう）は，出力においては周
波数 $(5-\nu)\,\mathrm{kHz}$ に現れる．これで，たまたま盗み聞きを
しようとする者にとってまったく理解不能な会話となる．

　もちろん，最後にひとつの問題が残っている．世の中の
誰が聞いても絶対にわからない信号ならば意味がないわ
けで，話している相手にだけは送信内容が理解されなくて
はならない．それにはどうすればよいだろうか．相手に暗
号解読器が必要なことは明らかだが，この装置は入力エ
ネルギースペクトルを逆さにして信号を暗号化するのだ
から，同じ装置を解読にも使えるのではないかという都
合のよい考えが湧く．つまり，逆さの逆さは最初に戻ると
いうことだ．実際，図 6.3.7 で，暗号化された出力 $Y(\nu)$
を通話相手の受話器の耳が受け，それが受信側の持つ装置

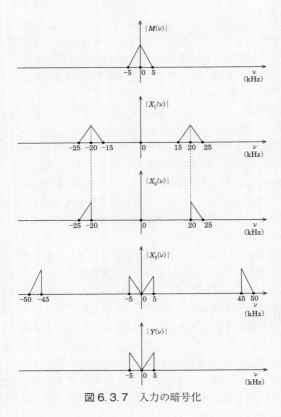

図6.3.7　入力の暗号化

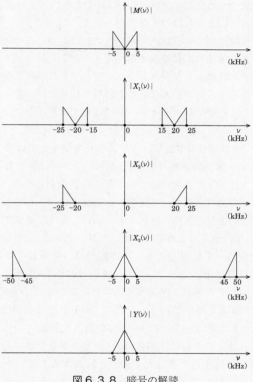

図 6.3.8　暗号の解読

への入力となると，図 6.3.8 に示すように，その都合の
よい考えのとおりになることがわかる．したがって，双方
とも単純に同じ盗聴防止回路を用いればよい．この回路は
暗号化と解読の二役を演ずるのだ．このことは，図 6.3.6
に示す回路の大きな利点となる．もしフーリエの理論がな
かったら，人間がこんな装置を理解し作り上げ，そして利
用することが可能だろうか．私にはそうは思えない．

6.4　サンプリング定理，フィルターを使った掛け算

　さて，前節の宿題「実際に関数を掛けずに掛け算を行
なう方法」を，読者の皆さんは考えられただろうか．AM
ラジオで送信されている信号がどのように作られているの
か，その優れた方法を理解するために，まず，電気工学で
1930 年代からある有名な「サンプリング定理」（または標
本化定理）を解説しよう．この定理は，通常はアメリカ
人電気工学者クロード・シャノン（1916-2001 年）ある
いはロシア人電気工学者 V. A. コテルニコフ（1908-2005
年）によるとされている．ただし，根幹となる発想はフラ
ンス人数学者コーシーの 1841 年の論文に遡る．

　図 6.4.1 の上段は，関数 $m(t)$ をサンプリングする機械
装置を単純化して表したものだ．回転するスイッチが T
秒に 1 回転の速さで回っている．回転中，ある一定の短
い間だけ $m(t)$ に接続する．その接続時間を τ とすると，
図の右端に伝わるのは $m(t)$ の一部を抽出，すなわちサ
ンプリング（標本化）した信号であり，$m_s(t) = m(t)s(t)$

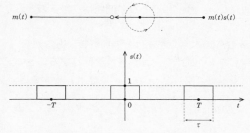

図 6.4.1　サンプリングのしくみ

という形で表される．ここで，$s(t)$ は図の下段のグラフ
で与えられる．なお，スイッチが $m(t)$ につながっていな
いときには，$m_s(t) = 0$ としている．この数学的な仮定
は，実際の電気回路ではちょっとした工夫で容易に満たす
ことができる．ただし，ここではその話に立ち入る必要は
ない．

　$s(t)$ は周期関数なので，フーリエ級数で表せる．いわ
ゆるサンプリング周波数を $\omega_s = 2\pi v_2 = 2\pi/T$ と置くと，

$$m_s(t) = m(t) \sum_{k=-\infty}^{\infty} c_k e^{ik\omega_s t}, \quad \omega_s = \frac{2\pi}{T}$$

となる．必要なら c_k を求めることもできるが，すぐわか
るように，今の目的のためにはそれは必要ない．ただし，
ここで気づくこととして，図 6.4.1 で与えた $s(t)$ は偶関
数だから，すべての c_k の値は何にしても実数であること
だけは確かだ．このことは，後の議論に必要というわけで
はないが，これによって全体の感覚をつかみやすくなる

かも知れない．今，中心となる問題は，以下のとおり単純
だ．

　「$m_s(t)$ のエネルギーはどの周波数にあるか」

　いつものように，フーリエ変換を計算することで，答は
見えてくる．変換対を $m_s(t) \longleftrightarrow M_s(\omega)$ とすると，

$$M_s(\omega) = \int_{-\infty}^{\infty} \left\{ m(t) \sum_{k=-\infty}^{\infty} c_k e^{ik\omega_s t} \right\} e^{-i\omega t} dt$$

$$= \sum_{k=-\infty}^{\infty} c_k \int_{-\infty}^{\infty} m(t) e^{i(k\omega_s - \omega)t} dt.$$

最後の積分は $M(\omega - k\omega_s)$ と等しいので，次の結果を得
る．

$$\boxed{M_s(\omega) = \sum_{k=-\infty}^{\infty} c_k M(\omega - k\omega_s)}.$$

これは，$m_s(t)$ の変換が $m(t)$ の変換を ω 軸に沿って上下
にサンプリング周波数 ω_s ごとに永遠に繰り返したもので
あるという，ちょっと信じ難いほど単純に見える結果だ．

　ここで，$m(t)$ を帯域制限ベースバンド信号とし，$|\omega| >$
ω_m において $|M(\omega)| = 0$ とする．図 6.4.2 は，この信号
$m(t)$ に対する $|M_s(\omega)|$ の様子を示したものだ．ただし，
$M(\omega)$ の波形を周波数方向にずらした山同士が互いに重
ならないと仮定した．図よりこの仮定は，$\omega_m < \omega_s - \omega_m$，
すなわち，$\omega_s > 2\omega_m$ を意味する．この仮定が満たされな
ければ，この接続時間 τ のスイッチは役割を果たせない
ことになり，グラフ上で隣り合う山同士に重なりが生ず

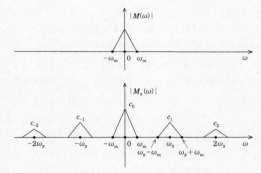

図 6.4.2　$m(t)$ と $m_s(t)$ のエネルギーの位置

る．このとき，電気工学では，エイリアスノイズが発生す
るという．エイリアスとは別名のことであり，エネルギー
の山に周波数で名前をつけたと考えると，山の重なり部分
ではひとつの周波数上のエネルギーが 2 つの名前を持つ
ことから，この呼び名がついた．

　さて，次に説明することは，$m_s(t)$ は $m(t)$ の一部を取
り出したに過ぎない，すなわち，大半の時間でスイッチ
は $m(t)$ の方を向いていないにもかかわらず，$m_s(t)$ はな
お $m(t)$ の全情報を含んでいるという事実だ．言い換え
れば，$m_s(t)$ を完全に知れば，$m(t)$ が完全にわかるのだ．
$m_s(t)$ がわかったとして，低域通過フィルターに $m_s(t)$
を通し，それから変換 $M(\omega)$ の山から $\omega = 0$ を中心とす
るものを選び出すことにより，完全に $m(t)$ を復元でき
る（もちろん，サンプリングの速度が，隣り合う山が重な

らない程度に速いことは前提だ）．この事実は「サンプリング定理」と呼ばれている．帯域制限信号 $m(t)$ が，$m(t)$ のエネルギーの存在する最大周波数の 2 倍より大きい[15] 速さでサンプリングされれば，このサンプリングにより情報はまったく失われない．多くの人々は，この数学的な結果を初めて目にしたとき，直感に反する事実に驚きを禁じえないようだが，これは，理論的にもまた実際の電気回路においても真実なのだ．

　しかし，この結果がいかに素晴らしいとはいえ，まだ私たちの今の目標を達成できたわけではない．これよりも関心があるのは，$\omega = \pm\omega_s$ にある 2 つの山だ．帯域通過フィルターを用いこの 2 つの山を選び，サンプリング周波数 ω_s を，AM ラジオ局の定める搬送周波数 ω_c と等しくすれば，6.3 節で見たように，帯域通過フィルターの出力は $m(t)\cos(\omega_c t)$ と同じエネルギーを持つ（ただし $|c_1|$ 倍している）．こうしてついに，$m(t)$ と $\cos(\omega_c t)$ を，きわめて単純な方法で掛けることができた．結局のところ，単に $m(t)$ を，500 kHz（毎秒 50 万回転）以上の速さで回転するスイッチのついた機械に通し，その後帯域通過フィルターに通すだけでよかったのだ．

　さあ，あとは，毎秒 50 万回転以上で回転する装置を作ればよいことになったわけだが，くれぐれもそんな装置に近づいて大怪我をしないようご注意．というのは冗談で，実際の AM ラジオ局では，電気的なスイッチで図 6.4.1 と同じ構造のものが使われており，現実に物体が高速で回

転するわけではない．それはいわゆるラジオ周波数変換
器（近隣の住宅に電力を供給するため，電力会社の屋根に
取り付けられブーンと振動している，あの黒い円筒状の物
体を，より高性能にしたような装置）と，一山のダイオー
ド（半導体素子でも旧式な真空管でも，どちらでもよい）
から作られる．これは前節で変調器と呼んでいたものであ
り，作成にかかるコストはただ同然というほどではないと
しても，それほど高額ではない．変調器の回路に関する電
気工学的な議論は，無線技術に関する工学系の教科書[16]
に見ることができる．

6.5　フーリエ変換とフィルターを使ったもっとうまい仕掛け

　同期復調方式のラジオ受信機は，高コストであるにも
かかわらず，実際に用いられている．それはなぜだろう
か．そのコストに見合うだけの工学的な理由があるから
だ．この短い節では，その理由のひとつを説明する．6.3
節の AM ラジオに関する説明で，おそらく読者の皆さん
は，異なる放送局からの異なるベースバンド信号は，異な
る搬送周波数を必要とし，それによって受信者は聞きたい
ベースバンド信号を干渉なく選択できるという考えを持た
れたことだろう．それは，実際の民放 AM ラジオで確か
に実践されている．だが，1 つの搬送周波数に 2 つのベー
スバンド信号を乗せることも，不可能ではない．こう聞く
と多くの人々は驚き，事物のあるべき姿の基本原理に反す
ると感ずるようだが，以下にそれが可能であることを証明

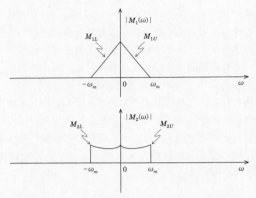

図6.5.1　2つの異なるベースバンド信号のエネルギーの周波数分布

　しよう．証明は，実際に同期復調器の回路を挙げることによる．これは最も文句のつけようのない証明法だ．当然，回路はブロック線図により示される．そして，この回路で同じ搬送周波数に乗せられた2つのベースバンド信号が互いに干渉なく分離できることを示すのだが，このために数式を1つも書く必要がない．フーリエ変換を踏まえれば，図式で十分な説明ができる．

　2つのベースバンド信号とその変換を $m_1(t) \longleftrightarrow M_1(\omega)$, $m_2(t) \longleftrightarrow M_2(\omega)$ と置く．送受信の様子をわかりやすくするため，図6.5.1のように $M_1(\omega)$ のグラフを通常の三角形の山型とし，$M_2(\omega)$ が他の形であるとする．ただし，$m_1(t)$ と $m_2(t)$ がともに実数値なので，グラフ

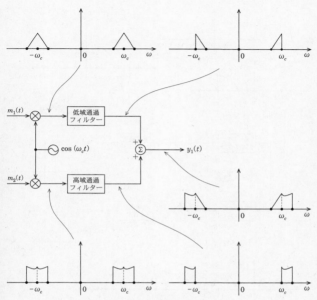

図 6.5.2 1つの搬送周波数で2つのベースバンド信号を送る同期送信器

はどちらも偶関数だ．図に記号を記入したのはこの変換に対する上下の側波帯と呼ばれるものだ．たとえば，M_{1U} は $\omega > 0$ の部分であり上方側波帯と呼ばれる．同様に，M_{2L} は $M_2(\omega)$ の $\omega < 0$ の部分で下方側波帯と呼ばれる．すると，図 6.5.2 の同期復調回路は1つの搬送周波数 ω_c において2つのベースバンド信号を含んだ信号 $y(t)$ を発

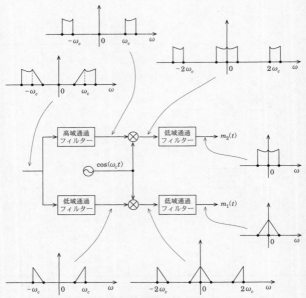

図6.5.3 1つの搬送周波数から2つのベース
バンド信号を干渉なく受信する同期復調器

信する．図中の低域通過フィルターと高域通過フィルター
は理想的であり，$\omega = \omega_c$ において垂直なスカート線を持
つとする．

図では，この回路中の各点でのエネルギーの分布図を
示した．$|Y(\omega)|$ のグラフでは，$m_1(t)$ と $m_2(t)$ の側波帯
が混在しているにもかかわらず，$|Y(\omega)|$ が偶関数という

性質を保っているのが見て取れる. $y(t)$ は実数値なので,
これは必要だ. そして, スクランブル・エッグのようにご
ちゃごちゃに混ぜ合わされていたベースバンド信号を, 最
終的に元の形に戻すために必要な同期復調方式のラジオ受
信機を図 6.5.3 に示す. 左端の入力は図 6.5.2 によって
送信された $y(t)$ である. ここでも, 受信機内のすべての
フィルターが理想的であると仮定し, $\omega = \omega_c$ で垂直なス
カート線を持つとする. 6.3 節の盗聴防止装置同様, これ
らの図は変調定理と理想的フィルターの性質から直ちに得
られ, 数式は必要ない.

6.6 片側変換, 解析信号, 単側波帯ラジオ

本書の最終章の末尾を飾るこの節では, フーリエ的な着
想から複素数のきわめて美しい応用が得られる様子を解
説したい. 先ほど見た同期復調型ラジオで, 回路内のいく
つかの点では変換された信号が半分しかなかったこと (図
6.5.2-6.5.3) に気づかれただろう. そうした現象は, ちょ
うどその周波数で垂直なスカート線を持ち, 実数値信号
の上下いずれかの側波帯を遮断する, 理想的な高域また
は低域通過フィルターの存在によって起こる. 実数値信
号の上方と下方の側波帯の対称性により, 片側を遮断し
ても一切情報を失うことはない. こうして片側を遮断す
ることには, 実用上の意味がある. 実数値の帯域制限ベー
スバンド信号が, 0 から ω_m までの正の区間で長さ ω_m の
区間上にエネルギーを持つとする. このとき, 搬送周波数

ω_c で変調すると，エネルギーは正の周波数 $\omega_c - \omega_m$ から $\omega_c + \omega_m$ までの長さ $2\omega_m$ の区間上にエネルギーを持つ．すなわち，区間の長さはベースバンド信号の2倍となる．しかし，片方の側波帯のみを送信すれば，信号の全エネルギーは，正の区間では再び長さ ω_m に集約される．すなわち，片方の側波帯のみを送信すると，周波数スペクトルがそのまま保たれる．これが，単側波帯信号を用いることの大きな利点である．以後，単側波帯信号を SSB（Single-Sideband Signal）信号と呼ぶ．SSB 信号を受信，すなわち検出するのは，当然，少なくとも理論的には単純な仕事だ．単に受信信号に $\cos(\omega_c t)$ を掛け，低域通過フィルターに通せばよい．だが実際には，通常の同期復調型の受信器では，先ほど述べたように，受信側で離れた放送局と完璧に近いくらい同じ信号 $\cos(\omega_c t)$ を作らなくてはならず，そのための複雑なしくみが必要だ．

　SSB 信号を生成するための最も単純な方法は，すでに見たように，変調されたベースバンド信号を高域通過フィルターに通して下方の側波帯を遮断するか，または，逆に低域通過フィルターに通して上方の側波帯を遮断すればよい．これはアメリカ人電気工学者ジョン R. カーソン（1887-1940 年）によって 20 世紀初頭に用いられた最初の方法だった．カーソンが勤めていた AT&T[17] では，当時，現在の光ファイバーケーブルに比べてきわめて小さな帯域幅しかない銅製のケーブルを送信線として用いており，カーソンはそれを使って同時に複数の通信を行なう

方法を模索していた. 信号の変換が実際には対称であり,
上下2つの側波帯があるのが余分であると気づいた彼は,
そのうちのどちらでもよいからいずれか一方のみ送信す
ればよいと結論づけた. フィルターを用いて SSB 信号を
作る方法を開発したカーソンは 1915 年に特許を申請し,
1923 年に認可された. 54 歳で亡くなったときにニューヨ
ーク・タイムズ紙に掲載された死亡者略歴には, その方法
の発明者であることが敢えて記載されたほどである.

　側波帯をフィルターで切り落とすことにより単側波帯
信号を生成するというカーソンの単純な方式は, 瞬く間に
普及した. 1918 年にはボルチモア・ピッツバーグ間の電
話回線に用いられ, 1927 年にはニューヨーク市・ロンド
ン間でこの方式を用いた無線の国際電話が開通した. この
通信では帯域幅 2.7 kHz のベースバンド信号を 41 kHz か
ら 71 kHz の間の周波数に変調し, 下方の側波帯を用いて
いた. しかし, もうお気づきと思うが, この方法には問題
がある. 高域または低域制限フィルターが, 搬送周波数で
垂直なスカート線を持たなくてはならないのだが, いうま
でもなく, それは不可能だ. 現実の世界にあるフィルター
は, 遮断する側波帯に漏れがあったり, 逆に漏れなく遮断
しようとするあまり, 受信したい側波帯の一部を遮断して
しまったりする.

　強制的にフィルターをかけるという粗っぽい方法に
比べ, より優れた方法はベースバンド信号から単側波
帯信号を直接作ることだ. こうした方法は実際に存在す

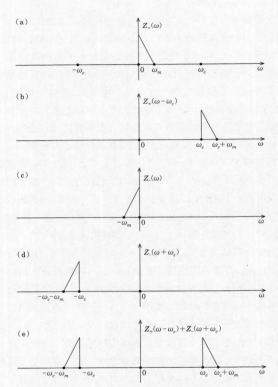

図 6.6.1　ハートリーの SSB 変調回路で生成された上方単側波帯信号の継ぎ合わせ

る. この方法はカーソンの同僚のラルフ V. L. ハートリー (1888-1970 年) によって発明され, 位相偏移方式と呼ばれている (その名前の理由はすぐにわかる). 物理学を専門にしていたハートリーは, ベル研究所 (1925 年に設立された AT&T の研究部門) に所属していた長い年月を通じ, 電気工学と情報理論に数々の貢献をした. ハートリーは 1925 年に特許を出願し, 1928 年に認可されている. その方法は, フーリエ理論の見事な応用であった. そこでまず, このハートリーによる SSB 信号の生成のしくみを, 上方側波帯の場合を例に説明しよう. 再び, 帯域制限ベースバンド信号を $m(t)$ と置き, そのフーリエ変換対を $m(t) \longleftrightarrow M(\omega)$, ただし, $|\omega| > \omega_m$ のとき $M(\omega) = 0$ とする. 次に, 単位階段関数 $u(\omega)$ を用いて $Z_+(\omega) = M(\omega)u(\omega)$ と置き, 新しい変換対 $z_+(t) \longleftrightarrow Z_+(\omega)$ を定義する. すなわち, 図 6.6.1(a) に示すように, $\omega < 0$ のとき, $Z_+(\omega) = 0$ である. 明らかに $Z_+(\omega)$ は, 対称な変換ではない (これを片側変換と呼ぶ). よって, $z_+(t)$ は時間の関数として実数値ではない. だが, このことは今の目的のためには問題ではない. 実際に $z_+(t)$ を生成する必要はないからだ. $z_+(t)$ は計算の過程で出てくる数学的な対象に過ぎないので, それが実際に生成できなくても一向に構わない.

さて, 5.4 節で得た「奇抜な変換対」

$$\frac{1}{2}\delta(t) + i\frac{1}{2\pi t} \longleftrightarrow u(\omega)$$

を思い出そう. $Z_+(\omega) = M(\omega)u(\omega)$ は ω の関数の積だ
から, 5.3節の結果により $z_+(t)$ は時間の関数 $m(t)$ と,
$u(\omega)$ の対となる時間の関数の畳み込みである. すなわち,

$$z_+(t) = m(t) * \left[\frac{1}{2}\delta(t) + i\frac{1}{2\pi t} \right]$$

$$= \frac{1}{2}m(t)*\delta(t) + i\frac{1}{2\pi}m(t)*\frac{1}{t}$$

$$= \frac{1}{2}\int_{-\infty}^{\infty} m(\tau)\delta(t-\tau)d\tau + i\frac{1}{2\pi}\int_{-\infty}^{\infty}\frac{m(\tau)}{t-\tau}d\tau$$

であり, δ 関数の抽出性を用いて第1項の積分を計算する
と, 次式を得る.

$$\boxed{z_+(t) = \frac{1}{2}\left[m(t) + i\frac{1}{\pi}\int_{-\infty}^{\infty}\frac{m(\tau)}{t-\tau}d\tau \right].}$$

この奇妙な格好をした時間の複素数値関数は, 解析信号
と呼ばれる.

この名称は1946年にハンガリー生まれの電気工学者ガ
ーボル・デーネシュ[18] (1900-79年) によって, 任意の
時間の関数を片側変換を用いて表現するために名づけられ
た. ちなみに, 彼は1971年にホログラムの研究でノーベ
ル物理学賞を受賞した人物だ. 第2項の積分は, $1/\pi$ の
因子も含めて $m(t)$ のヒルベルト変換になっている. よっ
て, ヒルベルト変換を $\overline{m}(t)$ と表せば,

$$z_+(t) = \frac{1}{2}[m(t) + i\overline{m}(t)]$$

となる. $Z_+(\omega)$ を見ればわかるように, $z_+(t)$ は明らかにベースバンド信号であり, $z_+(t)$ に $e^{i\omega_c t}$ を掛けることで周波数の方向にエネルギーを $\omega = \omega_c$ まで引き上げることができる. 数学的には

$$z_+(t)e^{i\omega_c t} = \frac{1}{2}\left[m(t)+i\overline{m}(t)\right]\left[\cos(\omega_c t)+i\sin(\omega_c t)\right]$$
$$= \frac{1}{2}\left[m(t)\cos(\omega_c t)-\overline{m}(t)\sin(\omega_c t)\right]$$
$$+i\frac{1}{2}\left[\overline{m}(t)\cos(\omega_c t)+m(t)\sin(\omega_c t)\right]$$

となる. この複雑な形をした複素数値関数は, 図 6.6.1 (b) の非対称な変換を持つ.

実際に物理的に構成でき, アンテナからラジオ信号として発信可能な実数値の信号を得るには, 当然, 対称な変換が必要だ. それには, 上で述べてきたすべてを負の周波数に対して繰り返せばよい. すなわち, $z_-(t) \longleftrightarrow Z_-(\omega)$ を考える. ここで, $Z_-(\omega) = M(\omega)u(-\omega)$ であり, グラフを図 6.6.1(c) に示す. 5.4 節で見たように,

$$\frac{1}{2}\delta(t)-i\frac{1}{2\pi t} \longleftrightarrow u(-\omega)$$

であるから,

$$z_-(t) = m(t)*\left[\frac{1}{2}\delta(t)-i\frac{1}{2\pi t}\right] = \frac{1}{2}\left[m(t)-i\overline{m}(t)\right]$$

となる. よって, $z_-(t)$ に $e^{-i\omega_c t}$ を掛けてエネルギーの周波数を $\omega = -\omega_c$ に引き下げれば (図 6.6.1(d)), 簡単な計算により

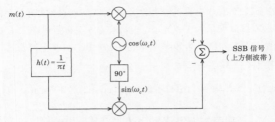

図 6.6.2　ハートリーの SSB 信号生成器

$$z_-(t)e^{-i\omega_c t} = \frac{1}{2}\left[m(t)\cos(\omega_c t) - \overline{m}(t)\sin(\omega_c t)\right]$$
$$-i\frac{1}{2}\left[\overline{m}(t)\cos(\omega_c t) + m(t)\sin(\omega_c t)\right]$$

となる.

　ここまでくれば, これまで踏んできた手順の理由はおわかりだろう. 図 6.6.1(b) と図 6.6.1(d) の変換を加えれば, 図 6.6.1(e) に示すような対称な変換が得られる. 対称ということは, ある実数値関数の変換であり, 実際, 虚部が 0 である表示

$$z_+(t)e^{i\omega_c t} + z_-(t)e^{-i\omega_c t} = m(t)\cos(\omega_c t) - \overline{m}(t)\sin(\omega_c t)$$

を得る. 以上が, ハートリーによる SSB 信号の生成法だ. ただし, 以上の説明では, $\overline{m}(t)$ が生成できることを仮定している. 図 6.6.2 にこの方法の概要を示すが, 図中の 90° と書かれた箱は, 信号 $\cos(\omega_c t)$ の位相をずらすことにより, 必要な $\sin(\omega_c t)$ を得る回路を表す. これは単一の周波数 ω_c でのみ作動する回路であり, 作るのは簡単だ. 一方, $h(t) = 1/\pi t$ と記した箱は, しばしばヒルベ

ルト変換器と呼ばれるものであり，おわかりのように，
$\overline{m}(t)$ を「生成する」箱だ．この $h(t)$ が非因果的なインパ
ルス応答であることからもわかるように，この箱は非因果
的であり，作ることは不可能だ．

　となるとまさか，今までの全部が手の込んだほら話だっ
たというのだろうか．何しろ，ヒルベルト変換器を実際に
作れないのだから，これまでのことはすべて，数学の世界
のおとぎ話じゃないか．読者は，もちろん，何かからくり
があるに違いないとお見通しだろう．おとぎ話ならハート
リーが特許を取れるはずはないのだ．簡単にいうと，その
からくりとは，$h(t)$ を「近似」することだ．だが当然な
がら，直ちに疑問がわく．$|t| \to 0$ で有界でも連続でもな
いインパルス応答を，どうやって近似するのか．これに対
する的確な答は，私からみれば驚くべきものだ．詳細を見
ていくことで，ハートリーの方法が位相偏移とかフェージ
ング（＝位相を変える）方式と呼ばれる理由がわかるだ
ろう．

　$x(t)$ を，時間を変数とする任意の実数値関数とする．
解析信号を表す関数

$$z(t) = x(t) + i\overline{x}(t)$$

を考える．$z(t)$ は解析信号だから，

$$z(t) = 2x(t) * \left[\frac{1}{2}\delta(t) + i\frac{1}{2\pi t} \right]$$

と書ける．これより，時間に関する畳み込み定理により

$$Z(\omega) = 2X(\omega)u(\omega) = \begin{cases} 2X(\omega), & \omega > 0, \\ 0, & \omega < 0 \end{cases}$$

となる．この結果は驚くに当たらない．$z(t)$ は解析信号になるように構成したので，片側変換を持つのは当然だ．しかし一方，$z(t)$ の定義式から

$$Z(\omega) = X(\omega) + i\overline{X}(\omega)$$

とも書ける．ここで $\overline{x}(t) \longleftrightarrow \overline{X}(\omega)$，すなわち，$\overline{X}(\omega)$ は $x(t)$ のヒルベルト変換のフーリエ変換だ．これら2つの $Z(\omega)$ の表示をつなぎ合わせると，

$$X(\omega) + i\overline{X}(\omega) = \begin{cases} 2X(\omega), & \omega > 0, \\ 0, & \omega < 0 \end{cases}$$

となり，これより直ちに

$$\overline{X}(\omega) = \begin{cases} -iX(\omega), & \omega > 0, \\ iX(\omega), & \omega < 0 \end{cases}$$

となる．

　ここで，ヒルベルト変換器の回路の伝達関数は $H(\omega)$ であり，$\overline{X}(\omega) = X(\omega)H(\omega)$ であるから，

$$H(\omega) = \frac{\overline{X}(\omega)}{X(\omega)} = \begin{cases} -i, & \omega > 0, \\ +i, & \omega < 0 \end{cases}$$

となる．この式から $|H(\omega)| = 1$ $(-\infty < \omega < \infty)$ である．すなわち，ヒルベルト変換は，どの周波数においても，入力の振幅に影響を与えず（このことから全域通過回路と呼ばれる）入力の位相に影響を与える．実際，$\omega < 0$ では伝達関数は $+i$ となるから，すべての負の周波数の入力は，位相が $+90°$ だけずらされ，$\omega > 0$ では伝達関数が $-i$ と

なるから位相が $-90°$ だけずらされる．

なんだって？

では今度は，物理的にその意味を考えてみよう．$x(t)$ のうち特定の周波数の部分に注意を集中してみるとよい．周波数を ω_0 としよう．すると，$x(t)$ は $\cos(\omega_0 t + \theta_0) = (e^{i(\omega_0 t + \theta_0)} + e^{-i(\omega_0 t + \theta_0)})/2$ に，さしあたり重要でない振幅の因子を掛けたものとして表せる．ここで θ_0 は任意の位相で，その具体的な値は最終的には重要でないことをすぐに示す．ここで，この部分の時間を1/4周期だけ遅らせることを考える．なお，回路における時間の遅れは線の長さに比例するので，時間の遅れという概念は線を延長することとほぼ同義であり，単純だ．周期を T とし，時間を遅らせる回路への入力を $\cos(\omega_0 t + \theta_0)$ とすると，出力は $\cos[\omega_0(t - T/4) + \theta_0]$ となる．$\omega_0 T = 2\pi$ より $T/4 = \pi/2\omega_0$ であるから，これは次式に等しい．

$$\cos\left[\omega_0\left(t - \frac{\pi}{2\omega_0}\right) + \theta_0\right]$$

$$= \cos\left[\omega_0 t - \frac{\pi}{2} + \theta_0\right]$$

$$= \frac{e^{i(\omega_0 t - \pi/2 + \theta_0)} + e^{-i(\omega_0 t - \pi/2 + \theta_0)}}{2}$$

$$= \frac{e^{-i\pi/2}e^{i(\omega_0 t + \theta_0)} + e^{i\pi/2}e^{-i(\omega_0 t + \theta_0)}}{2}.$$

ここで $e^{-i\pi/2} = -i$ かつ $e^{i\pi/2} = i$ であるから，指数が正の項には $-i$ が掛かり，負の項には $+i$ が掛かる．入力信号

のフーリエ変換のうち，$\omega > 0$ の部分には $-i$ が掛かり，$\omega < 0$ の部分には $+i$ が掛かるということだから，このただ時間を遅らせるだけの回路は，ヒルベルト変換器に他ならないというわけだ．話はこんなに単純なのだ．

　だが，ここまで単純だというなら，なぜヒルベルト変換器を作れないのだろうか．単に 1/4 周期だけ時間を遅らせる回路と同程度に単純なはずの回路が，なぜ非因果的になってしまうのだろうか．問題は，時間を遅らせる回路は，図 6.6.2 で 90° と書かれた箱とは異なり，あるひとつの周波数に関して時間を 1/4 周期遅らせるのではなく，すべての周波数に対して遅らせる必要があるということだ．確かに，全周波数に対して遅らせる回路は作れないのだが，周波数の定義域上に限定してそうした回路の近似を考えることならできる．ただし，ヒルベルト変換器のインパルス応答が時間の関数として有界でも連続でもないのだから，これも決して当たり前の手順ではない．近似のためには，ベースバンド信号 $m(t)$ の全エネルギーが $|\omega| \leq \omega_m$ の区間に帯域制限されているとし，その有限の周波数区間の上で 90° だけ位相をずらせばよい．こういう回路なら構成可能であるだけでなく，手軽に作成もできる．抵抗器やコンデンサーなど，近所の電気店に行ってポケットの小銭で容易に買えるような，ありふれた部品から手作業で組み立てることもできる[19]．

　ここで言っておかねばならないのは，上で紹介した数学的方法は，歴史の忠実な再現とは異なるということだ．た

とえば, ニューヨーク市・ロンドン間のSSB無線通信に
関する古い文献には, 三角関数の公式以上の高等な数学
は登場しない[20]. 数十年経過してもそれはまったく変わ
らなかった. たとえば, アメリカ無線学会 (IRE[21]) は,
1956年12月の会報を, 一巻丸ごとSSB無線通信の特集
としたが, そのどこにも解析信号は登場していない. ここ
から私は2つの結論を導けると思う.

　　　(1)　無線通信の開拓者たちはきわめて明晰で, 複
　　　素数の数学なしでも回路を発明できた. そして, 後世
　　　の者がそれを理解する際, 複素数の数学を用い, 理論
　　　がずっと明快になった.

　　　(2)　当時の電気工学者は, 初期の開拓者に比べて
　　　解析学をより多く用いていたとはいえ, それでもな
　　　お, 彼らが解析信号の有用性を理解するのには非常に
　　　長い時間を要した.

ヒルベルト変換に伴うひとつの問題は, この変換が時間
の関数に対して何をするのかが見えにくいことだ. 積分の
中身が不連続なので直感が利かないからだ. たとえば, 定
数関数のヒルベルト変換が0であることは, 明らかだろ
うか. ヒルベルト変換の直接計算は, どんな例にせよ, 結
構面倒だ. おそらくは, この「計算の苦痛」が, 初期の大
半の無線工学者をこれほど長い間解析信号から遠ざけて
いた理由だろう. もっとも, 1980年代以降はMATLAB
に代表されるソフトウェアの開発により, こうした苦痛
はほとんど完全に取り除かれ, 現在の電気工学者はもは

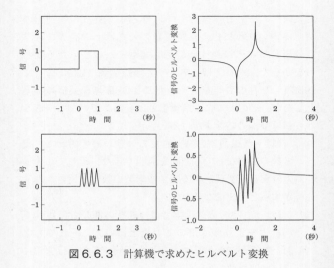

図 6.6.3 計算機で求めたヒルベルト変換

やそれを感じる必要はなくなったが. 例として, 図 6.6.3 に MATLAB で計算したヒルベルト変換を 2 つ示す. 上段の信号はよくあるパルス波で, 下段はあまり見かけないが 2 周期分の正弦バースト信号を 4 乗したものだ[22].

脱線. 実をいうと, 解析信号は本書の最初から登場していたといえる. そもそも, 時間の関数 $e^{i\omega_0 t}$ はエネルギーを正の周波数 $\omega = \omega_0$ のみに持つが, これは, $e^{i\omega_0 t}$ が片側変換であることを意味する. よって, $e^{i\omega_0 t} = \cos(\omega_0 t) + i\sin(\omega_0 t)$ を見れば, $\sin(\omega_0 t)$ が $\cos(\omega_0 t)$ のヒルベルト変換であることになる. では逆に, $\sin(\omega_0 t)$ のヒルベル

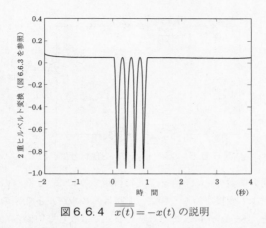

図 6.6.4 $\overline{\overline{x(t)}} = -x(t)$ の説明

ト変換は何だろうか．$\cos(\omega_0 t)$ ではない．公式 $\overline{\overline{x}}(t) = -x(t)$ が証明できるか，考えてみるとよい．すなわち，ヒルベルト変換のヒルベルト変換（2重ヒルベルト変換）は，もとの時間の関数の (-1) 倍というわけだ．この公式を使えば，$\sin(\omega_0 t)$ のヒルベルト変換は $-\cos(\omega_0 t)$ であることがわかる．公式の証明は，ヒルベルト変換器の伝達関数を思い出せばやさしい[23]．図 6.6.3 下段の正弦バースト信号のヒルベルト変換のヒルベルト変換を計算機で求めた結果を図 6.6.4 に示す．確かに，結果はバースト信号の (-1) 倍になっている．グラフが少しずれているのは，小さな誤差を何度も切り捨てたことで生じた誤差の蓄積と，1回目のヒルベルト変換の時間の区間を有限で区切ったことで生じた誤差から来ている．というのは，もとの

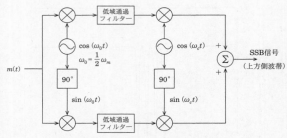

図 6.6.5　ウィーバーの SSB 信号生成器

時間の関数の (-1) 倍を忠実に再現するには，2 回目のヒルベルト変換を行なう際に，1 回目のヒルベルト変換の結果を $-\infty$ から $+\infty$ まで考慮しなくてはならないからだ．

　1956 年の IRE 会報には解析信号が登場しなかったとはいえ，別のことが掲載されていた．SSB 信号を作る別の方法だ．これで第三の方法になる．この方法では，非因果的なヒルベルト変換器を近似する必要がまったくない[24]．著者は，ボーズマンにあるモンタナ州立大学で当時電気工学の教授だったドナルド K. ウィーバー，Jr.（1924-98 年）である．私が見てきた限り，現代の通信システム論の教科書のどれにも，このウィーバーの驚くべき発明は取り上げられている．たとえそれまで盛んに研究されてきた分野であっても，すべてが完全にやり尽くされていると決めつけることは絶対にできない．そんな真実をこの発明は物語っている．図 6.6.5 に示すウィーバーの SSB 信号発信装置は，現代の無線工学で好んで用いられる変調回路だ．

この回路が作動するしくみは, 単に「エネルギーの行き先」をフーリエ変換, 単純な複素数の情報, そして変調定理 (周波数変換定理) の助けを借りて追跡するだけで, 明快に説明できる.

図 6.6.6(a) は, 通常の帯域制限ベースバンド信号 $m(t)$ の変換の絶対値だ. 当然, $m(t)$ は実数値関数なので, グラフは対称形だ. 前と同じ記号で, $m(t)$ がエネルギーを持つ最大周波数を ω_m と置く. さて, ウィーバーの回路をみると, 周波数変換の操作が 4 回も行なわれていることに直ちに気づかれるだろう. まずはじめに, $m(t)$ のエネルギーの周波数を上下にずらす操作を二度行なう. 一度目は図 6.6.5 の上側の経路で, $\cos(\omega_0 t)$ を掛ける操作, そして二度目は下側の経路で, $\sin(\omega_0 t)$ を掛ける操作だ. 電気工学では通常, これらの経路をチャンネルと呼ぶ. 上側は I チャンネル, 下側は Q チャンネルと呼ばれる. I, Q はそれぞれ, in-phase (同位相), quadrature (直角位相, 直交) の略である. だがここでは単に上側, 下側の経路と呼ぼう. 周波数 ω_0 は $\frac{1}{2}\omega_m$ に等しい. 電気工学の用語で, ω_0 は可聴副搬送周波数という. 図 6.6.6 の残りを理解するには, 周波数変換定理の内容をよく考えればよい. 以下, 時間の関数 $x(t)$ のフーリエ変換を $F\{x(t)\}$ と書くことにする. ウィーバーの回路の上側の経路において, 最初に $\cos\left(\dfrac{1}{2}\omega_m t\right)$ を掛けたときに, 出力として得た積を変換すると

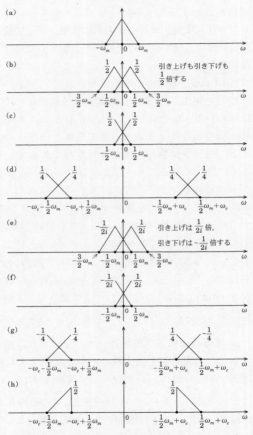

図 6.6.6　ウィーバーの回路が行なっていること

$$F\{m(t)\cos(\omega_0 t)\} = F\left\{m(t)\frac{e^{i\omega_0 t}+e^{-i\omega_0 t}}{2}\right\}$$

$$= \frac{1}{2}F\left\{m(t)e^{i\frac{\omega_m t}{2}}\right\}$$

$$+ \frac{1}{2}F\left\{m(t)e^{-i\frac{\omega_m t}{2}}\right\}$$

となる. 言い換えれば, $m(t)$ の変換を周波数方向に $\frac{1}{2}\omega_m$ だけ引き上げてから $\frac{1}{2}$ 倍したものと, $\frac{1}{2}\omega_m$ だけ引き下げてから $\frac{1}{2}$ 倍したものになっている. 下側の経路では最初に $\sin\left(\frac{1}{2}\omega_m t\right)$ を掛けることになり, 上側とおおむね同じだが, 完全に同じかというと, そうではない. 下側で最初に出力として得た積を変換すると

$$F\{m(t)\sin(\omega_0 t)\} = F\left\{m(t)\frac{e^{i\omega_0 t}-e^{-i\omega_0 t}}{2i}\right\}$$

$$= \frac{1}{2i}F\left\{m(t)e^{i\frac{\omega_m t}{2}}\right\}$$

$$- \frac{1}{2i}F\left\{m(t)e^{-i\frac{\omega_m t}{2}}\right\}$$

となる. すなわち, $m(t)$ の変換を周波数方向に $1/2\omega_m$ だけ引き上げてから $1/2i$ 倍したものと, $1/2\omega_m$ だけ引き下げてから $-1/2i$ 倍したものになっている.

このように, $\cos$ のときは $\frac{1}{2}$ 倍し, $\sin$ のときは $\pm 1/2i$ 倍することは, ウィーバーの回路を理解する上で

決定的に重要だ.

　図 6.6.6(b) は, 上側の経路で最初の掛け算を行なった
後に, ベースバンド信号の変換を上下にずらしたものだ.
ここでは $m(t)$ の 2 つの側波帯が重なり合っている. これ
は確かに奇妙だが, 万事うまくいくことがまもなくわか
る. ずらした山のところに記入した $\frac{1}{2}$ は, それに掛か
る係数を表している. 図 6.6.6(c) に低域通過フィルター
の出力を示す. なお, ここではフィルターが理想的であ
り, $\omega = \pm \frac{1}{2} \omega_m$ に垂直なスカート線を持つと仮定して
いる[25]. そして, 図 6.6.6(d) は, 上側の経路で二度目の
掛け算を行なった後の変換の山を再び上下にずらしたも
のだ. 当然, 周波数 ω_c は ω_m よりもずっと大きな値であ
り, アンテナから発信されるエネルギーを効率的に放射で
きるようなラジオの周波数だ. そして, ここでもまた $\frac{1}{2}$
倍されるので, 図 6.6.6(d) には各々の山のところに $\frac{1}{4}$
と記入した. そうなる理由は (わざわざ書く必要もないだ
ろうが) $\frac{1}{2} \cdot \frac{1}{2} = \frac{1}{4}$ だからである.

　図 6.6.6(e) 以降では, これまで述べてきたすべてのこ
とを下側の回路について行なう. ただし, 一度目の掛
け算の後, 引き上げられた山に掛かる係数は $1/2i$ とな
り, 引き下げられた山に掛かる係数は $-1/2i$ となる. 図
6.6.6(f) は下側の低域通過フィルターの出力を示し, 図

6.6.6(g)は下側の変換の山を二度目にずらしたものだ．
そしてここでも，掛かる係数は，引き上げた山には $\frac{1}{2i}$，
引き下げた山には $-\frac{1}{2i}$ となる．これが図中の $\frac{1}{4}$，$-\frac{1}{4}$
の理由だ．式で書けば，$\left(-\frac{1}{2i}\right)\cdot\left(-\frac{1}{2i}\right)=-\frac{1}{4}$，$\frac{1}{2i}\cdot$
$\left(-\frac{1}{2i}\right)=\frac{1}{4}$，$\frac{1}{2i}\cdot\frac{1}{2i}=-\frac{1}{4}$ となる．

　最後に，図6.6.5に示すように上側と下側の信号（す
なわち変換）を加える（図6.6.6(d)，6.6.6(g) を参照）．
そうすると図6.6.6(h)のようになる．これがウィーバー
の回路の出力の変換だ．このとき，$+\frac{1}{4}$ と $-\frac{1}{4}$ の部分
は打ち消しあって0になり，$+\frac{1}{4}$ と $+\frac{1}{4}$ は加算されて
いる．この結果，もとの $m(t)$ の上方側波帯のみが生き残
る．下方の側波帯は自分自身と打ち消しあってしまうの
だ．また，上側と下側を加える代わりに上側から下側を引
けば，出力として下方側波帯を得る．実際の回路では，加
えるか引くかは，文字通りスイッチひとつで選べる．

　ウィーバーの回路は，私の知る限り，電気工学の世界に
見られる複素数の応用として最も美しいもののひとつだ．
そして，純粋数学者であり，かつ応用数学者でもあったオ
イラー自身も，必ずやこの回路を愛したであろう．先ほど
述べたように，ウィーバーによる SSB 信号生成法の発見
は，電気工学界に驚きをもって迎え入れられた．ここで思
い出されるのは，それまで非負整数でしか定義されていな

かった階乗関数をガンマ関数に一般化し，すべての実数上
で定義したオイラーの論文について述べられた，素晴らし
い一節[26]である．

　傑出した物理学者であるジョージ・ガモフは「その分
　野の既知の事項が豊富になれば，必然的に最先端の研
　究も進展する」というラプラスの言葉を引用してい
　る．ラプラスはいわば，無限に広がる平面上で膨張し
　続ける円を，頭に思い描いていた．ガモフは，物理学
　においてこれは成り立たないと反論している．彼が思
　い描いているのは，球面上で膨張し続ける円である．
　最初のうちは，円が膨張するにつれてその境界も膨張
　するが，後半では縮小してしまう．そして私は，数学
　でもそうだと考える．だがそれでもなお，歴史は物語
　っている．ガンマ関数では，いつの時代にも必ず何か
　新しいことが見出されてきた．

　これからもずっと，オイラーは新しい何かを与え続けて
くれるに違いない．だからこの一節が，何より本書の最後
にふさわしいと思えるのである．

オイラーの生涯
人として，数学者・物理学者として

神は，世界をお作りになったとき，すべての事象の成り
行きを，すべての人間がすべての瞬間に最も有益な状態
に置かれるように配慮なされた．その配慮に応えられた
人間は，何と幸せなことか．
　　　　　　——彼の生涯はこの言葉通りだった．
　　　　　　L. オイラー著，『ドイツ王女への手紙』
　　　　　　　　　　（全3巻，1768-72年）より

　一般に有名人の伝記は多数世に出ているし，なかには俗
っぽい興味をそそるような悪名高き人物の伝記さえ出版さ
れているのに，オイラーの伝記が英語で一冊の本になった
ことは，これまでにない．ドイツ語の伝記（1929年）や，
フランス語で書かれたもの（1927年），それから英語以外
の言語で書かれた2冊（1948年，1982年）も出版された
が，それらの出版後のオイラー研究の膨大な進展を思う
と，今やそうした文献は時代遅れとなってしまった．オイ

ラー自身が並外れた多作の人だったので，オイラーが実際
に行なったことを真に理解するには，伝記の執筆者は莫大
な作業をこなさなくてはならないだろう．オイラーが，歴
史上のどの数学者よりも多くの著作物を書いたことを，最
初に踏まえておきたい．生涯に著した書籍と論文の総数は
何と 500 を越え，それらの出版は彼の死後も続いた．そ
の数は 1726 年から 1800 年までの間にヨーロッパで刊行
された数学，理論物理学，機械工学に関する全出版物の何
と三分の一を占める．加えて，現存する個人的な書簡もそ
れに劣らず膨大であり，数百名の相手に対する 3000 通近
くが残されている．さらに，研究用ノートが数千ページ，
そしてオイラーが大学時代から死ぬまで記し続けた大量の
日記もある．本気で伝記を執筆しようと思ったら，これら
のすべてを読破しなくてはならないだろう．

　まだある．この人類史上最も偉大な数学者の一人である
オイラーについて書かれた数多くの評伝が，専門誌のあち
こちに散逸しているのだ．その大半はよく書かれており，
なかには本稿を書くに当たり参考にさせていただいたもの
もある．ただしそうした文献の多くは，以前に書かれた内
容の繰り返しである．これから膨大な参考文献を挙げてい
けば収拾がつかなくなってしまうので，ここで主要なもの
だけをまとめて註に記しておく[1]．今後，特定の著者の文
章を引用したのでない限り，その都度オイラーの生涯に関
する文献は示さない．オイラー生誕 400 年に当たる 2107
年までには，いつか英語版の伝記が一冊の本になり，私た

ちの孫が凍える夜に暖炉の傍でそれを気軽に手に取って楽しめるようになっているとよいのだが．

　オイラーの人生をひも解くと，自然と四つの時期がみえてくる．第一期は生誕からスイスで過ごした子供時代，第二期はロシアのサンクト・ペテルブルクのロシア科学アカデミーの 14 年間，第三期はロシアを出てフリードリッヒ大王が設立したばかりのベルリン科学アカデミーに属した 25 年間，第四期はエカテリーナ女帝の招きでサンクト・ペテルブルクに戻ってから亡くなるまでだ．これから，それぞれの時期ごとに話をしていこう．

　オイラーの家系はバーゼルの出であった．バーゼルはスイスのドイツ語圏に属し，人口は約 15000 人で 1594 年以降変わっていない．職人の多い地域だったが，オイラーの父のパウル（1670-1745 年）はバーゼル大学の神学科を 1693 年に卒業した神学者であり，キリスト教プロテスタントの牧師だった．パウルは向学心が旺盛で，大学生の頃に，確率論の創始者の一人であるヤコブ（別名ジェームズ）・ベルヌーイ（1654-1705 年）の講義を受講し，ベルヌーイの自宅の寄宿生となった．ヤコブの弟ヨハン（別名ジョンまたはジャン）も寄宿生であり，パウルとヨハンは互いに親しくなった．ヨハン・ベルヌーイは，その後何年も経てパウルの長男であるオイラーの人生に重要な役割を果たすことになる．

　大学を卒業して 23 歳の頃，パウルは孤児院に牧師として短期で勤めた後，大学に隣接する教会の牧師に採用され

た．これで生活の保障を得たパウルは，牧師の娘マーガレット・ブルッカーと結婚した．1706 年 4 月のことだ．その翌年の同じ月，1707 年 4 月 15 日に初めての子を授かり，ここにレオンハルト・オイラーが誕生した．オイラーは二人の妹と一緒に育った．正式な学校教育を受けるためオイラーが 12 歳で家を出た後に，ただ一人の弟ヨハン・ハインリッヒが生まれている（弟は一族の伝統に従い画家になった）．オイラーが生まれてから，一家はバーゼルから数キロのところにある村リーエンに移住した．オイラーはそこで幼年時代を過ごした．

　贅沢な暮らしではなかった．父の新しい牧師館は二部屋しかなく，書斎の他に家族全員が集う部屋が一つあるだけだった．田舎での質素な暮らしであったが，愛情に満ちた教養のある両親に育てられたオイラーは気取り屋にも愚鈍にもならなかった．オイラーは生涯を通じて，物静かな気質，強い実行力，深い宗教心の備わった人物として周囲から認められていた．幼少の頃の勉強は自宅で両親に教わったため，父と母からの影響を非常に強く受けた．母は古典などの教科を教えた．オイラーはウェルギリウス[2] の『アエネーイス』中の全 9500 行の詩を暗唱したという．何という微笑ましい光景だろう．一方，父はオイラーに数学の初歩を教えた．オイラーが 1767 年に長男に口述させた未出版の短い自叙伝[3] によると，最初に手にした数学書は 1553 年に書かれた古い代数の教科書であった．ほぼ間違いなく，それは父から与えられたのだろう．

オイラーはその本に収められた全 434 の問題のすべてを一つ一つこなした．このように両親はできる限りの教育をオイラーに行ったが，それには限界があった．オイラーが明らかに並外れた才能を持っていると気づいた両親は，きちんとした環境のもとで教育を受けさせるべきだと考えた．こうしてオイラーはバーゼルへ戻り，バーゼル・ラテン語学校に通いながら，当時未亡人となっていた母方の祖母と暮らすことになった．こうした教育は，オイラーが父の後を継いで神学者の道を歩むための布石だった．少なくとも父パウルはそのつもりだった．

　バーゼル・ラテン語学校へ入学して，田舎から越してきたばかりの少年だったオイラーは，相当な衝撃を受けたに違いない．体罰はかなり頻繁に日常的に行われていた．誰一人手加減する者などおらず，素行の悪い生徒が流血するまで殴られるという話も聞かないではなかった．教師が生徒を殴っていないかと思えば，代わりに生徒同士がやっていた．教室で殴り合いの喧嘩になるわ，親が駆けつけ教師に詰め寄るわ，といったありさまだった．こんな野蛮な状況を耐え抜くため，オイラーの支えになってくれるもの，それこそが数学に違いなかった．ただし不思議なことに，数学は学校の時間割に入っていなかった．そこでオイラーの両親は，数学の個人教師がオイラーに必要と考えた．そのおかげでオイラーは，バーゼル・ラテン語学校を何とか無事に過ごすことができたのだった．

　1720 年，13 歳の秋，オイラーはバーゼル大学に入学し

た．その年で大学に入ることは，当時としてはそれほど珍
しいことではなく，その地域での扱いは，いわばアメリカ
でプリンストン大学に入学した扱いとは違っていた．学生
数は 100 人そこそこで 19 名の安月給の教員がおり，多く
は二流の学者だった（ただし，まもなくわかるように，例
外がいた）．オイラーがこのような集団の中で際立ったの
は当然だ．1722 年 6 月，彼は，学士論文が高い評価を得
て成績優秀で卒業した．若干 17 歳だった．論文はラテン
語で，デカルトとニュートンの哲学的な位置付けの比較を
論じたものだった．ここまでのところ，近い将来にその時
代で最も偉大な数学者になりそうな教育を何一つ受けてい
ないように見えるが，オイラーの人生を彩る学問上の大事
件は，まもなく起きることになる．

　オイラーの生まれる二年前，バーゼルでオイラーの父に
数学を教えていたヤコブ・ベルヌーイが亡くなった．彼の
後を継いで弟のヨハン・ベルヌーイがバーゼル大学の教
授になった．ヨハンはオイラーの父パウルと親しく，ヤコ
ブ・ベルヌーイの家に寄宿生として生活を共にした仲だっ
た．ちなみに，ヨハンの末の子供のヨハン二世（1710-90
年）とオイラーも，父親どうしと同じように学生時代の友
人であり，1724 年に一緒に修士の学位を取得した仲だっ
た．ヤコブとヨハンに話を戻すと，バーゼルのベルヌーイ
家には一流とはいえない男たちが多かったが，この二人だ
けは例外で，二人とも国際的に名高い数学者だった．若き
オイラーは当然ヤコブには会ったことがなかったが，ヨハ

ンからの影響は強く受けることになる．

　ヨハン・ベルヌーイは，僻地の研究施設であるバーゼル
大学よりもっと名声のあるところに行けたはずだった．実
際，彼はオランダの大学教授という，魅力ある職への就任
を何度か要請されたが，妻の実家の要望により断ってき
ていた．バーゼルに居続けたからといって，バーゼルを好
んでいたわけではない．実際，バーゼルを好きではなかっ
た．彼は初等数学の授業に対してあまりやる気がなく，ど
うでもいいような態度で講義をしていた．だが，彼は自
分が有望と見込んだ少数の学生たちには個人的に教える
ことを申し出，1725 年頃にはオイラーもその精鋭のグル
ープに加わった．実際，ベルヌーイは，オイラーの父親も
それを認めてくれるだろうという確信があった．オイラ
ーはヨハン二世と仲が良かったし，ヨハン二世を通じて
兄のニコラス（1695-1726 年）やダニエル（1700-82 年）
とも親交があった．おそらくそのためだろうが，オイラー
はバーゼル大学の数学者ヨハン・ベルヌーイ教授の注意を
引くようになった．1767 年の自伝でオイラーは振り返っ
ている．

　　　それからまもなくして，有名な数学者のヨハン・ベル
　　　ヌーイに紹介される機会があった．（中略）彼は実に
　　　多忙な人で，私に個人指導をするのをきっぱりと断っ
　　　た．その代わり，彼は，それよりもよい助言を私にし
　　　てくれた．その内容とは，より難しい数学の本を独力
　　　で読み始めること，それを一生懸命に勉強すること，

　そして，どうしてもわからない箇所や難しい問題にぶ
つかったときには，毎週土曜の午後に彼を自由に訪れ
てもよいことだった．私が訪れると，彼は私の疑問点
のすべてを丁寧に説明してくれた．（中略）これはま
ぎれもなく，数学のような学問で成功するための最善
の方法である．

　ベルヌーイからの影響を受ける前は，オイラーは父の希
望に沿って神学，ヘブライ語，ギリシャ語など，聖職者に
なるための勉強に専心していた．だが，ベルヌーイがこの
若き才能の将来性に気づいた以降は，パウルはオイラーの
歩むべき道は自分の歩んできた道ではなくヨハンと同じ
道であると，次第に確信していった．パウルは息子を深く
愛していて，息子のためを思う気持ちが強かったため，た
とえ自分自身にとっては大変残念な事態になっても，息子
が心から望んでいる道が実現するよう黙って見守った．ベ
ルヌーイのオイラーへの賞賛は，オイラーが天才ぶりを発
揮するにつれて，ますます強まった．それはベルヌーイが
1728 年から亡くなるまでの間に，かつての弟子オイラー
に宛てた書簡の中で用いた呼称の変遷にうかがい知ること
ができる．それは「博識のある独創的な若者」（1728 年），
「きわめて著名な学識人」（1729 年），「きわめて著名でず
ば抜けて優れた数学者」（1730 年），「比類なき L. オイラ
ー，数学界の第一人者」（1745 年）と続いたのだった．ヨ
ハン・ベルヌーイは，それまでプロの数学者として，常に
人と競い，時には嫉妬心を抱いたことすらあった．それ

は，弟のヤコブや息子たちに対してすら例外ではなかっ
た[4]．ところが，彼はオイラーが数学者として優れている
ことは手放しで認め，ただの一度もオイラーと競おうとし
たことはなかったようだ．それくらいオイラーは，完全に
別格だったのだ．ベルヌーイ自身も世界的な数学者だった
のにである．

　オイラーは何と 19 歳の頃には，すでに学問的に十分に
成熟していた．その年で学校の全課程を終了し，学者とし
ての就職を考える立場になった．彼はバーゼルに残って家
族の近くにいたかったので，1726 年 9 月にバーゼル大学
の物理学の教授が亡くなったとき，その職に志願した．ヨ
ハン・ベルヌーイもオイラーが自分と同じ大学の教員にな
ることを望み，応募を勧めた．その応募のために，オイラ
ーはある論文を執筆した．それは，現在でいう博士論文に
相当すると考えられている．題目は *Dissertatio physica
de sono*（音に関する物理の学位論文）であった．その論
文はわずか 16 ページという短さだったが次第に有名にな
り，その後 100 年間にわたり研究者たちから引用された．
内容は本質的に音響学の研究の展望を論じたもので，論文
の末尾では物理学の問題 6 題に限定した熱い議論を展開
している．たとえば，その中の 1 題は現代では古典的問
題とされ，大学 1 年生向けの微積分を用いた物理学の教
科書には必ずといっていいくらい取り上げられている．そ
の問題は次のようなものだ．

　「地球の中心に向けてまっすぐにトンネルを掘り，その

まま掘り続けて地球の反対側に貫通したとする．このトンネルに地表から石を落とすとどうなるか．ただし，空気の抵抗と地球の自転を無視する」[5]

　バーゼル大学のこの教授職へ志願したオイラーは，不採用となった．単に若過ぎたことが理由だった．だが，ヨハン・ベルヌーイや息子のニコラス，ダニエルと親交があったことで，オイラーはこれよりもずっと良い選択肢を得ることになる．バーゼル大学の職に志願したのとほぼ同時期に，彼はサンクト・ペテルブルク（以下ペテルブルク）に設立されたばかりのロシア科学アカデミーに勤める誘いを受けた．このアカデミーは，当時学問的な意味で僻地であったロシアにヨーロッパ流の科学的な思想を普及させ，より優れた教育を行ないたいというピョートル大帝の意思により，大帝が亡くなる前年の 1724 年に設立された．ロシア科学アカデミーは，既存のベルリンやパリのアカデミーを手本として作られた．ピョートル大帝は，ロンドンの王立アカデミーが政府から独立し過ぎているように感じ，それとは異なるものを作ろうと考え，ロシア科学アカデミーを政府の直接の監督下に置いた．このことをオイラーは到着まで知らなかった．ピョートル大帝が死去し，王妃であったエカテリーナ一世（エカテリーナ女帝として有名な二世とは別人）は，ロシアの教育改革を目指すピョートル大帝の遺志を受け継ぎ，アカデミーの出資者になった．

　オイラーがロシアから招待を受けたのは，バーゼル時代の師ヨハン・ベルヌーイのおかげだった．アカデミーは初

めにヨハンに打診をしたが，ヨハンはその招待を断り，代わりに長男か次男のいずれかを行かせようとした．当然，どちらも，兄弟を差し置いて自分だけが行くなど考えられなかった．こうして1725年，ニコラスとダニエルは，それぞれ数学者と生理学者の枠で，二人ともロシアに渡ったのだった．オイラーは，ペテルブルクに二人も親友がいる状態になった．彼らは若き友人オイラーに対し，職の空きがあり次第，必ず推薦すると約束した．そして，その機会は突然訪れた．1726年の夏，ニコラスが盲腸で急死したのである．ダニエルは，故ニコラスの後任として数学者の枠に入り，自分のいた生理学者の枠を埋める後任としてオイラーを推薦した．かくして1726年の秋，オイラーはペテルブルクのアカデミーから，数学者ではなく生理学者として招聘を受けたのであった．

　オイラーは11月に受諾した．一人の若者にとって，その職に魅力がないわけはなかった．わずかながら給料がもらえる上に，宿舎は無料．光熱費も込みで，旅費まで支給されたのだ．ペテルブルクでの同僚にはダニエル・ベルヌーイ以外に，スイス人数学者ヤコブ・ヘルマン（1678-1733年）がいた．彼は母方のはとこに当たる人物だった．オイラーは受諾に当たり，一つだけ条件をつけた．それは，出発を1727年まで遅らせることだった．オイラーの受諾の手紙には，理由は天候のためと書かれているが，本当の理由は他に二つあった．第一は，バーゼル大学の物理学の枠が空席のまま埋まっておらず，オイラー

はその職に就いてバーゼルに残ることを希望していたこと．そして第二の理由は，仮にその職に就けなかった場合に（実際そうだったわけだが）オイラーは，解剖学や生理学の知識が全くないままロシアに行くわけにはいかないと考え，ロシアに行く前にそれらを勉強する時間が必要だと思っていたことだった．オイラーは若い時代の多大な時間を，数学と関係のない分野の勉強に費やすことになった．

　1726 年から 1727 年にかけては，オイラーにとって準備期間であった．しかし，そこはさすがにオイラーであり，単に指をくわえてバーゼル大学の物理学の職を願い，すべり止めのロシアの職のために解剖学を勉強していたのではなかった．彼は論文を書き，1727 年のパリ科学アカデミー課題に応募した．その課題とは，船のマストの最善の位置と置き方を決定する問題だった．ここでいう最善とは，風から最大の推進力を受け，かつ転覆しないことを意味する．驚くべきことに，オイラーはまだ十代であったにもかかわらず，第 2 位となった．第 1 位のピエール・ブーゲーは，この分野を専門に研究してきて，航海理論の第一人者になりつつあったフランス人の教授だった．そもそもパリ科学アカデミーは，ブーゲーが他のどの研究者よりも大きく有利になるように初めから課題を選んでいた．ブーゲーはすでにこの問題を何年も考えてきていたのだ．この落選がよほど悔しかったのだろう，その後オイラーは生涯で 12 回もパリ科学アカデミー課題を勝ち取っている．ブーゲーの勝利は，本当は神がオイラーのためにもた

らしたことなのではないだろうか．もしもオイラーが優勝
していたら，バーゼルの職に就いていたかも知れず，そう
すればロシアに行くことはなかっただろう．学問に集中し
て全身全霊を打ち込む機会が失われたかも知れないのだ．
4月，20歳になったオイラーはロシアへと発った．以後，
二度とバーゼルに戻りたいと思うことはなかった．

　オイラーは船と馬車と，そして徒歩による7週間のつ
らい旅を経て，5月下旬に，当時のロシアの首都ペテルブ
ルクに到着した．そこでようやく，エカテリーナ一世が亡
くなったことを知る．ロシア科学アカデミーの未来は，突
如危機にさらされたのだ．新しい皇帝のピョートル二世は
12歳の少年で，ロシアの実権は影の権力者たちが握って
いた．彼らはかつての欧風化されないロシアを好んだ．ア
カデミーに志願してきたドイツ，スイス，フランスの研究
者たちに対し，単なる思い込みと無知から不快感を持ち，
その結果，アカデミーに予算を割り当てるのを止めてしま
った．彼らはさらに宮廷をモスクワに戻し，アカデミーの
総裁を少年皇帝の家庭教師として仕えさせた．こうしてア
カデミーはまさに物理的に崩壊の危機に陥った．アカデミ
ーの構成員の多くは絶望し，次々と自分たちの国に帰って
いった．しかしオイラーは違った．解剖学を勉強しておい
たことと，船のマストに関するパリ科学アカデミーの課題
問題で第2位を取ったことが，ここに来てついに役立っ
たのだ．オイラーは彼らの注目を集め，なかでもロシア海
軍は，オイラーに医学将校の職位を提供した．船のマスト

の研究が文字通り役立ったとでもいえようか，アカデミー
が沈もうともオイラー船だけは依然として浮かんでいられ
たのだ．音に関する博士（ドクター）論文に加え，医学将
校の職位も得たことで，彼はまさに名実ともにドクター・
オイラーと呼ばれるにふさわしい人物となった．

　アカデミーの混乱はその後も続いたが，1730 年にピョー
トル二世が亡くなるとアンナ・イヴァノヴナ女帝が実
権を持ち，政局は安定していった．オイラーの遠縁のヤコ
ブ・ヘルマンは祖国スイスに戻るためにいったん辞職して
いたが，ダニエル・ベルヌーイはヘルマンをアカデミーの
数学の教授に再び据えた．2 年後，女帝アンナはロシアの
首都をペテルブルクに戻した．これ以降，オイラーの人生
は輝き続けることになる．23 歳にして彼は物理学の教授
となった．1733 年にベルヌーイがバーゼル大学の教授に
就任するために職位を退いた際には，オイラーはペテル
ブルクのアカデミーにおける数学の第一人者として，彼の後
任を務めた．この頃，オイラーは同じスイス人のカタリー
ナ・グゼル（1707-73 年）と結婚し，私生活でも幸せな
時期を迎えた．カタリーナはアカデミーに併設の学校で教
えていた画家の娘だった．この結婚を祝してアカデミーで
は次のような詩が作られた．この一節から，数学に打ち込
むオイラーが周囲からどのように見られていたか，その一
端を垣間見ることができよう．

　　誰が想像しただろう
　　あのオイラーが恋をするなんて

　昼も夜もいつも考え続けていた

　どうしたらもっと数の計算ができるかを

　だが，オイラーは数のことばかり考えていたわけではな
かった．その翌年，彼は最初の子を授かり，生涯で 13 人
の子を持った．

　幸せな結婚と，ペテルブルクで一番の数学者，オイラー
は満ち足りた生活を送った．アカデミーの総裁も，長官の
プロイセン人クリスティアン・ゴールドバッハも，ともに
オイラーの親友であり，オイラーの職の安全は保障されて
いるように思えた．そして，彼自身が数学の世界の中に留
まり続ける限り，その生活もまた，ロシアの政治的陰謀が
うずまく外界から保護されていた．ようやく条件は整った
のだ．オイラーの生涯にわたる莫大な業績の第一期が，今
まさに始まろうとしていた．いや，すでに始まっていたと
いえる．たとえば，ゴールドバッハが 1729 年 12 月 1 日
付の手紙で，フェルマーの予想の一つ「$2^{2^n}+1$ は任意の
非負整数 n に対して素数である」をオイラーに伝えたが，
オイラーは 1732 年（おそらくそれよりも少し早く）には
$n=5$ の場合を素因数分解することにより，その予想が誤
りであることを示した．同じ時期の 1729 年から 1730 年
にかけて，オイラーは非負整数に対する階乗関数を，すべ
ての実数に対して積分表示で定義されるガンマ関数に一
般化した．オイラー以前には $\left(-\dfrac{1}{2}\right)!$ という表記にはま
ったく意味がなかったが，オイラー以後は $\left(-\dfrac{1}{2}\right)! = \sqrt{\pi}$

であることが，世界で認められるようになった[6].

　1735 年までに，オイラーは，すべての数学者を一世紀近くも悩ませてきたある問題を解決した．その中にはバーゼル大学の二人の教授，ヤコブ・ベルヌーイとヨハン・ベルヌーイも含まれていた．オイラーは，今日ゼータ関数と呼ばれている $\zeta(s) = \sum_{n=1}^{\infty} 1/n^s$ の値を計算したのだ．しかも，元々の問題であった $s = 2$ だけではなく，すべての偶数 s に対して計算した．そのニュースが数学界に広まると，その素晴らしい計算法により，オイラーの名はヨーロッパ中の評判となった．このオイラーの証明を見たバーゼル時代の師ヨハン・ベルヌーイは「兄が生きてさえいれば」と言わずにはいられなかった．兄のヤコブは，このオイラーが解いた問題のために多大な努力をしていたが報われず，生きていれば見ることができたこんなに美しい解法があることを知らずに亡くなったのだ．1735 年，オイラーは，現代の数学や物理学で π と e に次ぎ最も重要とされている数を定義した．それは $\lim_{n \to \infty} \left(\sum_{k=1}^{n} \frac{1}{k} - \log n \right)$ であり，オイラーの定数と呼ばれ記号 γ で書かれる．オイラーはこの値を小数点以下 15 桁まで求めた．手計算の時代にあって，これ一つとっても大変な仕事だ．しかし，1735 年は良い年ではなかった．オイラーは発熱で寝込み，危うく死ぬところだったのだ．だが回復するや否や，再び彼は調子を取り戻し，1737 年には素数とゼータ関数の間の美しい関係を発見した．それは，素数が無限個存在する

ことに対する，ユークリッド以来初めての別証明[7] を与えるものだった[8].

　そしてまた，1730 年代はオイラーが変分理論の基礎を固める研究を始めた時期でもあった．ニュートンやライプニッツの「普通の」微積分では，与えられた関数 $f(x)$ が極大値や極小値をとるような変数 x の求め方を学ぶ．変分論ではこれを一段階抽象化して「$f(x)$ が $J\{f(x)\}$ の極大値を与えるか」を考える．ここで J は超関数と呼ばれ，関数 $f(x)$ の関数である．こうしたいわゆる変分問題の創始者の一人がヨハン・ベルヌーイであった．彼は 1696 年に有名な「最短降下線問題」を提起した．それは次のような問題だ．

　「鉛直に置かれた面上の 2 点を結ぶ曲線の上を，各点での重力のみによって高い点から低い点に降下するときに，到達までの時間が最短となる曲線はどんな形か．ただし摩擦力は無視する」

　これよりさらに古いものに，古典的な等周問題がある．

　「自分自身と交わらない，与えられた長さの閉曲線のうちで最大の面積を囲むのはどんな曲線か」

　円周が答であると誰もがわかっていながら，証明できた者はいなかった．以上の 2 問[9] を含めたこの類の問題は，各問ごとに別々の方法によって研究されていた．一般論はなかったのだ．

　だがそれもオイラーが現れるまでだった．1740 年に彼は著作 *Method of Finding Curves that Show Some*

Property of Maximum and Minimum（極大や極小の性質を持つ曲線を求める方法）の初稿を書き終えた．それは1744年に，彼がペテルブルクからベルリンへ発った後に出版された．その本で初めて最小原理が登場する．これには後ほど少し触れる．この本のあとがきに見られる以下の一節には，オイラーの宗教的な側面と，この種の問題に対する彼の関心の高さの両面を垣間見ることができる．「宇宙の構造はこの上なく完璧であり，宇宙はこの上なく賢い創造主による作品である．宇宙において極大と極小の関係が破れるような現象は，ただの一つも存在しない」．

　ところで，オイラーがペテルブルクで行なったのは純粋数学だけではなかった．1736年には力学に関する二巻組みの本 *Mechanics, or the Science of Motion Set Forth Analytically*（力学，解析的な運動の科学）を著した．ここで彼は微分方程式を多用した．この著作はニュートンによる1687年の『プリンキピア』に並ぶ傑作として，出版直後から高く評価された．たとえばヨハン・ベルヌーイは，この著作にオイラーの「天才ぶりと眼識」がよく現れていると述べた．しかしながら，全員がそのように感じたわけではなかった．とりわけ，イギリス人の鉄砲製造の専門家ベンジャミン・ロビンス（1707-51年）は，微分方程式を利用することは，実験的に求められないのを認めることに他ならず，その結果，無意味な計算規則に従わざるを得なくなったのだと考えた．当然，こうした思想は現代的な見方からするときわめて妙に映るわけだが，ロ

ビンスは無能だったわけではない．彼は弾道振り子の発
明者であり，それは今日なお，大学初年級の物理学で必ず
学ぶ内容となっている．とはいえ，1730 年代であっても，
ロビンスのような否定的な見方をする者は，きわめて少数
派だった．オイラーとロビンスは数年後，ロビンスの書い
た教科書の紙上で再び一戦を交えることになる．そこで
も，ロビンスはオイラーに対して異様なほど低い評価をす
るのが見て取れる．

　私はこの短編の伝記で，オイラーが一度目のペテルブル
ク滞在中に成し遂げたことを書いたこの時点で，すでにそ
の偉大さの相当な部分を割愛してしまったと感じている．
私がこれまで述べてきたことはオイラーの理工学における
業績のほんの一例に過ぎず，触れてこなかった業績は数十
に上るのだ．一つ付け加えておきたいのは，オイラーがペ
テルブルク天文台での天体観測に関し，ロシアにとって直
ちに役立つ事実を提供したことだ．その仕事は，原始的な
段階にあったロシアの地図作成の技術を，近代的な水準に
引き上げるために重要な役割を果たした．そしてこの頃，
オイラーが以前に命を落としかけた発熱が，今度は別の形
で降りかかってきた．彼は右目の視力を失いかけていたの
だ．1740 年，ゴールドバッハへの手紙に「地理学は私に
とって致命的だった」と書いている．地図の修正のために
目を酷使したことで眼精疲労になり，それがこの失明を引
き起こしたとオイラーは感じていた．なお現代では，以前
の発熱でできた目の膿瘍が原因である可能性が高いと考え

られている．ゴールドバッハに手紙を書いた頃には，彼は
右目の視力をほとんど失っていた．後に彼は左目の白内障
により，晩年の 12 年間，完全な盲目となったのである．

　ペテルブルクでオイラーはまた，実用的な工学の問題に
も取り組んだ．流体中の物体の運動を研究するために再び
微分方程式を用い，海軍の軍艦の設計や推進力に関する
問題を扱った．これに関する全業績は著作 *Naval Science*
（海軍の科学）に収められた．この本は彼がペテルブルク
に滞在していた 1738 年にはほぼ完成していたが，ベルリ
ンに移った後の 1749 年まで出版されなかった．

　同じ 1738 年，オイラーは，知らずのうちにある人物と
交わることになる．それも間接的にである．この人物は後
年，最も不愉快な相手としてオイラーに関わるのだ．この
出来事はいわば言葉の戦争であり，敵方はヴォルテール
という当時の文学界の重鎮だった．オイラーが数学の大
家だとすれば，ヴォルテールは他人を中傷する大家だっ
た．ヴォルテールという名は 1719 年につけられた筆名で
あり，本名はフランス人作家で詩人のフランソワ゠マリ
ー・アルエ（1694-1778 年）である．彼は，身分の高い
人物を風刺したことで罪に問われたが国外退去を条件に
釈放され，1726 年から 1729 年までの期間，ロンドンに
滞在した．そして，その間にニュートンの理論に心酔し
た．1727 年にはニュートンの葬儀に参列し，そのことを
死ぬまで自慢し続けた．そしてニュートン哲学を一般に
広めた有名な 1738 年の著作 *Éléments de la philosophie*

de Newton（ニュートン哲学綱要[10]）の執筆に身を投じた．ちょうど当時，ニュートン物理学対ライプニッツ形而上学の論争が盛んに行なわれていた時代であり，ヴォルテールは *Éléments...* でニュートンを讃え，一方，後に有名な風刺 *Candide*（カンディード）ではライプニッツを作品中の登場人物パングロス博士になぞらえて揶揄した．*Candide* は，ライプニッツの賛同した「私たちは，存在し得るうちで最善の世界に生きている．すべてのことは最善に向けて起こる」という見方を攻撃するものだった．本稿の冒頭に引用したオイラーの言葉などは，きっとヴォルテールが最も嫌ったものだろう．

　しかしながら，1738 年にオイラーと間接的に関わったときの戦いの場は理工学であり，文学ではなかった．*Éléments* の文体が立派だったことは確かだが，ヴォルテールがニュートンの数学や科学の概念をよく理解していないのは明らかだった．ある文献には「人々は *Éléments* のおかげでニュートンの数学を理解したが，著者自身が理解することはなかった」[11] と述べられている．偉大な作家であるヴォルテール自身も認めているように，オイラーとヴォルテールは論戦では全く一致しなかったのである．ところで二人が初めて間接的に関わったのは，パリ科学アカデミーによって 1736 年に出題され，1738 年に授賞された課題問題だった．アカデミーが課した問題は，炎の性質を論じることである．当時はまだ化学反応という概念が生まれる前であり，哲学者たちは依然としてアリストテレス

が唱えた空気，土，水，火の元素を万物の基礎であるかの
ように議論していた．それは，いやみになり過ぎないよう
に言えば「旬の話題」だった．ヴォルテールはどうも科学
に惹きつけられたらしく，それが高じて，きちんとした教
育をまったく受けていない自分にも科学ができると思い込
んでしまった．それに彼は謙虚でなかった．オイラーの参
加により2人で優勝を分け合うことになったが，ヴォル
テールはうまく立ち回って自分の方に有利な評判を得る
ようにした．これには彼の恋人エミリー・デュ・シャトレ
（1706-49年）も協力した．彼女はどう見ても，ヴォルテ
ールよりも科学や数学をよく理解していた．このことは，
彼女がニュートンのプリンキピアを初めてフランス語に翻
訳した人物であることからもわかる．なお，その翻訳は彼
女の死後に出版された．

　デュ・シャトレは1733年にヴォルテールと不倫関係に
なった．後に彼女は初子を授かり，その直後に若くして
亡くなったが，それまでその関係は続いた．ちなみに，そ
の子の父親はヴォルテールでも夫でもなかった．彼女は
学問に長けた女性であり，数学者と物理学者から個人教
授を受けていた．この点はオイラーの話を追う上で重要
だ．個人教授を行なった中に（そしてまたもう一人の愛
人でもあったのだが），フランス人数学者であり天文学者
でもあったピエール・ルイ・モーペルテュイ（1698-1759
年）がいた．彼は1736年に遠征隊を率い，地球の形状を
計測した．そして1738年に *La figure de la terre*（地球

の形状について）を著し，この惑星が扁平な楕円形状である根拠を示した．そして「地球を平らにした人物」としてモーペルテュイは有名になった．もう一人，個人教授を行なったのがザムエル・ケーニヒ（1712-57 年）である．彼はバーゼルでオイラーのかつての師ヨハン・ベルヌーイの下で 3 年間学んだ人物だった．ケーニヒの授業を受けたデュ・シャトレは *Institutions de physique*（物理学教程）を著し，1740 年に出版した．内容は，デカルト，ニュートン，ライプニッツの哲学や，空間，物質，力，そして自由意志といった概念を扱ったものだった．この著作をめぐり，ケーニヒとデュ・シャトレは仲たがいすることになる．ケーニヒには，本の内容が自分が教えたことの単なる焼き直しであるように受け取られたのだ．彼は，人々との会話の中で，彼女のことを自分の業績を盗作した者として非難した．二年後，ケーニヒは同じような非難を今度はモーペルテュイに対して行なった．その結果，ヴォルテール，モーペルテュイ，ケーニヒは科学史上最悪の部類といわれる争いで衝突することになる．後にオイラーもその争いに巻き込まれ，4 人の男たちはそれぞれ痛手を負うのである．

　この争いが始まったきっかけは，1740 年代の中頃，プロイセンの統治者で「大王」と呼ばれたフリードリッヒ二世が，新たに活動が盛んになりつつあったベルリン科学アカデミーに，ペテルブルクを離れて加わるよう，オイラーを誘ったことに始まる[12]．フリードリッヒ王は数学を

知っていたわけでも価値を認めていたわけでもなかった
が，オイラーが天才だとの噂を聞き，オイラーをとにかく
自分の周りに置きたいと考えたのだ．オイラーは財力で引
き抜ける貴重な装飾品であり，宮廷を飾る単なる象徴だ
った（こうした研究者の引き抜きは，現代の研究機関でも
聞かない話ではない）．実際，アカデミーそのものの存在
が，少なくとも当初は虚栄のためだったのかも知れない．
1737 年 7 月にフリードリッヒ王はヴォルテールに宛てた
手紙で「田舎の大地主が数十頭の犬を飼う必要があるのと
同様に，王はアカデミーを維持する必要があった」と述べ
ている．

　オイラーは，当初はこのベルリンへの誘いを断った．数
か月後，女帝アンナが亡くなったとき，世継ぎが小さな子
供だけだったことから再び政治的混乱に陥り，ペテルブル
クのアカデミーに所属していた「外人たち」には，再度，
敵国の人間として疑いの目が向けられるようになった．そ
こでオイラーは妻の希望もあって，王からの招待を再考す
ることにした．彼はフリードリッヒに，ベルリンに赴くた
めの条件を伝え，1741 年 2 月，契約は成立した．オイラ
ーがペテルブルクのアカデミーを辞めた公式な理由は健康
面だった．彼は，もっと気候の穏やかな地域を望んだし，
視力の衰えを不安に感じていた．アカデミー側はこの理由
に納得したのだろう．アカデミーとの関係を良好に保った
ままオイラーはロシアを離れることができた．これが後年
オイラーにとって有利に働くことになる．オイラーが去っ

た本当の理由は，彼が 1741 年 7 月下旬にベルリンに着い
てまもなく明らかになった．何を聞かれてもあまり積極的
に話そうとしないオイラーを見て不審に思ったフリードリ
ッヒ王の母が，ほとんど臆病といえるほど控えめにしか会
話をしないのは何故かと，無遠慮に問いただしたときのこ
とだった．オイラーもそれに応じて無遠慮に答えた．「そ
の理由は，私が今までいた国では，口数の多い者は絞首刑
になったからです」．

　オイラーがベルリンに来たとき，フリードリッヒ王の新
しいアカデミーは発展途上にあり，まだ総裁すらいなかっ
た．フリードリッヒ王は，その前年にある人物に総裁への
就任を打診したが断られていた．したがって，次なる総裁
の候補はオイラーであるかに思われたし，少なくともオイ
ラー自身はそう感じていた．だが一方，モーペルテュイも
同様の考えを抱いていた．彼はヴォルテールの推薦によっ
て，フランスかぶれのフリードリッヒ王によってベルリン
に招かれていた．学問を社交上の虚栄のための道具としか
考えないフリードリッヒ王のような人物にとって，スイス
の平民がアカデミーの総裁になるなど，決して認められな
いことだった．オイラーの業績が学問的にいかに優れたも
のであろうと関係なかったのだ．オイラーがこうした事情
を理解したのは，その後長い年月の間に何度も失望を味わ
ってからのことだった．フリードリッヒ王は，学術的な能
力がどうしても必要な場合を除き，政府や軍の職の空席を
すべて貴族で埋めた．どんなに有能でも平民は除外したの

だ．オイラーが，気の利いた会話に興じたりフランス語で
詩を書いたりできなかったことも，フリードリッヒ王に取
り立てられない原因だった．というのも，フリードリッヒ
王はフランス文化にかぶれていて，1744 年にはベルリン
科学アカデミーの全紀要を，当時標準語だったラテン語で
も母国語のドイツ語でもなく，何とフランス語で出版する
ように命じたほどだった．

　そもそも数学者だったというだけでも，オイラーは不
利だった．1738 年 1 月，フリードリッヒ王はまだ王位継
承を控えた王子だった頃，すでにヴォルテールと二年間
に及ぶ文通をしていた．王は，このフランス人の文通相手
に向けて自分の今後の勉強の計画を次のように語ってい
る．「哲学，歴史，詩，音楽を復習したいが，数学は正直
言って嫌いだ．数学をやると精神に潤いがなくなる」．王
のこの考えは，時を経ても変わることはなかった．後年，
1770 年 1 月，王はベルリン科学アカデミーの総裁になっ
て欲しいと願っていたフランス人ジャン・ダランベールに
宛てて書いている．「代数学者は自室にこもって数と命題
のことばかり考えているが，それでは世の中の善悪に何の
影響も与えない．ニュートン微積分学よりも，礼儀作法を
学んだ方がよほど社会に役立つ」．

　純粋なオイラーは，何とこんな男に頭を垂れて従わなけ
ればならなかったのだ．ベルリンの職に関しオイラーは友
人に宛てて書いている．「自分のしたいこと（理工学の研
究）ができて，（中略）王は私を自分の教授と呼んでくれ

る．私は世界一幸せな人間だ」．後に，オイラーは考えを
改めることになる．オイラーのベルリン到着とほぼ同時期
に，フリードリッヒ王は隣国オーストリアに侵攻．戦争を
仕掛け情勢は不安定になり始めていた．王の頭にはアカデ
ミーのこともオイラーの役職のこともなかった．実際，総
裁は何と5年もの間，空席のままだったのだ．王のモー
ペルテュイへの手紙を見ると，オイラーがまったく候補に
挙がっていなかったことがわかる．オイラー到着の1年
余り前の1740年6月付の手紙で，フリードリッヒ王はこ
のフランス人に宛てて次のような文面を送っている．「あ
なたにここに来て欲しい．アカデミーを一人前の形にでき
る力を持っているのは**あなただけ**だ．どうか来て欲しい．
そしてこの野生のリンゴの木に果実を実らせるために，科
学の接ぎ木をして欲しい．あなたは地球上にこの男ありと
人類が認めた人物だ．あなたのような人材を得ることがど
れだけ素晴らしいことか．王に示してもらいたい」（強調
は著者）．モーペルテュイは1746年についにこの招待を
受けた．フリードリッヒ自身の言葉によれば，彼は「アカ
デミーで最高の人物」だった．オイラーはモーペルテュイ
の補佐役の長，そしてアカデミーの数学部長としての職位
をあてがわれた．

　オイラーがベルリンにいた期間は，輝きを放った年代
だった．この期間の業績は，まず何よりもその量がすご
い．何と380もの論文を書き，そのうち275が出版され
た．ここにそのほんの一部を挙げる．

・当時提唱されていた政府拠出の富くじや年金に関する解析．これはオイラーが確率論に関する論文を著すきっかけになった．

・前述のベンジャミン・ロビンスの 1742 年の著作 *New Principles of Gunnery*（砲術の新原理）の英語からドイツ語への翻訳．これには，戦争好きのフリードリッヒ王が恐ろしいほどの興味を持った．なお，ロビンスはオイラーに対して非常に立腹した．その理由は，オイラーが原著の何と 5 倍もの長さの補足を付け加えたからだ．

・著作 *Introductio in analysin infinitorum*[13] の執筆．本書で「オイラーの公式」と呼んできた事実は，この著作に明確に記されている．ある著名な数学史研究者[14] によれば，この本の重要性はユークリッドの原論に匹敵する．

・光学レンズ，歯車，水力タービンの製造技術の研究．

・微分幾何学，流体力学，月と地球の動きに関する各研究．

オイラーのずば抜けた知力と体力は，このベルリン時代に最高潮を迎えていた．

総裁の座は望んでも得られなかったオイラーだが，それにもかかわらず，アカデミーでは責任ある業務についていた．モーペルテュイが不在のときは事実上の総裁を務め，アカデミーの人事を預かり，アカデミーの天文台や植物園

を監督した．また，おびただしい数の財政的な案件を管理
した．なかでも重要だったのは，カレンダー，地図，年鑑
の出版だった．その売り上げがアカデミーの全収入だっ
たのだ．そして，この財政的な件に関わるようになってか
ら，オイラーはフリードリッヒ王が金額の計算をするのを
目にするようになり，王が数学をまったくできないことを
知った．1743 年 1 月，オイラーは，新たに征服したオー
ストリアの領土で年鑑を販売すれば歳入を格段に増やせ
るという主旨の提言を，王に書き送った．それに対する王
の返信は次のようなものだった．「あなたは代数学で重要
な抽象概念に慣れるあまり，普通の計算規則を忘れてしま
ったのでしょう．さもなければ，年鑑の販売でこれほどの
巨額の歳入を思い描くわけがありません」．その二十年後，
年鑑による歳入の問題で，オイラーと王は完全に仲たがい
をすることになる．

　フリードリッヒ王がオイラーをどのように見ていたか
は，以上のことからもわかるのだが，他の人々との手紙
を見ると，よりはっきりと見て取れる．たとえば 1746 年
10 月の兄弟に宛てた手紙で，王はオイラーを，彼の持つ
天才的な能力がアカデミーにとって必要であるとしなが
らも，オイラーのような人物は建築様式における「ドリス
式[15] の円柱であり，彼らは建物の土台の一部で，全体を
支えているに過ぎない」と述べている．ヴォルテールやモ
ーペルテュイにあってオイラーになかったもの，そしてフ
リードリッヒ王が最も価値を置いたもの，それは，聡明で

心躍るような会話や文通ができることだった．彼らは，先方が金を払ってでも彼らと交流を持ちたいと望むほどの魅力があったのだ．オイラーがメヌエット[16]一つ作曲できず，華やかな詩一つ作れないという事実は，王から見ると致命的な欠点だった．だがそうした一切の事情にもかかわらず，フリードリッヒ王の下でのオイラーの生活は，収入も良く幸福な暮らしぶりで，満ち足りていたように見える．たとえば1750年以降，オイラーは，未亡人となった母を一緒に住まわせたし，1753年にはベルリンの外れに広大な地所を購入するだけの財力があり，母親がそれを管理した．

　ベルリンで生涯の仕事を得たいというオイラーの願いは，最終的には叶わぬ夢となるのだが，その兆しが見えたのは1751年だった．その数年前，モーペルテュイはアカデミーの総裁に就任した直後に，「最小作用の原理」と呼ばれる新しい科学の原理を発見したと主張した[17]．オイラーが1744年に本質的に同じ考えを発表していた事実にモーペルテュイは気づかなかったようで，1750年の著書 *Essai de cosmologie*（宇宙論試論）の中で最小作用の原理を述べた．その著作で彼は「ゆえにこの原理が成り立つのだ．神がいかに賢く，また尊敬すべき存在であることか．自然界でいかなる変化が起きようとも，その変化によって使われる作用の量（こうした用語を最も曖昧に用いたのはモーペルテュイだった）は常に最小である」と述べた．モーペルテュイはオイラーの望んでいた総裁の座を手

中にした上に，オイラーが自分の発見だと確信していた物
理学の概念までをも自分のものだと主張したのである．し
かしそれでもオイラーはモーペルテュイを支え続けた．そ
こにザムエル・ケーニヒが登場する[18]．

　ケーニヒは，1749 年にハーグの王立図書館員に就任し
たが，同じ年，ベルリン科学アカデミーの構成員の選定に
際し，モーペルテュイの推薦を受けた．それにもかかわら
ず，ケーニヒはモーペルテュイを，最小作用の原理をライ
プニッツの手紙から盗作したとの罪で告発した．その手紙
とは，1707 年 10 月にライプニッツからスイス人数学者
ヤコブ・ヘルマン（オイラーの遠い親戚で，ペテルブルク
で 1727 年から 1730 年までの間オイラーと一緒に過ごし
た人物）に宛てられたもので，ケーニヒはその写しを見た
ことがあるのだと主張した．アカデミーの総裁を盗作で告
発するとは大変なことであり，彼は当然，それを実証する
ことを求められた．しかしケーニヒは写しを入手できなか
った上に，当時現存していたライプニッツからヘルマンに
宛てた手紙の中にも原本を見つけることはできなかった．
アカデミーではオイラーを長とする委員会を設け，この厄
介な騒動の収拾に当たった．委員会は，これはケーニヒの
欺瞞行為であったと結論づけた．なお，現代の歴史学者の
見解では，ケーニヒは本件に関して正しく，ライプニッツ
の手紙は実在したとされているが，今日に至るまでその手
紙は発見されていない．委員会は結論を出したものの，事
態はそれで終わりではなかった．ヴォルテールが，以前に

アカデミーの空席の補充に関してモーペルテュイと争った経緯があり，また，株関係の詐欺に関する追及をかわすための偽証の協力をモーペルテュイに断られた経緯もあって，かつての友人に復讐する機会を狙っていたのだ．ヴォルテールは，モーペルテュイが精神病院への入院歴があり，今なお精神異常の可能性があると公表した．そして，ケーニヒの欺瞞行為ではなかっただろうとの論を展開した．

　フリードリッヒ王は，公的にモーペルテュイの側についた．ヴォルテールは王に支持してもらえなかったことに傷つき，本気で報復を考えた．「私には権力はないが，ペンがある」とは彼の言葉だ．その結果書かれたのが，1752年の風刺作品 *Diatribe du Docteur Akakia*（アカキア博士の攻撃文書）である．そこではモーペルテュイを模した細身の男が，馬鹿者として明白に描かれている．その男は最終的に最小作用の原理に従うことになり，それはすなわち，通常の2乗の速さで飛んできた弾丸に当たって死ぬことであった．*Diatribe* によって，モーペルテュイはヨーロッパ中の笑い者になり，人々からコケにされ惨めな思いを味わった．1753年，モーペルテュイはフランスに帰国したが，彼が去ったアカデミーは混乱に陥ったので，まもなくしてフリードリッヒ王は彼に戻るように命じた．彼は翌年いったん復帰したものの，1756年に再び帰国，その後は復帰しなかった．この不祥事は，モーペルテュイの下で務めていたオイラーにも被害が及んだ．*Diatribe* の

続編でヴォルテールはオイラーの実名を，不名誉な形で引用した．ある時点で，モーペルテュイとケーニヒは平和協定を結んだとの設定がされ，それは次のような一節を含んでいた．

　　我らがオイラー中将が，以下の第一項を公に宣言する．自分は哲学を一度も学んだことがないこと．我々を真似て，哲学を学ばなくても理解できると誤解したことを，素直に反省していること．将来は，時間当たり最も多くの計算用紙を消費した数学者としての名声に満足して余生を送ること．

ヴォルテールの容赦のない戯文を読んだ王は，涙が出るほど笑ったといわれている．これは，王が友情よりも風刺的なユーモアをより好んだことを示している．だがヴォルテールの本がフリードリッヒ王の直下のアカデミー総裁を公的に侮辱したことは事実だったため，王は *Diatribe* の山に火をつけさせた．一方のヴォルテールも，フランスに帰国するのを得策と考えた．彼はモーペルテュイと異なり，二度とベルリンに戻らなかった．暗殺を企てた男が，相手だけでなく自分まで失脚させたのだ．

モーペルテュイが失脚し，オイラーは必然的にアカデミーの次期の総裁候補となるかに思われたが，王は一向にその気にならなかったのでオイラーは絶望した．フリードリッヒ王が，片目のスイス人よりも不名誉なフランス人の方をはるかに好んでいたのは明白であり，それは，オイラーの尽力によりアカデミーが何とか崩壊せずに保っている今

となっても変わらなかったのだ．王とこの片目の男の間には，心の通い合いは一切なかった．王はオイラーを「小さなキュクロプス[19]」と影で馬鹿にして呼んだ．かくして，再び何年もの間，アカデミー総裁は空席となったのだ．そしてオイラーは，またしても事実上の総裁として仕えることになった．1763 年，フリードリッヒ王は，お望みのフランス人である数学者ジャン・ダランベールに総裁を依頼したが，断られた．他の人に依頼するだけではオイラーへの侮辱がまだ足りないと思ったのか，ダランベールがベルリン来訪を断った翌年，あろうことか，王は自らを総裁に任命したのである．オイラーの傷心は計り知れなかった．だがオイラーはその後も二年間，ベルリンに留まった．そしてついに，フリードリッヒ王からさらなる侮辱を受けたことが，ベルリンを去る決め手となった．

　1763 年の末，王はアカデミーの行政的な構造改革を行なえば，年鑑の販売による歳入を増やせると考えた．それはオイラーを担当から外し，単に一人の委員として意見を聞くことを意味した．オイラーは書面で抗議したが，王の返事は辛らつで意地悪なものだった．結局，王の決めたとおりとなった．単刀直入に言えば，オイラーは降格の類を強いられたのだ．この扱いに対し，オイラーもついに我慢の限界となり，他の場所を求めることとなった．それは，さほど困難なことではなかった．ベルリンを去るという選択肢は，実際にはその数年前から温めていた考えだった．1763 年 7 月上旬，オイラーはペテルブルクのアカデミー

総裁補佐のグリゴリー・チェプロフからロシア女帝エカテリーナ大王の認可を得た手紙を受け取っていた．そこにはオイラーにペテルブルク科学アカデミーの数学部長の職に就任するよう打診されていた．その上，オイラーにアカデミー会議の長官の地位を与え，さらにオイラーの息子全員にも職を与えると書かれていた．オイラーは急きょチェプロフに返事を書いた．

　　女王陛下の命による素晴らしい条件でのご招待を，大変ありがたく受け止めております．今すぐにでもご招待を受け，そちらの職に就きその素晴らしい待遇をお受けできれば，どんなにか幸せなことと存じます．もしダランベール氏か，またはどなたか別のフランス人が，（ベルリン）アカデミーの総裁の職をお引き受け下さっていれば，私が直ちに現職を辞することに何の問題もなかったでありましょうし，私の辞職が認められない理由は何一つ存在しなかったでありましょう．しかしながら，ダランベール氏が招聘を断った上に，万一，王が私を総裁に推薦するという誤った行為を犯した場合には[20]，私が辞職を申し出たとしても，動かし難い困難に見舞われると思われます．もしそうなったら私がその後の手続きを進めることは，不可能ではないとしても，きわめて困難になるでしょう．

　このオイラーの言葉から，彼はこれを書いた当時もまだ，アカデミーの総裁として指名される可能性があると思っていたことが伺われる．1766年にはこうした望みは完

全に消え，オイラーは再びペテルブルクに赴いた．彼は条
件交渉を上手く行なったと見え，望む限りのものを手に入
れることができ，その中には，念願のペテルブルク科学ア
カデミー総裁の座も含まれていた．ベルリンを去るに当た
り，フリードリッヒ王からの許しをもらうために，彼は4
度も懇願の手紙を書き，ついに 1766 年 5 月，王は最終的
に折れ，オイラーの辞職を認めた．翌 6 月，オイラーは
家族を連れロシアへと発った．王がこの別れを快く思って
いなかったことが，7 月末にダランベールに宛てた手紙か
ら見て取れる．「オイラー氏は大熊座と小熊座を熱狂的に
好んでおり，それをもっとよく見たいという趣味のために
北方へ旅立った」．オイラーに代わるベルリンの数学部門
の指導者として，ダランベールはイタリア出身のフランス
人ジョセフ・ラグランジュ（1736-1813 年）を王に推薦
し，ラグランジュはこれを受諾した．王は 7 月にダラン
ベールに送った手紙で，オイラーの抜けた穴を埋めるのに
協力してくれたことに感謝の意を表したが，ここでオイラ
ーに対する最後の侮辱的な言葉を吐いた．「あなたの心遣
いと推薦のおかげで，片目の数学者を両目の数学者に取り
替えることができた．アカデミーの解剖学者たちはひとき
わ喜ぶであろう」．フリードリッヒ王にとってはこれは笑
える冗談だった．フリードリッヒとはこの程度の人物だっ
たのだ．

　オイラーの生涯で最後の 17 年間となるペテルブルクで
の生活は，ある意味でベルリン時代の再現だった．確かに

彼はペテルブルクの名士であり，女王から直々に賞賛を受けていたことはこの上ない栄誉だったが，個人としての生活はそれほど華やかだったとはいえない．彼は到着後まもなく，残っていた片目の視力をほぼ完全に失い，1771 年に白内障の手術[21] に失敗して完全に失明した．同じ年，自宅が火災により全焼した．彼は重症を負ったが，救助隊の尽力により一命は取りとめた．そして 1773 年の後半には妻に先立たれた（その 3 年後にオイラーは前妻の腹違いの妹と再婚した）．しかしながら，こうした出来事があっても，オイラーのみなぎる知性は活動を止めなかった．彼は引き続き，科学上の莫大な業績を生み続けた．彼の生涯の全業績の約半分が，ペテルブルクへの復帰後になされたものだ．まず手始めに，彼は現代でいうベストセラーを出版して話題をさらった．有名な『ドイツ王女への手紙』である[22]．この著作は，オイラーがフリードリッヒ王の 15 歳のはとこを通信教育で指導したときの手紙をもとにしたもので，科学一般から哲学，物理学に至るまで，実に広範な話題を扱っていた．この本は出版物として大成功を収め，フランス語，英語，ドイツ語，ロシア語，オランダ語，スウェーデン語，イタリア語，スペイン語，オランダ語による版が何刷も出版された．そのほか，ロシア語で著したより専門的な著作として，代数や幾何，光学，微積分，保険数学（確率論）の本や論文がある．

　作り話のエピソードがでっち上げられるようになれば，有名人も本物かもしれない．オイラーもこの例に漏れな

かった．次の話は，少なくとも数学界ではよく知られてい
る．著名な数学史研究家の言葉を引用すると，

　　話はフランス人哲学者ドゥニ・ディドロがロシア宮廷
　　を訪問したことに始まる．彼は宮廷の若者たちと屈託
　　なく語り合いながら，無神論を強く主張した．そのと
　　き，彼は，ある数学者によって神の存在が代数的に証
　　明されたことを知らされる．そして，ディドロが望む
　　なら，その証明を宮廷の全員が見ている前で，ディド
　　ロに披露してもよいとのことだった．ディドロはそれ
　　を受けることにした．かくしてオイラーが登場し，ディ
　　ドロに向かって重々しく，完璧に自信に満ちた口調
　　で言った．「よろしいでしょうか．$a+b^n/n=x$ であ
　　ることから，よって神は存在するのです．何かご質問
　　は」．ディドロにとって，代数はまるでヘブライ語の
　　ように意味不明なものであった．オイラーの言葉にディ
　　ドロは困惑し，うろたえ，会場中に笑い声がとどろ
　　いた．ディドロはフランスへの帰国を願い出て認めら
　　れた[23]．

　この話は荒唐無稽だ．ドゥニ・ディドロ（1713-84 年）
は数学をまったく知らないわけではなかったし，そもそ
も，オイラーのような人物がこのような馬鹿げた見世物に
参加するはずがない．現代の歴史家によれば，これは作り
話であることがほぼ確実とされており，おそらく，ディド
ロを非常に嫌っていたフリードリッヒ王かその信奉者によ
るものであるとされている[24]．

　オイラーは信じ難いほど実り多い生涯を送ったが，その一生は 1783 年 9 月 18 日に終わりを告げた．科学者人名事典 *Dictionary of Scientific Biography* のオイラーの項目には，オイラーが亡くなる前の数時間について，以下のように述べられている．

　　オイラーはその日の前半をいつも通り過ごした．孫に数学を教え，風船の運動について黒板でチョークで計算し，それから二人の同僚たちと，当時発見されたばかりの惑星「天王星」について語り合った．午後五時頃に脳出血を患い，「私は死ぬ」とだけつぶやいて気を失った．そして，夜 11 時頃に息を引き取った．

　解析学の化身といわれたオイラーが，二度と計算することはなく，彼は華やかな吹奏楽によって埋葬された．今日，オイラーはペテルブルク[25] のアレクサンドル・ネフスキー大修道院に併設のラザレフ墓地で，1837 年に建てられた巨大な墓石の下に眠っている．彼の墓はロシアで最も有名な音楽家たち，ムソルグスキー，リムスキー・コルサコフ，チャイコフスキーらの墓のほど近くにある．

　死は前触れなくオイラーに訪れたが，彼は非常に信仰の厚い人間だったので，仮に前もって死を知らされていたとしても静かに受け止めていたであろう．本章の冒頭に引用したオイラーの言葉には続きがある．「神は慈悲深い高貴なるご意志を持たれ，私たちの心をこの上ない崇高な美徳で満たして下さる．そして私たちが永遠の生命を享受するための心構えをするように計らって下さる」．明らかにオ

イラーは，死後の世界の存在を信じていた．そして，視力も回復し，ペンを手に持った今の彼が，新しい計算を終えてついに $\zeta(3)$ の値を突き止めた姿を想像すると，心が和む．オイラーは，決して死なない．彼の明敏な頭脳と明晰な思考は，数学の至るところに生き続けている．

註

以下の註では，前著『虚数の話』（好田順治監修　久保儀明訳，
青土社，2000 年）を多く引用した．その際，繰り返しを避け
単に前著『虚数の話』と記した．

まえがき

1) *Boston Globe* 紙，2002 年 5 月 16 日 A16 面.

2) 性と理工学上の創造性とを，私が根拠もなく結びつけ
ているわけではない．たとえば Arthur I. Miller 著，*Erot-
ica, Aesthetics, and Schrödinger's Wave Equation*（Graham
Farmelo 編，*It Must Be Beautiful: Great Equations of
Modern Science* に収録，Granta Books，2002 年）を参照．
アイルランド人数学者で理論物理学者の John L. Synge（1897–
1995 年）も，大変おもしろくかつ博識に富んだ幻想小説
Kandelman's Krim（Jonathan Cape，1957 年）の 115 ペー
ジで，この話題に簡単に言及している．著者は，小説が数学に
関する議論を展開する中で，ある登場人物に，次のようなせ
りふを会話の中で言わせるのだ．「私は，情熱とセックスに関
する議論を最近までしていたが，そこから抜け出しつつある．
（中略）そういう状態から −1 の平方根を考えるレベルまで回
復するには，多少の調整が必要だ」．Synge の本は，数学に興
味を持つすべての人々，特に，人に数学を教えたいと考えてい
る人々にはお勧めである．

3) 映画の登場人物の人格を観客にわからせる手段として数学が用いられるようになったのは，最近ではない．たとえば1951年の映画 *No Highway in the Sky* では，航空技師で変わり者の主人公（ジェームス・スチュワート）が，金属疲労とそれによってできる亀裂が航空機にとって致命的であることを見出すのだが，彼が「普通でない」人間であることを表すために，映画の前半で彼が「ゴールドバッハ予想」と呼ばれる何か得体の知れないものについて考えているシーンが映し出される．当時1950年代の映画館で観客が暗闇で息を呑みながら，驚きのあまり「おお」と叫ぶのをこらえている様子が想像される．ちなみに，ゴールドバッハ予想は実在する予想で，プロイセン人の数学者クリスティアン・ゴールドバッハ（1690–1764年）に因んで名づけられたものだ．予想は1742年に彼がオイラーに宛てた手紙に遡る．その内容は「2 より大きなすべての偶数は，2 つの素数の和の形に書ける」と簡単に述べられる．計算機により，10^{14} 以下のすべての偶数に対しこの予想は正しいことが確認されているが，一般の偶数で成立するかどうかは現在なお未解決である．2000年にイギリスの出版社 Faber and Faber 社が，ゴールドバッハ予想の解決に 1000000 ドルの賞金を出すと発表した．賞金獲得の条件は，2002年3月15日までに論文が提出され，2004年3月15日までに出版されるというものだった．これはアポストロス・ドキアディスによる小説『ペトロス伯父と「ゴールドバッハの予想」』（訳注：酒井武志訳，早川書房，2001年）の出版に向け，宣伝のために行なった客寄せ的な見世物だった．ここに二点の皮肉を見出すことができる．第1点は，受賞の条件の中に，イギリスもしくはアメリカの住民であることが含まれていたため，ゴールドバッハ本人は，たとえ生き返っても参加する資格がなかったこと．そして第2点は，出版社はこの予想に挑戦するよう人々に呼びかけたが，挑戦したとしてもほとんど失敗に終わることは確実であり（そして実際にその通りだった．証明は出版されなかっ

た），それがまさにここで宣伝している本の主題であったことだ．この本は，ゴールドバッハ予想に全人生を賭け，結局証明できずに人生を棒に振ったと感じている，年老いた数学者の物語だったのだ．

4) 訳注：本訳書の執筆中に，このドラマ（原題のロゴは「NUMB3RS」）がアメリカの国家科学審議会（National Science Board）による 2007 年度団体広報賞（Group Public Service Award）を受賞したことが，アメリカ数学会会報（*Notices of the American Mathematical Society*）2007 年 6 月号 762 頁で報じられた．なおこの番組は，日本では CS 放送の FOX Japan で 2007 年 1-3 月に放送された．訳者の私見だが，2 月 11 日に放送された「リーマン予想」の回は，きわめて秀作であったように思う．ある数学者がリーマン予想の証明に成功し，その証明法が暗号解読に画期的に役立つものだったため，いち早く目をつけた悪の組織がその数学者の息子を誘拐し脅迫する話である．暗号理論の専門家に伺ったところ，リーマン予想の解かれ方によっては実際に起こり得る内容とのことであった．刑事もの，サスペンスものとしてはもとより魅力的であり，数学振興策としてこの上なく斬新な効果を持つ作品であるように感じられた．すべてのサスペンス・ファンと数学関係者にお勧めしたい一作である．

5) 訳注：本書の原著が執筆された以降も，数学を「セクシー」に取り上げた小説が出版されている．その中でも，本文で述べられている「セクシーさ」をきわめたものが，イギリスの新進女流作家スカーレット・トーマス氏による小説『ポプコ』（Scarlett Thomas 著，*PopCo*［Harvest Books 社，2005 年］，全 512 頁）であろう．これは強くお薦めしたい作品だが，和訳がなされておらず日本の読者にはほとんど知られていないと思うので，ここに紹介したい．

　大手玩具メーカー PopCo に勤める OL アリスは，極秘プロジェクトのため，他の数十名の社員と山中の研修施設で共同生活をする．アリスは幼少の頃に母を亡くし，父は海賊の財宝を捜し求めて失踪したため，祖父母に育てられた．祖父は科学雑誌の数学パズルの執筆者，祖母はリーマン予想の解決に人生を捧げてきた数学者であった．祖父はかつて，海賊が残した暗号の解読に初めて成功し，それが父の失踪を引き起こしたらしい．祖父は解読の結果を秘密にしたが，解読した証として幼少のアリスに文字列「$2.14488156\mathrm{Ex}48\,\aleph_0$」が刻まれたペンダントを託した．アリスはその意味を知らぬまま成長し，PopCo に就職した．

　研修中，アリスの個室に匿名のメモが届く．それは暗号で書かれていたがアリスは解読し，送り手がすぐ近くからアリスを見ている誰かであると知る．送り手は社内の誰かなのか．それとも失踪中の父親なのか．あるいは，アリスの持つペンダントを狙う人物なのか．同じ研修に参加している恋人のベンは，ここに来てどうも様子がおかしい．アリスに何かを隠しているようにも見える．そもそも，そのメモはなぜ暗号で書かれているのだろうか．──

　この *PopCo* は，数学を題材にした小説としては，本文中で述べられている意味においてきわめて「セクシー」である．アメリカ数学会会報（*Notices of the American Mathematical Society*）2006 年 2 月号，pp. 215-217 に掲載された，数学者アレックス・カスマン氏による書評に，このことがよく表現されている．以下にその一部を抜粋して訳す．

　本書で扱われる数学的な題材は幅広い．深く掘り下げられるものもあれば，ちょっと触れられるだけのものもある．列挙すると「カントールの集合論」「素数」「公開鍵暗号」「モンティ・ホール問題」「リーマン予想」「和音に関するピタゴ

ラスの解析」「ゲーデルの不完全性定理」「連続体仮説」「論
理学におけるパラドックス」「コンウェイの「人生ゲーム」」
「フィボナッチ数列」などである．そして，巻末には最初の
千個の素数表に加えて，チューリング，エルデシュ，ハーデ
ィといった数学者のエピソードまで添えられている．

　著者のトーマス氏が小説に数学的な要素を織り込む才覚
は，いくつかの点で特筆すべきである．彼女は，数学を題材
とした小説によく見られがちな二つの問題を，見事に克服
している．その問題とは第一に，数学の詳細にこだわるあま
り，小説としてのストーリーの流れを損ねてしまうこと．そ
して第二に，数学者に対する固定化されたイメージに頼り
過ぎてしまうことである．本書ではそうしたイメージ（男
性で，精神を病んでいて，非社交的で，感情表現に乏しいな
ど）は完全に払拭されている．数学的な着想をストーリーに
組み込みながらも，こうした困難を完全に回避しているトー
マス氏の才能は，驚くべきものである．PopCo に描かれる
世界では，洗練された数学が日常会話の中で登場し，まった
く不自然さを感じさせない．

　実際，アリスは，極秘研修のため急に会社に呼び出され，家
に残してきたペットの猫を気にかけながらも渋々会社の命令に
従う，ごく普通の OL である．祖父母の影響で数学好き・パズ
ル好きの傾向はあるものの，普通の女性としておしゃれにも気
を使うし恋もする．研修の宿舎でも精神的，肉体的に異性と交
わる場面が何度か描かれる．そこにはいわゆる「数学オタク」
のイメージはまったくない．数学の世界，アカデミックな世界
では，むしろタブー視されてきたとすらいえるセクシーな側面
が，本書では存分に描かれている．日本における数学振興のた
めにも，邦訳が待たれる一冊である．

6) ディラックと彼の数学における美に対する思想を最も正確

にまとめた文献として，Helge Kragh 著，*Dirac: A Scientific Biography*（ケンブリッジ大学出版局，1990 年）がある．

7) ポロックの手法は，地面の上に平らに置いたキャンバスの上で，絵の具をつけた棒を動かし棒の端から絵の具を垂らしたり，底に穴を空けた缶を吊るして動かし，穴から絵の具をしたたらせたりするだけのものであり，より正確にはドロッピング技法またはボアリングと呼ばれる．缶を用いる場合，重力による力学が働いて「創造的」な作品ができあがる．ロックウェルは 1962 年の *Saturday Evening Post* 誌の表紙に掲載された「絵」で，力学に頼ったこの方法を多少皮肉って表現している．ロックウェルの伝記 Laura Claridge 著，*Norman Rockwell: A Life*（Random House 社，2001 年）の 357 ページの隣にカラーで掲載されている作品，*The Connoisseur* を参照．ポロックの絵画の「数学」についてより詳しく議論した文献として，Richard P. Taylor 著，Order in Pollack's Chaos（*Scientific American* 誌，2002 年 12 月号），pp. 117-121 がある．

はじめに

1) The Most Beautiful Equation（最も美しい方程式）．*Wabash Magazine* 誌（訳注：米国インディアナ州の Wabash College が発行する機関誌）2002 年冬春号に掲載．

2) *American Mathematical Monthly* 誌，1925 年 1 月号，pp. 5-6．ピアスの息子で哲学者・論理学者のチャールズ・サンダース・ピアス（1839-1914 年）の人生は，家族のことでも仕事のことでもひどく問題続きだった．彼の死後数年経過後に本の中から発見された手書きのメモには，父について「「−1 の平方根」を話すときの様子は尋常ではなかった」と書いている．兄ジェームス・ミルズ・ピアス（1834-1906 年）もまた，

ハーバード大学の数学の教授で、ピアスはこの兄を「$\sqrt{-1}$ の
狂信的な崇拝者」と呼んでいる。ピアス家の人々にとって、
-1 の平方根は内輪もめの根源でもあったようだ。*American
Mathematical Monthly* 誌、1927 年、pp. 525-527 を参照。

3) ピアスが黒板に書いた式は $e^{i\pi}+1=0$ と同値である。ピア
スの式の両辺を i 乗すれば $e^{i\pi/2}=i$ となり、さらに 2 乗すると
$e^{i\pi}=i^2$ となる。$i^2=-1$ であるから、同値が示される。

4) 訳注：5 行からなる戯れの詩。笑いを意図して作られる滑稽
な詩のスタイル。

5) 訳注：米国の現代画家（1912-56 年）。現代美術の英雄的存
在とされている。

6) 訳注：キャンバスに筆や棒などを使って絵の具をしたたら
せて描く抽象画の絵画技法。ボアリングともいう。

7) ル・リオネのエッセイは、Le Lionnais 著、*Great Cur-
rents of Mathematical Thought*、第 2 巻（Dover 社、1971
年）、pp. 121-158、に掲載。

8) ディラックとディラック関数についての詳細は第 5 章 1 節
を参照。すべての数学がいずれは「有用」になることの「説
明」については、アレックス・カスマン（サウス・カロライナ
州チャールストン大学の数学教授）の興味深い話 Unreason-
able Effectiveness（*Math Horizons* 誌、2003 年 4 月号）を参
照。ハーディの「非実用を美徳」とする考えに反する別の例
は、今日の素数論において見られる。ハーディ自身は素数に魅
力を感じており、素数の研究こそ純粋数学の美のひとつである
と考えていた。もし彼が今日生きていたら、素数が今や多くの

最新暗号システムの中心をなしていること，そしてすべての人々（たとえば政府が暗号化された文書を送ったり，個人がクレジットカードでインターネット経由の買い物をする際の決算がなされたり）に実際に役立っていることを知って，さぞかし驚くに違いない．

9) 十分条件と必要条件は，条件の強さが違う．十分条件は必要条件に比べて少なくとも同程度以上の強さを持つ条件である．すなわち，十分条件は必要条件よりもより多くを要求する．たとえば，地図の製造会社が一千万色を手元に持っていることは十分条件であり，それならどんな地図でも問題なく塗れるだろう．すなわち，一千万色は必要な分より多いのである．しかし，最低限4色は絶対に必要，つまり，4色で塗れない地図はないが，3色だと塗れない地図があるのだ．当然，必要条件だけでは問題の確かな答にはならない．必要かつ十分な条件こそ，要求が無駄に多過ぎもせず，かといって少な過ぎもしない，完璧なバランスを実現する．ところで，ちょっと奇妙に聞こえるかもしれないが，平面より複雑な曲面に地図を描く場合，地図を塗り分ける問題には非常に美しい伝統的な（すなわち計算機を用いない）証明が存在する．たとえばトーラス（ドーナツ型の面）の上のすべての地図を塗り分けるには，7色が必要かつ十分である．また平面上の地図に対し，5色で十分なことに対してもきれいな証明がある．しかしこれまでのところ，平面上のすべての地図に対し4色が必要かつ十分であることの「美しい」証明は発見されていない．ここで書いてきた4色問題に関する詳細な内容はロビン・ウィルソン著，『四色問題』（茂木健一郎訳，新潮社，2004年）に見ることができる．より専門的な内容は Thomas L. Saaty, Paul C. Kainen 共著，*The Four-Color Problem: Assaults and Conquest*（McGraw-Hill，1977年）にある．この本の8ページには，若き日のアインシュタイン

にチューリヒで数学を教えていたヘルマン・ミンコフスキー（1864-1909 年）の次のような素晴らしいエピソードが収められている。「偉大な数学者であるヘルマン・ミンコフスキーは、4 色問題が未解決なのは、それに関わってきたのが三流数学者ばかりだったからだと、あるとき学生にいった。そして「私なら証明できると思う」と宣言した。後年、彼は「天が私の傲慢さにお怒りになった。私の証明もまた不完全だった」と認めたのだった」。

10) K. Appel, W. Haken 共著, The Four Color Proof Suffices（*Mathematical Intelligencer* 誌, 1986 年第 8 号第 1 巻, pp. 10-20）。

11) 計算機による 4 色問題の証明（と計算機と真理の一般論）について書かれた長編の評論として、Donald MacKenzie 著, *Mechanizing Proof: Computing, Risk, and Trust*（マサチューセッツ工科大学出版局, 2001 年）がある。計算機と 4 色問題についてのより詳細や、古くからある有名な予想（ケプラーの球体充塡問題）を「解決」するために計算機がごく最近になって用いられていることに関しては、ジョージ G. スピーロ著, 『ケプラー予想』（青木薫訳, 新潮社, 2005 年）の特に第 13 章「それはほんとうに証明なのか——コンピューターと数学」を参照。

12) オイラーは方程式 $x^4 + y^4 + z^4 = w^4$ が整数解を持たないと考えた。オイラーがその結論に到達した根拠は、$x^2 + y^2 = w^2$ は整数解を持つが、$x^3 + y^3 = w^3$ は持たないこと（もちろんこれはフェルマーの最終定理の特別な場合であり、第 1 章で扱う）、そして $x^3 + y^3 + z^3 = w^3$ が解を持つこと（たとえば $3^3 + 4^3 + 5^3 = 6^3$）からであったと思われる。これよりオイラーは、一般の n に対し、和が n 乗数になるためには、少

なくとも n 個の n 乗数が必要であろうと予想した．たとえば $n=5$ に対する整数解を得るには，少なくとも左辺に 5 つの整数，すなわち $x^5+y^5+z^5+u^5+v^5=w^5$ の形が必要であろうとオイラーは考えた．1966 年，計算機による直接計算により $27^5+84^5+110^5+133^5=144^5$ という反例が発見され，オイラーの予想は誤りであることが証明された．

13) 訳注：オレーム（N. Oresm）による．

14) この発散は，まるで幻想を見ていると思えるほどゆっくりである．たとえば，最初の百億項の和をとっても，たったの 23.6 にしかならない．これに関連したさらに驚くべき事実は，素数のみにわたり逆数の和をとっても，やはり発散するということである．この事実によりオイラーは，素数が無限個存在することの別証を得た．これは古来からあるユークリッドの証明と異なる，新しい証明であった（前著『虚数の話』訳書 pp. 211-213 を参照）．1919 年，ノルウェーの数学者ヴィッゴ・ブルン（1885-1978 年）は双子素数（差が 2 の素数の組）の逆数の和は有限であることを証明した（これは残念ながら，数学で最も有名な未解決問題のひとつである，双子素数が無限個存在するかという問題を解決することにはならなかった）．ところでこの和の値

$$B = \left(\frac{1}{3}+\frac{1}{5}\right)+\left(\frac{1}{5}+\frac{1}{7}\right)+\left(\frac{1}{11}+\frac{1}{13}\right)+\cdots$$
$$= 1.90216\cdots,$$

はブルン定数と呼ばれるが，バージニア州のリンチバーグ大学の数学教授トーマス・ナイスリーは，1994 年にこの値 B の計算中に，インテル社のペンティアム・チップの演算ユニットの持つ，除法のアルゴリズムに関する致命的な欠陥を発見した．たとえば，4195835÷3145727 の計算結果は，正解の

1.33382044… ではなく，1.33373906… となったのである（インテル社も，この欠陥自体にはもっと早くから気づいていたのだが，「それほど重要なものではない」としていた）．この事件により，より多くの人々が，計算機による膨大な計算に基づいた証明に対して不安を抱くようになった．

15) たとえば前著『虚数の話』訳書 pp. 209-210.

16) Marilyn vos Savant 著, *The World's Most Famous Math Problem* (St. Martin's Press 社, 1993 年), pp. 60-61 参照．本文中に引用した書評は，Nigel Boston, Andrew Granville 共著, (*American Mathematical Monthly* 誌 1995 年 5 月号), pp. 470-473. もう少し控えめな書評は Lloyd Milligan, Kenneth Yarnall 共著, (*Mathematical Intelligencer* 誌, 1994 年, 第 16 巻第 3 号, pp. 66-69). しかしここでもヴォス・サヴァンの本は表面的で事実の歪曲に満ちていると評されている．こうした評者たちは，高い知能指数を持つといわれるヴォス・サヴァンが自分のいっている内容を理解していないとして，無愛想に（私にいわせれば正確に）非難している．彼女のような傲慢な無知に対し，節度ある態度を堅持することは至難の業である．そこで私はヴォス・サヴァンに対して向けられた以下の言葉を引用するにとどめたい．オーストラリアの数学者アルフ・ファン・デル・プールテンが著書『フェルマーの最終定理についてのノート——その注釈と随想』（山口周訳，森北出版，2000 年）の訳書 36 ページで述べている一節である．「ゴムの木の上」——これは，プールテンによれば，教師が生徒の見当外れの答に対して発する言葉であるという．

17) 実整数の範囲で一意分解性が成り立たない例のうち，おそらく最も初等的なものは，無限集合 2, 4, 6, 8, 10, … であろう．この集合に属する任意の 2 数の積はまたこの集合に属する（な

ぜなら偶数かける偶数は偶数であるから）．この集合の要素の中には，この集合内の小さな2数の積に分解されるもの（たとえば $4 = 2 \cdot 2$ や $12 = 6 \cdot 2$）がある一方，$2, 6, 10, 18, 30$ のように，分解されないものもある．分解されないものはこの集合における素数となる．素数の積への一意分解性は，この集合においては成立しない．このことは反例 $60 = 6 \cdot 10 = 2 \cdot 30$ によってわかる．このたったひとつの例（$180 = 18 \cdot 10 = 6 \cdot 30$ 等でもよい）により，一意分解性は個々の新しい集合に対しきちんと証明しなければならないことがわかる．通常の整数の集合で成り立つ一意分解性について，直感のみによって明らかであると結論づけ議論を避けるのは，誤った推論だといえる．19世紀にフェルマーの最終定理を複素数で証明しようと試みた際に，これと似た悲劇的な誤りを犯したある数学者の有名な逸話を，第1章で紹介する．

18）三角関数に対するオイラーの積展開と，彼がはじめて行なった正整数の2乗の逆数の和の計算は，それぞれ前著『虚数の話』，訳書 216-217 ページ，訳書 207-208 ページにある．第4章ではこの有名な和を，フーリエ級数を用いた別の方法で再証明する．

19）オイラーが実際に研究したのはゼータ関数 $\zeta(s) = \sum_{n=1}^{\infty} 1/n^s$ であった．本文で述べられているように $\zeta(1)$ は発散し，オイラーは $\zeta(2) = \pi^2/6$ を証明した．彼はまたすべての偶数 s に対して $\zeta(s)$ を求めた．奇数の s に対する $\zeta(s)$ の値は，現在でもどれひとつとして知られていない．すべての偶数 s に対し，$\zeta(s)$ の値は無理数であるが，奇数 s に対して $\zeta(s)$ が無理数であるか否かは，ただひとつの特殊な s についてのみ知られている．フランスの数学者ロジェ・アペリー（1916-1994）が1979年に $\zeta(3)$ が（値がいくつであるかは別として）無理数で

あることを証明した際には，数学界を震撼させたものである．
その後 2000 年に，フランスの数学者タンギュイ・リボールが
無限個の（ただしどれかわからない）奇数の s に対し $\zeta(s)$ が
無理数であることを証明した．2001 年に彼はこの結果を精密
化し，5 から 21 までの奇数のうち少なくとも 1 つの s につい
て $\zeta(s)$ が無理数であることを証明した．同年，ロシアの数学
者ワディム・ズディリンはこの範囲を 5 から 11 までに狭める
ことに成功した．

20) ワトソンがこのような詩的な情熱を持つに至った数式と
は，次のものである．

$$\int_0^\infty e^{-3\pi x^2} \frac{\sinh(\pi x)}{\sinh(3\pi x)} dx$$

$$= \frac{1}{e^{2\pi/3}\sqrt{3}} \sum_{n=0}^\infty \frac{e^{-2n(n+1)\pi}}{(1+e^{-\pi})^2(1+e^{-3\pi})^2\cdots(1+e^{-(2n+1)\pi})^2}$$

確かに，これは恐ろしいほど感動的であると，私も認めざるを
得ない．

21) 一連の講演は本の形にまとめられている．サージ・ラング
著，『数学の美しさを体験しよう――三つの公開対話』（宮本敏
雄訳，森北出版，1989 年）

22) 訳注：チャールズ・ロバート・ダーウィン著，『ダーウィ
ン自伝』（八杉龍一他訳，筑摩書房，2000 年）

23) ダーウィンの友人のひとりは，あるときこの偉大なる 19
世紀の自然科学者について，以下のように述べている．「彼は
生来，数学に向いておらず，代数の最初の部分を習得するより
前に，無理数や 2 項定理でつまずき，数学の勉強を投げ出して
しまった」．*The Life and Letters of Charles Darwin*（Basic

Books, 1959 年, 第 1 巻), p. 146 より引用. これは, ダーウィンが数学者を「いもしない黒猫を真っ暗な部屋で探す盲目の人」と定義したとの俗説を, いくらか裏付けるものである.

第 1 章

1) オックスフォード大学で長年にわたり教鞭を執っていたイギリス人数学者エドワード・ティッチマーシュ (1899-1963 年) の, 1943 年の著書, *Mathematics for the General Reader* より. なお, $\sqrt{-1}$ を「単純な概念」と考えなかった者もいた. たとえば 1906 年のロベルト・ムージルの中編小説 Die Verwirrungen des Zöglings Törleß (テルレスの青春) で, 数学の授業を終えた 2 人の生徒が $\sqrt{-1}$ の不思議について, 次のような会話をしている.

> それが説明不可能ということもあり得るんじゃないか. 数学を発明した人は, きっとここでつまずいたんだろう. 人間の知性の限界を越えたところにあるものなら, 人間が説明しきれないことが起きても不思議じゃない. これについてこれ以上悩むのはやめよう. いくら考えても無駄だろうから.

ハリー・ゴールドガー著, The Square Root of Minus One: Freud and Robert Musil's Törless (−1 の平方根：フロイトとロベルト・ムージルの「テルレス」について) (*Comparative Literature* 誌, 1965 年春号, pp. 117-132) に, この文学作品に関する非常に興味深い心理学的な分析がある. ゴールドガーは中心人物の困惑を以下のように書いている.

> テルレスは若い数学の先生に相談に行ったが, 何も解決しなかった. 先生はテルレスに時が経てばいずれわかるとだけいい, それまでカントでも読んでおくようにといった. もち

ろんテルレスにはカントなどまったく理解できない代物だった。このようにして「虚数」すなわち「−1 の平方根」は，テルレスそして我々にとって不条理の力を表すものとなり，それ以降この作品で説明のつかないものの象徴として用いられることになる。

2) 今日でも $\sqrt{-1}$ の「問題」は完全に決着したわけではないだろう。たとえば，アイザック・アシモフが大学時代に社会学の教授と交わしたというおもしろい話がある。教授が「数学者は実在しない数の存在を信じているのだから，神秘家である」というので，アシモフがどんな数のことか聞いたところ，教授は「−1 の平方根だよ。それは実在しない。数学者はそれを虚数と呼びながら，そこに何やら神秘的な存在を感じている」。アシモフの論説 Isaac Asimov, 'The Imaginary That Isn't' (*Adding a Dimension: Seventeen Essays on the History of science,* (Doubleday 社，1964 年) pp. 60–70 に収録) より。前著『虚数の話』でも述べたように，歴史的にみると初期の研究者にとって $\sqrt{-1}$ に関する問題は，3 次方程式が明らかに実数解を持つときに，なぜそれらの実数解が謎めいた $\sqrt{-1}$ を用いて表されるのか，ということであった。本書では 2 次方程式 $x^2 + 1 = 0$ を説明の出発点としたが，これは歴史的な経緯に沿ったものではなく，現代の方法に従った説明である。

3) ここでは行列の掛け方を読者が知っているものとした。そうでない読者のために，必要事項を手短にまとめると以下のようになる。A, B が 2 つの 2×2 行列であるとき，

$$AB = \begin{bmatrix} a_{11} & a_{12} \\ a_{21} & a_{22} \end{bmatrix} \begin{bmatrix} b_{11} & b_{12} \\ b_{21} & b_{22} \end{bmatrix}$$

$$= \begin{bmatrix} (a_{11}b_{11} + a_{12}b_{21}) & (a_{11}b_{12} + a_{12}b_{22}) \\ (a_{21}b_{11} + a_{22}b_{21}) & (a_{21}b_{12} + a_{22}b_{22}) \end{bmatrix}.$$

すなわち, 積の行列の (j, k)-成分は A の第 j 行と B の第 k 列の内積 $\begin{bmatrix} a_{j1} & a_{j2} \end{bmatrix} \begin{bmatrix} b_{1k} \\ b_{2k} \end{bmatrix} = a_{j1}b_{1k} + a_{j2}b_{2k}$ である. A, B は, $AB = BA$ が成立するとき可換であるという. これは普通の実数の世界においては当たり前に成立していることであるが, 行列に関しては一般に正しくない. たとえば $A = \begin{bmatrix} 3 & 1 \\ 2 & 6 \end{bmatrix}$, $B = \begin{bmatrix} -1 & 1 \\ 2 & 0 \end{bmatrix}$ のとき, $AB = \begin{bmatrix} -1 & 3 \\ 10 & 2 \end{bmatrix}$ であるが $BA = \begin{bmatrix} -1 & 5 \\ 6 & 2 \end{bmatrix}$ となる. 最後に, 行列に普通の数 c をかけると, 単に各成分が c 倍となる. すなわち,

$$cA = c \begin{bmatrix} a_{11} & a_{12} \\ a_{21} & a_{22} \end{bmatrix} = \begin{bmatrix} ca_{11} & ca_{12} \\ ca_{21} & ca_{22} \end{bmatrix}$$

である.

4) 制御理論では時間に依存する e^{At} という奇妙な形をしたものが登場する. これは「状態遷移表」と呼ばれている (行列 A は制御システムがどの状態からどの状態に移動するかを表す方程式から得られる). ここで「e の行列乗」というおもしろい概念が現れたわけだが, いったいどういう意味なのか. それは単にこういうことである : $e^{\lambda t} = 1 + \lambda t + (\lambda t)^2/2! + (\lambda t)^3/3! + \cdots$ において λ を A で置き換え, 1 を I で置き換えた行列

$$e^{At} = I + At + A^2 \frac{t^2}{2!} + \cdots$$

のことなのである. これでなぜ制御理論の研究者が行列の高次のべき乗計算に興味を持つのかおわかりいただけたと思う. このようにして行列 e^{At} を構成する方法は, アメリカの数学者ウィリアム・ヘンリー・メッツラー (1863-1943 年) により 1892 年の論文でなされた. この論文で彼は A を任意の超越関数の

べき級数展開に代入している．たとえば

$$\sin(A) = \sum_{n=0}^{\infty} (-1)^n \frac{A^{2n+1}}{(2n+1)!}.$$

などである．ただし A の成分が定数のみからなることは仮定していた．すなわち，$A = A(t)$ というように変数 t の関数になってはいなかった．

5) ラマヌジャンのエピソードは刺激的であり，また悲劇的でもある．イギリスの大数学者 G.H. ハーディは，ラマヌジャンをケンブリッジに呼び「正しい」数学を学ばせた人物だが，かつて「このインド人の天才を見いだしたことは，私の人生で最も劇的な出来事だった」と記した．ラマヌジャンの人生と業績についてよく書かれている文献として，ロバート・カニーゲル著，『無限の天才──夭逝の数学者・ラマヌジャン』（田中靖夫訳，工作舎）がある．

6) 訳注：対数関数の真数条件は，実関数のときは「真数 > 0」であるが，複素関数として考えるときは「真数 ≠ 0」となる．

7) この例も含め，本書に収められている計算機によるグラフの数値計算はすべて，MATLAB で書かれたプログラムによってなされた．私はプログラマーとしてはそれほど熟練しているわけではないので，プログラムもそれなりの組み方しかできず，いわば力ずくの計算に依るところが大きいが，MATLAB は，私の平凡なプログラムの腕を補って余りある威力を発揮した．たとえば，ラマヌジャンの和に用いた 2 つのグラフのデータは，合計 33 万 4 千回以上の演算を必要としたが，800 MHz のパソコンでわずか 1 秒未満の演算時間で結果を得ることができた．

8) Dennis C. Russell 著，Another Eulerian-Type Proof

(*Mathematics Magazine* 誌, 1991 年 12 月号), p. 349.

9) 機械工学に比べて電気工学で周波数が非常に高い値になり得る理由は, 微小な質量の極端に小さなもの (たとえば電子など) が電気回路の中を振動するからだ. これに対し機械工学では通常, 繰り返し動くのは巨大な金属のかたまりである. たとえば, スペースシャトルを軌道に乗せるために必要な推進力を生み出すには, 3 基の主エンジンによる渦巻型の高圧 (1 平方センチ当たり 453 kg) 燃料ターボポンプで, 毎秒 3000 リットルというとてつもない速さで液体水素を供給しなくてはならない. その際に必要なエンジンの回転数は毎秒約 600 回転である. ちなみに自動車の場合, シャトルのターボポンプと同じ大きさの高性能エンジンを搭載し, 運転席のタコメーターの針が危険回転数を示す赤文字に触れる (これはもう爆発寸前の状態だ) 勢いで走ったとしても, たったの毎秒 100 回転程度でしかない.

10) 毎秒の振動数は正式にヘルツと呼び, Hz で表す. これはドイツ人物理学者ハインリッヒ・ヘルツ (1857-94 年) に由来する. 1887 年, ヘルツは, 毎秒 50×10^6 から 500×10^6 回 (つまり 50 から 500 MHz) で振動する極超短波の領域に電磁波が存在することを実験的に突き止めた. これは, その 15 年前にマスクウェルの電磁場理論により得られていた予測を裏付けるものであった. この単位の命名法について, ひとつ奇妙なエピソードがある. 電気工学では今でも角振動数に対して「ラジアン毎秒」を使い続けている. なぜ単位の名前が旧来のままなのかとの疑問に答えるかのように, 実際に「スタインメッツ」という新しい呼び名がしばしば提唱されてきた. これはドイツ出身のアメリカ人電気工学者チャールズ・プロチュース・スタインメッツ (1865-1923) にちなんだ命名である. ラジアン毎秒の単位として記号 Sz を用いれば, 毎秒の回

転数の記号 Hz と似ていておもしろいが，これはさらに次のような
ちょっとした皮肉も含んでいる．スタインメッツの頭文字
（Charles Proteus Steinmetz の C.P.S.）をみれば，毎秒の回
転数（Cycles Per Second）こそ Sz で表すべきで，そうなる
とラジアン毎秒は Hz で表すべきだということになる．

11) オイラーの発見した $\sin x$ の無限積から π に関するウォリ
スの公式を導く方法については，前著『虚数の話』訳書 pp.
216-217，を参照．ウォリスの積分からウォリスの公式を
導く方法については，E. ハイラー，G. ワナー共著，『解析
教程（上）』（蟹江幸博訳，シュプリンガー・フェアラーク
東京，1997 年）訳書 p. 90，を参照．また，本書で用いたの
と同じ方法を用いて 0 から 2π に限らない任意の区間上で
$\sin^{2n}\theta$，$\cos^{2n}\theta$ の積分が求められる（Joseph Wiener, Integrals
of $\cos^{2n} x$ and $\sin^{2n} x$ [*American Mathematical Monthly* 誌,
2000 年 1 月号，pp. 60-61]）．ウォリスの積分は，この一般的
な定理のひとつの場合に過ぎないということになる．

12) Ralph Palmer Agnew 著，*Differential Equations*（sec-
ond edition）（McGraw-Hill 社，1960 年），p. 370.

13) この不等式の名前は，フランスの数学者コーシー
（Augustin-Louis Cauchy，1789-1857 年）とドイツの数学者
シュワルツ（Hermann Schwarz，1843-1921 年）に由来する．
共に，発見当初の不等式はこれと別の形であった．ところで，
この不等式をはじめて世に出したのはロシアの数学者 Vik-
tor Yakovlevich Bunyakovsky（1804-89 年）であった．彼は
1859 年の自著でこの不等式を導いた．Bunyakovsky はそれよ
り前にコーシーとパリで共同研究をしており，そこでコーシ
ーの複素解析的な方法を学んでいた（前著『虚数の話』，訳書
pp. 256-258）．

14) 与えられた線分の平方根の長さを持つ線分は，定規と
コンパスで容易に作図できる．前著『虚数の話』，訳書 p. 24,
p. 309 を参照．ここで挙げた他の操作がすべて作図可能なこと
は明らかだろう．$\sqrt{17}$ を作図するには，一般的な方法よりもも
っと直接的な方法がある．長さ 1 の線分が与えられたとし，そ
の端点に垂線を立て，垂線上に長さ 4 の点をコンパスで作図す
る．この長さ 4 の線分と長さ 1 の線分が作る直角三角形の斜辺
の長さが，求める $\sqrt{17}$ である．しかしながら，他の数の平方根
を作図するには，一般的な方法が必要となる．

15) 正 17 角形の効率的な作図法は，コクセター著，『幾何学入
門〈上〉』（銀林浩訳，ちくま学芸文庫，2009 年），訳書 p. 70
にある．それは，英国の数学者ハーバート・リッチモンド
（1871-1946 年）により 1893 年に発表された方法である．

16) 訳注：『ガウス 整数論』（高瀬正仁訳，朝倉書店，1995
年）

17) オイラーは $F_5 = 2^{32} + 1 = 4294967297$ が素数の積 (641)・
(6700417) に分解されることを示した．今日では最新の計算機
の力により F_5 は一瞬で分解できるが，フェルマーにとっては
大き過ぎる数だった．オイラーの時代でも，その計算は困難で
あった（オイラーの方法については，ダンハム著，『数学の知
性——天才と定理でたどる数学史』（中村由子訳，現代数学社，
1998 年）の訳書 285-288 ページを参照）．ところで，F_5 は素
数でないが，$p > 5$ で F_p が素数になることはあるのだろうか．
そういうことが起こったとしても，F_4 の次のフェルマー素数
は膨大な数である．これまでのところ（2003 年 5 月現在），5
から 32 までのすべての数 p に対し F_p は素数でないことが知
られている．6 番目のフェルマー素数はまだわかっていない．
1844 年，ドイツの数学者 F.G. アイゼンシュタイン（1823-52

年）は，フェルマー素数が無限個存在するだろうと予想した．
この予想は現在も未解決である．しかしながら，アイゼンシュ
タインの素数に関する予想は必ずしも的を得ているとはいえな
い．彼は無限数列 $2^2 + 1, 2^{2^2} + 1, 2^{2^{2^2}} + 1, \cdots$ のすべてが素数で
あろうと予想したが，早くも第 4 項が F_{16} と一致し，前述のよ
うに合成数となる．

18) 次に小さな「奇数」角形は，もちろん $F_0 F_2 = 51$ 角形であ
る．もしフェルマー素数が 5 個しかないとすると，作図可能な
「奇数」角形の総数は容易に計算できる．それは，異なるフェ
ルマー素数の積の総数に等しく，2 項係数を用いて

$$\begin{pmatrix} 5 \\ 1 \end{pmatrix} + \begin{pmatrix} 5 \\ 2 \end{pmatrix} + \begin{pmatrix} 5 \\ 3 \end{pmatrix} + \begin{pmatrix} 5 \\ 4 \end{pmatrix} + \begin{pmatrix} 5 \\ 5 \end{pmatrix}$$

$$= 5 + 10 + 10 + 5 + 1 = 31$$

と求められる．

19) ガウスの正 17 角形の作図法の詳細を丁寧に解説した
ものに，次の文献がある．Arthur Gittleman 著，*History of
Mathematics*（Charles E. Merrill 社，1975 年），pp. 250-52.
この文献では，本文で述べた正 5 角形の作図法と同様の方法を
用いている．

20) Michael Trott 著，cos(2π/257) à la Gauss（*Mathemat-
ica in Education and Research* 誌，4 巻，2 号，1995 年），
pp. 31-36. 正 257 角形の作図に必要な事項について，より
詳しくは以下の文献でみることができる．Christian Got-
tlieb 著，The Simple and Straightforward Construction of
the Regular 257-gon（*Mathematical Intelligencer* 誌，1999
年冬号），pp. 31-36. このタイトル（正 257 角形の単純で直接
的な作図法）には，著者のユーモアが表現されている．この小

論の末尾を著者は「この作図法を，細かい点まで完璧に実行しようと思う読者がいることを望む．ぜひとも頑張ってもらいたい」と締めくくっている．

21) *Arithmetica* は 130 の問題を集めたものであり，全 13 巻が出版された．有名なアレクサンドリア図書館の焼失の際に，全巻が永遠に失われたと思われていたが，何百年も経た後アラビア語翻訳の 6 巻分が発見された．フェルマーが所蔵していた部分の *Arithmetica* は，クロード・バシェットにより 1621 年にギリシャ語からラテン語に翻訳された版であった．フェルマーは，与えられた平方数が 2 つの平方数の和として書けることを証明させる問題をみて，そこにあの有名な書き込みをしたのである．

22) スタートレックのテレビシリーズ「新スタートレック」で 1989 年に放映された「ホテル・ロイヤルの謎」の中におもしろいシーンがある．これは 24 世紀の設定だが，艦長のジャン＝リュック・ピカードが休憩時の気分転換にフェルマーの最終定理を解こうとするのである．副長ライカーに「この問題はとても刺激的なんだ．事物を全体的にみることになる．我々は愚かにも自分たちがずいぶん進歩したように感じているが，実際にはフランス人のアマチュア数学者（フェルマーの本職は法律家だった）が，コンピュータすら用いずに独力で作った結び目を解くことすらできずにいる」．悲しいかな，ハリウッドよ．現実は，この艦長が抱いた謙虚な思いを，歴史的に誤りとしてしまったのだ．今や誰もが知るように，ワイルスがピカードに何世紀も先んじて解決してしまったからである．フェルマーの最終定理がこれほど有名になった理由は，その起源のエピソードが印象的だったからなのと，多くの人々が高校時代に聞いたことくらいはあり，かすかには覚えているに違いないピタゴラスの定理と関係があるからであろう．フェルマーの最終定

理の解決のために開発された数学的手法は美しく強力だ．しかし，実際に証明された結論自体の，数学における重要性は，ほとんどまったくといっていいほど皆無である．偉大なるガウスは，この問題を決して研究しようとしなかった．本質的につまらないと感じていたのだ．実際，これと非常によく似た他の予想で，数学の世界でもっと長い間考えられてきたものもあるし，その中には，ワイルスが証明したときほどの興奮はなくても解かれたものもあるのだ．たとえば，カタラン予想もそうである．この予想はベルギーの数学者ウジェーヌ・カタラン（1814-94 年）にちなんで名付けられた．カタラン予想の主張は，$x^m - y^n = 1$ の唯一の整数解は $3^2 - 2^3 = 1$ だということである．すなわち，8 と 9 が唯一の連続するべき乗数であるということだ．カタランはこの主張を 1844 年に公表したが，この問題の起源はもっとずっと古い．中世のフランス人数学者で天文学者のレヴィ・ベン・ゲルション（1288-1344 年）は 1320 年頃，$3^m - 2^n = 1$ ならば $m = 2$ かつ $n = 3$ であることを証明した．1738 年，オイラーはその逆の場合を示した．すなわち，$x^3 - y^2 = 1$ ならば，$x = 2$ かつ $y = 3$ ということである．オイラー以後，他の特殊な値に関する結果が続いたが，一般的な証明は，世界の最も偉大な数学者たちの挑戦をしりぞけてきた．そして 2002 年 4 月に突如，ルーマニア人の数学者プレダ・ミハイレスク（パーダーボルン大学，ドイツ）が見事な証明ですべてを解決した．彼の仕事は，最高の才能のなせる技であり，超一流の学術的業績として，世界中の数学者たちによって賞賛され認められている．カタラン予想は今や定理となったのだ．しかし，新星発見のニュースやそれに似た話題を扱うようなテレビ番組で，こうした業績が取り上げられるとは到底思えない．

23) ラメが証明に用いた多項式に関して一意分解性が成り立たないことの証明の概略は，以下の文献にみることが

できる．Ian Stewart, David Tall 共著，*Algebraic Number Theory and Fermat's Last Theorem*（A. K. Peters 社，2002年），pp. 122-124.

24）実際のところ，$a+ib\sqrt{D}$ に対して一意分解性が成立するのは D が以下の値のときのみである．1, 2, 3, 7, 11, 19, 43, 67, 163. D に平方因子がないと考えてよい理由については，前注の Stewart, Tall 共著の pp. 61-62 を参照．

25）数学者の言葉では，**S** に属する数は「虚 2 次体 **Q**$(\sqrt{-6})$ の要素であり，それらは環をなしている」となる．

26）一意分解性が成立するような複素数の集合に関しても，まだ驚くことがある．たとえば，5 は通常の整数とみると素数であるが，ガウス整数とみると素数でない．これは 5 が 2つのガウス整数の積として $5=(1+i2)(1-i2)$ と分解されることから容易にわかる．さらによく考えると，別の分解 $5=(2+i)(2-i)$ もあることがわかる．本文で述べた方法により容易に，$1+i2, 1-i2, 2+i, 2-i$ の 4 数はすべてガウス整数として素数であることがわかる（ノルムは $N(a+ib)=a^2+b^2$）．よって 5 は 2 通りの素因数分解を持つようにみえる．ガウス整数では一意分解性が成り立つことになっているから，これは疑問であろう．こうした疑問点が出てくるのは，私がまだ説明していない事項があるからである．それは，素因数分解の一意性を考える際，因子の順序（これは通常の整数の場合もそうである）と単数倍は無視して考えるということだ．単数とは，通常の整数では ±1 の 2 数のことだが，ガウス整数では ±1 と ±i の 4 数となる．そして $i(2-i)=1+i2$ である．ここでは，簡単な説明にとどめ，結論としてこの疑問点が解決済みであることだけ述べておく．より詳しくは，前出の Stewart, Tall 共著の pp. 76-79 を参照．

27) 積分記号下での微分に関するライプニッツの法則とは

$$\frac{d}{dt} \int_{g(t)}^{h(t)} f(x,t)dx$$
$$= \int_{g(t)}^{h(t)} \frac{\partial f}{\partial t} dx + f\{h(t),t\}\frac{dh}{dt} - f\{g(t),t\}\frac{dg}{dt}.$$

積分区間の両端 h, g が変数 t によらない場合，最後の 2 項は 0 になるので，積分してから微分したものは，微分してから積分したものに等しくなる．しかし一般にはこの順序交換は成り立たず，右辺の 3 項がすべて必要となる．大学初年級の微積分でこの法則を証明する方法は，拙著 *The Science of Radio* (2nd edition) (Springer-Verlag 社，2001 年)，pp. 415-418 にある．

28) $g(\infty) = 0$ をきちんと証明すると以下のようになる．

$$|g(y)| = \left| \int_0^\infty e^{-uy} \frac{\sin u}{u} du \right| \leqq \int_0^\infty \left| e^{-uy} \frac{\sin u}{u} \right| du$$
$$= \int_0^\infty |e^{-uy}| \left| \frac{\sin u}{u} \right| du.$$

任意の実数 u と y について $e^{-uy} \geqq 0$ であり，かつ $|\sin u/u| \leqq 1$ であるから，

$$|g(y)| \leqq \int_0^\infty e^{-uy} du = \left[\frac{e^{-uy}}{-y} \right]_0^\infty = \frac{1}{y}$$

となる．よって $\lim_{y \to \infty} |g(y)| = 0$ となる．

29) たとえば，Bernard Friedman 著，*Lectures on Applications-Oriented Mathematics* (Holden-Day 社，1969 年)，pp. 17-20.

第 2 章

1) 前著『虚数の話』訳書 pp. 136-139.

2) 私の知る限り，この問題は他のどこにも出版されていないので，私が自由に名付けてもよさそうだ．「調和散歩」と名付けた理由は，$\theta = 0$ のとき，すぐわかるように $p = 1 + \dfrac{1}{2} + \dfrac{1}{3} + \dfrac{1}{4} + \cdots$ は調和級数となるからだ．前著『虚数の話』で私はこれに似た散歩を扱ったが，そのときは各回転の後の歩幅が $1, \dfrac{1}{2}, \dfrac{1}{4}, \dfrac{1}{8}, \cdots$ となっていた（『虚数の話』訳書 pp. 156-158）．この散歩は本書に登場するものよりもずっと扱いやすいことがわかる．前著ではこの散歩を命名しなかったが，これも私のオリジナルであると信じ「等比散歩」と命名したい．この名前の意味は明らかだろう．

3) 図 2.1.1 下右図は，この対称性を仮定せずに作成した．グラフは，θ を 0° から 360° の全区間で動かして描いた．MATLAB のプログラムが正しく動作しさえすれば，対称性は自然と現れてくる．

4) 本節で扱う内容は，数十年前に T. H. マシューズが *American Mathematical Monthly* 誌，1944 年 10 月号 p. 475 に発表した読者に宛てた問題と，その翌年に同誌の 1945 年 12 月号 pp. 584-585 に掲載されたゴードン・ポールによる解答を元に構成した．マシューズとポールはともにマギル大学に属しており，ポールは当時は若手の数学者で，後に華麗な経歴を歩んだ．T. H. マシューズという名前で私が知っていることといえば，当時のマギル大学の学籍登録係にも T. H. マシューズがいたことぐらいである．

5) この結論を不思議に感ずる者も多い. 追い風と向かい風で, 風の影響が帳消しにならないことを疑問に思うようだ. 追い風の影響が小さくなるのは, 追い風では速度が速くなり, 追い風を受ける飛行時間の方が向かい風でゆっくり飛ぶ飛行時間よりも短いからだ.

6) この論文は, 本節を著す直接の動機になった. R. Bruce Crofoot 著, Running with Rover (*Mathematics Magazine* 誌, 2002 年 10 月), pp. 311-316 を参照. もうひとつ, 役立ちそうな文献として Junpei Sekino 著, The Band Around a Convex Set (*College Mathematics Journal* 誌, 2001 年 3 月), pp. 110-114 がある.

7) MATLAB には非常に優秀な微分方程式の解法プログラムが数多くあるので, 正確な解を知りたければそれらを用いればよい. しかしここでは, 期待される解の概形を示しさえすればよいと思ったため, 私が手軽に作ったそれほど精巧ではないプログラムを用いた.

第 3 章

1) E. ハイラー, G. ワナー共著, 『解析教程』(上) (下) (蟹江幸博訳, シュプリンガー・ジャパン, 2006 年 [新装版]) に, 連分数展開の優れた解説がある. そこにはランベルトによる $\tan x$ の展開の証明と, 0 でない任意の有理数 x に対して $\tan x$ が無理数であることの証明が収められている.

2) 係数 $c_0, \cdots, c_n$ が整数であり, 次数 $n \geqq 1$ が有限であるような多項式で表される方程式
$$c_n x^n + c_{n-1} x^{n-1} + \cdots + c_2 x^2 + c_1 x + c_0 = 0$$
が与えられたとき, その解 (方程式を満たす n 個の x の値)

を代数的数と呼ぶ．たとえば，$i = \sqrt{-1}$ は $x^2 + 1 = 0$ の解（ここでは $n = 2$）であるから，i は代数的数である．代数的数はすべての有理数を含み，またたくさんの（しかしすべてではない）無理数を含む．代数的でない無理数は超越数と呼ばれる．たとえば e は超越数であり，これはフランス人数学者シャルル・エルミート（1822-1901）によって証明された（e が無理数であることは，それ以前の 1737 年にオイラーが証明していた）．

3) Ivan Niven 著，*Irrational Numbers*（アメリカ数学会，1954 年）．

4) 若手の数学者にとって，名声と栄誉を得る最短の道はヒルベルトの問題を解くことだ．いまだ未解決の問題も残されており，名誉という財宝が数学者を強く惹きつけている．ジェレミー J. グレイ著，『ヒルベルトの挑戦——世紀を超えた 23 の問題』（好田順治，小野木明恵共訳，青土社，2003 年），ならびに Benjamin H. Yandell 著，*The Honors Class: Hilbert's Problems and Their Solvers*（A. K. Peters 社，2002 年）を参照．

5) この業績に関してひとつおもしろい話がある．1919 年にヒルベルトが $2^{\sqrt{2}}$ について「超越数に違いない．少なくとも無理数だろう」と講義で述べたときの聴衆の中にジーゲルがいた．このときヒルベルトは「聴衆の皆さんが生きている間にはこの問題は解明されないでしょう」と付け加えたそうだ．

6) 訳注：超越数論の歴史に関し，原著に誤った記述があった．それは，Gelfond-Schneider の定理と言われている定理の第一発見者がジーゲルであるとの記述である．これは明らかな誤りであり，正しくは，定理の名が示すとおり，Gelfond と

Schneider が独立に発見したものである．著者にこの点を問い合わせたところ，著者はこの誤りを認めた．ただし，ジーゲルも彼らと独立にこれを発見していたことは事実（しかしその時期は Gelfond, Schneider よりも 1, 2 年ほど遅かった）である．[この誤りは，慶應義塾大学の塩川宇賢先生にご指摘いただいた．]

7) この引用は John L. Synge の小説 *Kandelman's Krim* (Jonathan Cape 社, 1957 年), pp. 52-53 より．まえがきの註 2 を参照．

8) E. C. Titchmarsh 著, *Mathematics for the General Reader* (Dover 社, 1981), p. 196. 熟練した数学者や優秀な物理学者でも，π の持つ神秘的ともいえる雰囲気に戸惑うことがあるようだ．この類の話で私の気に入っているものは，リチャード・ファインマンの有名なエッセイ What is Science (*Physics Teacher* 誌, 1969 年 9 月号, pp. 313-320) の一節である．そこで彼は十代の頃にある電気回路の共鳴振動数の公式に π が現れることを知り当惑した体験を振り返っている．この種の回路において π が現れる原因の円がいったい何に当たるのか，彼は自分に問いかけたという．そして 315 ページで「正直にいうと私は今でも π の発生源である円が何なのか，わかっていない」と断言し，この美しい思い出を締めくくっている．これぞまさにファインマンのファインマンたるゆえんである．彼は 1969 年よりもずっと以前に「π がどこから来るのか」そして「円はどこにあるのか」をすでに知っていたはずだ．このことは 1.4 節を読めばわかる．そこに書かれているように，2 通りの単位で表された振動数 ω ラジアン毎秒と ν ヘルツの関係は $\omega = 2\pi\nu$ であり，これこそが問題児 π の発生源だったのだ．そして，若きファインマンが捜し求めていた「円」は，複素平面上で e の虚数乗の形をした 2 つのベクトルが反時

計回りに回転するときに、ベクトルの先端が描く円軌道のことだったのだ。それら2つのベクトルを組み合わせると実数値の交流信号 $\sin(\omega t)$ と $\cos(\omega t)$ になる。

9) 必ずしもそうとは言い切れないようである。1967年に放映されたスタートレックの、どちらかというとお粗末な作品「惑星アルギリスの殺人鬼」では、スポック主任が π が無理数であることを利用して宇宙船のコンピュータ内に潜む悪性生物を追い出す方法をみつけるのだ。その方法とは、コンピュータに指令を出し π の最後の桁を計算させるのである。当然、最後の桁は存在せず、この終わりのない計算（しかも、終わりがないと気づくことすら難しい）のおかげで悪性生物を排除することに成功した。これよりも多少ましだが、何年も前に数学の専門誌にこんな短編が掲載されたこともある（João Filipe Queiró 著、The Strange Case of Mr. Jean D.［*Mathematical Intelligencer* 誌、1983年5巻3号、pp. 78-80]）。ある数学教師が見た悪夢の話である。夢の中で彼は計算機を使って計算を進めるうちに、500万桁計算したところで π の小数展開が循環することを発見した。何と π は有理数だったのだ！――そこで目が覚めて夢が終わったことはいうまでもない。

10) π が無理数であることのまったく別の証明をジョージ・シモンズ（George F. Simmons）の名著、*Calculus Gems*（McGraw-Hill 社、1992年）、pp. 283-284 にみることができる。この証明も大学の学部で習う事項だけを用いる（ただしオイラーの公式は用いない）。これは、見た目では本書の証明よりもずっと短いが、それはジーゲルの本同様、数多くの途中経過が省略されているからだ。D. Desbrow 著、On the Irrationality of π^2（*American Mathematical Monthly* 誌、1990年12月号）、pp. 903-906 も参照。

11) 第 1 章註 27 を参照.

第 4 章

1) 本章の最初の 3 節で展開する歴史的事実の多くは, 以下の文献によった.

　・Edward B. van Vleck 著, The Influence of Fourier Series upon the Development of Mathematics (*Science* 誌, 1914 年 1 月 23 日号, pp. 113-124),

　・H. S. Carslaw 著, *Introduction to the Theory of Fourier's Series and Integrals* (Macmillan 社, 1930 年, pp. 1-19); Carl B. Boyer 著, Historical Stages in the Definition of Curves, (*National Mathematics Magazine* 誌, 1945 年 3 月号, pp. 294-310),

　・Rudolph E. Langer 著, Fourier's Series: The Genesis and Evolution of a Theory (*American Mathematical Monthly* 誌, 1947 年 8-9 月増刊号, pp. 1-86),

　・Israel Kleiner 著, Evolution of the Function Concept: A Brief Survey (*College Mathematics Journal* 誌, 1989 年 9 月号, pp. 282-300).

2) リーマンの関数が微分可能か否か解明されたのは, 比較的最近になってからだ. その結果, リーマンは誤っていたことがわかった. リーマンの関数が微分可能となる点が存在したのだ. ただし, ほとんどすべての点ではリーマンの言ったとおりに微分不可能である. Joseph Gerver 著, The Differentiability of the Riemann Function at Certain Rational Multiples of π (*American Journal of Mathematics* 誌, 1970 年 1 月号, pp. 33-55) を参照.

3) ニュートンが実際に運動の第 2 法則を述べたときの表現

は「力は運動量の変化率に等しい」であった．式で表すと $F = d(mv)/dt = m\,dv/dt + v\,dm/dt$ となる．ここで $v = dx/dt$ は質量 m の物体の速度（したがって dv/dt は加速度）である．これは，$dm/dt = 0$ ならば通常の運動方程式「力＝質量×加速度」と同じになる．たとえばロケットの打ち上げのときなどには，時間の経過とともに燃料が消費されロケットの質量は変化するので，ニュートンが述べた一般形の第2法則を用いる必要がある．しかしながら本文中の振動弦の問題においては，通常の簡略化された第2法則を用いれば十分であろう．それでダメな例としては，綿製の弦が湿った空気の中で振動する場合などが考えられる．この場合，時間の経過に伴い次第に弦は水分を含み，質量を増していく．

4) $\sin\infty$ と $\cos\infty$ の値についていえることは，もしそれが 0 であるとの主張が許されるとすれば，同様に，それはまた -1 と $+1$ の間の任意の値でもあり得るということだ．すなわち，$\lim_{t\to\pm\infty}\sin t$ と $\lim_{t\to\pm\infty}\cos t$ は存在しない．これに関する古典的だが今読んでもおもしろい，そしてフーリエの仕事を一度ならず引用して歴史的な議論を展開している文献が J. W. L. Glaisher 著，On $\sin\infty$ and $\cos\infty$，(*Messenger of Mathematics* 誌，1871 年，pp. 232-244) である．著者の Glaisher (1848-1928 年) は 400 編を越える著作を持つ多作の人で，数多くの数学的な事項に関し優れた文章を書いた．大半は数学の専門家を対象としたものだったが，一般の数学愛好者向けのものも少なからずあり，この点は驚くに値する．彼は生涯を通じケンブリッジ大学の教員であった．また，1884 年から 1886 年までロンドン数学会長を務めた．

5) 訳注：大リーグ，ニューヨーク・ヤンキースの有名な捕手で後に監督になった人物．言葉の誤用をすることで有名で，数々の「迷言」を残したとして知られている．「再び再現」

(It's deja-vu all over again) は，その中でも最も有名な言葉
のひとつ.

6) 本書では熱方程式の解法を扱わない．波動方程式の解法を
扱ったのは，理論物理学の方程式が三角関数の無限級数の形で
解かれた最初の例として歴史的な意味で重要だからだ．熱方程
式の解法は，出版されている偏微分方程式論の教科書ならば，
必ずどれにでも載っている．古いが現在でもなお最も優れてい
る教科書は，チャーチル，ブラウン共著，『応用のためのフー
リエ級数と境界値問題——入門から演習へ』（鵜飼正二訳，吉
岡書店，1982 年）である．この本の原著の初版は 1941 年であ
り，当初はチャーチルの単著だった．

7) 電話用通信ケーブルに関するトムソンの拡散の解析は，電
気と磁気に関する基本方程式（いわゆるマクスウェルの電磁
方程式）の発見以前になされた．このマクスウェル，すなわち
スコット・ジェームズ・クラーク・マクスウェルは，トムソン
の親友で同僚だった．そんな昔だったにもかかわらず拡散の
研究では，ある条件下で満足いく結果が得られていた．拙著，
Oliver Heaviside（ジョーンズ・ホプキンス大学出版局，2002
年）の第 3 章 "The First Theory of the Electric Telegraph"
を参照.

8) トムソンのフーリエ級数と地球の年齢に関する論文は
全集 *Mathematical and Physical Papers*（ケンブリッジ大
学出版局，1882 年，1890 年）に収められている．論文 On
Fourier's Expansions of Functions in Trigonometrical Series
（1841 年）は第 1 巻 pp. 1-6 に，論文 On the Secular Cooling
of the Earth（1862 年）は第 3 巻 pp. 295-311 に収録されて
いる．地球の年齢を研究したトムソンの数学を現代的視点
から振り返ったものが拙著 Kelvin's Cooling Sphere: Heat

Transfer Theory in the 19th Century Debate over the Age-of-the-Earth（*History of Heat Transfer*［アメリカ機械工学会誌，1988 年］），pp. 65-85 にある.

9) フーリエの 1807 年の未出版論文は，1880 年代後半に再発見されるまで世間に出ることはなかった．現在では原著のフランス語に，歴史に関する貴重な注釈を英語でつけたものが入手可能である．I. Grattan-Guinness 著，*Joseph Fourier, 1768-1830*（マサチューセッツ工科大学出版局，1972 年）を参照.

10) 英語版，*The Analytical Theory of Heat* は，ケンブリッジ大学の聖ヨハネ・カレッジのフェローだったアレクサンダー・フリーマンによる訳が 1878 年に出版された．訳者による注釈がつけられており，歴史的に大変興味深い内容になっている．初版後 200 年近くが経とうとしている現在もなおフーリエの本は驚くべき内容に満ちており，数学や物理学を専攻するすべての学生の必読書である．なお，Dover Publications 社により 1955 年に再版されている.

11) 級数の係数を計算するために，フーリエもこの現代的な方法を用いたが，それはかなり後になってからのことで，初めのうちは，微分と極限操作を用いたきわめて複雑な方法を用いていた．たとえば，三角関数の方程式
$$1 = c_1\cos y + c_3\cos(3y) + c_5\cos(5y) + \cdots$$
を解く場合，彼は両辺を偶数（n と置く）回微分し，方程式の無限列

$$0 = c_1 \cos y + 3^2 c_3 \cos(3y) + 5^2 c_5 \cos(5y) + \cdots$$
$$0 = c_1 \cos y + 3^4 c_3 \cos(3y) + 5^4 c_5 \cos(5y) + \cdots$$
$$\cdots$$
$$0 = c_1 \cos y + 3^n c_3 \cos(3y) + 5^n c_5 \cos(5y) + \cdots$$
$$\cdots$$

を考えた. ここで $y = 0$ と置き, 無限個の係数に関する無限次の線形連立方程式を得た. それを解くに当たり, 彼はまず初めの m 個の係数を求めることにし, 最初の m 本の方程式にのみ注目した. それを解き最初の m 個の係数を求めた後, $m \to \infty$ の極限値をとったのだ. まさに異様と呼ぶに値する方法だ. 本章の註 1 で挙げた文献の著者 Van Vleck 教授は「フーリエは数学を用いる際, 自由を満喫し, 物理学者・天文学者として素朴に数学の力を信じていた」と著した. フーリエは後年, オイラーの方法をオイラーと独立に用い, その際にオイラーがその方法を先に発見していたことを指摘された. 1808-1809 年のある時期に氏名不詳の相手 (ラグランジュと思われる) への手紙で「この (三角級数の係数を求めるオイラーの) 方法を最初に発見した数学者のことを知らず申し訳なかった. 知っていたら引用していたのに」と弁明している. John Herivel 著, *Joseph Fourier: The Man and the Physicist* (オックスフォード大学出版局, 1975 年), pp. 318-319 を参照.

12) 訳注:この結論は, 上でも用いているオイラーの定理 $\sum_{n=1}^{\infty} \dfrac{1}{n^2} = \dfrac{\pi^2}{6}$ のみを用いて, 以下のように容易に得ることもできる.

$$\text{左辺} = \sum_{n=1}^{\infty} \frac{1}{n^2} - 2\sum_{n=1}^{\infty} \frac{1}{(2n)^2} = \left(1 - \frac{1}{2}\right) \sum_{n=1}^{\infty} \frac{1}{n^2}$$
$$= \frac{1}{2} \frac{\pi^2}{6} = \frac{\pi^2}{12}.$$

13) 訳注：ここで得た値 $\dfrac{\pi^3}{32}$ は，ゼータ関数の一種であるディリクレの L 関数を用いて $L\left(3, \left(\dfrac{-4}{*}\right)\right)$ と表される．ここで $\left(\dfrac{-4}{*}\right)$ は，ディリクレ指標と呼ばれる写像の一種である．ディリクレ指標は，-1 の像が $+1$ であるか -1 であるかによって偶指標，奇指標に分けられる．本文で述べられている「3乗の逆数の和」すなわち「L 関数の3における値」が未解決であるのは偶指標の場合であり，リーマンのゼータ関数もこれに属する．一方，奇指標の場合は逆に「2乗の逆数の和」すなわち「L 関数の2における値」が未解決である．したがって，$L\left(3, \left(\dfrac{-4}{*}\right)\right)$ は解明されており，これは $\zeta(3)$ よりも本質的にやさしい．なお，偶指標の場合の3における値，奇指標の場合の2における値は，三角関数を拡張した「多重三角関数」を用いると美しく表示できる．訳者らによる論文 S. Koyama, N. Kurokawa 共著, Zeta functions and normalized multiple sine functions (*Kodai Mathematical Journal* 誌, 28 巻, 2005 年 pp. 534-550) を参照．

14) 訳注：アメリカの喜劇俳優（1890-1977 年）．1930 年代から 40 年代に映画界で活躍し，世界的に人気を博したマルクス兄弟の三男．グルーチョ・マルクスは兄弟としての活動が終了した後，テレビやラジオに活動の場を移した．「惜しい，けどハズレ！」(Close, but no cigar!) は，彼が晩年にテレビのクイズ番組で用いていた決まり文句．

15) 訳注：この結果はライプニッツの級数（228 ページ）と同値であることが，次の計算で容易にわかる．

$$2+4\sum_{n=1}^{\infty}\frac{(-1)^n}{1-4n^2}=2+2\sum_{n=1}^{\infty}\left(\frac{(-1)^n}{2n+1}-\frac{(-1)^n}{2n-1}\right)$$

$$=2+2\left(\left(1-\frac{1}{3}\right)-\left(\frac{1}{3}-\frac{1}{5}\right)+\left(\frac{1}{5}-\frac{1}{7}\right)+\cdots\right)$$

$$=2+2\left(1-\frac{2}{3}+\frac{2}{5}-\frac{2}{7}+\cdots\right)$$

$$=4\left(1-\frac{1}{3}+\frac{1}{5}-\frac{1}{7}+\cdots\right).$$

16) 訳注：エネルギーは，数学的な概念としては関数 $f(t)$ の L^2-ノルムの 2 乗に相当する．パワー（power）すなわち単位時間上のエネルギーを指す総称は日本語になく，エネルギーの形態に応じて電力，出力など異なる呼称が用いられている．ここでは一部の工学系での習慣に従いパワーと呼ぶ．なお，通常の日本語でパワーは「力」を意味するが，ここで定義するパワーは物理学でいう力（force）とは異なる概念である．

17) 前著『虚数の話』訳書 pp. 216-217.

18) 本節で扱う壮大な数学史は，以下の論文に詳しい：Edwin Hewitt, Robert E. Hewitt 共著，The Gibbs-Wilbraham Phenomenon: An Episode in Fourier Analysis（*Archive for History of Exact Sciences* 誌 21 号，1979 年，pp. 129-160）. 歴史の概要を簡潔に述べた文献はそれ以前に出版されていた Fred Ustina 著，Henry Wilbraham and Gibbs Phenomenon in 1848（*Historia Mathematica* 誌 1 号，1974 年，pp. 83-84）がある．Hewitt の論文は詳細にわたる数学的な議論がなされており，関連する 20 世紀の研究についてまで考察している．しかし，どちらの文献もウィルブラハム自身のことにはまったく触れていない．

19) *Nature* 誌, 1898 年 10 月 6 日号, pp. 544-545.

20) *Nature* 誌, 1898 年 10 月 13 日号, pp. 569-570.

21) *Nature* 誌, 1898 年 12 月 29 日号, マイケルソンとギブスの手紙は p. 200, ラブの手紙は pp. 200-201.

22) *Nature* 誌, 1899 年 4 月 27 日号, pp. 606.

23) ポアンカレの手紙は *Nature* 誌, 1899 年 5 月 18 日号, p. 52, ラブの手紙は同誌 1899 年 6 月 1 日号, pp. 100-101.

24) A New Harmonic Analyzer (*American Journal of Science* 誌, 1898 年 1 月号, pp. 1-14). マイケルソンの共著者はシカゴ大学の物理学者サミュエル・ウェスリー・ストラットン (1861-1931 年). 彼は 1923-1930 年, マサチューセッツ工科大学の総長を務めたほか, 後に NBS (アメリカ標準局. 前身は NIST, アメリカ国立標準技術研究所) の設立時の局長をも務めた.

25) *The Tide Gauge, Tidal Harmonic Analyzer, and Tide Predictor* (*Kelvin Mathematical and Physical Papers* 第 6 巻 (ケンブリッジ大学出版局, 1911 年), pp. 272-305) (この論文の最初の出版は 1882 年).

26) 潮汐の分析器の図は以下の文献にある. Crosbie Smith, M. Norton Wise 共著, *Energy and Empire: A Biographical Study of Lord Kelvin* (ケンブリッジ大学出版局, 1989 年), p. 371.

27) マイケルソンとストラットンの調波分析器の写真が, 以

下の文献の口絵に掲載されている．J. F. James 著，*A Student's Guide to Fourier Transforms: With Applications in Physics and Engineering*（ケンブリッジ大学出版局，1995年）．

28) Henry Wilbraham 著，On a Certain Periodic Function（*Cambridge and Dublin Mathematical Journal* 誌，3 号，1848 年，pp. 198-201）．ウィルブラハムがフーリエの本から引用している部分は，Dover 社の版（註 10 を参照）の 144 ページにある．

29) Henry Wilbraham 著，On the Possible Methods of Dividing the Net Profits of a Mutual Life Assurance Company Amongst the Members. 論文の日付は 1856 年 10 月．正式な誌名は *Journal of the Institute of Actuaries and Assurance Magazine*.

30) インディ・ジョーンズの熱狂的なファンである私としては，数々の危機を命からがら脱しながら世界中を探検した結果こんな発見をした（当然，太いフレームのメガネをかけ，ややおなかの出た灰色のあごひげを生やした電気工学の教授を怪しく魅了する，美しくも謎に満ちた女性との心ときめくロマンチックな情事もありで），と言いたいところだが，残念なことに，実際にはこの探索はすべて，私の自宅と研究室の計算機端末の前に置かれた背もたれのある椅子に，前かがみの姿勢で座って行われた．ウィルブラハムに関する最初の手がかりは，ウィルブラハム自身が 1848 年の論文で自分の名前の後に「ケンブリッジ大学，トリニティ・カレッジにて理学士を取得」と記していたことだった．トリニティ図書館の検索受付にメールを出したところ，彼の誕生日，両親の名前，入学と卒業の日付がわかった（トリニティのジョナサン・スミス氏に感謝する）．

ここで私はコンピュータを離れ，プリンストン大学に行き，王
立協会の科学論文カタログ（*The Royal Society Catalogue of
Scientific Papers*）を閲覧したり，ヘンリーの出版論文の検索
をしてもらったりした（プリンストン大学ファイン・ホール数
学物理学図書館のミッチェル T. ブラウン氏に感謝する）．その
後，ある日たまたまインターネットで，イングランドとウェー
ルズの全教会に現存する記念牌（訳注：教会の壁や床などに埋
め込まれた真ちゅう製の板．死者の名前や生前の姿などが刻ま
れている）の歴史的な解説を見ていたら，そこに何とヘンリー
の両親とヘンリーの名前が出てきたのだ．そこにはヘンリーの
没年も記されていた（インターネット・サイトの管理者である
イギリスの歴史家ウィリアム・ラック氏に感謝する）．その没
年の情報から，私はヘンリーの死亡記録と共に遺書のコピーを
入手することができ，そこに彼がトリニティ・カレッジのフェ
ローだったことが記されていた．ヘンリーはチェシャー州ウィ
ーバーハムの聖マリア教会の墓地に埋葬されている（チェシャ
ー州チェスター市の公文書保管人は，迅速に遺書のコピーを私
に送って下さったし，戸籍担当部署の方々には死亡記録の請求
に速やかに応じていただいた．ここに感謝する）．

31）ハーロー校はロンドンにある由緒正しき学校として古い歴
史を持つ．1752 年にエリザベス一世女王の勅許を受けて設立
され，以後，バイロン卿やウィンストン・チャーチルら多くの
有名人を輩出している．多くの若い読者には，知らずのうちに
お馴染みのはずだ．なぜなら映画「ハリー・ポッター」で，ホ
グワーツ魔法魔術学校の撮影に使われたからだ．実際，フリッ
トウィック教授の呪文学の教室にはハーロー校第 4 討論室が使
われた．ハーロー校の伝統では，1847 年まではすべての学生
が部屋の壁や机に名前を刻んでいたということだから，もしそ
うなら「ヘンリー・ウィルブラハム」（Henry Wilbraham）も
その部屋のどこかに刻まれているかも知れない．もし，読者の

皆さんがハーロー校を訪れる機会があり，ヘンリーの名前を見つけられた場合には，ぜひとも私にお知らせ願いたい（写真をお送りいただければなおありがたい）.

32) 1914 年，ドイツ人数学者で歴史家のハインリッヒ・ブルクハルト（1861-1914 年）が，1850 年以前の三角級数と積分の歴史を網羅した大事典を刊行した際，ウィルブラハムの 1848 年の論文は正しく引用されていた．にもかかわらず，これにもまた誰一人注意を払わなかったのだ．一例を挙げると，その 3 年後にスコットランドの数学者ホレイショ・カースロー（1870-1954 年）はギブス現象に関する論文を *American Journal of Mathematics* 誌に出版した際，ギブスの（とされる）業績について「フーリエ級数のこのような性質（ギブス現象）が最近まで発見されていなかったことは，驚くべきことだ」と述べている．ウィルブラハムは本当に気の毒だ．1917 年になってもまだ世の中に認めてもらえなかったのだから．そしてついに 1925 年．カースローと，チャールズ・ムーア（1882-1967 年）（ベッヒャーの下で学位を取得したアメリカ人数学者）の 2 名は，ウィルブラハムが歴史上の第一発見者であるという趣旨を，広く読まれている数学誌であるアメリカ数学会紀要（*Bulletin of the American Mathematical Society*）の同じ号で述べた．しかしこれで彼の業績が世の中に十分見直されたことにはならなかった．ほとんどの電気工学や数学の教科書には，ウィルブラハムに関して何の記述も見られないのが現状である.

33) フーリエ解析を用いずに $G(m)$ を求めたガウスの方法については Trygve Nagell 著，*Introduction to Number Theory*（John Wiley, 1951 年），pp. 177-180 を参照.

34) こうした和の様々な可能性に関する優れた入門的解説が,

以下の文献にある. Bruce C. Berndt, Ronald J. Evans 共著, The Determination of Gauss Sums (*Bulletin of the American Mathematical Society* 誌, 1981 年 9 月号, pp. 107-129).

35) 前著『虚数の話』, 訳書 pp. 239-247 を参照. フレネル積分はフランス人数理物理学者オーギュスタン・ジャン・フレネル (1788-1827 年) に因んで名付けられた. フレネルは 1818 年に光の性質を研究する過程でこの積分に遭遇した. 本書 5.7 節で, 再びこの積分を扱う.

36) 拙著 *When Least Is Best* (プリンストン大学出版局, 2004 年), pp. 251-257.

37) この公式は多くの微積分の教科書で述べられているが, 結果のみで証明がないことが多い. 2 通りの「証明」を収めたものとして, 註 36 に挙げた拙著 *When Least Is Best* の 352-358 ページがある.

第 5 章

1) たとえば Kevin Davey 著, Is Mathematical Rigor Necessary in Physics? (物理学において数学的な厳密さは必要か?) (*British Journal for the Philosophy of Science* 誌, 2003 年 9 月号, pp. 439-463) を参照. この論題の問いかけに対する著者自身の答えは「おそらく必要でない」であり, ディラックも同じ考えだったと思われる. ディラックが δ 関数やその積分を使って業績を挙げたことに関連して思い出すのは, バージニア大学の数学者 E. J. マクシェーン (1904-89 年) がアメリカ数学会長として 1963 年の年会の演説で述べた有名な一説だ.「世の中には, 積分記号さえ使って表してしまえば積分としての望ましい性質がすべて自動的に満たされる, と考えて

いる楽観主義者がいるようだ．いうまでもなく，私たち厳格な
数学者にとって，そうした人々は迷惑な存在だ．そして余計
に迷惑なのは，彼らが往々にして，そんな方法で正しい解決
をしたと思い込んでしまうことだ」．この演説の完全版が以下
の文献にある．Integrals Devised for Special Purposes（*Bulletin of the American Mathematical Society* 誌 69 号，1963
年，pp. 597-627）．

　なお，マクシェーンも工学の学士を取得した点ではディラッ
クと同じだった．

2) Paul Dirac 著，The Physical Interpretation of Quantum
Dynamics（*Proceedings of the Royal Society of London* 誌
A113 号，1927 年 1 月 1 日発行，pp. 621-641）．

3) Paul Dirac 著，*The Man and His Work*（ケンブリッジ
大学出版局，1998 年），p. 3．

4) John Stalker 著，*Complex Analysis: Fundamentals of
the Classical Theory of Functions*，（Birkhäuser 社，1998
年），p. 120．著者の Stalker 教授が 2 つの無限和の順序交換
の正当性に関して述べた言葉．

5) 訳注：数学的には f が 2 乗可積分，すなわち $f \in L^2(-\infty, \infty)$ を意味する．

6) 訳注：ベースバンド（baseband）の訳語には「基底帯域」
という直訳もあるが，ここでは現代の電気工学の習慣に従い，
より多く用いられている片仮名表記を採用した．

7) この $R_f(\tau)$ の性質について，一点注意しておきたい．$f(t)$
が周期関数で周期 T を持つとき，$R_f(\tau)$ も周期関数となり周

期 T を持つ. したがって, $R_f(\tau)$ は $\tau = 0$ だけではなく, 任意の整数 k に対する $\tau = kT$ で最大値をとる. 一般に, 次のことが成立する.

「$T > 0$ が $R_f(0) = R_f(T)$ を満たすならば, $R_f(\tau)$ は周期 T の周期関数である」.

この証明は, 1.5 節で示したコーシー–シュワルツの不等式を用いればやさしい. $f(t), g(t)$ を任意の実数値関数とすると,

$$\left\{\int_{-\infty}^{\infty} f(t)g(t)dt\right\}^2 \leq \left\{\int_{-\infty}^{\infty} f^2(t)dt\right\}\left\{\int_{-\infty}^{\infty} g^2(t)dt\right\}.$$

ここで $g(t) = f(t - \tau + T) - f(t - \tau)$ と置けば, この不等式は以下のようになる.

$$\left\{\int_{-\infty}^{\infty} f(t)[f(t - \tau + T) - f(t - \tau)]dt\right\}^2$$
$$\leq R_f(0)\int_{-\infty}^{\infty} [f(t - \tau + T) - f(t - \tau)][f(t - \tau + T) - f(t - \tau)]dt.$$

左辺は $[R_f(\tau - T) - R_f(\tau)]^2$ であり, 右辺の積分は以下のように計算される.

$$\int_{-\infty}^{\infty} f(t - \tau + T)f(t - \tau + T)dt - \int_{-\infty}^{\infty} f(t - \tau)f(t - \tau + T)dt$$
$$- \int_{-\infty}^{\infty} f(t - \tau + T)f(t - \tau)dt + \int_{-\infty}^{\infty} f(t - \tau)f(t - \tau)dt.$$

すなわち $R_f(0) - R_f(T) - R_f(T) + R_f(0) = 2R_f(0) - 2R_f(T)$ であり, よって

$$[R_f(\tau - T) - R_f(\tau)]^2 \leq 2R_f(0)[R_f(0) - R_f(T)] = 0.$$

最後が 0 に等しくなる理由は, 与えられた仮定 $R_f(0) = R_f(T)$ による. ここで, 左辺は完全平方の形なので負にはなり得ない. よってこの不等式は実際には等号が成立する. すなわち, $[R_f(\tau - T) - R_f(\tau)]^2 = 0$ である. これは, 任意の τ について $R_f(\tau - T) = R_f(\tau)$ が成立していることを意味する. これはまさに周期 T の周期関数であることの定義であるから, これで証明された.

8) ウィーナー–ヒンチンの定理の第一発見者がアインシュ
タインであったことに関し，以下の論文に優れた解説があ
る．A. M. Yaglom 著，Einstein's 1914 Paper on the Theory
of Irregularly Fluctuating Series of Observations（原著はロ
シア語）．英語版が *IEEE ASSP Magazine* 誌（1987 年 10 月
号，pp. 7-11）にある．

9) df/dt の ESD が $1/2\pi \, |i\omega F(\omega)|^2 = \omega^2(1/2\pi) \, |F(\omega)|^2$ であ
ることに注意しよう．これは $f(t)$ の ESD の ω^2 倍だ．$|\omega| > 1$
であることから，df/dt の ESD は $f(t)$ の ESD よりも大きい
ことがわかる．これはすなわち，時間の変数で微分すると，高
周波信号のエネルギー，すなわち雑音が強まることを意味す
る．微分方程式を解くためのアナログコンピュータ回路を作る
際，微分の働きをする電気装置を使うのが自然であるように一
般の方々は思われるかもしれないが，実際に電気工学でそうし
た装置を用いることはあり得ない．その理由はもうおわかりだ
ろう．電気回路の構成上何らかの雑音が発生し，それを完全に
除去することが現実に不可能である場合，微分すると雑音がひ
どくなってしまうからだ．このため，微分方程式をアナログ電
気回路で解く場合には，積分する方法による．これなら高周波
の雑音を抑えることができる．

10) この積分の収束については，被積分関数の挙動が，$\omega = 0$
も含め任意の ω に対して十分よいことを以下のようにして証明
できる．まず $\cos x$ のベキ級数展開

$$\cos x = 1 - \frac{x^2}{2!} + \frac{x^4}{4!} - \cdots$$

を思い出し，

$$\cos(\omega t) = 1 - \frac{(\omega t)^2}{2!} + \frac{(\omega t)^4}{4!} - \cdots$$

であるから

$$1 - \cos(\omega t) = \frac{(\omega t)^2}{2!} - \frac{(\omega t)^4}{4!} + \cdots.$$

よって

$$\frac{1 - \cos(\omega t)}{\omega^2} = \frac{t^2}{2!} - \frac{\omega^2 t^4}{4!} + \cdots.$$

したがって

$$\lim_{\omega \to 0} \frac{1 - \cos(\omega t)}{\omega^2} = \frac{t^2}{2!}$$

となる．また，どんな ω や t の値に対しても，分子は決して 2 より大きくならないので，$|\omega| \to \infty$ のとき，被積分関数は明らかに $\frac{1}{\omega^2}$ と同じ速さで 0 に近づく．したがって，この被積分関数の挙動は，$\omega = 0$ も含めどんな ω の値に対してもまったく問題ない．

11) 当然，いろいろな t の値を代入すれば各々の「ポアソン和公式」が得られ，そのうち $t = 0$ の場合が古典的な結果である．ポアソン自身も証明の際にフーリエ級数を用いたが，その方法は本文の方法と大きく異なっていた．実際，ポアソンの結果は本文で示したものよりももっと一般的だった．A. N. Kolmogorov, A. P. Yushkevich 共編，*Mathematics of the 19th Century*（第 3 巻）（Roger Cooke による英訳，Birkhäuser, 1998 年），pp. 293-294 を参照．なお，和訳は，『19 世紀の数学〈3〉』（藤田宏監訳，朝倉書店，2009）に収録．

12) $\int_{-\infty}^{\infty} e^{-x^2} dx = \sqrt{\pi}$ の証明については，前著『虚数の話』，訳書 pp. 243-244，を参照．そこで変数変換 $x = t\sqrt{\alpha}$ を施すと，$\int_{-\infty}^{\infty} e^{-\alpha t^2} dx = \sqrt{\pi/\alpha}$ を得る．

13) フーリエ変換が自分自身に等しくなるような関数は，ガウス波以外にもある．エルミート多項式と呼ばれるものから作られる関数の族はすべてこの性質を持つ．A. パポリス著，『工学のための応用フーリエ積分——超関数論への入門的アプローチ』（大槻喬，平岡寛二共訳，オーム社，1967 年）を参照（特に p. 93 の問題 6, 7 と，訳書 p. 96 にあるその解答）．

14) これについて書かれた，短いが大変おもしろい本として，次のものが挙げられる．Richard Bellman 著，*A Brief Introduction to Theta Functions*（Holt, Rinehart and Winston 社，1961 年）．

15) Arthur Schuster 著，On the Total Reflexion of Light（*Proceedings of the Royal Society A* 誌，107 巻，1925 年，pp. 15-30）．

16) E. C. Titchmarsh 著，Godfrey Harold Hardy（1877-1947）（*Obituary Notices of Fellows of the Royal Society*，6 巻，1949 年，pp. 447-470）．

17) ハーディの単著・共著を含む全論文は，全 7 巻の全集 *Collected Papers of G. H. Hardy*（オックスフォード大学出版局，1979 年）として再版されており，総ページ数は 5000 を超える．

18) 訳注：科学業績に対して贈られる最も歴史の古い賞．イギリス王立協会によって 1731 年に創立され，現在に至るまで毎年贈られている．第 4 章で登場したケルビン卿，マイケルソン，アインシュタイン，ディラックも受賞者に名を連ねる．2006 年には物理学者のスティーブン・ホーキングが受賞した．

19) この論文は A Definite Integral Which Occurs in Physical Optics であり，*Journal of the London Mathematical Society* 誌の 24 巻（1926 年）に掲載された．現在では，註 17 に述べた全集の第 4 巻，pp. 522-523 で容易に入手可能である．

第 6 章

1) 文献の例として以下のものがある．

・Michael Eckert 著，Euler and the Fountains of Sanssouci（*Archive for History of Exact Sciences* 誌 56 巻，2002 年，pp. 451-468）．

・C. Truesdell 著，Euler's Contribution to the Theory of Ships and Mechanics. An Essay Review（*Centaurus* 誌 26 巻，1983 年，pp. 323-335）．

・E. J. Aiton 著，The Contributions of Newton, Bernoulli and Euler to the Theory of the Tides（*Annals of Science* 誌，11 巻，1956 年，pp. 206-223）．

・J. A. Van den Broek 著，Euler's Classic Paper 'On the Strength of Columns'（*American Journal of Physics* 誌，6-8 月号，1947 年，pp. 309-318）．

2) 実際，私が以前に勤めていた職場の上司が，ボードに図 6.2.1 に似た図を描いたことがあった．そこでは $x(t)$，$y(t)$，$h(t)$ は，それぞれ，「問題」，「解答」，「解決策」となっていた．上司は「解決策」を指差すと，入社したての若い社員である私に向かって言った．「これが目的の獲物だ．君は虎だ．さあ，獲物を取りに行け！」（この類のことを何のてらいもなく言えるようでなければ，管理職は務まらない）．私は当時，何の経験もなく，大学院を出たばかりで，上司の言ったことが冗談なのか本気なのかわからなかった．ちなみに，それがどちらだったのか，今でもわからずにいる．

3) 訳注：電気工学でシステム関数とも呼ばれる.

4) クラマース-クローニッヒの関係式と呼ばれることも
ある. この名はオランダ人物理学者ヘンリク・クラマース
（1894-1952 年）とアメリカ人物理学者ラルフ・クローニッ
ヒ（1904-95 年）に因んでいる. 彼らは 1920 年代に水晶内部
の原子の格子構造によって散乱した X 線のスペクトルを研
究する過程でヒルベルト変換に遭遇した. 変換の表し方と
しては, 本文中に述べた以外の方法もある. 別の表し方では
以下のようになる. $h(t)$ が実数だから, 5.1 節でみたように,
$R(-\omega) = R(\omega)$ と $X(-\omega) = -X(\omega)$ が成立する. よって, 本
文で述べたヒルベルト変換の第一の積分表示式は

$$\pi R(\omega) = \int_{-\infty}^{\infty} \frac{X(\tau)}{\omega - \tau} d\tau = \int_{-\infty}^{0} \frac{X(\tau)}{\omega - \tau} d\tau + \int_{0}^{\infty} \frac{X(\tau)}{\omega - \tau} d\tau$$

とも表せる. 右辺の 1 つ目の積分で変数変換 $s = -\tau$ を施すと,

$$\begin{aligned}
\pi R(\omega) &= \int_{\infty}^{0} \frac{X(-s)}{\omega + s} (-ds) + \int_{0}^{\infty} \frac{X(\tau)}{\omega - \tau} d\tau \\
&= \int_{0}^{\infty} \frac{X(-s)}{\omega + s} ds + \int_{0}^{\infty} \frac{X(\tau)}{\omega - \tau} d\tau \\
&= -\int_{0}^{\infty} \frac{X(s)}{\omega + s} ds + \int_{0}^{\infty} \frac{X(\tau)}{\omega - \tau} d\tau \\
&= \int_{0}^{\infty} X(\tau) \left[\frac{1}{\omega - \tau} - \frac{1}{\omega + \tau} \right] d\tau = \int_{0}^{\infty} X(\tau) \frac{2\tau}{\omega^2 - \tau^2} d\tau
\end{aligned}$$

となる. よって,

$$R(\omega) = \frac{2}{\pi} \int_{0}^{\infty} \frac{\tau X(\tau)}{\omega^2 - \tau^2} d\tau.$$

同じことをヒルベルト変換の 2 つ目の積分式に対しても行なえ
ば（それは読者に任せるが）, 次の結論を得る.

$$X(\omega) = -\frac{2\omega}{\pi} \int_{0}^{\infty} \frac{R(\tau)}{\omega^2 - \tau^2} d\tau.$$

5) 少なくとも私たちの感覚では，因果性は基本法則であり，何か別の既知の基本的な物理法則から得られる結論ではない．その意味で，因果性は絶対的な要請ではないのかも知れない．世の中の実際がそうであると，単に私たちが感じているだけである．したがって，ひとたびタイムマシンが作られれば，この考えは誤りとなるだろう．拙著 *Time Machines: Time Travel in Physics, Metaphysics, and Science Fiction*（Springer-Verlag 社，1999 年）を参照．

6) 訳注：特に 19 世紀に欧米社会で流行した女性の服装．腰の部分を細くし，裾にフープ（輪）を使って広がりをもたせたスカート．

7) 訳注：この引用文中の「濾波器」は filter の訳語．本書では，最も流通している「フィルター」に統一した．

8) 原著は Norbert Wiener 著，*I Am a Mathematician: The Later Life of a Prodigy*（マサチューセッツ工科大学出版局，1956 年）．ペイリー—ウィーナー積分の証明は本書の範囲をはるかに越える．興味のある読者は，A. パポリス著，『工学のための応用フーリエ積分――超関数論への入門的アプローチ』（大槻喬，平岡寛二共訳，オーム社，1967 年），訳書 pp. 264-267，で証明の概略をみることができる．

9) 訳注：Federal Communications Commission の略．米国連邦通信委員会．情報通信にかかわる許認可・規制を担当する行政機関．

10) この説明は理論的には正しいのだが，実際に AM ラジオ受信器が作動する電気的な仕組みは，かなり異なる．実際の帯域制限フィルターは，工学的な理由により調節可能でないこと

などから，いくつかの修正が施される．AM ラジオが実際に作動する仕組みについての詳細に興味のある読者は，拙著 *The Science of Radio*（第 2 版，Springer-Verlag 社，2001 年）を参照．

11) たとえば 2 つの入力が等しい場合に考えてみると，掛け算は 2 乗になり，図 6.3.1 の入力を $x_1(t) = x_2(t) = x(t)$ とすると，出力は $y(t) = x^2(t)$ となる．ここで入力を 2 倍にすると，LTI システムなら出力も 2 倍になるはずだが，この場合は 2 乗なので明らかに 4 倍となる．

12) この結果は，数学的な事実としては AM ラジオの発明よりずっと以前から知られていたが，掛け算の手法をラジオの回路に利用し 1901 年に特許を取得したアメリカ人電気工学者レジナルド・フェッセンデン（1866-1932）により，この名前がつけられた．「変調」（heterodyne）という語は，ギリシャ語の「外的な」（heteros）と，「力」（dynamis）から来ている．フェッセンデンは入力 $\cos(\omega_c t)$ を，ラジオ受信機の回路自身による「外的な力」とみなしたのだ．現代の無線工学では，AM ラジオ受信機のその部分は，局部発振回路と呼ばれている．

13) その理由は次のように説明できる．図 6.3.3 の同期受信機では，低域通過フィルターの出力として最終的に検出された信号は，$m(t)$ の定数倍であり，これが望ましい出力だ．しかし，仮に受信側と放送局側が発信する振動に位相のずれがあったとすると，掛け算装置の出力は $r(t)\cos(\omega_c t + \theta)$ となる．受信された信号 $r(t)$ は $m(t)\cos(\omega_c t)$ の定数倍だから，掛け算装置の出力は $m(t)\cos(\omega_c t)\cos(\omega_c t + \theta) = \frac{1}{2}m(t)[\cos\theta + \cos(2\omega_c t)]$ の定数倍となる．すなわち，低域通過フィルター

の出力は $m(t)$ ではなく $m(t)\cos\theta$ の定数倍となる. したがって, 位相のずれによって「振幅を減少させる項」が生ずる. これは, それほど深刻な問題とは思えないかも知れない（当然, $\theta = 90°$ の場合は, 低域通過フィルターの出力はなくなってしまうので話は別だが）. $\theta \neq 90°$ の場合は, 単に音量を上げれば振幅の減少に対処できるとも思えるだろう. だがそれには問題がある. それは, θ が多くの場合に時間の経過に伴って変動し, $\theta = \theta(t)$ となることだ. このラジオ受信機を使うには, 音量つまみを常時いじりながら聞かなくてはならない. そんなラジオを好んで買う者はいないだろう. これに似た問題は, 周波数がずれた場合にも起きるが, 詳細は読者に委ねよう. 歴史的に興味深いのは, 1930 年にはすでに, 今日用いられているものにきわめて近い型の搬送同期回路によって, 少なくとも一例の特許が取得されていたことだ. 工学系の知識のある読者のために付け加えておくと, それは負帰還 PLL 回路である.

14) 実際の AM ラジオ受信機では, ベースバンド信号は, エンベロープ検出器と呼ばれるきわめて単純で安価な回路によって復調される. 最後に行なった $\cos(\omega_c t)$ の掛け算は, この回路を使えば避けることが可能だ. 再び拙著 *The Science of Radio* の p. 6 以降を参照.

15) 「より大きい」の意味を説明しておくべきだろう. これは, 低域通過フィルターで $m_s(t)$ から $m(t)$ を復元するために, $\omega_s > 2\omega_m$ が必要であるという意味であり, このことは $\omega_s \geq 2\omega_m$ では不十分であることも含んでいる. 図 6.4.2 の観点から見ると, $\omega_s = 2\omega_m$ とはスペクトルの山同士が互いに重ならずちょうど接する状態だから, これは些細な点に思えるかも知れない. 当然, 現実の低域通過フィルターは $\omega = 0$ を中心とした $M(\omega)$ の山を正確に選べるだけの垂直なスカート線を持ち得ないという理論的な欠陥はあるのだが, 実は, それを別

にしてもなおこの点は問題なのだ. 問題が生ずるのは, たとえば $m(t)$ が $\omega = \pm\omega_m$ で瞬間的な値を持つ場合だ. そういう状況は, $m(t)$ が $\omega = \omega_m$ の正弦波を成分として持つ場合に起きる. このような場合, 仮に $\omega_s = 2\omega_m$ とすると, $M(\omega)$ の隣接する山同士が持つ瞬間的な値は, 完全に重なってしまう. こうした事態を避けるため, $\omega_s > 2\omega_m$ が必要となる. このことは, 時間の関数としての考察のみからも, 次のように説明できる. $m(t)$ が周波数 $\omega = \omega_m$ の純粋な正弦波であるとする. 仮にこの $m(t)$ を $\omega_s = 2\omega_m$ においてサンプリングしたとすると, 毎回 $m(t)$ を観測するたびに, $m(t)$ はちょうど 0 を通過している. すなわち, すべての値は $m_s(t) = 0$ となってしまう. 0 でない $m(t)$ を, 常に 0 である $m_s(t)$ から復元するのは, 明らかに不可能だ. こうした問題も, $\omega_s > 2\omega_m$ を要請することによって回避できる.

16) 註 10 で挙げた *The Science of Radio*, pp. 248-249, を参照.

17) 訳注: American Telephone and Telegraph, アメリカ最大手の電話会社.

18) 訳注: 原著は英語表記でデーネシュ・ガーボル (*Dennis Gabor*) となっているが, 現地のハンガリーでは日本と同じく姓・名の順で表す習慣のため, 本書では現地の方式を採用した.

19) たとえば, Sidney Darlington 著, Realization of a Constant Phase Difference (*Bell System Technical Journal* 誌, 1950 年 1 月号, pp. 94-104), ならびに Donald K. Weaver, Jr. 著, Design of RC Wide-Band 90-Degree Phase-Difference Network (*Proceedings of the IRE* 誌, 1954 年 4 月号,

564

pp. 671-676），を参照．これら2論文のうち，後者には，6つ
の抵抗器と6つのコンデンサーからなる回路の実例が掲載され
ている．この回路では，300 Hz-3 kHz の範囲内の帯域を持つ
ような任意の入力に対し，誤差 1.1° 以下で位相を 90° ずらし
た2つの出力を生成している．また，同じ周波数帯域で，この
誤差が 0.2° 以下となるようなより複雑な回路も構成したと述
べられている．この回路のコンピューター・シミュレーション
を，註 10 で挙げた拙著 *The Science of Radio*, p. 275，に見
ることができる．

20) Raymond Heising 著，Production of Single Sideband
for Trans-Atlantic Radio Telephony（アメリカ無線学会会
報，1925 年 6 月号，pp. 291-312）．

21) 訳注：The Institute of Radio Engineers の略．

22) 図 6.6.3 は MATLAB で関数 hilbert(x) を用いて作成し
た．x は複素数を成分とするベクトルであり，その実部のとこ
ろに元の時間の関数を代入すると，x の虚部としてヒルベルト
変換が得られる．すなわち，MATLAB は解析信号を生成して
いる．最新バージョンを使えば，図 6.6.3 のようなグラフは容
易に描ける．図 6.6.3 の各グラフは 0.001 秒の時間間隔で書い
た．3 GHz の計算機で約 200 万回の浮動小数点演算に要した
総演算時間は 0.11 秒だった．

23) $y(t) = \bar{x}(t)$ とすると，
$$Y(\omega) = \begin{cases} -iX(\omega), & \omega > 0, \\ iX(\omega), & \omega < 0. \end{cases}$$
ここで $\bar{y}(t) = \bar{\bar{x}}(t)$ であるから，
$$\bar{Y}(\omega) = \begin{cases} -iY(\omega), & \omega > 0 \\ iY(\omega), & \omega < 0 \end{cases} = \begin{cases} -X(\omega), & \omega > 0, \\ -X(\omega), & \omega < 0. \end{cases}$$

すなわち，任意の ω に対して $\bar{Y}(\omega) = -X(\omega)$ である．言い
換えれば，$\bar{x}(t)$ のフーリエ変換は $-X(\omega)$，すなわち $\bar{\bar{x}}(t) =$
$-x(t)$ となり，公式が証明された．

24) Donald K. Weaver, Jr. 著，A Third Method of Genera-
tion and Detection of Single-Sideband Signals（アメリカ無
線学会会報，1956 年 12 月号，pp. 1703-1705）．著者のウィー
バーは，註 19 で登場した人物と同一だ．

25) 電気工学の教科書でウィーバーの回路の解説をみると，
$m(t)$ が $\omega = 0$ の周りのある幅を持った区間上でエネルギー
を持たないという仮定がしばしば設けられているのに気づ
くだろう．しかしながら，多くの場合にその理由は述べられ
ていない．この仮定はウィーバー自身が設けたものだ．この
仮定があれば，低域通過フィルターが垂直なスカート線を持
つ必要がなくなり，ウィーバーの回路がヒルベルト変換器の
役割を果たすために，非常に有利となる．ウィーバーは 1956
年の論文で，$-300\,\text{Hz} < \omega < 300\,\text{Hz}$ という低周波帯域の上で
エネルギーを持たないような SSB ラジオ（$\omega_c = 2\pi \cdot 10^6\,\text{Hz}$,
$\omega_m = 2\pi \cdot 3300\,\text{Hz}$）の信号を生成する電気回路を実際に示して
いる．なお，その低周波帯域でエネルギーを 0 にしたことで，
人の声や音楽といったラジオの音質に，目に見えた影響はな
かった．また，彼は ω_0 を，エネルギーが 0 でない区間の中心，
すなわち，$\omega_0 = 2\pi((300 + 3300)/2) = 2\pi \cdot 1800\,\text{Hz}$ と置いた．

26) Philip J. Davis 著，Leonhard Euler's Integral: A His-
torical Profile of the Gamma Function（*American Mathe-
matical Monthly* 誌，1959 年 12 月号，pp. 849-869）．

オイラーの生涯

1) ・David Brewster 著, A Life of Euler (*Letters of Euler on Different Subjects in Natural Philosophy Addressed to a German Princess* に収録) (J.&J. Harper 社, 1833 年).

・J. J. Burckhardt 著, Leonhard Euler, 1707-1783 (*Mathematics Magazine* 誌, 1983 年 11 月号, pp. 262-273).

・*Dictionary of Scientific Biography* の中の Euler (オイラー) の項 (A. P. Yushkevich 著, 第 4 巻, pp. 467-484).

・C. Truesdell 著, Leonhard Euler, Supreme Geometer (1707-1783) (Harold E. Pagliaro 編, *Irrationalism in the Eighteenth Century* に収録) (Case Western Reserve University 出版局, 1972 年, pp. 51-95).

・Ronald Calinger 著, Leonhard Euler: The Swiss Years (*Methodology and Science* 誌, 16 巻 2 号, 1983 年, pp. 69-89).

・Ronald Calinger 著, Leonhard Euler: The First: St. Petersburg Years (1727-1741) (*Historia Mathematica* 誌, 1996 年 5 月号, pp. 121-166).

2) 訳注：古代ローマの詩人. 叙事詩『アエネーイス』はウェルギリウスが完成に 10 年を費やした大作で, ラテン文学の最高傑作とされる.

3) 訳注：フェルマン著, 『オイラー：その生涯と業績』(山本敦之訳, シュプリンガー・フェアラーク東京) に和訳が収められている.

4) ベルヌーイの人となりについては, 拙著 *When Least is Best* (プリンストン大学出版局, 2004 年) p. 211 ならびに

pp. 224-245 にて論じている.

5) ある歴史学者（註1に取り上げた Calinger 氏）は「オイラーはこの問題に対する, 初めての正しい解答を提起し, それまで提唱されていた二つの説, すなわち, 石は地球の中心で静止するという説と, 中心を通過して進むという説の両方を否定した. オイラーの説は, 石は中心で反転し同じ道を通って地上に戻ってくるというものだった」と述べている. だがこれは正解ではなく, この記述は問題だ. ある文献には, この問題があの偉大なるニュートンをもいかに悩ませたかが議論されており, そこでは地球の内部における重力の性質がこの問題を解く鍵であると論じている. 地球の半径を R とし, 石と地球の中心の間の距離を r とすると, よく知られているように $r \geqq R$ ならば言うまでもなく, 重力は距離の二乗に反比例する. ニュートンは 1685 年には, $r < R$ のときの重力の r による変化を見出していた. それは, 仮に地球の密度が一様であるならば, 重力は r の一乗に比例するというものだった. これより, 石がいわゆる単振動をすることが容易に示される. すなわち, 地上の一点から地球の中心を通って地球の反対側まで行き, そこで折り返して出発点まで戻ってくる. そしてまた同じ往復を繰り返すという, sin 関数と同じ振動を永遠に繰り返すのである. 地球が密度一様の球体であると仮定し, $R = 6400$ km, 地表での重力加速度を 9.8 m/s² とすると, 計算によって容易に求められるように, 一往復に要する時間は 85 分であり, 石が地球の中心を, 地球の反対側に向かって通過するときの速さは秒速 790 km である. そして, 中心で反転するということはない. この話題を現代的な視点から完璧に論じたものとして, 次の文献がある. Andrew J. Simoson 著, Falling Down a Hole Through the Earth（*Mathematics Magazine* 誌, 2004 年 6 月号, pp. 171-189).

6) 前著『虚数の話』, 訳書 pp. 241-244, ならびに, Philip J. Davis 著, Leonhard Euler's Integral: A Historical Profile of the Gamma Function (*American Mathematical Monthly* 誌, 1959 年 12 月号, pp. 849-869) を参照.

7) 訳註：この業績「ゼータ関数のオイラー積表示」に対する正当な評価としては, 素数が無限個存在するというユークリッドの定理の初めての別証明というよりも, ユークリッドの定理の初めての改良という方が適切であろう. この証明は $\zeta(s)$ の 2 つの表示を結んだ等式

$$\sum_{n=1}^{\infty} \frac{1}{n^s} = \prod_{p}(1-p^{-s})^{-1}$$

の左辺が $s=1$ で発散することから, 素数全体にわたる積である右辺も $s=1$ で発散し, これより右辺の積が無限積であること, すなわち素数全体が無限集合であることが導かれるというものだ. 無限積の中でも, 右辺が収束無限積ではなく発散無限積であるというこの結果は, 単に無限個であるというユークリッドの結果を改善しており, いわば, 素数の個数がある程度以上に「大きな無限」であることを表している.

8) 前著『虚数の話』, 訳書 pp. 210-212, を参照.

9) 等周問題と最短降下線問題は, どちらも註 4 で掲げた拙著 *When Least is Best* で詳細に扱った. 特に 200-278 ページには変分法の入門的解説を記した.

10) 訳注：この本は和訳されておらず, 書名は『ニュートン哲学要綱』『ニュートン哲学入門』『ニュートン哲学初歩』『ニュートン哲学の基礎』『ニュートン哲学原理』など, さまざまに呼ばれている.

11) David Eugene Smith 著, Voltaire and Mathematics (*American Mathematical Monthly* 誌, 1921 年 8‐9 月号, pp. 303-305). *Éléments* に収められたヴォルテールの数学がいかに内容のないものであったかを表す例として, 光の屈折に関するスネルの法則に関して彼が行なった「説明」が挙げられる. その説明によれば, 二つの異なる領域 (たとえば空気とガラスや, 空気と水など) の境界において, 入射角と屈折角の間にはある種の関係が成り立つ. そしてその関係は「サイン (sine, 正弦)」と呼ばれるもので表されるとしている. ところが, 彼は「サイン」がいったい何なのか, その意味をまったく説明していない. そしてその理由が何と, 専門的過ぎるからとしているのだ. 実際, ヴォルテールは読者のことなどほとんど考えていなかった. *Éléments* の執筆を始める前に友人に宛てた手紙で, 彼は執筆の目的を「この巨人 (ニュートンのプリンキピア) を自分たちのような小人に適したサイズに縮小することだ」と述べている.

12) オイラーの生涯のうちベルリン時代に関する歴史的な情報は, 主として以下の文献から得た.

・Ronald S. Calinger 著, Frederick the Great and the Berlin Academy of Sciences (*Annals of Science* 誌, 24 号, 1968 年, pp. 239-249).

・Mary Terrall 著, The Culture of Science in Frederick the Great's Berlin (*History of Science* 誌, 1990 年 12 月号, pp. 333-364).

・Florian Cajori 著, Frederick the Great on Mathematics and Mathematicians (*American Mathematical Monthly* 誌, 1927 年 3 月号, pp. 122-130).

・Ronald S. Calinger 著, The Newtonian-Wolffian Controversy 1740-1759 (*Journal of the History of Ideas* 誌, 1969 年 7-9 月号, pp. 319-330).

13) 訳注:『オイラーの無限解析』(高瀬正仁訳, 海鳴社, 2001年).

14) C. B. Boyer 著, The Foremost Textbook of Modern Times (*American Mathematical Monthly* 誌, 1951 年 4 月号, pp. 223-226).

15) 訳注:最古のギリシャ式の建築様式.

16) 訳注:三拍子の優雅な舞踏曲.

17) 拙著 *When Least Is Best*, pp. 133-134, を参照.

18) 註 12 で挙げた Calinger 氏の 1969 年の文献を参照.

19) 訳注:ギリシャ神話に登場する一つ目の巨人.

20) オイラーとダランベールの人間関係は, オイラーがダニエル・ベルヌーイと築いていたような個人的に親しいものとはまったく異なり, 仕事上の複雑な関係だった. これについては, Varadaraja V. Raman 著, The D'Alembert-Euler Rivalry (*Mathematical Intelligencer* 誌, 7 巻 1 号, 1985 年, pp. 35-41), により詳しい解説がある. この論文はきわめて興味深い内容だが, 著者のオイラーに対する批判がところどころ過剰に表現されているので, 読む際には多少の注意が必要だ. たとえば, 著者は, ヨハン・ベルヌーイの著作に書かれている $\zeta(2)$ の値を求める証明を, オイラーが自分の著作の中で引用していないと指摘している. どうしてオイラーがベルヌーイを引用する必要があるというのか. 世界で最初に $\zeta(2)$ を求めたのは, ベルヌーイではなく, 他ならぬオイラーなのだ.

21) 多くの読者は，1770 年代の目の手術を想像しただけで身もだえするだろう．オイラーが行なった手術はカウチング法と呼ばれ，紀元前 2000 年にはすでに存在していた．強靭な助手が患者の頭を押さえつけ，医師は何と，先の尖った針で眼球に穴を空ける．そして白内障で濁った水晶体を押して位置をずらし，再び光が網膜に届くようにする（なお，現代では水晶体を完全に取り除き，代わりに人工水晶体を挿入する）．この手術には，水晶体のたんぱく質が眼球内に散乱するという危険があった．それが眼球内部に重度の炎症を引き起こし，失明の原因となることもあった．これがまさに，オイラーの身に起きたことだった．

22) Ronald Calinger 著，Euler's 'Letters to a Princess of Germany' as an Expression of his Mature Scientific Outlook (*Archive for History of Exact Sciences* 誌，15 巻 3 号，1976 年，pp. 211-233)．

23) F. Cajori 著，*A History of Mathematics* (2nd edition) (Macmillan 社，1919 年)，p. 233．

24) 以下の文献を参照．
　・Dirk J. Struik 著，A Story Concerning Euler and Diderot (*Isis* 誌，1940 年 4 月号，pp. 431-432)．
　・Lester Gilbert Krakeur, Raymond Leslie Krueger 共著，The Mathematical Writings of Diderot (*Isis* 誌，1941 年 6 月号，pp. 219-232)．
　・B. H. Brown 著，The Euler-Diderot Anecdote (*American Mathematical Monthly* 誌，1942 年 5 月号，pp. 302-303)．

25) オイラーの墓の写真は，次の文献に見ることができる．

Frank den Hollander 著, Euler's Tomb (*Mathematical Intelligencer* 誌, 1990 年冬号, p. 49). ここで Hollander 氏は, 墓はロシアのレニングラードにあると書いているが, これは1990 年当時は正しかった. ペテルブルクは, 1914 年以降ペトログラードと呼ばれていたが, 1924 年にレニングラードと名を変え, 1991 年に再び最初の名前に戻ったのだ. オイラーはペテルブルクにて埋葬され, そして今またペテルブルクに眠っている. オイラーの墓の写真は他にもアメリカ数学協会 (Mathematical Association of America) の会報 *FOCUS* 誌の 2005 年 3 月号 p. 18 に見ることができる. そこには, ネヴァ川沿いのシュミット中尉河岸通り 15 番地に建つオイラーの住居も写っている.

　[訳注] オイラーの住居ならびに墓石については, 本書の「訳者による付録」でも触れた.

謝　辞

　本書は，私がまだニューハンプシャー大学電気工学科
の専任教員だった頃に執筆した．その後，私は 2004 年に
退職した．ニューハンプシャー大学で教員として勤めた
30 年間を通じ，私は執筆に関して，常に多大なる激励と
支援を受けてきた．私が SF 小説を書いていた頃ですらそ
うだった．そして本書の執筆に関しても，それはまったく
例外ではなかった．したがって私が最も感謝したいのは，
そうした支援をして下さった電気工学科のかつての同僚
たち，そしてニューハンプシャー大学のスタッフの方々で
ある．大学図書館の学術司書であるデボラ・ワトソン教授
とバーバラ・レルヒ教授は，大学内で入手不能な学術的な
情報の取得に際し，挙げきれないほどの方法で私を助けて
くれた．ニューハンプシャー大学は，名誉退職の教員が無
料で Web を利用できるなど退職者に寛容な規則を定めて
おり，そのおかげで私は退職後も JSTOR[1] データベース

---

1)　訳注：Journal Storage の略．アメリカの The Andrew W.
　　Mellon 財団により 1995 年に設立された非営利団体．主要な学
　　術雑誌を電子的なデータとして保管し，インターネット経由で
　　研究機関に利用してもらうことを主目的としている．日本でも
　　多くの研究機関が加入している．

を通して必要な学術雑誌を閲覧したり，JSTOR にはないが他の図書館にあるような無名の文献を無料の ILL[2] 経由で閲覧したりと，引き続き図書館を活用させていただくことができた．本書の内容の多くは，2003〜2004 年度に行なった 3 年生のシステム工学の授業（EE633，EE634）で用いた講義ノートや宿題の問題を元にしている．両クラスの学生たちのおかげで，私は原稿に含まれていた誤りの大半（すべてとはいかなかったが，それは欲張り過ぎというものだろう）を修正することができた．特によく協力してくれたのは，私が出会った中でおそらく最高の学生であるティモシー E. ボンド氏である．また，アリソン・アンダーソン氏は，本書の原稿全体を印刷用に整理編集する際に，素晴らしい活躍をしてくれた．彼女のおかげで数多くのみっともない誤りを正すことができた．大学出版局から発行される本の通例に従い，本書も出版前に多くの書評や批評を受けた．とりわけ，スコットランドのストラスクライド大学の数学の教授であるデスモンド J. ヒグハム氏と，ショダー財団のギャレット R. ラブ博士には，有益なご批評をいただいたことに深く感謝する．最後に，どんな著者も例外なく心に感じていることだが，辛抱強い編集者なくして存在する本など，この世に一冊としてない．その

---

2) 訳注：Inter Library Loan の略．図書館間相互貸借と訳される．元来は，自館で所蔵していない資料を他の図書館から現物借用できる制度を指すが，多くの図書館では現物借用の代替として複写取り寄せのサービスを提供しており，それも含めて ILL と呼ぶことが多い．

意味で，本書の編集者がヴィッキー・カーン氏だったこと
は，私にとって大きな幸運だった．あるとき，事態が暗雲
立ち込め，私は憂鬱になり絶望しかけたが，そんなときも
ヴィッキーは常に私の傍にいてくれた．本書の編集者とし
て，ヴィッキーは完璧であり，まさに「10 点満点」だっ
た．いや「11 点」としておこう．

　テネシー州ラウドンのテリコ村にて

2005 年 8 月

訳者による付録

素敵な公式集

　本書は，エッセイのような語り口で書かれ，数学入門として読みやすいストーリー仕立てになっている．その一方，本書の数学的なレベルは一般書としてはきわめて高く，大学院レベルの高度な事項や考え方を豊富に含んでいる．また，本書でなされている解説は多くの箇所で，通常の数学とは異なる捉え方によっている．このため，数学，物理学，電気工学の研究のヒントとして，また大学や大学院での研究室セミナーの副読本としてなど，様々な形で本書を利用することが可能だろう．本書を，単に知的好奇心を満たすための読書の対象として用いるだけではなく，各分野の研究者が研究上必要なときに公式集として参照したり，背景となる着想を確認するための道具として用いたりすることが，本書のより有効な利用法となるだろう．

　そこで，そうした利用のための一助となるよう，本書に収録されている事項のうち特に興味深い項目として，級数や定積分の値とフーリエ変換対に関する結果を取り上げ，ここにまとめる．

　本書の軽妙な文章の中にちりばめられている珠玉のよう

な数式たちを，ここで検索可能な形にしておくことで，本書の価値は一層高まると思われる．

　今，この本を書店で手にとっておられる方や，これから本書を読まれる方は，この公式集を本書の内容の一端を表す予告編としてご覧いただくことも可能だろう．ここに挙げるすべての数式が，本文では壮大な一つのストーリーの中で，生き生きと描かれる．

素敵な級数たち

$$\frac{\pi - t}{2} = \sin t + \frac{\sin(2t)}{2} + \frac{\sin(3t)}{3} + \cdots$$
（オイラーの驚くべき式） （p. 205）

$$\frac{\pi}{4} = 1 - \frac{1}{3} + \frac{1}{5} - \frac{1}{7} + \cdots$$
（ライプニッツの級数） （p. 228）

$$\frac{\pi^2}{12} = \frac{1}{1^2} - \frac{1}{2^2} + \frac{1}{3^2} - \frac{1}{4^2} + \cdots \qquad \left(= \frac{\zeta(2)}{2} \right)$$ （p. 229）

$$\frac{\pi^3}{32} = \frac{1}{1^3} - \frac{1}{3^3} + \frac{1}{5^3} - \frac{1}{7^3} + \cdots$$
$$\left(= L\left(3, \left(\frac{-4}{*} \right) \right) \right)^{1)}$$ （p. 230）

$$\frac{\pi^2}{8} = \frac{1}{1^2} + \frac{1}{3^2} + \frac{1}{5^2} + \cdots \qquad \left(= \frac{3\zeta(2)}{4} \right)$$ （p. 235）

---

1) 第 4 章註 15（p. 546）参照.

$$\frac{\pi^2}{6} = \frac{1}{1^2} + \frac{1}{2^2} + \frac{1}{3^2} + \frac{1}{4^2} + \cdots \qquad (= \zeta(2)) \quad (\text{p.}\,236)$$

$$\pi = 2 + \frac{4}{3} - \frac{4}{15} + \frac{4}{35} - \frac{4}{63} + \cdots$$
$$(\Leftrightarrow \text{ライプニッツの級数}) \quad (\text{p.}\,238)$$

$$\frac{\pi}{\tan(\alpha\pi)} = \frac{1}{\alpha} + 2\alpha \sum_{n=1}^{\infty} \frac{1}{\alpha^2 - n^2}$$
$$(\mathbf{cot} \text{ の部分分数展開}) \quad (\text{p.}\,238)$$

$$\pi \frac{e^{2\pi} + 1}{e^{2\pi} - 1} = \sum_{n=-\infty}^{\infty} \frac{1}{1 + n^2}$$
$$(\zeta \text{ の香りが漂う式})^{2)} \quad (\text{p.}\,241)$$

$$\frac{\pi^2}{\sin^2(\pi\alpha)} = \sum_{k=-\infty}^{\infty} \frac{1}{(k+\alpha)^2}$$
$$(\mathbf{cosec}^2 \text{ の部分分数展開}) \quad (\text{p.}\,245)$$

$$\pi^2 = \sum_{k=-\infty}^{\infty} \frac{1}{\left(k + \dfrac{1}{2}\right)^2} \qquad (= 6\zeta(2))^{3)} \quad (\text{p.}\,245)$$

---

2) この命名は，加藤和也，黒川信重，斎藤毅共著，『数論（1）フェルマーの夢と類体論』（岩波書店，2005 年），第 3 章 §3.2 の問 1 による．この式はゼータ関数の値を直接表すものではないが，$\zeta(2) = \dfrac{\pi^2}{6}$ と同様の世界に属すると考えられている．

3) この式は以下の計算により，オイラーの求めた $\zeta(2) = \dfrac{\pi^2}{6}$ と同値であることがわかる．

$$\sum_{k=0}^{m-1} e^{i2\pi\frac{k^2}{m}} = \begin{cases} (1+i)\sqrt{m} & (m \equiv 0 \mod 4), \\ \sqrt{m} & (m \equiv 1 \mod 4), \\ 0 & (m \equiv 2 \mod 4), \\ i\sqrt{m} & (m \equiv 3 \mod 4). \end{cases}$$

（ガウス和）　(p. 271)

$$2\pi \frac{e^\pi + 1}{e^\pi - 1} = \sum_{n=-\infty}^{\infty} \frac{1}{\frac{1}{4} + n^2}$$

（ζ の香りが漂う式）[4]　(p. 364)

$$\frac{2\pi}{e^\pi - e^{-\pi}} = \sum_{n=-\infty}^{\infty} \frac{(-1)^n}{1+n^2} \quad （\zeta \text{ の香りが漂う式}）\quad (\text{p. 365})$$

$$\sum_{k=-\infty}^{\infty} \frac{1}{e^{\alpha k^2}} = \sqrt{\frac{\pi}{\alpha}} \sum_{n=-\infty}^{\infty} \frac{1}{e^{\pi^2 n^2/\alpha}}$$

（ポアソンの和公式）　(p. 369)

$$\sum_{k=-\infty}^{\infty} \frac{1}{\left(k+\frac{1}{2}\right)^2} = \sum_{k=-\infty}^{\infty} \frac{4}{(2k+1)^2} = \sum_{k=1}^{\infty} \frac{8}{(2k-1)^2} = 8\sum_{k=1}^{\infty} \left(\frac{1}{k^2} - \frac{1}{(2k)^2}\right)$$

$$= 8\left(\zeta(2) - \frac{\zeta(2)}{4}\right) = 8\left(1 - \frac{1}{4}\right)\zeta(2) = 6\zeta(2).$$

4)　この式と脚注 2 の式はともに，次の一般的な公式（p. 363）の特別な場合である．
$$\sum_{n=-\infty}^{\infty} \frac{1}{(\alpha/2\pi)^2 + n^2} = \pi\left(\frac{2\pi}{\alpha}\right)\frac{1+e^{-\alpha}}{1-e^{-\alpha}}.$$

素敵な定積分たち

$$\int_0^{\frac{\pi}{2}} \log(\cos u)du = -\frac{\pi}{2}\log 2 \qquad \text{(p. 30)}$$

$$\int_0^{\frac{\pi}{2}} \sin^{2n}\theta d\theta = \frac{\pi/2}{4^n}\binom{2n}{n}$$

（ウォリスの積分）　(p. 34)

$$\int_{-\infty}^{\infty} \frac{e^{i\omega x}}{\omega}d\omega = i\pi\,\mathrm{sgn}(x)$$

（ディリクレの不連続積分）　(p. 58)

$$\int_0^{\infty} \frac{\sin x}{x}ds = \frac{\pi}{2} \qquad \text{（オイラーの定理）}\quad \text{(p. 59)}$$

$$\int_0^{\infty} \frac{\sin^2 x}{x^2}dx = \frac{\pi}{2} \qquad \text{(p. 309)}$$

$$\int_{-\infty}^{\infty} \frac{dx}{1+x^2} = \pi \qquad \text{(p. 311)}$$

$$\int_{-\infty}^{\infty} \frac{\cos(mx)}{x^2+a^2}dx = \frac{\pi}{a}e^{-|m|a} \qquad \text{(p. 315)}$$

$$\int_{-\infty}^{\infty} e^{-\alpha t^2}\cos(\omega t)dt = \sqrt{\frac{\pi}{\alpha}}e^{-\omega^2/4\alpha} \qquad \text{(p. 368)}$$

フーリエ変換対（一般公式）

関数 $f(t)$ のフーリエ変換を次式で定義する.

$$F(\omega) = \int_{-\infty}^{\infty} f(t)e^{-i\omega t}dt.$$

逆変換は次式で与えられる.

$$f(t) = \frac{1}{2\pi} \int_{-\infty}^{\infty} F(\omega)e^{i\omega t}d\omega.$$

この関係を記号

$$f(t) \longleftrightarrow F(\omega)$$

により表す. また一般に, 小文字で表された関数のフーリエ変換を大文字で表す.

記号「∗」は畳み込み積分を表す.

$m(t)g(t) \longleftrightarrow \dfrac{1}{2\pi}G(\omega) \ast M(\omega)$　　　**(積の変換)** （p. 318）

$g^2(t) \longleftrightarrow \dfrac{1}{2\pi}G(\omega) \ast G(\omega)$　　　**(2 乗の変換)** （p. 318）

$m(t) \ast g(t) \longleftrightarrow M(\omega)G(\omega)$　　**(畳み込みの変換)** （p. 324）

$m(t) \ast m(t) \longleftrightarrow M^2(\omega)$　　　**(畳み込みの変換)** （p. 324）

$G(t) \longleftrightarrow 2\pi g(-\omega)$　　　　　　　**(双対定理)** （p. 340）

フーリエ変換対（個別の結果）

$$e^{-\alpha|t|}\cos t \longleftrightarrow \alpha\left[\frac{1}{\alpha^2 + (\omega-1)^2} + \frac{1}{\alpha^2 + (\omega+1)^2}\right]$$

（p. 322）

$$\delta(t) \longleftrightarrow 1 \qquad \text{（驚くべき表示式）} \quad \text{(p. 344)}$$

$$\frac{1}{2\pi} \longleftrightarrow \delta(\omega) \qquad \text{（定数関数の変換）} \quad \text{(p. 335)}$$

$$u(t) \longleftrightarrow U(\omega) = \pi\delta(\omega) + \frac{1}{i\omega}$$
$$\text{（階段関数の変換）} \quad \text{(p. 337)}$$

$$\frac{\delta(t)}{2} + \frac{i}{2\pi t} \longleftrightarrow u(\omega) \qquad \text{（奇抜な変換対）} \quad \text{(p. 341)}$$

$$\cos(\alpha t) \longleftrightarrow \pi\delta(\omega - \alpha) + \pi\delta(\omega + \alpha)$$
$$\text{（三角関数の変換）} \quad \text{(p. 348)}$$

$$|t| \longleftrightarrow 4\delta(\omega)\int_0^\infty \frac{d\alpha}{\alpha^2} - \frac{2}{\omega^2}$$
$$\text{（ひときわ変わった変換対）} \quad \text{(p. 349)}$$

$$e^{-\alpha t^2} \longleftrightarrow \sqrt{\frac{\pi}{\alpha}} e^{-\omega^2/4\alpha}$$
$$\text{（きわめて興味深い変換対）} \quad \text{(p. 368)}$$

オイラー生誕 300 年記念祭

　2007 年は，オイラーの生誕 300 年に当たる記念すべき年であった．オイラーが生涯の中で二度にわたって学者としての職を得て活躍した地であるロシアのサンクト・ペテルブルクでは，2007 年 6 月から 7 月にかけ，記念行事

オイラーの墓

や研究集会が行われた．訳者もこの研究集会に参加し，ま
た，オイラーの住居や墓石を訪ね，足跡をたどった．

　記念行事と研究集会の日程を以下に記す．

　　　「オイラーと現代の組み合わせ論」（6月1〜7日）

　　　「オイラー方程式と関連する話題」（6月7〜9日）

　　　「オイラー祭」（6月10〜12日）

　　　「数論幾何学」（6月13〜19日）

　　　「幾何学」（6月18〜23日）

　　　「解析学」（6月25〜30日）

　　　「モジュラー形式とモジュライ空間」（7月2〜7日）

　　　「天体力学における解析的方法」（7月8〜12日）

　　　「理論物理学と数理物理学」（7月13〜18日）

　　　「数理モデルの高信頼性手法」（7月24〜27日）

　記念行事の中心は，6月10日から開催された「オイラ

ー祭」であろう．オイラーの勤めていたサンクト・ペテル
ブルク科学アカデミーに，アラン・コンヌやユリ・マニン
など，フィールズ賞級の著名な数学者が招かれ講演を行っ
た．講演には政財界からの来賓も列席し，記念行事らしい
緊張した雰囲気の中でとり行われた．連日，晩餐会や昼食
会，さらにオイラーの墓石を訪れる企画などが催され，各
国から出席した研究者らによってオイラー生誕 300 年が
祝福された．

　サンクト・ペテルブルクの中心街は，ネフスキー大通
りに沿ってデパートやレストランが立ち並ぶ．ネフス
キー大通りはネヴァ川に突き当たり，そこが中心街の
北端となる．対岸には小島が浮かび，ネヴァ川を渡った
小島の河岸通り沿いに，オイラーの勤めていた科学アカ
デミーはある．アカデミーは現在，政治的な式典や会合
の場となっているようだ．数学の研究の中心は，論文集
や書籍の出版で世界的に知られるステクロフ数学研究所
（V. A. Steklov Mathematical Institute）のサンクト・ペ
テルブルク支部や，1992 年に建てられたオイラー国際数
学研究所（Euler International Mathematical Institute）
に移されている．オイラー祭以外のすべての記念行事は数
学の研究集会であり，この 2 つの研究所がその会場とな
った．

　オイラー国際数学研究所（以下オイラー研究所）は，ロ
シアの数学が国際的に貢献してきた実績を鑑みて，1988
年にサンクト・ペテルブルク科学アカデミーが設立を決定

ロシア科学アカデミー

したものである．科学アカデミーのほか，ユネスコ，日本万博基金，日本数学会，ベルリン・オイラー研究所などの財政援助により設立が実現した．ここに日本の機関が二つも含まれているのは嬉しいことだ．研究所の運営は 1990年 10 月に開始され，当初はステクロフ数学研究所のレニングラード（現サンクト・ペテルブルク）支部の敷地内で仮運営されていたが，1992 年 9 月に現在の建物が建設され，本格的な活動が開始された．それ以来，国際研究集会の場としての役目を果たしている．

　国際的な数学研究所としてよく知られているものに，プリンストン高等研究所（アメリカ），ニュートン数理科学研究所（イギリス），マックスプランク研究所（ドイツ），高等科学研究所（フランス），数理解析研究所（日本）などがあるが，それらに共通している点は，その分野の指導的立場の研究者が数名，常勤あるいは長期滞在していて，

彼らの呼びかけにより世界中から多くの研究者が訪れ，研究交流を持つという形式であろう．これに対しオイラー研究所は，国際研究集会の会場として機能することを主目的としており，長期滞在の研究者は原則としていない．その意味では，オイラー研究所の形態は，所長１名のみの常勤からなるオーベルヴォルファッハ数学研究所（ドイツ）に近いといえるかも知れない．ただし，オーベルヴォルファッハ数学研究所が世の中から隔絶された山中に存在し，招かれた研究者のみによる合宿形式を前提としているのに対し，オイラー研究所は一般社会との行き来が十分に可能な場所に建てられており，研究所自体には宿泊や食事を提供する機能はない．その立地は，ネフスキー大通りから地下鉄で二駅目と三駅目の中間，いずれの駅からも徒歩20分ほどの距離だ．観光地としても名高いサンクト・ペテルブルクの中心地にあまたあるホテルのひとつに滞在し通うことも十分に可能な近さだが，その一方で，都会の喧騒からは十分に隔てられていて，研究環境としては申し分ない．付近には川が流れ，緑が豊かで，まるで閑静な公園の中にいるようである．徒歩数分の距離にレストランとホテルが数件あり，訪れた研究者の多くが利用している．

　今回，オイラー研究所の中庭に，生誕300年を記念してオイラー像が建てられ，オイラー祭の初日に除幕式が行われた．オイラー像の下には花壇が作られ，有名なオイラーの多面体公式「$V - E + F = 2$」の字形を描くように花が植えられている．

オイラー研究所中庭のオイラー生誕300年記念
像．オイラーの多面体公式「$V-E+F=2$」の
形に花が植えられている

　研究集会では，各講演者がオイラーの業績を引用しなが
ら，最先端の数学との関連を述べる場面が頻繁に見られ
た．現代数学にオイラーが与えた影響の大きさは，研究集
会のテーマの多様さからも一目瞭然だが，実際の講演内容
からも，オイラーのアイディアが現代の数学でなお大いに
利用されている様が垣間見え，彼の影響がいかに深く本質
的なものであるかが実感された．「オイラーを読め，オイ
ラーを読め，彼こそ我らの先生だ」というラプラスの言葉
は，この現代にも生き続けている．

　講演の合間にオイラーの住居を訪ねるツアーが組まれる
など，記念集会らしい催しも行われ，数学者たちがオイラ

オイラーの晩年の住居とレリーフ

ーの足跡を辿った．本書の最終章「オイラーの生涯」末尾
の註 25 でも触れられているオイラーの晩年の住居は，ネ
ヴァ川沿いの河岸通りのアカデミーと同じ側に，1 キロほ
ど離れたところに現存している．外壁にはオイラーのレリー
フが掲げられ，ロシア語で

　レオンハルト・オイラーが 1766 年から 1783 年まで居住
　　　ペテルブルク科学アカデミー構成員
　　　　　数学者，機械技師，物理学者

と記されている．この 1 キロの道のりを，晩年のオイラー
は何を想いながら歩いたのだろう．そんな感慨に耽りな
がら，私もその道を辿った．

　同じく本書の末尾に記載されているオイラーの墓
（p. 509 参照）は，ネフスキー大通りを南に下った突き
当たりのラザレフ墓地にある．墓地の敷地内は閑静で，オ
イラーの墓石は雨上がりの木漏れ日に照らされながら，静

かに佇んでいた．墓石に手を合わせながら，私は，オイラーと同じ星に生まれたことを感謝したい気持ちに駆られた．きっと訪れた多くの数学者たちも，同じ気持ちを抱いたのではないかと思う．

　なお，オイラー祭と研究集会の様子は，以下の文献にも見ることができる．合わせて参照されたい．

　黒川信重著，『オイラー探検』（シュプリンガー・ジャパン，2007年）

訳者あとがき

　本書第2章に登場する，数学者ブルース・クロフット氏の愛犬ローバーは，飼い主の右側でぴったり1ヤードの距離を保って歩けるという特技を持った犬である．折りしもこの翻訳の仕事を引き受けさせていただいた頃，私は愛犬ブライスに出会い，妻と私と，そしてブライスの3人家族での生活をスタートさせたばかりであった．ローバーのくだりを読みながら，いつしか私たちもこんな信頼関係を築きたいと，夢を感じたものである．

　私はブライスと出会って以来，彼との散歩が日課になった．そして，それまで自分の足で歩いたことのなかった近所の風景を楽しむことができるようになった．すぐ近所の公園にすら入ったことがなかった私にとって，これは大きな変化だった．ある日，いつもの散歩の途中，公園の立て札に書かれた一文が目に留まった．

　「ゴルフ禁止（そぶりをふくむ）」

　どういう意味だろうと，しばし考えてみた．ゴルフが禁止なのは理解できる．しかしその「そぶり」すら禁止とは，何故だろう．少し考えて，「そぶり」は「すぶり」の間違いであることに気がついた．もともとは「素振り」と

漢字で書くつもりだったのを，公園を利用する小さな子供たちのことを配慮してひらがなに改めた際に，誤って「そぶり」としてしまったのかも知れない.

　誰かの指摘があったのか，しばらくしてその立て札は姿を消した．この程度の誤りは，公園の立て札なら笑い話で済まされるが，実は，翻訳者は，これとまったく同じ構造の誤りを犯す危険を，常に抱えている．原著者がある意図で創り出した表現や洒落た言い回し（立て札の漢字に当たる）が，言語を異にする読者にはわかりづらいことがある．これを平易な表現（ひらがなに当たる）に翻訳しようとして，別の意味に誤って訳してしまうことである（読者を小さな子供にたとえてしまったのは失礼だったかもしれないが，どうかお許し願いたい）.

　本書は Paul Nahin 著 *Dr. Euler's Fabulous Formula* の訳である．この原題を見れば，書名がほとんど直訳であることがおわかりいただけよう．ただし，原著には次のような副題がつけられている．「Cures many mathematical ills（多くの数学的な病に効く）」．数式（formula）が病に効くとはどういう意味か．日本語ではやや奇妙に感じられる．実は，英語の formula には数式の他に，医薬品などによく用いられる「処方」という意味がある．よく知られているように，博士（Dr.）には「医師」という別の意味があるので，原題は「オイラー医師の素敵な処方」という裏の意味を持つ．著者はこの「裏タイトル」にしゃれのつもりで副題をつけたのだ．アメリカ人の読者がこの本

を手にしタイトルを見た瞬間，にやりと微笑むような趣向[6]が施されているわけだ．残念ながら，私の力量ではこれに相当する日本語の副題をつけられなかったことを，ここにお詫びしたい．

　原著者のナーイン氏は，こんな言葉遊びや駄じゃれが大好きな人物だ．彼独特のユーモアの精神が，本文全体を通じて生きている．そんな著者の粋なセンスの賜物である本書は，数学の本としては類まれな軽妙な語り口で，読者を飽きさせないように書かれている．著者が数学者でなく電気工学者であることも，本書が一般の読者の立場に立ち，多くの共感を呼び起こす文体であることに一役買っているだろう．

　訳者として私は，原著の持つそうした長所をできる限りそのまま生かすような翻訳を心がけた．その際，「素振り」を「そぶり」と決め付けてしまうことのないよう，最善の注意を払った．執筆の全体を通して，東京工業大学の黒川信重教授には，原稿に対する有益なご感想と励ましのお言葉をいただき，いくつかの誤りも指摘していただいた．ここに感謝の意を表したい．本書の原文は英文だが，登場する固有名詞は英語圏以外のものも多い．原著の英語表記を片仮名にする際，できる限り原語に遡った表記を心がけた．ロシア語の固有名詞については，東京工業大学の佐藤孝和准教授のお世話になった．ここに感謝の意を表

---

6)　その上，2006 年に発売された初版の表紙には薬瓶のイラストが大きく描かれており，ユーモアに輪をかけている．

594

したい．その他の言語の片仮名表記に関しては，既存の和
書[7]を参考にさせていただいた．また，わが妹，佐羽佳子
にも，英語以外の言語の外来語表記を教えてもらったほ
か，私の文章のみっともない誤りをいくつか指摘してもら
った．ここに感謝したい．

　本書の翻訳という仕事は，数学者である私にとって，数
学の研究と同様に起伏に富んだ刺激的なものだった．私
は，本書の執筆に携わった全期間を通し，かつて経験した
ことのないほど幸せな時間を過ごすことができた．訳文の
出来については読者のご判断を仰ぐ以外にないが，私の人
生にこのような素晴らしい機会を与えてくれた日本評論社
の編集部と，辛抱強く原稿を待って下さった編集者の佐藤
大器さんに，感謝の意を表したい．

　私は一介の数学者であり，文筆や翻訳の専門家ではな
い．本書の中に時おり見られる文学的・叙情的な文章の翻
訳に関しては門外漢であり，私の手に余った何箇所かの
重要な部分について，かつて翻訳者の下で文芸翻訳の研

7）　固有名詞の片仮名表記については，以下の既存の和書を参考
　にさせていただいた．
　　・E. A. フェルマン著，『オイラー──その生涯と業績』（山本
　敦之訳，シュプリンガー・フェアラーク東京，2002 年）
　　・辻由美著，『火の女シャトレ侯爵夫人──18 世紀フランス，
　希代の科学者の生涯』（新評論，2004 年）
　　・ロンダ・シービンガー著，『科学史から消された女性たち
　──アカデミー下の知と創造性』（小川眞里子，藤岡伸子，家田
　貴子共訳，工作舎，1992 年）
　　・川島慶子著，『エミリー・デュ・シャトレとマリー・ラヴワ
　ジエ』（東京大学出版会，2005 年）

鑽を積んだ筆名「みゆヒツジ」こと妻・美由起の助言を多く仰いだ．ほんの一部の例だが，「はじめに」に登場する数学者ベンジャミン・ピアス氏の風貌の描写や，第4章で活躍する「限りなく数学者に近い男」ヘンリー・ウィルブラハムに関する記述，そして，第5章末尾で描かれる，極端なまでに短い論文を書いた数学者ハーディの心情などが，そうした部分である．みゆヒツジ氏の助言なくして本訳書が世に出ることはなかったことをここに明記し，氏に感謝の意を表したい．また，著者のナーイン氏がしばしば用いるアメリカの俗語（スラング）についても，私の能力を超えるものがあった．私は，翻訳者の禁を犯し，幾度となくナーイン氏に直接問い合わせ意味を伺った．ナーイン氏はその都度，懇切丁寧に真意を説明して下さった．ここに，ナーイン氏に深く感謝するとともに，私の翻訳者としての至らなさをお詫び申し上げる次第である．

　そうしたスラングの一つに，ナーイン氏が謝辞の末尾で用いた「Vickie is a ten」があった．ナーイン氏に伺ったところ，a ten は「完璧な女性」を意味するアメリカのスラングであるとのことだった．ナーイン氏は特有のユーモアでそれを eleven と言い換えることにより，強い思いを表した．その表現を借りるならば，本書の翻訳という大任を終えた今，私は，みゆヒツジ氏こそ私にとって eleven だと感じている．

　ついでに，女性ではないが，いつも精一杯の笑顔と全身から湧き出る愛情で私たち夫婦を支えてくれた愛犬ブライ

スに twelve の称号を授け，ペンを置こう．

　2007 年 12 月

小山信也

文庫版の刊行によせて

　「オイラー博士の素敵な数式」の初版は，今から 12 年半前の 2008 年 2 月に刊行されました．「訳者あとがき」に登場する愛犬ブライスは，当時，血気盛んな 2 歳でしたが，今は 15 歳の老犬です．この 12 年の間，私自身もブライスと共に成長をしてきたと感じています．

　初版本は，私が生涯で初めて出版させていただいた，いわば処女作でした．当時はアマゾンをはじめとするネット書店が台頭し始めたころでした．自分の文章に対する読者からの評価を直接知ることができたことは，その後の執筆活動への大きなモチベーションになりました．この本を契機に，多くの執筆依頼をいただけるようになり，以後の 12 年間で 15 冊の著作を書かせていただき，今後も 6 冊の執筆が決まっています．

　「オイラー博士の素敵な数式」は，そんな私の執筆人生のきっかけとなった本です．私なりに，一語一語に気を配り，一行一行に心を込めて制作した，生涯忘れられない作品です．このたび，文庫化されることでより多くの方々の手に取っていただけることを嬉しく思います．

　初版の刊行時には「読者のページ」というウェブサイ

トを開設していましたが，プロバイダーのサービス停止により閉鎖されました．現在は，私自身のホームページ（http://www1.tmtv.ne.jp/~koyama/j_index.html）に，全著作の正誤表を掲載しています．本書につきましても，今後，誤植などが発見された場合には正誤表を掲載する予定です．随時ご参照いただければ幸いです．

　愛犬ブライスは，すでにこの犬種の平均寿命を大きく超え，今は，足にサポーターを付け，短い距離をゆっくりと散歩しています．初版の刊行から文庫化までの期間は，彼の生涯の主要部分と重なり，また，私自身の執筆者としての研鑽期間とも重なって感じられます．そんな思い入れの深い「オイラー博士の素敵な数式」を，一人でも多くの方々に味わっていただくことができれば，私は幸せです．

　2020 年 9 月

小山信也

索　引

本書は二〇〇八年二月二十五日、日本評論社から刊行された。

ちくま学芸文庫

オイラー博士の素敵な数式

二〇二〇年十一月十日　第一刷発行

著　者　ポール・J・ナーイン

訳　者　小山信也（こやま・しんや）

発行者　喜入冬子

発行所　株式会社　筑摩書房
　　　　東京都台東区蔵前二−五−三　〒一一一−八七五五
　　　　電話番号　〇三−五六八七−二六〇一（代表）

装幀者　安野光雅

印刷所　大日本法令印刷株式会社

製本所　加藤製本株式会社

乱丁・落丁本の場合は、送料小社負担でお取り替えいたします。
本書をコピー、スキャニング等の方法により無許諾で複製する
ことは、法令に規定された場合を除いて禁止されています。請
負業者等の第三者によるデジタル化は一切認められていません
ので、ご注意ください。

© SHINYA KOYAMA 2020　Printed in Japan
ISBN978-4-480-51020-4　C0141